安徽省地质灾害防治手册 下册

安徽省自然资源厅
安徽省地质环境监测总站
◎编

中国科学技术大学出版社

内容简介

本书主要介绍安徽省地质灾害防治的基本常识，在厘清地质灾害基本概念和分类的基础上，重点阐述灾前怎么防、临灾怎么办、遇灾怎么救、灾害怎么治、灾后怎么处置等常识性问题，旨在提高识灾、辨灾、防灾、避灾意识，提升自救、互救能力与水平。书中还阐述了安徽省地质灾害情况，捋清了安徽省地质灾害隐患的历史与现状，分析了地质灾害分布与发育特征，探讨了安徽省地理地质环境与地质灾害的关系，总结了全省及各市地质灾害的防治情况。

本书语言通俗易懂，资料详实准确，既是一本防灾手册，也是一本技术手册，更是一本科普读物。

图书在版编目（CIP）数据

安徽省地质灾害防治手册．下册/安徽省自然资源厅，安徽省地质环境监测总站编．—合肥：中国科学技术大学出版社，2024.3

ISBN 978-7-312-05860-8

Ⅰ．安…　Ⅱ．①安…　②安…　Ⅲ．地质灾害—灾害防治—安徽—手册　Ⅳ．P694-62

中国国家版本馆CIP数据核字（2024）第038000号

安徽省地质灾害防治手册（下册）

ANHUI SHENG DIZHI ZAIHAI FANGZHI SHOUCE（XIA CE）

出版　中国科学技术大学出版社
安徽省合肥市金寨路96号，230026
http://press.ustc.edu.cn
https://zgkxjsdxcbs.tmall.com

印刷　安徽联众印刷有限公司

发行　中国科学技术大学出版社

开本　787 mm×1092 mm　1/16

印张　23.75

字数　546千

版次　2024年3月第1版

印次　2024年3月第1次印刷

定价　198.00元

前　言

自然灾害始终伴随着人们的生活，人类也一直在与自然灾害进行斗争，防灾减灾、抗灾救灾是人类生存发展的永恒课题。自然灾害防治关系到国计民生，是对我们党执政能力的重大考验，党中央、国务院高度重视自然灾害防治工作，习近平总书记多次深入灾区考察，并就防灾减灾救灾工作作出系列重要指示批示。2016年7月28日，习近平总书记在视察河北纪念唐山地震40周年之际，提出了综合防灾减灾救灾工作“两个坚持、三个转变”的重要论述。2018年，习近平总书记在主持召开中央财经委员会第三次会议时，从实现“两个一百年”奋斗目标、实现中华民族伟大复兴中国梦的战略高度，深刻阐述了防治灾害的重要意义，明确提出了提高我国自然灾害防治能力的“九个坚持”原则以及针对关键领域和薄弱环节必须推动建设的“九大重点工程”。这“九个坚持”和“九大重点工程”深刻揭示了应对自然灾害“防”与“治”的辩证关系，充分体现了以习近平同志为核心的党中央以人民为中心的发展思想，是对习近平新时代中国特色社会主义思想的进一步丰富，是今后一个时期切实提升我国自然灾害防治能力的重要遵循。

国务院早在2003年、2011年就先后出台了《地质灾害防治条例》和《国务院关于加强地质灾害防治工作的决定》，极大地推动了全国地质灾害防治工作，逐步完善了地质灾害防治“四大体系”建设。原国土资源部于1999年启动了全国1∶100000地质灾害调查与区划工作，2003年同时启动全国16个省地质灾害气象预警工程，2010年启动了全国1∶50000地质灾害详细调查评价，先后实施了《全国地质灾害防治“十二五”规划》《全国地质灾害防治“十三五”规划》和《全国地面沉降防治规划（2011—2020年）》，为我国地质灾害防治奠定了坚实的基础，有力支撑了国家重大工程建设、城镇规划、脱贫攻坚和生态文明建设。自然资源部于2021年启动了全国地质灾害1∶50000风险调查和风险普查工作，精细识别风险区，推动地质灾害防控重点由“隐患点”单一防控向“隐患点＋风险区”双控转变。2022年12月，自然资源部发布了《全国地质灾害防治“十四五”规划》，明确了当前和今后一个时期地质灾害防治目标与具体任务。

安徽省委、省政府对地质灾害防治工作也高度重视。2012年9月,安徽省人民政府以皖政〔2012〕84号下发了《关于加强地质灾害防治工作的意见》,明确要求构建与安徽省经济社会发展相适应的地质灾害调查评价、监测预警、防治和应急等地质灾害防治四大体系。2014年10月,安徽省人民政府又出台了《安徽省地质灾害易发区农村村民建房管理规定》,对丘陵山区地质灾害易发区申请建房程序、申请建房批准时限、建房质量标准和不予建设规划许可等作了明确规定。2020年,安徽省自然资源厅印发《安徽省地质灾害防治行动实施方案》,明确要求着力提升全省地质灾害风险防控能力。安徽省先后发布实施了《安徽省地质灾害防治"十二五"规划》《安徽省地质灾害防治"十三五"规划》《安徽省地质灾害防治"十四五"规划》,全省地质灾害防治取得了显著成效。

地方各级人民政府对地质灾害防治也非常重视,真正担负起了地质灾害防治第一责任人的重任。汛前组织隐患排查,寻找已出现变形迹象的隐患,编制全年地质灾害防治方案;汛期24小时值班,风雨无阻组织巡查,及时发现灾险情,及时组织排危除险;汛后组织开展核查,将新发生、新发现的隐患点纳入地质灾害数据库对其进行严格监管。各级政府积极组织地质灾害避险搬迁,稳步推进地质灾害工程治理。2012—2023年共实施搬迁避让7714户,工程治理493个,消除隐患2860处,极大地保障了人民群众生命财产安全。

安徽省地质灾害主要有崩塌、滑坡、泥石流、地面塌陷、地面沉降五种类型,其中崩塌、滑坡灾害约占95%,其他灾种约占5%。2008年底,全省1:100000地质灾害调查与区划项目最早查清了地质灾害隐患家底为6480处;《安徽省地质境公报》统计2014—2023年全省新增地质灾害点7152处,核销地质灾害隐患点8745处;截至2023年汛后,全省尚有地质灾害隐患点3270处,隐患点数量已大幅减少,中型以上地质灾害隐患点已基本消除,且2016—2023年连续八年实现了地质灾害"零死亡"。但是,安徽省地质构造复杂,丘陵山地广布,地震威胁长期存在,极端气候愈加频发,人类工程活动不断加剧,地质灾害防治形势十分严峻;更因安徽省地质灾害多由切坡建房、切坡修路引发,全省30万~50万处切坡在梅雨、暴雨、台风影响下,发生地质灾害的可能性较大,地质灾害防治任务异常艰巨。

安徽省地质灾害防治始于20世纪90年代,已由群测群防阶段步入了群专结合阶段，目前正在部署全面智防。二十多年防灾减灾有成绩、有亮点，也有不足和缺陷。安徽省地质灾害防治取得了连续八年无人员伤亡的成绩，但仍面临诸多困难和问题：一是安徽省地质灾害隐蔽性强、突发性强、蠕变过程短、隐患早期识别难，每年80%新发生的灾害点均不在已查明的隐患点上，“隐患在哪里”始终是横挡在地质灾害防治人员面前的重大课题，亟待攻克。二是丘陵山区每个斜坡的地质结构均有差异，孕育地质灾害的地质环境条件各不相同，很多地质灾害隐患点的地质结构尚未查清，监测预警阈值尚难设定，山区尚存30万～50万处切坡，还有数百万处山体斜坡风险有待进一步管控。因此，“隐患在哪里”“结构是什么”仍将是安徽省今后相当长的时期内地质灾害防治有待解决的基本问题，尤其是地质灾害隐患密集的集镇亟待部署1∶10000、1∶2000地质灾害精细化调查。三是最难解决的技术问题，即“地质灾害何时发生”的问题。安徽省3270处隐患点已全部安排群测群防员进行日常监测，其中1335处隐患点部署1306个雨量站、4366套普适型监测设备。目前，安徽省地质灾害的形成机理研究还有待深化，风险管控能力还有待提升，防灾责任还需层层压实；组织、资金、技术、宣传等保障措施还需进一步加强。

“多难兴邦，殷忧启圣。”为全面贯彻落实党的二十大精神，深入贯彻习近平总书记关于防灾减灾系列指示批示精神，提高全省地质灾害防治能力，安徽省自然资源厅部署了《安徽省地质灾害防治手册》(以下简称《手册》)的编写工作。要求坚持人民至上、生命至上，以提升调查评价与监测预警能力为抓手，以减轻地质灾害风险为主线，以保障人民生命财产安全为目的，聚焦“灾前怎么防”“突发地质灾害怎么办”“灾后怎么治”三大关键问题，旨在普及防灾减灾救灾知识，指导基层防灾人员做好地质灾害防治工作，推动全省地质灾害防治工作再上新台阶。

《手册》包含四个部分，主要阐述地质灾害如何防、如何救、如何治，重在从源头上避免或减轻地质灾害风险。《手册》收集整理了地质灾害防治相关文件，系统梳理了适宜我省地质灾害防治的规范条款，从管理和技术两个层面努力为防灾人员和社会公众提供参考。《手册》语言通俗易懂，资料详实准确，既是一本管理手册，也是一本技术手册，更是一本科普读物。书中提及的经验和做法，不仅为安徽省各类地质灾害防治提供了切实可行、经济高效的技术措施，还为防灾人员明晰职责、管控地质灾害提供了详细指导。希望《手册》能够吸引更多的地质工作者、更多的干部群众加入到地质灾害防治工作中来,提高识灾、辨灾、防灾、避灾意识,提升自救、互救能力与水平,不断增强安徽省地质灾害防治队伍的整体实力,以科技为引领,筑牢筑实地质灾害安全防线,推动地质灾害防治工作取得更大成效。

本书数据和图片主要来自网站公开数据、本文作者(编制单位)研究和创作成果、公开发表的论文及著作、项目报告等,未能逐一标注,在此一并表示感谢!

编　者

2024年1月

目　录

前言 ……………………………………………………………………………………i

第三篇　安徽省地质灾害行政管理 ……………………………………………………1
一、总体架构 ……………………………………………………………………………2
二、指挥部成员单位职责 ………………………………………………………………2
三、县级以上地方人民政府职责 ………………………………………………………4
四、县级以上地方人民政府自然资源主管部门职责 …………………………………4
五、重点事项管理 ………………………………………………………………………5
（一）汛期值班值守 ……………………………………………………………………5
（二）地质灾害“三查” …………………………………………………………………5
（三）地质灾害隐患点管理 ……………………………………………………………6
（四）地质灾害速报和月报 ……………………………………………………………30
（五）地质灾害防治宣传培训演练 ……………………………………………………31
（六）地质灾害防治项目管理 …………………………………………………………31
（七）地质灾害风险管控 ………………………………………………………………35
六、重要法律法规文件 …………………………………………………………………37
（一）地质灾害防治条例 ………………………………………………………………37
（二）安徽省地质灾害易发区农村村民建房管理规定 ………………………………45
七、重要行政管理文件 …………………………………………………………………50
（一）自然资源部关于印发《2023年全国地质灾害防治工作要点》的通知 …………50
（二）自然资源部办公厅关于将地质灾害和海洋灾害风险普查成果应用于国土空间规划的通知 ……………………………………………………………………………53
（三）自然资源部关于印发《全国地质灾害防治“十四五”规划》的通知 …………55
（四）自然资源部关于印发《地质灾害风险普查成果汇交和入库管理办法（试行）》的通知 ……………………………………………………………………………………78
（五）自然资源部关于做好地质灾害统计数据报送的工作通知 ………………………85
（六）自然资源部办公厅关于印发《地质灾害防治三年行动实施纲要》的通知 ………92
（七）安徽省自然资源厅关于印发《安徽省2023年度地质灾害防治方案》的通知 ……104

(八) 安徽省自然资源厅关于做好2023年汛期地质灾害值班工作的通知 …………109
(九) 安徽省自然资源厅　安徽省财政厅关于印发《安徽省地质灾害防治项目及专项资金管理办法》的通知 ……………113
(十) 安徽省自然资源厅　安徽省应急管理厅关于加强地质灾害防范和应急处置工作的通知 ……………129
(十一) 安徽省自然资源厅　安徽省发展和改革委员会　安徽省科学技术厅　安徽省财政厅　安徽省生态环境厅　安徽省住房和城乡建设厅　安徽省农业农村厅　安徽省水利厅关于印发《加强新时代安徽地质工作实施方案》的通知 ……………132
(十二) 安徽省自然资源厅关于印发《安徽省地质灾害防治"十四五"规划(2021—2025年)》的通知 ……………137
(十三) 安徽省应急管理厅关于印发《安徽省突发地质灾害应急预案》的通知 ………148
(十四) 安徽省自然资源厅关于进一步加强中央财政地质灾害防治项目及资金管理的通知 ……………159
(十五) 安徽省自然资源厅关于加强地质灾害危险性区域评估工作的通知 ………161
(十六) 安徽省自然资源厅转发《自然资源部办公厅关于切实做好地质灾害风险普查工作的通知》 ……………166
(十七) 安徽省地质灾害防治指挥部关于印发《地质灾害防治行动实施方案》的通知 ……………168
(十八) 安徽省自然资源厅关于做好地质灾害统计数据报送工作的通知 ………186
(十九) 安徽省自然资源厅转发关于进一步加强当前地质灾害防范应对工作的通知 ……………202
(二十) 安徽省财政厅 安徽省国土资源厅关于进一步规范地质灾害群测群防监测员补助等有关问题的通知 ……………204
(二十一) 安徽省国土资源厅关于印发地质灾害预警响应应急处置工作规程的通知 ……………206

第四篇　安徽省地质灾害技术管理 ……………213
一、技术要求与管理 ……………214
(一) 地质灾害危险性评估 ……………214
(二) 地质灾害"三查" ……………223
(三) 地质灾害应急调查 ……………225
(四) 滑坡崩塌泥石流调查 ……………231
(五) 地质灾害风险调查 ……………245

（六）岩溶塌陷调查 ……266
（七）地面沉降调查 ……277
（八）地质灾害治理工程勘查 ……283
（九）地质灾害治理工程设计 ……318
（十）地质灾害治理工程施工 ……353
（十一）地质灾害气象风险预警 ……355
（十二）地质灾害普适型监测预警 ……359
二、预算管理 ……361
（一）安徽省地质灾害治理工程定额编制规定 ……362
（二）可行性研究投资估算和初步设计概算的编制 ……363
（三）安徽省地质灾害治理工程定额审查规定 ……363
三、验收管理 ……364
（一）地质灾害项目野外验收和成果验收 ……364
（二）地质灾害综合治理工程的竣工验收 ……365

第三篇　安徽省地质灾害行政管理

一、总体架构

为进一步加强组织领导,强化部门联动、密切配合,形成工作合力,有效提升安徽省地质灾害防治能力,安徽省人民政府成立了安徽省地质灾害防治指挥部,指挥部办公室设在安徽省自然资源厅。

指挥部成员由省自然资源厅、省应急管理厅、省委宣传部(省政府新闻办公室)、省发展和改革委员会、省教育厅、省经济和信息化厅、省公安厅、省民政厅、省财政厅、省生态环境厅、省住房和城乡建设厅、省交通运输厅、省水利厅、省商务厅、省文化和旅游厅、省卫生健康委员会、省广播电视局、省林业局、省能源局、省粮食和物资储备局、省药品监督管理局、省地质矿产勘查局、华东冶金地质勘查局、省煤田地质局、省气象局、省地震局、省通信管理局、省军区战备建设局、武警安徽省总队、省消防救援总队、安徽银保监局、省电力公司等单位和部门组成。

二、指挥部成员单位职责

(1)省自然资源厅:组织指导协调和监督地质灾害调查评价及隐患普查、详查、排查,指导开展群测群防、专业监测和预警预报等工作,指导开展地质灾害工程治理工作,承担地质灾害应急救援的技术支撑工作。

(2)省应急管理厅:组织编制省突发性地质灾害专项应急预案并指导开展应急预案演练;组织重大地质灾害应急救援;组织指导全省地质灾害灾情核查、损失评估、救灾捐赠等灾害救助工作,计划调拨救灾物资,会同有关方面组织协调紧急转移安置受灾群众、因灾毁损房屋恢复重建补助和受灾群众生活救助;组织开展地质灾害综合风险与减灾能力、地质灾害突发事件的调查评估工作。

(3)省委宣传部(省政府新闻办公室):负责新闻报道和舆情监控工作,正面引导社会舆论;会同省应急管理厅、省自然资源厅组织召开新闻发布会,及时做好地质灾害防治信息发布工作。

(4)省发展和改革委员会:组织编制国民经济和社会发展中长期规划和全省铁路、能源等重大建设工程项目规划,以及拟订区域发展战略、规划和政策措施时,充分考虑地质灾害防治要求,避免和减轻地质灾害造成的损失。

(5)省教育厅:负责指导灾区教育部门和学校组织受灾害威胁师生紧急疏散转移,修复受损毁校舍或应急调配教学资源,妥善解决灾区学生就学问题。

(6)省经济和信息化厅:负责省级药品应急储备。

(7)省公安厅:负责组织警力开展抢险救灾和现场救援,协助相关部门对受灾害威胁人员进行疏散转移;负责现场社会秩序维护、交通疏导和管控。

(8)省民政厅:督促指导各地及时将符合临时救助或最低生活保障条件的受灾群众,按规定程序纳入保障范围。

(9)省财政厅:负责统筹资金做好地质灾害防治省级相关经费保障工作,配合做好地质灾害防治资金管理和监督工作。

(10)省生态环境厅:负责组织指导因地质灾害引发的突发环境事件的应急监测,分析研判事故现场污染状况及趋势变化;参与处置因地质灾害引发的重特大突发环境事件。

(11)省住房和城乡建设厅:负责督促指导开展灾区危房调查,提出消除灾害隐患的有效措施;协助有关部门开展灾后房屋重建,做好技术指导。

(12)省交通运输厅:负责保障救灾车辆运输的安全、畅通;及时组织抢修损毁的交通设施。

(13)省水利厅:做好水情监测预警工作,配合省防汛抗旱指挥部办公室做好因突发地质灾害引发的次生洪涝灾害的处置,组织指导修复因突发地质灾害受损水利工程。

(14)省商务厅:负责指导灾区生活必需品的应急供应。

(15)省文化和旅游厅:负责指导督促旅行社、旅游景区、山区农家乐等加强对游客进行必要的地质灾害知识普及、自救互救技能培训。

(16)省卫生健康委员会:负责组织、指导灾区医疗救治工作,做好疾病预防控制和卫生监督;根据需要,向受灾地区派出医疗专家和心理治疗专家,并协助做好药品和医疗设备调配。

(17)省广播电视局:配合省委宣传部开展地质灾害减灾救灾宣传和新闻报道,负责指导、协调灾区广电部门恢复广播电视系统设施。

(18)省林业局:负责组织做好特别重大和重大突发地质灾害造成的有关林业资源损害的调查、评估和恢复,指导办理使用林地审核审批和林木采伐手续。

(19)省能源局:负责油气管道的隐患排险和应急处置工作,强化管道沿线地质灾害监测和防范,切实维护管道设施安全。

(20)省粮食和物资储备局:负责生活类应急救灾物资采购、调运。

(21)省药品监督管理局:负责救灾药品的质量监督。

(22)省地质矿产勘查局:负责地质灾害防治的技术支撑工作。

(23)华东冶金地质勘查局:负责地质灾害防治的技术支撑工作。

(24)省煤田地质局:负责地质灾害防治的技术支撑工作。

(25)省气象局:负责提供地质灾害预警预报所需的气象资料信息,对灾区的气象条件进行监测预报。

(26)省地震局:负责提供地质灾害预警预报所需的地震资料信息,对与突发地质灾害有关的地震趋势进行监测预测。

(27)省通信管理局:负责组织、协调通信运营企业抢修和维护因灾损毁的通信设施;保障应急抢险救援指挥和现场通信畅通;协调各通信运营企业,及时发布突发地质灾害预警信息。

(28)省军区战备建设局:组织协调所属部队和民兵力量参加抢险救灾,支援地方开展灾后恢复重建。

(29)武警安徽省总队:根据县级以上地方政府兵力需求,组织指挥武警部队担负抢险救灾任务,协同公安机关维护救灾秩序和灾区社会稳定,支援地方开展灾后恢复重建。

(30)省消防救援总队:组织综合性消防救援队伍参与地质灾害应急救援工作,最大限度地保障人民群众生命和财产安全。

(31)安徽银保监局:负责督促有关保险机构按照法律法规及保险合同约定做好理赔工作,及时赔偿保险金。

(32)省电力公司:负责组织、协调各级供电企业抢修和维护因灾损坏的电网设施,尽快恢复灾区生产和生活用电;为应急抢险救援所需电力提供保障。

三、县级以上地方人民政府职责

县级以上地方人民政府应当加强对地质灾害防治工作的领导,组织有关部门采取措施,做好地质灾害防治工作;应当组织有关部门开展地质灾害防治知识的宣传教育,增强公众的地质灾害防治意识和自救、互救能力。

四、县级以上地方人民政府自然资源主管部门职责

县级以上地方人民政府自然资源主管部门负责本行政区域内地质灾害防治的组织、协调、指导和监督工作。

五、重点事项管理

（一）汛期值班值守

1. 值班时间

汛期地质灾害值班时间一般为每年的5月1日至9月30日。特殊情况下机动执行。

2. 值班安排

每年的4月底前，各市自然资源和规划局将市本级及所辖县（市、区）汛期地质灾害值班安排情况（含带班领导和值班人员名单、值班地点、值班电话），书面报省自然资源厅。

3. 汛期值班人员的主要工作职责

（1）及时、准确接收并认真记录上级机关、相关部门有关地质灾害防治工作的指示、命令、通知、电话、传真等，及时向带班领导和厅分管领导汇报。

（2）接到地质灾害灾情或险情报告时，立即向带班领导和厅分管领导报告，按照领导指示立即办理，及时跟踪事态变化，并做好记录，指导相关单位做好灾险情处置工作；密切关注天气变化，实时了解市、县地质灾害防治工作情况并做好记录。

（3）值班人员要熟悉掌握自然资源部、省有关部门和各市、县自然资源主管部门分管地质灾害防治工作的负责人和具体工作人员的联系方式，保持通讯通畅。

（4）坚持领导带班制度，值班人员按时到岗到位，并认真做好值班交接工作，不得缺岗、脱岗；确因事、生病或出差等特殊情况不能值班的，应提前报告并落实好人员代班。

（5）夜间值班和节假日值班时，必须确保在岗、在位、在状态；交接班时，在未办理好交接手续前，上一班值班人员不得离岗。

（6）接到地质灾害灾险情报告时，第一时间按程序通过地质灾害监测预警系统报告省厅，对迟报、漏报、误报的，省自然资源厅将予以通报批评；将各地地质灾害值班值守和信息报送情况纳入年度省政府对各市政府地质灾害防治工作目标管理绩效考核内容。

（7）值班期间严禁饮酒、娱乐等行为。

（二）地质灾害“三查”

地质灾害“三查”：即汛前排查、汛中巡查、汛后核查。每年要适时对“三查”工作进行部署安排。"三查"主要任务是查明隐患点的变形情况、防灾政策、制度的贯彻落实情况,防灾责任人、群测群防人员的信息变化情况。

(1) 为及时、全面、准确掌握地质灾害隐患点动态变化情况和地质灾害防治措施落实情况,须进行地质灾害汛前排查、汛中巡查、汛后核查。

(2) 地质灾害汛前排查、汛中巡查、汛后核查是群测群防的重要组成部分,坚持以区县为主导、乡镇为主体、村组为基础,坚持群众自查与专业调查相结合,每年由区县自然资源主管部门会同住建、水利、交通等部门在不同时期有针对性地组织实施。

(3) 汛前排查:一是重点查明已知地质灾害隐患点的变形、破坏信息,二是查明新发生的灾险情信息,三是跟进防灾责任人和群测群防员的变化信息。做好汛前排查工作,可为年度地质灾害防治方案编制提供依据。新发生的灾险情若判定为地质灾害隐患,应按入库要求提供调查资料。

(4) 汛中巡查:重点对各种途径上报的灾险情进行巡查,提出排危除险或应急处置方案与建议。新发生的灾险情若判定为地质灾害隐患,应按入库要求提供调查资料。

(5) 汛后核查:重点对已知隐患点的汛后变形、破坏信息进行核查,对汛后新发生的灾险情进行核查。新发生的灾险情若判定为地质灾害隐患,应按入库要求提供调查资料。对经综合治理且已达到核销条件的原隐患点进行核销。

(6) 每年要适时对汛前排查、汛中巡查、汛后核查进行工作部署安排。专业技术调查要符合自然资源部《县市地质灾害调查与区划技术要求》和《县市地质灾害调查与区划实施细则》等有关地质灾害调查技术标准。

(7) 各区县自然资源主管部门要根据汛后核查结果,及时更新本级地质灾害隐患点数据库,并于每年12月15日前上报省、市自然资源主管部门备案。

(三) 地质灾害隐患点管理

地质灾害隐患点的动态管理坚持"县级负责、依规申报、专业调查、部门审核"的原则。

县级地质灾害防治主管部门负责组织本辖区内小型地质灾害隐患点的调查、认定、变更及核销,并报市级地质灾害防治主管部门审查备案;市级地质灾害防治主管部门负责组织本辖区内中型及以下地质灾害隐患点的调查、认定、变更及核销,并报省级地质灾害防治主管部门审查备案;省级地质灾害防治主管部门负责全省大型及以上地质灾害隐患点的核查、认定、变更及核销,并报上一级地质灾害防治主管部门审查备案。

1. 认定

地质灾害隐患点的认定是指将新发现、新发生的地质灾害隐患点纳入数据库管理的过程。

(1) 因自然因素或人为因素引发的地质灾害隐患,经调查确认后,可纳入地质灾害隐患点数据库管理。

(2) 地质灾害“三查”或各类地质灾害调查项目新发现的地质灾害隐患，经审核、审批确认后，应纳入地质灾害隐患点数据库管理。

(3) 水利、交通、住建、矿山、旅游景区等有责任主体的地质灾害隐患不纳入地质灾害隐患数据库管理，由相关行业主管部门(单位)按照国务院和省委、省政府关于地质灾害防治相关法规和规定组织开展地质灾害防治工作。

(4) 地质灾害隐患点的审核由市级自然资源主管部门组织专家赴现场核查，对县自然资源局提供的隐患点调查报告进行审查，审定威胁范围，核准威胁对象，认定隐患点等级。

(5) 新增的小型地质灾害隐患点由县级地质灾害防治主管部门认定后，报市级地质灾害防治主管部门审核审批；新增中型及以上地质灾害隐患点经市级地质灾害防治主管部门认定后，报省级地质灾害防治主管部门审查备案。

(6) 地质灾害隐患点认定调查报告主要内容包括：地质灾害隐患点基本情况(点位、点性、规模、发生时间)、灾害特征(形态特征、微地貌特征、边界特征、变形破坏特征、运动特征、动力特征、危害特征等)、灾险情(危害对象、威胁范围、威胁户数、威胁人数、威胁财产等)、孕灾地质条件(地形地貌、地层岩性、地质构造、水文地质特征、工程地质特征、人类工程活动)、地质灾害形成原因与机理分析、地质灾害稳定性与发展趋势、地质灾害防治方案、结论与建议等。调查报告需附调查照片、平剖面图，必要时附高清全景正射影像图等。

(7) 地质灾害隐患点认定后须设立警示标牌，隐患点名称须写明县、乡镇、村、组名称。若一个组有多个隐患点，可按从小到大顺序用数字进行编号或使用门牌号进行编号，不可出现户主姓名；若只威胁一户，可用门牌号进行编号，不可出现户主姓名。

(8) 地质灾害隐患点警示标牌应采用不锈钢或铝合金制作，形状为长方形，横长 150 cm，竖高 100 cm，附着式或双立柱支撑。标牌内容分为三个部分。上部：“安徽省地质灾害隐患点警示牌”字样；中部左侧：逃生路线图(采用正射全景影像图标绘)，图的左下角为图例，右下角为标准二维码；中部右侧：基本情况表，从上至下依次为隐患点名称、行政区位置、地理坐标、规模性质、威胁情况、预警信号、临时安置点、避险方式、逃生方式、网格责任人和联系电话、网格管理员和联系电话、网格协管员和联系电话、网格专管员和联系电话、网格监测员和联系电话、禁止破坏标语。

2. 变更

地质灾害隐患点变更是指已纳入数据库管理的隐患点其威胁对象、威胁范围发生了变化，隐患点的等级可能发生变化，需更新数据库中隐患点信息的过程。

(1) 若地质灾害隐患点威胁范围或威胁对象发生变化，隐患点等级须重新核定，隐患点信息需变更。

(2) 若地质灾害隐患点地质环境条件发生变化，隐患点的稳定状态发生变化，须经调查核定后对隐患点信息进行变更。

(3) 若地质灾害"三查"发现隐患点的群测群防人员或责任人等发生变化,须对隐患点数据信息、标牌信息等及时变更。

(4) 若地质灾害隐患点群测群防人员或责任人变更,依据审定后的"三查"报告即可进行变更。

(5) 若地质环境条件变化致稳定性变化、隐患点等级变更,须提供专业核查报告,主要内容包括隐患点的基本情况、变化情况、结论建议等,并附调查照片、平剖面图等,必要时附高清全景正射影像图等。

3. 核销

地质灾害隐患点的核销是指已纳入数据库管理隐患点的险情已消除或得到有效控制,原划定的危险区可以撤销,原隐患点须从数据库中核销、调整至隐患点历史数据库管理的过程。

(1) 地质灾害隐患点核销须经汛后核查论证后方可核销。

(2) 已实施地质灾害避险搬迁工程,且受威胁人员已全部撤离、受威胁房屋已全部拆除,原隐患点可以核销。

(3) 已完成地质灾害排危除险或工程治理,且竣工验收之后1年监测期内地质灾害防治工程运行良好,地质灾害风险已消除,原隐患点可以核销。

(4) 地质灾害隐患点连续监测5年,一直未出现险情,且降雨工况高于隐患点认定时的降雨工况,县地质灾害防治主管部门可邀请专业单位进行调查评估,确认已稳定的可以核销,但随后5年仍须开展"三查",若有险情,则再次纳入隐患点数据库进行管理;若无险情,则不再开展"三查"。

(5) 已核销的地质灾害隐患点应保留在全省地质灾害隐患点数据库中,作为已核销隐患点实行分类管理。若因周边地质环境发生改变,导致其复活并产生新的险情时,应重新纳入隐患点数据库,并按原编号进行管理。

(6) 地质灾害隐患点核销报告主要内容:隐患点基本情况、隐患点的核销依据(属排危除险或工程治理核销的应阐述治理工程设计、实施和竣工验收情况,设计、施工、监理单位情况,竣工验收后1年的监测情况;属搬迁避让核销的应阐述搬迁避让工作的部署、实施和完成情况,包括搬迁户数、搬迁人数、搬迁时间、房屋拆除及安置情况、搬迁后的土地利用状况、资金投入情况等)、结论建议,应附避险搬迁、治理工程、排危除险工程竣工验收资料和实地调查照片、平剖面图,必要时附高清全景正射影像图。

4. 责任

在地质灾害隐患认定与核销监督管理过程中存在隐瞒谎报、擅自核销或存在其他渎职行为的,对直接负责的主管人员和其他直接责任人员,依照《地质灾害防治条例》第四十条第六款有关规定给予相应行政处分。

具备地质灾害评估或勘查相应资质的单位，在开展地质灾害隐患点认定、变更、核销调查工作中存在资质弄虚作假、故意隐瞒地质灾害真实情况或其他违法行为的，依照《地质灾害防治条例》第四十四条有关规定对相关责任单位依法依规给予罚款、降低资质等级或吊销资质证书等处罚；构成犯罪的，依法追究刑事责任。

5. 附件

附件1：地质灾害隐患点认定调查表

附件2：地质灾害隐患点变更调查表

附件3：地质灾害隐患点核销调查表

附件1:地质灾害隐患点认定调查表

崩塌野外调查表

项目名称:　　　　　　　　　　　图幅名:　　　　　　　　　　　图幅编号:

名称				地理位置	省　市　县　乡镇　村　组					
野外编号		斜坡类型	□自然岩质		坐标	经度	°　′　″	标高(m)	坡顶	
统一编号			□人工岩质							
县市编号			□自然土质			纬度	°　′　″		坡脚	
			□人工土质							
崩塌类型	□倾倒式 □滑移式 □鼓胀式 □拉裂式 □错断式									

崩塌环境		地层岩性			地质构造		微地貌	地下水类型	
	地质环境	时代	岩性	产状	构造部位	地震烈度	□陡崖 □陡坡 □缓坡 □平台	□孔隙水 □裂隙水 □岩溶水	□潜水 □承压水 □上层滞水
				∠					

崩塌环境		降雨量(mm)			水文			土地利用
	地理环境	年均	最大降雨量		丰水位(m)	枯水位(m)	斜坡与河流位置	□耕地□草地 □灌木□森林 □裸露□建筑
			日	时				
							□左岸 □右岸　□凹岸 □凸岸	

危岩体特征	分布高程(m)	坡高(m)	坡长(m)	坡宽(m)	厚度(m)	体积(m^3)	规模等级	坡面形态	坡度(°)	坡向(°)
							□巨型 □特大型 □大型 □中型 □小型	□凸 □凹 □直 □阶		

危岩体特征	结构特征	岩质	岩体结构				斜坡结构类型
			结构类型	厚度(m)	裂隙组数(组)	块度(长×宽×高)(m)	
			□整体块状 □块状 □层状 □块裂 □碎裂 □散体 □土质				□土质斜坡 □碎屑岩斜坡 □碳酸盐岩斜坡 □结晶岩斜坡 □变质岩斜坡

续表

<table>
<tr><td rowspan="24">危岩体特征</td><td colspan="2" rowspan="3"></td><td colspan="4">控制面结构</td><td colspan="3" rowspan="2">□平缓层状斜坡 □顺向斜坡
□斜向斜坡 □横向斜坡
□反向斜坡 □特殊结构斜坡</td></tr>
<tr><td>类型</td><td>产状</td><td>长度(m)</td><td>间距(m)</td></tr>
<tr><td>□层理面
□片理或劈理面
□节理裂隙面
□覆盖层与基岩接触面
□层内错动带
□构造错动带
□断层</td><td>∠
∠
∠</td><td></td><td></td><td>全风化带深度(m)

</td><td colspan="2">卸荷裂缝深度(m)

</td></tr>
<tr><td rowspan="3"></td><td rowspan="3">土质</td><td colspan="3">土的名称及特征</td><td colspan="4">下伏基岩特征</td></tr>
<tr><td>名称</td><td>密实度</td><td>稠度</td><td>岩性</td><td>时代</td><td>产状</td><td>埋深(m)</td></tr>
<tr><td></td><td>□密 □中 □稍 □松</td><td></td><td></td><td></td><td>∠</td><td></td></tr>
<tr><td colspan="2" rowspan="2">地下水</td><td>埋深(m)</td><td colspan="3">露头</td><td colspan="3">补给类型</td></tr>
<tr><td></td><td colspan="3">□上升泉 □下降泉 □湿地</td><td colspan="3">□降雨 □地表水 □融雪 □人工</td></tr>
<tr><td colspan="2" rowspan="3">变形发育史</td><td>形成时间</td><td colspan="3">年　月　日</td><td>发生崩塌次数(次)</td><td colspan="2"></td></tr>
<tr><td>序号</td><td>发生时间</td><td>规模(m^3)</td><td colspan="2">诱发因素</td><td>死亡人数(人)</td><td>直接经济损失(万元)</td></tr>
<tr><td></td><td></td><td></td><td colspan="2">□降雨 □河流冲刷
□开挖 □地震 □其他</td><td></td><td></td></tr>
<tr><td colspan="2" rowspan="9">现今变形破坏迹象</td><td>名称</td><td>部位</td><td colspan="4">特征</td><td>初现时间</td></tr>
<tr><td>□拉张裂缝</td><td></td><td colspan="4"></td><td></td></tr>
<tr><td>□剪切裂缝</td><td></td><td colspan="4"></td><td></td></tr>
<tr><td>□地面隆起</td><td></td><td colspan="4"></td><td></td></tr>
<tr><td>□地面沉降</td><td></td><td colspan="4"></td><td></td></tr>
<tr><td>□剥、坠落</td><td></td><td colspan="4"></td><td></td></tr>
<tr><td>□树木歪斜</td><td></td><td colspan="4"></td><td></td></tr>
<tr><td>□建筑变形</td><td></td><td colspan="4"></td><td></td></tr>
<tr><td>□冒渗浑水</td><td></td><td colspan="4"></td><td></td></tr>
</table>

续表

<table>
<tr><td rowspan="2">危岩体特征</td><td>可能失稳因素</td><td colspan="8">□降雨 □地震 □人工加载 □开挖坡脚 □坡脚冲刷 □坡脚浸润 □坡体切割 □风化 □卸荷 □动水压力 □爆破振动</td></tr>
<tr><td colspan="3">目前稳定程度</td><td colspan="2">□稳定 □基本稳定 □不稳定</td><td colspan="2">今后变化趋势</td><td>□稳定 □基本稳定 □不稳定</td></tr>
<tr><td rowspan="4">堆积体特征</td><td>长度(m)</td><td>宽度(m)</td><td>厚度(m)</td><td>体积(m^3)</td><td>坡度(°)</td><td>坡向(°)</td><td colspan="2">坡面形态</td></tr>
<tr><td></td><td></td><td></td><td></td><td></td><td></td><td colspan="2">□凸 □凹 □直 □阶</td></tr>
<tr><td>可能失稳因素</td><td colspan="8">□降雨 □地震 □人工加载 □开挖坡脚 □坡脚冲刷 □坡脚浸润 □坡体切割 □风化 □卸荷 □动水压力 □爆破振动</td></tr>
<tr><td>目前稳定程度</td><td colspan="3">□稳定 □基本稳定 □不稳定</td><td>今后变化趋势</td><td colspan="4">□稳定 □基本稳定 □不稳定</td></tr>
<tr><td rowspan="8">崩塌危害</td><td rowspan="4">已造成危害</td><td>死亡人数(人)</td><td>损坏房屋</td><td>毁路(m)</td><td>毁渠(m)</td><td>其他危害</td><td>直接损失(万元)</td><td>间接损失(万元)</td></tr>
<tr><td></td><td>户 间</td><td></td><td></td><td></td><td></td><td></td></tr>
<tr><td>灾情等级</td><td colspan="6">□特大型 □大型 □中型 □小型</td></tr>
<tr><td>危害对象</td><td colspan="6">□县城 □村镇 □居民点 □学校 □矿山 □工厂 □水库 □电站 □农田 □饮灌渠道 □森林 □公路 □大江大河 □铁路 □输电线路 □通讯设施 □国防设施 □其他</td></tr>
<tr><td>诱发灾害</td><td>类型</td><td></td><td>波及范围</td><td></td><td>造成损失(万元)</td><td colspan="2"></td></tr>
<tr><td rowspan="3">潜在危害</td><td>威胁人数(人)</td><td colspan="2"></td><td>威胁财产(万元)</td><td colspan="3"></td></tr>
<tr><td>险情等级</td><td colspan="6">□特大型 □大型 □中型 □小型</td></tr>
<tr><td>威胁对象</td><td colspan="6">□县城 □村镇 □居民点 □学校 □矿山 □工厂 □水库 □电站 □农田 □饮灌渠道 □森林 □公路 □大江大河 □铁路 □输电线路 □通讯设施 □国防设施 □其他</td></tr>
<tr><td colspan="2">监测建议</td><td colspan="8">□定期目视检查 □安装简易监测设施 □地面位移监测 □深部位移监测</td></tr>
</table>

续表

<table>
<tr><td rowspan="6">防治建议</td><td colspan="2">□群测群防</td><td colspan="5">□村级监测预警 □乡级监测预警 □县级监测预警 □市级监测预警
□省级监测预警 □国家级监测预警 □交通监测预警</td></tr>
<tr><td colspan="2">□专业监测</td><td colspan="5">□县级监测预警 □市级监测预警 □省级监测预警 □国家级监测预警</td></tr>
<tr><td colspan="2">□搬迁避让</td><td colspan="5">□部分搬迁避让 □整村搬迁避让</td></tr>
<tr><td colspan="2">□工程治理</td><td colspan="5">□裂缝填埋 □地表排水 □地下排水 □削方减载 □坡面防护 □反压坡脚
□支挡 □锚固 □灌浆 □植树种草 □坡改梯 □水改旱 □减少振动
□生物工程</td></tr>
<tr><td colspan="2">□应急排危除险</td><td colspan="5"></td></tr>
<tr><td colspan="2">□立警示牌</td><td colspan="5"></td></tr>
<tr><td>遥感解译点</td><td>□是
□否</td><td>勘查点</td><td>□是
□否</td><td>测绘点</td><td>□是
□否</td><td>防灾预案/群测群防点</td><td>□是
□否</td></tr>
<tr><td>照片记录</td><td colspan="4"></td><td>录像记录</td><td colspan="2"></td></tr>
<tr><td>野外记录信息</td><td colspan="7"></td></tr>
</table>

续表

<table>
<tr><td rowspan="2">示意图</td><td>平面图</td><td>剖面图</td></tr>
<tr><td colspan="2">素描图</td></tr>
</table>

调查负责人：　　填表人：　　审核人：　　填表日期：　年　月　日

调查单位：

滑坡野外调查表

项目名称：　　　　　　　　图幅名：　　　　　　　　图幅编号：

<table>
<tr><td>名称</td><td colspan="3"></td><td rowspan="4">地理位置</td><td colspan="6">省　市　县　乡镇　村　组</td></tr>
<tr><td>野外编号</td><td></td><td rowspan="3">滑坡时间</td><td rowspan="2">□古滑坡
□老滑坡
□现代滑坡</td><td rowspan="3">坐标</td><td rowspan="2">经度</td><td rowspan="2">°　′　″</td><td rowspan="3">标高(m)</td><td rowspan="2">坡顶</td><td rowspan="2"></td></tr>
<tr><td>统一编号</td><td></td></tr>
<tr><td>县市编号</td><td></td><td>年　月　日
时　分</td><td>纬度</td><td>°　′　″</td><td>坡脚</td><td></td></tr>
<tr><td>滑坡类型</td><td colspan="3">□崩塌 □倾倒 □滑动 □倾向扩高
□流动 □复合 □推移式滑坡
□牵引式滑坡</td><td colspan="2">滑体性质</td><td colspan="5">□岩质 □碎块石 □土质</td></tr>
</table>

<table>
<tr><td rowspan="11">滑坡环境</td><td rowspan="3">地质环境</td><td colspan="3">地层岩性</td><td colspan="2">地质构造</td><td>微地貌</td><td colspan="2">地下水类型</td></tr>
<tr><td>岩性</td><td>时代</td><td>产状</td><td>构造部位</td><td>地震烈度</td><td rowspan="2">□陡崖 □陡坡
□缓坡 □平台</td><td rowspan="2">□孔隙水
□裂隙水
□岩溶水</td><td rowspan="2">□潜水
□承压水
□上层滞水</td></tr>
<tr><td></td><td></td><td>∠</td><td></td><td></td></tr>
<tr><td rowspan="3">自然地理环境</td><td colspan="3">降水量(mm)</td><td colspan="5">水文</td></tr>
<tr><td>年均</td><td>日最大</td><td>时最大</td><td>洪水位(m)</td><td>枯水位(m)</td><td colspan="3">滑坡相对河流位置</td></tr>
<tr><td></td><td></td><td></td><td></td><td></td><td colspan="2">□左岸 □右岸</td><td>□凹岸 □凸岸</td></tr>
<tr><td rowspan="5">原始斜坡</td><td>坡高(m)</td><td>坡度(°)</td><td colspan="2">斜坡结构类型</td><td colspan="4">控滑结构面</td></tr>
<tr><td></td><td></td><td colspan="2" rowspan="4">□土质斜坡
□碎屑岩斜坡
□碳酸盐岩斜坡
□结晶岩斜坡
□变质岩斜坡
□平缓层状斜坡
□顺向斜坡
□横向斜坡
□斜向斜坡
□反向斜坡
□特殊结构斜坡</td><td rowspan="4">类型</td><td rowspan="4">□层理面
□片理或劈理面
□节理裂隙面
□覆盖层与基岩接触面
□层内错动带
□构造错动带
□断层
□老滑面</td><td rowspan="4">产状</td><td>∠</td></tr>
<tr><td colspan="2">坡形</td><td>∠</td></tr>
<tr><td colspan="2" rowspan="2">□凸形
□凹形
□平直
□阶状</td><td>∠</td></tr>
<tr><td>∠</td></tr>
</table>

续表

<table>
<tr><td rowspan="13">滑坡基本特征</td><td rowspan="4">外形特征</td><td>长度(m)</td><td>宽度(m)</td><td>厚度(m)</td><td>面积(m^2)</td><td>体积(m^3)</td><td>规模等级</td><td>坡度(°)</td><td>坡向(°)</td></tr>
<tr><td></td><td></td><td></td><td></td><td></td><td>□巨型 □特大型
□大型 □中型
□小型</td><td></td><td></td></tr>
<tr><td colspan="4">平面形态</td><td colspan="4">剖面形态</td></tr>
<tr><td colspan="4">□半圆 □矩形 □舌形 □不规则</td><td colspan="4">□凸形 □凹形 □直线 □阶梯 □复合</td></tr>
<tr><td rowspan="6">结构特征</td><td colspan="5">滑体特征</td><td colspan="3">滑床特征</td></tr>
<tr><td>岩性</td><td>结构</td><td>碎石含量(%)</td><td colspan="2">块度(cm)</td><td>岩性</td><td>时代</td><td>产状</td></tr>
<tr><td></td><td>□可辨层次
□零乱</td><td></td><td colspan="2">□<5 □5~10
□10~50 □>50</td><td></td><td></td><td>∠</td></tr>
<tr><td colspan="8">滑面及滑带特征</td></tr>
<tr><td>形态</td><td>埋深(m)</td><td>倾向(°)</td><td>倾角(°)</td><td>厚度(m)</td><td colspan="2">滑带土名称</td><td>滑带土性状</td></tr>
<tr><td>□线形 □弧形
□阶形 □起伏</td><td></td><td></td><td></td><td></td><td colspan="2">□黏土 □粉质黏土
□含砾黏土</td><td></td></tr>
<tr><td rowspan="2">地下水</td><td>埋深(m)</td><td colspan="3">露头</td><td colspan="4">补给类型</td></tr>
<tr><td></td><td colspan="3">□上升泉 □下降泉 □溢水点</td><td colspan="4">□降雨 □地表水 □人工 □融雪</td></tr>
<tr><td>土地使用</td><td colspan="8">□旱地 □水田 □草地 □灌木 □森林 □裸露 □建筑</td></tr>
</table>

续表

<table>
<tr><td rowspan="3">变形活动特征</td><td rowspan="2">现今变形迹象</td><td>名 称</td><td>部位</td><td>特　征</td><td>初现时间</td></tr>
<tr><td>□拉张裂缝
□剪切裂缝
□地面隆起
□地面沉降
□剥、坠落
□树木歪斜
□建筑变形
□渗冒浑水</td><td></td><td></td><td></td></tr>
<tr><td colspan="2">变形活动阶段</td><td colspan="3">□初始蠕变阶段 □加速变形阶段 □剧烈变形阶段 □破坏阶段 □休止阶段</td></tr>
<tr><td rowspan="7">滑坡成因</td><td colspan="2">主导因素</td><td colspan="3">□自然因素 □人为因素 □综合因素</td></tr>
<tr><td rowspan="4">自然因素</td><td>自然诱因</td><td colspan="3">□降雨 □地震 □洪水 □崩塌加载</td></tr>
<tr><td>地质因素</td><td colspan="3">□节理极度发育 □结构面走向与坡面平行 □结构面倾角小于坡角 □软弱基座
□透水层下伏隔水层 □土体/基岩接触 □破碎风化岩/基岩接触
□强/弱风化层界面</td></tr>
<tr><td>地貌因素</td><td colspan="3">□斜坡陡峭 □坡脚遭侵蚀 □超载堆积</td></tr>
<tr><td>物理因素</td><td colspan="3">□风化 □融冻 □胀缩 □累进性破坏造成的抗剪强度降低 □孔隙水压力高
□洪水冲蚀 □水位陡降陡落 □地震</td></tr>
<tr><td colspan="2">人为因素</td><td colspan="3">□削坡过陡 □坡脚开挖 □坡后加载 □蓄水位变化 □森林植被破坏 □爆破振动
□矿山采掘 □渠塘渗漏 □灌溉渗漏 □废水随意排放</td></tr>
<tr><td colspan="2" style="display:none"></td></tr>
<tr><td rowspan="2">稳定性分析</td><td colspan="2">复活诱发因素</td><td colspan="3">□降雨 □地震 □人工加载 □开挖坡脚 □坡脚冲刷 □坡脚浸润 □坡体切割 □风化
□卸荷 □动水压力 □爆破振动</td></tr>
<tr><td colspan="2">目前稳定状况</td><td>□稳定 □基本稳定 □不稳定</td><td>发展趋势分析</td><td>□稳定 □基本稳定 □不稳定</td></tr>
</table>

续表

<table>
<tr><td rowspan="8">滑坡危害</td><td rowspan="4">已造成危害</td><td>死亡人数(人)</td><td>损坏房屋</td><td>毁路(m)</td><td>毁渠(m)</td><td>其他危害</td><td>直接损失(万元)</td><td>间接损失(万元)</td></tr>
<tr><td></td><td>户 间</td><td></td><td></td><td></td><td></td><td></td></tr>
<tr><td>灾情等级</td><td colspan="6">□特大型 □大型 □中型 □小型</td></tr>
<tr><td>危害对象</td><td colspan="6">□县城 □村镇 □居民点 □学校 □矿山 □工厂 □水库 □电站 □农田
□饮灌渠道 □森林 □公路 □大江大河 □铁路 □输电线路 □通讯设施
□国防设施 □其他</td></tr>
<tr><td>诱发灾害</td><td>灾害类型</td><td></td><td>波及范围</td><td></td><td>造成损失(万元)</td><td colspan="2"></td></tr>
<tr><td rowspan="3">潜在危害</td><td>威胁人数(人)</td><td colspan="2"></td><td colspan="2">威胁财产(万元)</td><td colspan="2"></td></tr>
<tr><td>险情等级</td><td colspan="6">□特大型 □大型 □中型 □小型</td></tr>
<tr><td>威胁对象</td><td colspan="6">□县城 □村镇 □居民点 □学校 □矿山 □工厂 □水库 □电站 □农田
□饮灌渠道 □森林 □公路 □大江大河 □铁路 □输电线路 □通讯设施
□国防设施 □其他</td></tr>
<tr><td colspan="2">监测建议</td><td colspan="7">□定期目视检查 □安装简易监测设施 □地面位移监测 □深部位移监测</td></tr>
<tr><td colspan="2" rowspan="6">防治建议</td><td>□群测群防</td><td colspan="6">□村级监测预警 □乡级监测预警 □县级监测预警 □市级监测预警
□省级监测预警 □国家级监测预警 □交通监测预警</td></tr>
<tr><td>□专业监测</td><td colspan="6">□县级监测预警 □市级监测预警 □省级监测预警 □国家级监测预警</td></tr>
<tr><td>□搬迁避让</td><td colspan="6">□部分搬迁避让 □整村搬迁避让</td></tr>
<tr><td>□工程治理</td><td colspan="6">□裂缝填埋 □地表排水 □地下排水 □削方减载 □坡面防护
□反压坡脚 □支挡 □锚固 □灌浆 □植树种草 □坡改梯 □水改旱
□减少振动 □生物工程</td></tr>
<tr><td>□应急排危除险</td><td colspan="6"></td></tr>
<tr><td>□立警示牌</td><td colspan="6"></td></tr>
<tr><td colspan="2">遥感解译点</td><td>□是 □否</td><td>勘查点</td><td>□是 □否</td><td>测绘点</td><td>□是 □否</td><td>防灾预案/群测群防点</td><td>□是 □否</td></tr>
<tr><td colspan="2">照片记录</td><td colspan="4"></td><td>录像记录</td><td colspan="2"></td></tr>
<tr><td>野外记录信息</td><td colspan="8"></td></tr>
</table>

续表

<table>
<tr><td rowspan="2">滑坡示意图</td><td>平面图</td><td>剖面图</td></tr>
<tr><td colspan="2">素描图</td></tr>
</table>

调查负责人：　　　　填表人：　　　　审核人：　　　　填表日期：　年　月　日

调查单位：

泥石流野外调查表

项目名称： 图幅名： 图幅编号：

<table>
<tr><td>沟名</td><td colspan="8"></td></tr>
<tr><td>室内编号</td><td colspan="2"></td><td>野外编号</td><td colspan="2"></td><td>统一编号</td><td colspan="2"></td></tr>
<tr><td>行政区位</td><td colspan="4">省 市 县 乡镇 村 组</td><td rowspan="2">沟口位置</td><td>经度</td><td colspan="2">° ′ ″</td></tr>
<tr><td>水系名称</td><td colspan="4"></td><td>纬度</td><td colspan="2">° ′ ″</td></tr>
<tr><td colspan="9">泥石流沟与主河关系</td></tr>
<tr><td colspan="2">主河名称</td><td colspan="2">泥石流沟位于主河的</td><td colspan="3">沟口至主河道距离(m)</td><td colspan="2">流动方向(°)</td></tr>
<tr><td colspan="2"></td><td colspan="2">□左岸 □右岸</td><td colspan="3"></td><td colspan="2"></td></tr>
<tr><td rowspan="2">水动力类型</td><td colspan="3" rowspan="2">□暴雨 □冰川
□溃决 □地下水</td><td rowspan="2">沟口巨石大小
(m)</td><td colspan="2">Φa</td><td>Φb</td><td>Φc</td></tr>
<tr><td colspan="2"></td><td></td><td></td></tr>
<tr><td>泥砂补给途径</td><td colspan="3">□面蚀 □沟岸崩滑 □沟底再搬运</td><td>补给区位置</td><td colspan="4">□上游 □中游 □下游</td></tr>
<tr><td rowspan="2">降雨特征值
(mm)</td><td>年最大
降雨</td><td>年平均
降雨</td><td>日最大
降雨</td><td>日平均
降雨</td><td>时最大
降雨</td><td>时平均
降雨</td><td>10分钟
最大降雨</td><td>10分钟
平均降雨</td></tr>
<tr><td></td><td></td><td></td><td></td><td></td><td></td><td></td><td></td></tr>
<tr><td rowspan="3">沟口扇形地
特征</td><td>扇形地完整性
(%)</td><td></td><td>扇面冲淤变幅</td><td>±</td><td>发展趋势</td><td colspan="3">□下切 □淤高</td></tr>
<tr><td>扇长
(m)</td><td></td><td>扇宽
(m)</td><td></td><td>扩散角(°)</td><td colspan="3"></td></tr>
<tr><td>挤压大河</td><td colspan="7">□河形弯曲主流偏移 □主流偏移 □主流只在高水位偏移 □主流不偏</td></tr>
<tr><td>地质构造</td><td colspan="5">□顶沟断层 □过沟断层 □抬升区 □沉降区 □褶皱 □单斜</td><td>地震
烈度</td><td colspan="2"></td></tr>
<tr><td rowspan="3">不良地质体
情况</td><td>滑坡</td><td>活动程度</td><td colspan="2">□严重 □中等 □轻微 □一般</td><td>规模</td><td colspan="3">□大 □中 □小</td></tr>
<tr><td>人工弃体</td><td>活动程度</td><td colspan="2">□严重 □中等 □轻微 □一般</td><td>规模</td><td colspan="3">□大 □中 □小</td></tr>
<tr><td>自然堆积</td><td>活动程度</td><td colspan="2">□严重 □中等 □轻微 □一般</td><td>规模</td><td colspan="3">□大 □中 □小</td></tr>
</table>

续表

土地利用(%)	森林	灌丛	草地	缓坡耕地	荒地	陡坡耕地	建筑用地	其他

防治措施现状	□有 □无	类型	□稳拦 □排导 □避绕 □生物工程			
监测措施	□有 □无	类型	□雨情 □泥位 □专人值守			
危害对象	□县城 □村镇 □居民点 □学校 □矿山 □工厂 □水库 □电站 □农田 □饮灌渠道 □森林 □公路 □大江大河 □铁路 □输电线路 □通讯设施 □国防设施 □其他					
造成危害	死亡人数(人)		直接经济损失(万元)		灾情等级	□特大型 □大型 □中型 □小型

灾害史	发生时间(年/月/日)	死亡人数(人)	牲畜损失(头)	房屋(间)		农田(亩)		公共设施		直接损失(万元)	灾情等级
				全毁	半毁	全毁	半毁	道路(km)	桥梁(座)		
											□特大型 □大型 □中型 □小型

泥石流特征						
	暴发频率(次/年)		泥石流类型	□泥流 □泥石流 □水石流 □沟谷型 □山坡型		
	冲出方量(m^3)		规模等级	□巨型 □大型 □中型 □小型	泥位(m)	

续表

<table>
<tr><td colspan="18">泥石流综合评判</td></tr>
<tr><td>1.不良地质现象</td><td colspan="7">□严重 □中等 □轻微 □一般</td><td colspan="6">2.补给段长度比(%)</td><td colspan="4"></td></tr>
<tr><td>3.沟口扇形地</td><td colspan="7">□大 □中 □小 □无</td><td colspan="6">4.主沟纵坡(‰)</td><td colspan="4"></td></tr>
<tr><td>5.新构造影响</td><td colspan="7">□强烈上升区 □上升区
□相对稳定区 □沉降区</td><td colspan="6">6.植被覆盖率(%)</td><td colspan="4"></td></tr>
<tr><td>7.冲淤变幅(m)</td><td>±</td><td colspan="4">8.岩性因素</td><td colspan="12">□土及软岩 □软硬相间 □风化和节理发育的硬岩 □硬岩</td></tr>
<tr><td>9.松散物储量($10^4 m^3/km^2$)</td><td></td><td colspan="4">10.山坡坡度(°)</td><td colspan="2"></td><td colspan="4">11.沟槽横断面</td><td colspan="6">□V型谷(谷中谷、U型谷)
□拓宽U型谷 □复式断面
□平坦型</td></tr>
<tr><td>12.松散物平均厚(m)</td><td colspan="6"></td><td colspan="5">13.流域面积(km^2)</td><td colspan="6"></td></tr>
<tr><td>14.相对高差(m)</td><td colspan="6"></td><td colspan="5">15.堵塞程度</td><td colspan="6">□严重 □中等 □轻微 □无</td></tr>
<tr><td rowspan="2">评　分</td><td>1</td><td>2</td><td>3</td><td>4</td><td>5</td><td>6</td><td>7</td><td>8</td><td>9</td><td>10</td><td>11</td><td>12</td><td>13</td><td>14</td><td>15</td><td rowspan="2">总分</td><td rowspan="2"></td></tr>
<tr><td></td><td></td><td></td><td></td><td></td><td></td><td></td><td></td><td></td><td></td><td></td><td></td><td></td><td></td><td></td></tr>
<tr><td>易发程度</td><td colspan="11">□高易发 □中易发 □低易发 □不易发</td><td colspan="2">目前稳定状况</td><td colspan="4">□稳定 □基本稳定
□不稳定</td></tr>
<tr><td>发展阶段</td><td colspan="17">□发育期 □旺盛期 □衰退期 □停歇或终止期</td></tr>
<tr><td rowspan="3">潜在危害</td><td colspan="4">威胁人数(人)</td><td colspan="6"></td><td colspan="4">威胁财产(万元)</td><td colspan="3"></td></tr>
<tr><td colspan="4">险情等级</td><td colspan="13">□特大型 □大型 □中型 □小型</td></tr>
<tr><td colspan="4">威胁对象</td><td colspan="13">□县城 □村镇 □居民点 □学校 □矿山 □工厂 □水库 □电站
□农田 □饮灌渠道 □森林 □公路 □大江大河 □铁路 □输电线路
□通讯设施 □国防设施 □其他</td></tr>
<tr><td>监测建议</td><td colspan="17">□雨情 □泥位 □专人值守</td></tr>
</table>

续表

<table>
<tr><td rowspan="6">防治建议</td><td colspan="2">□群测群防</td><td colspan="6">□村级监测预警 □乡级监测预警 □县级监测预警
□市级监测预警 □省级监测预警 □国家级监测预警
□交通监测预警</td></tr>
<tr><td colspan="2">□专业监测</td><td colspan="6">□县级监测预警 □市级监测预警 □省级监测预警
□国家级监测预警</td></tr>
<tr><td colspan="2">□搬迁避让</td><td colspan="6">□部分搬迁避让 □整村搬迁避让</td></tr>
<tr><td colspan="2">□工程治理</td><td colspan="6">□稳拦 □排导 □生物工程</td></tr>
<tr><td colspan="2">□应急排危除险</td><td colspan="6"></td></tr>
<tr><td colspan="2">□立警示牌</td><td colspan="6"></td></tr>
<tr><td>遥感解译点</td><td>□是
□否</td><td>勘查点</td><td>□是
□否</td><td>测绘点</td><td>□是
□否</td><td>防灾预案/
群测群防点</td><td>□是
□否</td></tr>
<tr><td>照片记录</td><td colspan="3"></td><td>录像记录</td><td colspan="3"></td></tr>
<tr><td colspan="8">示意图</td></tr>
<tr><td>野外记录信息</td><td colspan="7"></td></tr>
</table>

调查负责人：　　　　填表人：　　　　审核人：　　　　填表日期：　年　月　日

调查单位：

地面塌陷野外调查表

项目名称：　　　　　　　　　　图幅名：　　　　　　　　　　图幅编号：

<table>
<tr><td>名称</td><td></td><td rowspan="3">地理位置</td><td colspan="5">省　　市　　县　　乡镇　　村　　组</td></tr>
<tr><td rowspan="2">编号</td><td>野外：</td><td rowspan="2">坐标</td><td>经度：</td><td>X：</td><td rowspan="2">标高</td><td rowspan="2"></td></tr>
<tr><td>室内：</td><td>纬度：</td><td>Y：</td></tr>
</table>

<table>
<tr><td rowspan="3">发育特征</td><td rowspan="3">陷坑单体</td><td>坑号</td><td>形状</td><td>坑口规模(m²)</td><td>深度(m)</td><td>变形面积(m²)</td><td>规模等级</td><td>长轴方向</td><td>充水水位深(m)</td><td>水位变动(m)</td><td>发生时间</td><td>发展变化</td></tr>
<tr><td>1</td><td>□圆形
□方形
□巨型
□菱形
□不规则</td><td></td><td></td><td></td><td>□巨型
□大型
□中型
□小型</td><td></td><td></td><td></td><td></td><td>□停止
□尚在发展
□趋减弱</td></tr>
<tr><td>2</td><td></td><td></td><td></td><td></td><td></td><td></td><td></td><td></td><td></td><td></td></tr>
</table>

<table>
<tr><td rowspan="7">发育特征</td><td rowspan="7">陷坑群体</td><td rowspan="4">坑数</td><td colspan="7">分布、发育及发生发展情况</td></tr>
<tr><td>分布面积(km²)</td><td>排列形式</td><td>长列方向</td><td colspan="2">坑口口径(m)</td><td colspan="2">坑的深度(m)</td></tr>
<tr><td rowspan="2"></td><td rowspan="2"></td><td rowspan="2"></td><td>最小</td><td>最大</td><td>最小</td><td>最大</td></tr>
<tr><td></td><td></td><td></td><td></td></tr>
<tr><td rowspan="2"></td><td>始发时间</td><td>盛发开始时间</td><td colspan="2">盛发截止时间</td><td>停止时间</td><td colspan="2">尚在发展</td></tr>
<tr><td></td><td></td><td colspan="2"></td><td></td><td colspan="2">□趋增强 □趋减弱</td></tr>
</table>

<table>
<tr><td rowspan="10">发育特征</td><td rowspan="10">伴生裂缝</td><td rowspan="3">单缝特征</td><td>缝号</td><td>形态</td><td>延伸方向</td><td>倾向(°)</td><td>倾角(°)</td><td>长度(m)</td><td>宽度(m)</td><td>深度(m)</td><td>性质</td></tr>
<tr><td></td><td></td><td></td><td></td><td></td><td></td><td></td><td></td><td></td></tr>
<tr><td></td><td></td><td></td><td></td><td></td><td></td><td></td><td></td><td></td></tr>
<tr><td rowspan="5">群缝特征</td><td colspan="9">分布、发育及发生发展情况</td></tr>
<tr><td rowspan="2">缝数</td><td rowspan="2">分布面积(km²)</td><td rowspan="2">间距(m)</td><td rowspan="2">排列形式</td><td rowspan="2">产状</td><td rowspan="2">阶步指向</td><td colspan="3">缝的规模</td></tr>
<tr><td>长</td><td>宽</td><td>深</td></tr>
<tr><td rowspan="2"></td><td rowspan="2"></td><td rowspan="2"></td><td rowspan="2"></td><td rowspan="2"></td><td rowspan="2"></td><td>最小</td><td></td><td></td></tr>
<tr><td>最大</td><td></td><td></td></tr>
</table>

<table>
<tr><td>塌陷区地貌特征</td><td>□平原 □山间凹地 □河边阶地 □山坡 □山顶</td></tr>
</table>

续表

<table>
<tr><td colspan="2">成因类型</td><td>□岩溶型塌陷</td><td>□土洞型塌陷</td><td>□冒顶型塌陷</td></tr>
<tr><td rowspan="3">形成条件</td><td rowspan="2">地质环境条件</td><td>塌陷地层时代及岩性：
岩层产状：
断裂情况：
溶洞发育情况：
岩层总体发育程度：
□强 □弱
塌顶溶洞埋深：　m</td><td>塌陷土层结构及土性：
□单层
土性：　厚度：　m
□双层
上部土性：　厚度：　m
下部土性：　厚度：　m
下伏基岩时代及岩性：</td><td>塌陷岩土层时代及岩性：
土层时代：
土性：　厚度：　m
岩层时代：
岩性：　厚度：　m</td></tr>
<tr><td>地下水位埋深：　m</td><td>地下水位埋深：　m</td><td>地下水位埋深：　m</td></tr>
<tr><td>引发动力因素</td><td>□地震
□其他振动
□地面加载
□水库蓄水
□其他水位骤变
□溶蚀剥蚀</td><td>□深井抽水
井位在塌陷区的方向：
距离：　m，抽水降深　m，
日出水量：　m^3，
□江河水位变化
河边在塌陷区的方向：
距离：　m，水位变幅：　m
□地面加载 □振动</td><td>□坑道挖掘顶板冒落
□洞室顶部破碎岩土体地下水流强烈下泄
矿层厚度：　m，开采时间：
开采厚度：　m，开采深度：　m
开采方法：
工作面推进速度：　m/d
采出量：　m^3，
顶板管理方法：
重复采动：□是 □否
采空区形态：
采空区规模：　m^3</td></tr>
</table>

地面塌陷野外调查表

<table>
<tr><td rowspan="8">灾害情况</td><td colspan="2">已有灾害损失</td><td colspan="2">潜在灾害预测</td></tr>
<tr><td colspan="2">毁田：　　亩，毁房：　间
阻断交通：□铁路 □公路 □通讯　　小时</td><td>陷坑发展预测</td><td>潜在损害预测</td></tr>
<tr><td colspan="2">地面水源枯竭：□河水流量减少：　m^3/s
□ 断流：　　m^3/s
□ 井泉水流量减少：　m^3/s
□ 水位降低：　　m　□ 干枯</td><td>新增陷坑：　个
扩大陷区：　km^2</td><td>毁田：　　亩
毁房：　　间</td></tr>
<tr><td colspan="2">地下井巷突水：□水量增大：　m^3/s，
□成灾损失：　万元　□淹井损失：　万元</td><td>出现新陷区：　处</td><td>断路：　　小时</td></tr>
<tr><td colspan="2">淹埋地面物资：</td><td>面积：　km^2</td><td>其他：</td></tr>
<tr><td>死亡人口（人）</td><td>直接损失（万元）</td><td>威胁人口（人）</td><td>威胁财产（万元）</td></tr>
<tr><td></td><td></td><td></td><td></td></tr>
<tr><td colspan="2">灾情等级：□特大型 □大型 □中型 □小型</td><td colspan="2">险情等级：□特大型 □大型 □中型 □小型</td></tr>
<tr><td rowspan="2">防治情况</td><td colspan="2">已采取的防治措施及效果</td><td colspan="2">今后防治建议</td></tr>
<tr><td colspan="2"></td><td colspan="2"></td></tr>
</table>

<table>
<tr><td>隐患点</td><td colspan="2">□是　□否</td><td>防灾预案</td><td colspan="2">□有　□无</td></tr>
<tr><td>群测人员</td><td></td><td>村　长</td><td></td><td>电　话</td><td></td></tr>
</table>

<table>
<tr><td rowspan="2">示意图</td><td>平面图</td></tr>
<tr><td>剖面图</td></tr>
</table>

调查负责人：　　　　填表人：　　　　审核人：　　　　填表日期：　年　月　日

调查单位：

地面沉降野外调查表

项目名称：　　　　　　　　　　图幅名：　　　　　　　　　　图幅编号：

名　　称				发生时间			
野外编号		室内编号		统一编号			
地理位置	省　市　县　乡镇　村　组			沉降类型			
	经纬度	经度		沉降中心位置	行政区域		
					经纬度	经度	
		纬度				纬度	
沉　降　规　模							
沉降区面积(km^2)		年平均沉降量(mm)		历年累计沉降量(mm)		平均沉降速率(mm/a)	
地形地貌							
地质构造及活动情况							
第四系覆盖层	岩性		厚度(m)		结构		
	空间变化规律			主要沉降层位			
	水文地质特征						
沉　降　区　地　下　水　概　况							
年开采量(m^3/a)	年补给量(m^3/a)		地下水埋深(m)	年水位变化幅度(m)		其　他	
引发沉降原因			沉降现状				
变化规律			发展趋势				
造成危害				潜在危害			
死亡人数(人)	直接损失(万元)			威胁人数(人)	威胁财产(万元)		
灾情等级：□特大型 □大型 □中型 □小型				险情等级：□特大型 □大型 □中型 □小型			
危害对象	□县城 □村镇 □居民点 □学校 □矿山 □工厂 □水库 □电站 □农田 □饮灌渠道 □森林 □公路 □大江大河 □铁路 □输电线路 □通讯设施 □国防设施 □其他			威胁对象	□县城 □村镇 □居民点 □学校 □矿山 □工厂 □水库 □电站 □农田 □饮灌渠道 □森林 □公路 □大江大河 □铁路 □输电线路 □通讯设施 □国防设施 □其他		
主要危害							
造成损失							
治理措施							
治理效果							
遥感解译点	□是□否	勘查点	□是□否	测绘点	□是□否	防灾预案/群测群防点	□是□否
照片记录				录像记录			

调查负责人：　　　　　填表人：　　　　　审核人：　　　　　填表日期：　年　月　日

调查单位：

附件2:地质灾害隐患点变更调查表

隐患点名称		统一编号	
隐患类型	□崩塌 □滑坡 □泥石流 □地面塌陷 □地面沉降 □地裂缝		
位置	市 县(市、区) 乡(镇、街办) 村 组		
发生(发现)时间	年 月 日 时 分	经度	
		纬度	
原威胁对象	户 人, 万元	隐患规模	m^3(或m^2)
变更情况	变更前	变更后	
调查结论			
照片			
填写说明			

调查人: 审核人: 调查单位:(盖章)

调查日期: 年 月 日

附件3:地质灾害隐患点核销调查表

隐患点名称		统一编号	
隐患类型	□崩塌 □滑坡 □泥石流 □地面塌陷 □地面沉降 □地裂缝		
位置	市　县(市、区)　乡(镇、街办)　村　组		
发生(发现)时间	年　月　日 时　分	经度	
		纬度	
原威胁对象	户　人，　万元	隐患规模	m^3(或m^2)
核销条件	□自行避让搬迁 □政府组织避让搬迁 □自行治理 □简易治理 □工程治理 □排危除险 □地质环境条件改变 □无直接威胁对象 □其他		
地质环境条件			
核销依据			
稳定性分析			
调查结论			
下步措施建议			
照片			
填写说明	下步措施建议栏，主要填写调整管控范围、警示标识牌、监测要求，做好后续的管理和维护等工作。		

调查人：　　审核人：　　调查单位：(盖章)

调查日期：　年　月　日

(四)地质灾害速报和月报

1. 地质灾害速报

1) 速报原则

地质灾害速报要求“情况准确、上报迅速、县为基础”。

2) 速报时限

发生人员伤亡和失踪的地质灾害灾情,以及特大型、大型和中型险情时,灾害发生地的市、县(市、区)自然资源和规划局要在接到报告后1小时内,速报当地人民政府和省自然资源厅。

未发生人员伤亡和失踪的地质灾害灾情、小型险情及避免人员伤亡的成功预报实例,灾害发生地的市级自然资源和规划局要在接到报告后6小时内,速报当地人民政府和省自然资源厅。

可能发生因灾伤亡或造成较大经济损失的疑似地质灾害灾情和险情,以及可能引发地质灾害或社会普遍关注的其他灾情,灾害发生地的市、县(市、区)自然资源和规划局要第一时间通过电话、传真等方式向省自然资源厅简要报告情况,做到有效处置,严防迟报、漏报。

2. 速报内容

地质灾害速报应尽可能详细说明地质灾害灾情或险情发生的时间、地点、灾害类型、灾害体的规模、可能的引发因素和发展趋势等,同时提出主管部门采取的对策和措施。对地质灾害灾情的速报,还应包括死亡、失踪和受伤的人数以及造成的直接经济损失。

3. 地质灾害月报

(1)各市自然资源和规划局应于每月1日前,将本行政区域内上一个月度发生的地质灾害月报信息(详见《安徽省自然资源厅关于做好地质灾害统计数据报送工作的通知》(皖自然资勘函〔2020〕25号)),按要求报省自然资源厅,同时对本行政区域内本月地质灾害发展趋势作出简明扼要的预测说明。每季度末和次年2月15日以前,报送下季度和下一年度的地质灾害发展趋势预测说明。

(2)统计地质灾害灾险情时要按照自然资源部《关于做好地质灾害统计数据报送工作的通知》(自然资地勘函〔2020〕12号)规定,将达到统计标准的灾情和未达到统计标准的灾险情分开填报。

(3)成功避险实例文字内容包括:发生预警时间,地质灾害发生的时间、地点,地质灾害类型、规模,应急避让人数,避免伤亡人员和财产损失,预报方法和避灾措施情况等。避免人员伤亡和财产损失数量按照地质灾害直接威胁范围确定，如倒塌房屋内的居住人员或灾害现场活动人员等。

(4) 值班人员玩忽职守，未按本制度要求上报地质灾害灾险情、延误抢险救灾造成损失的，将依法依规追究责任。

(五) 地质灾害防治宣传培训演练

1. 宣传

积极利用“地球日”“防灾减灾日”“国际减灾日”等时机，开展地质灾害识灾防灾、灾情报告、避险自救等科普宣传活动，增强全社会防御地质灾害的意识和自我保护能力。乡镇人民政府在进行组织宣传时可在农村赶集时以横幅、标语、宣传资料等方式进行宣传报道。

2. 培训

采取集中授课与点位实地讲解相结合的方式，主要以举办培训班、发放培训资料，进村培训等多种形式为主，旨在普及地质灾害防治基本知识，提高受威胁群众的识灾、防灾、避灾意识和自救、互救能力。

3. 演练

开展地质灾害避险转移演练，每年要在重要隐患点至少开展一次演练，以确保在灾害来临之前或遇到险情时，能迅速启动防灾预案，坚决果断、快速有序地转移受威胁群众，并妥善安排好群众生活。

宣传培训要常态化、制度化，应急演练要规范化、正式化。要以受威胁群众为重点对象，将宣传培训和应急演练相结合，把培训的理论知识作为对具体演练实践的指导，同时在演练实践中积累防灾、减灾、救灾的经验，寓教学、宣传、演练于一体。

(六) 地质灾害防治项目管理

地质灾害防治项目管理按照“安徽省自然资源厅　安徽省财政厅关于印发《安徽省地质灾害防治项目及专项资金管理办法》的通知”(皖自然资规〔2022〕5号)执行，主要内容如下：

1. 总则

(1) 地质灾害防治项目及专项资金由省自然资源厅、省财政厅负责管理。省自然资源厅在编制年度预算时，负责提出下年度专项资金安排建议；在年度预算执行过程中，负责提出具体专项资金分配建议方案，做好预算绩效管理具体工作，督促和指导市县做好项目实施和资金使用管理监督工作等。省财政厅对省自然资源厅申报的预算安排建议进行审核后，列入省级财政年度预算，经省人大批准后执行；在年度预算执行过程中，负责审核资金分配建议方案并下达资金预算，指导市县加强资金使用监督管理等。

市、县(市、区)自然资源主管部门和财政部门根据职能分工，做好地质灾害防治项目实施、资金分配使用、监督管理及预算绩效管理等工作。

(2) 坚持“搬迁优先、综合治理”的原则，对已核查入库的地质灾害隐患点或灾险情速报点科学合理确定综合防治措施。对风险等级高的实施搬迁避让；对风险等级较高、威胁人数较多、难以搬迁避让的实施工程治理；对规模较小、治理措施简单的实施排危除险；对暂时难以实施搬迁避让或治理、威胁人数较多的实施专业监测。

(3) 专项资金原则上根据当年地质灾害发生情况分批下达，如遇突发重大地质灾害发生可启动资金紧急核拨机制。

(4) 中央财政下达我省的地质灾害防治专项资金除特别规定外，适用本办法。

2. 项目申报和审查

(1) 搬迁避让项目，由县级自然资源主管部门会同同级财政部门申报，由市级自然资源主管部门会同同级财政部门对项目验收合格后，统一向省自然资源厅和省财政厅申请补助资金。申报材料包括资金申报表、地质灾害隐患点信息、搬迁前后的全景照片、搬迁安置人员登记册及户籍资料或被拆迁房屋产权证明、乡镇人民政府意见等。

(2) 工程治理项目，由县级自然资源主管部门会同同级财政部门向市级自然资源主管部门和财政部门申报，经市级自然资源主管部门会同同级财政部门审核同意后，报省自然资源厅和省财政厅申请立项，并附项目申报表和勘查、设计方案；省自然资源厅会同省财政厅组织专家现场踏勘核实项目是否符合工程治理条件；对符合条件的项目进行勘查，审查设计方案，审定施工技术方案、实物工作量和治理所需费用。

(3) 排危除险项目，由市级自然资源主管部门会同同级财政部门统一组织专家对辖区内县级自然资源主管部门和同级财政部门申报的排危除险项目设计方案进行审查，审定施工技术方案、实物工作量和治理所需费用，并根据审查结果和工作实际统筹安排实施项目，向省自然资源厅和省财政厅申请立项，随文附项目申报表、设计方案和专家审查意见。项目申报单位对项目的真实性、完整性、准确性负责。省自然资源厅会同省财政厅对项目申报材料的合规性、合理性进行审查。

(4) 调查评价、监测预警项目，由县级自然资源主管部门会同同级财政部门向市级自然资源主管部门和财政部门申报，经市级自然资源主管部门会同同级财政部门审核同意后，报省自然资源厅和省财政厅申请立项，并附项目申报表、设计方案。省自然资源厅会同省财政厅组织专家对项目设计方案进行审查，审定实施技术方案、实物工作量和项目所需费用。

(5) 省自然资源厅会同省财政厅将符合条件的搬迁避让、工程治理、排危除险、调查评价和监测预警等项目，纳入省级地质灾害防治项目库管理。

(6) 各类项目抽取评审专家时,实行回避制度。专家组应依法依规对项目实施的必要性、技术可行性、经济合理性等方面进行审查,并对审查结果终身负责。

3. 资金拨付

(1) 搬迁避让项目。经市级验收确认的搬迁户数,按照每户6万元的标准,采取"以奖代补"方式安排资金。

工程治理、排危除险、调查评价和监测预警等项目所需费用,由省级专项资金补助50%,按照财政事权与支出责任相统一的原则,剩余50%资金由项目所在市、县(市、区)财政予以保障。

基层能力建设资金,由省自然资源厅综合权衡各市、县(市、区)地质灾害防灾工作任务、重点隐患状况、灾害威胁和受灾情况等主要因素,提出资金分配建议。

(2) 省自然资源厅根据年度专项资金预算和项目库储备等情况,制定专项资金总体分配建议方案和绩效目标分解方案,提交厅党组会议研究同意后,按程序报送省财政厅。省财政厅审核下达资金。

(3) 对于危险性大的突发地质灾害等特殊情况亟需进行工程治理的,经市级自然资源主管部门会同同级财政部门申请,省自然资源厅会同省财政厅组织专家现场论证通过后,纳入项目库管理,并提前下达项目任务书,优先安排项目治理资金。

4. 项目实施与监管

(1) 工程治理、排危除险、调查评价和监测预警等项目由县级自然资源主管部门全程负责实施、管理和监督,根据招投标及政府采购要求,择优确定具有相应地质灾害防治资质的项目承担单位。工程治理、排危除险项目的勘查和设计承担单位不得同时确定为施工和监理单位。

(2) 基层能力建设资金,由市、县(市、区)自然资源主管部门会同同级财政部门细化到具体任务,制定实施方案并负责具体实施。基层能力建设资金主要用于地质灾害监测预警、巡查排查、避险转移、防灾演练、宣传培训和基层专业支撑队伍建设等。具体安排情况和实施方案由市级自然资源主管部门会同同级财政部门在专项资金拨付后30日内报送省自然资源厅和省财政厅备案。

(3) 搬迁避让项目,由省自然资源厅会同省财政厅对项目完成情况视情进行抽查或"双随机一公开"检查,抽查比例根据当年申报户数确定,抽查户数原则上不低于申报总户数的30%,并督促市级自然资源主管部门对抽查发现问题进行限期整改,整改期间暂停该市搬迁避让项目申报。

(4) 市级自然资源主管部门对辖区内地质灾害防治项目的实施进度、工程质量、资金使用及绩效管理进行全程监督检查。

5. 项目变更

(1) 地质灾害防治项目实施过程中,应严格执行已批准的设计方案和预算,一般情况下不得变更,确需变更设计方案的,按照程序变更。

工程治理、调查评价和监测预警等项目变更由市级自然资源主管部门会同同级财政部门以正式文件形式向省自然资源厅和省财政厅申请变更。省自然资源厅会同省财政厅组织专家对变更的勘查和设计方案进行审查,出具专家审查意见,下达市、县(市、区)自然资源主管部门组织实施。

排危除险和基层能力建设项目变更由市级自然资源主管部门会同同级财政部门组织有关专家对变更方案进行审查,下达县级自然资源主管部门组织实施,并于30日内报送省自然资源厅和省财政厅备案。

(2) 项目变更后总投资超出原设计总投资部分由项目所在地市、县(市、区)人民政府承担,总投资减少部分按投入资金比例相应核减省级补助资金。

6. 项目验收

(1) 地质灾害防治项目完工后,由项目所在地县(市、区)自然资源主管部门会同同级财政等相关部门组织初步验收,验收合格后向市级自然资源主管部门和同级财政部门申请验收。市级自然资源主管部门会同同级财政等相关部门组织专家进行项目验收,验收合格后,由市级自然资源主管部门会同同级财政部门在30日内,将项目验收结果和经费决算审计报告报送省自然资源厅和省财政厅备案。

(2) 工程治理、调查评价、监测预警项目周期为2年,排危除险和基层能力建设项目周期为1年。逾期未完成的,由项目所在地市级自然资源主管部门和同级财政部门以正式文件向省自然资源厅和省财政厅说明原因,并承诺完成时限。项目逾期未通过竣工验收的县(市、区),暂停安排相应类别的地质灾害防治项目。

(3) 专项资金支持项目形成的资产由验收单位交所在地县级以上人民政府管理和维护,其中地质灾害治理工程不作固定资产处理。

7. 资金使用和绩效管理

(1) 专项资金严格执行国库集中支付制度,实行专账核算、专款专用,严格按照规定用途使用,不得截留、挤占、挪作他用。属于政府采购范围的,按照政府采购有关规定执行。各级自然资源、财政部门应当加快预算执行,提高资金使用效益。项目决算后,省自然资源厅、省财政厅根据省级财政补助比例,对项目资金进行清算。

(2) 工程治理和排危除险项目的预算编制、审核和决算应严格执行《安徽省地质灾害治理工程定额》等规范。

(3) 专项资金建立“预算编制有目标、预算执行有监控、预算完成有评价、评价结果有反馈、反馈结果有应用”的全过程预算绩效管理机制。

(4) 专项资金绩效目标分为区域绩效目标和项目绩效目标，主要分为产出指标、效益指标和满意度指标，具体包括与项目相对应的数量、质量、时效、成本及经济效益、社会效益、生态效益、满意度等，可根据绩效管理需要适当调整。

(5) 省自然资源厅在申请设立专项资金和编制年度预算时，按预算绩效管理程序编报整体绩效目标，并随项目申报通知同步下达区域绩效目标申报指标体系。

市、县(市、区)自然资源主管部门结合任务计划和本地区实际情况，编制区域和项目绩效目标申报表，随项目申报文件逐级报送省自然资源厅。

省财政厅随资金预算文件同步下达区域绩效目标，省自然资源厅会同省财政厅具体分解下达区域绩效目标有关指标。

(6) 在预算执行中，市、县(市、区)自然资源主管部门应按照规定开展绩效监控，并将监控结果逐级上报，省自然资源厅汇总后，及时报送省财政厅备案。对预算执行进度缓慢或预计绩效目标无法实现、预算执行与绩效目标偏离较大、预计或已经造成重大损失浪费或存在风险等情况，及时采取调减项目预算或暂停项目实施等措施。

(7) 预算执行结束或年度终了，市、县(市、区)自然资源主管部门会同财政部门对照既定绩效目标开展绩效自评，并逐级将绩效自评报告汇总报送省自然资源厅。省自然资源厅审核汇总形成整体绩效自评报告，按规定报送省财政厅备案。省自然资源厅可适时组织开展部门绩效评价，省财政厅根据需要可组织开展财政绩效评价。评价结果可作为专项资金预算安排和政策调整等的重要参考依据。

(七) 地质灾害风险管控

丘陵山区建设工程和各类规划在开展地质灾害危险性评估时，须同时开展地质灾害风险评价，在危险性评估结果基础上开展易损性评价，划定风险区等级和隐患点风险等级。

各类调查评价项目和地质灾害危险性评估划定的风险区和隐患点须实施风险管控。

地质灾害风险管控须实行分级负责、属地管控。县域内的小型风险点由县级自然资源部门管控；市域内或跨县、市域内的中型风险点由市级自然资源部门管控；省域内或跨市、省域内的大型风险点由省自然资源部门管控；省域内或跨省的特大型风险点由国家自然资源主管部门管控。

1. 风险区管控

(1) 极高风险区原则上不应开展大规模城镇建设和工程建设，应有序引导人口、经济从高风险区向低风险区聚集。

(2) 极高或高风险区段应提出工程治理、避险搬迁、排危除险、监测预警等一种或多种风险管控措施。

(3) 中、低风险区在开发利用时应调查地质灾害影响范围内的危害对象(人口、基础设施等),针对调查区内的大规模工程活动(大规模切坡、加载、开挖,矿产资源开发利用、水利水电开发、交通建设等工程活动),开展专项地质灾害风险调查评价,并提出相应的风险管控措施。

2. 隐患点风险管控

(1) 针对不同工况进行管控。对极高和高风险地质灾害隐患点应针对不同工况(10年一遇、20年一遇、50年一遇、100年一遇等)进行管控,应提出避险搬迁范围、安全避让距离、工程治理措施、监测预警手段等。

(2) 优先推进避险搬迁。对受地质灾害威胁严重且成灾风险高的隐患点,宜结合生态功能区人口转移、工程建设和乡村振兴等政策,尊重群众意愿,充分考虑“搬得出、稳得住、能致富”的要求,开展主动避让、避险搬迁,及时化解地质灾害风险。按照“宜搬则搬、轻重缓急”原则,对高风险隐患点优先安排避险搬迁。

(3) 积极推进工程治理。对稳定性差、风险等级高、不宜避险搬迁的地质灾害隐患点,根据“宜治则治、因地制宜、轻重缓急”原则,积极推进工程治理,科学设计防范措施,提高重点部位防御工程标准。

(4) 及时开展排危除险。对调查发现的风险高、险情紧迫、治理措施相对简单的地质灾害隐患点,应采取投入少、工期短、见效快的工程治理措施,及时组织排危除险。

(5) 综合管控措施。对中、低风险的地质灾害隐患点,应根据其威胁对象(人口、基础设施)情况,按照“轻重缓急、能搬则搬、能治则治、必须开展监测预警”原则,进行综合管控。

按照“谁建设谁负责,谁破坏谁治理”原则,有责任单位的应由责任单位负责管控。

六、重要法律法规文件

（一）地质灾害防治条例

中华人民共和国国务院令

第394号

《地质灾害防治条例》已经2003年11月19日国务院第29次常务会议通过，现予公布，自2004年3月1日起施行。

总理　温家宝

二〇〇三年十一月二十四日

地质灾害防治条例

第一章　总　　则

第一条　为了防治地质灾害，避免和减轻地质灾害造成的损失，维护人民生命和财产安全，促进经济和社会的可持续发展，制定本条例。

第二条　本条例所称地质灾害，包括自然因素或者人为活动引发的危害人民生命和财产安全的山体崩塌、滑坡、泥石流、地面塌陷、地裂缝、地面沉降等与地质作用有关的灾害。

第三条　地质灾害防治工作，应当坚持预防为主、避让与治理相结合和全面规划、突出重点的原则。

第四条　地质灾害按照人员伤亡、经济损失的大小，分为四个等级：

（一）特大型：因灾死亡30人以上或者直接经济损失1000万元以上的；

（二）大型：因灾死亡10人以上30人以下或者直接经济损失500万元以上1000万元以下；

（三）中型：因灾死亡3人以上10人以下或者直接经济损失100万元以上500万元以下；

（四）小型：因灾死亡3人以下或者直接经济损失100万元以下的。

第五条 地质灾害防治工作,应当纳入国民经济和社会发展计划。

因自然因素造成的地质灾害的防治经费,在划分中央和地方事权和财权的基础上,分别列入中央和地方有关人民政府的财政预算。具体办法由国务院财政部门会同国务院国土资源主管部门制定。

因工程建设等人为活动引发的地质灾害的治理费用,按照“谁引发、谁治理”的原则由责任单位承担。

第六条 县级以上人民政府应当加强对地质灾害防治工作的领导,组织有关部门采取措施,做好地质灾害防治工作。

县级以上人民政府应当组织有关部门开展地质灾害防治知识的宣传教育,增强公众的地质灾害防治意识和自救、互救能力。

第七条 国务院国土资源主管部门负责全国地质灾害防治的组织、协调、指导和监督工作。国务院其他有关部门按照各自的职责负责有关的地质灾害防治工作。

县级以上地方人民政府国土资源主管部门负责本行政区域内地质灾害防治的组织、协调、指导和监督工作。县级以上地方人民政府其他有关部门按照各自的职责负责有关的地质灾害防治工作。

第八条 国家鼓励和支持地质灾害防治科学技术研究,推广先进的地质灾害防治技术,普及地质灾害防治的科学知识。

第九条 任何单位和个人对地质灾害防治工作中的违法行为都有权检举和控告。

在地质灾害防治工作中做出突出贡献的单位和个人,由人民政府给予奖励。

第二章　地质灾害防治规划

第十条 国家实行地质灾害调查制度。

国务院国土资源主管部门会同国务院建设、水利、铁路、交通等部门结合地质环境状况组织开展全国的地质灾害调查。

县级以上地方人民政府国土资源主管部门会同同级建设、水利、交通等部门结合地质环境状况组织开展本行政区域的地质灾害调查。

第十一条 国务院国土资源主管部门会同国务院建设、水利、铁路、交通等部门,依据全国地质灾害调查结果,编制全国地质灾害防治规划,经专家论证后报国务院批准公布。

县级以上地方人民政府国土资源主管部门会同同级建设、水利、交通等部门,依据本行政区域的地质灾害调查结果和上一级地质灾害防治规划,编制本行政区域的地质灾害防治规划,经专家论证后报本级人民政府批准公布,并报上一级人民政府国土资源主管部门备案。

修改地质灾害防治规划,应当报经原批准机关批准。

第十二条 地质灾害防治规划包括以下内容:

(一) 地质灾害现状和发展趋势预测;

（二）地质灾害的防治原则和目标；

（三）地质灾害易发区、重点防治区；

（四）地质灾害防治项目；

（五）地质灾害防治措施等。

县级以上人民政府应当将城镇、人口集中居住区、风景名胜区、大中型工矿企业所在地和交通干线、重点水利电力工程等基础设施作为地质灾害重点防治区中的防护重点。

第十三条　编制和实施土地利用总体规划、矿产资源规划以及水利、铁路、交通、能源等重大建设工程项目规划，应当充分考虑地质灾害防治要求，避免和减轻地质灾害造成的损失。

编制城市总体规划、村庄和集镇规划，应当将地质灾害防治规划作为其组成部分。

第三章　地质灾害预防

第十四条　国家建立地质灾害监测网络和预警信息系统。

县级以上人民政府国土资源主管部门应当会同建设、水利、交通等部门加强对地质灾害险情的动态监测。

因工程建设可能引发地质灾害的，建设单位应当加强地质灾害监测。

第十五条　地质灾害易发区的县、乡、村应当加强地质灾害的群测群防工作。在地质灾害重点防范期内，乡镇人民政府、基层群众自治组织应当加强地质灾害险情的巡回检查，发现险情及时处理和报告。

国家鼓励单位和个人提供地质灾害前兆信息。

第十六条　国家保护地质灾害监测设施。任何单位和个人不得侵占、损毁、损坏地质灾害监测设施。

第十七条　国家实行地质灾害预报制度。预报内容主要包括地质灾害可能发生的时间、地点、成灾范围和影响程度等。

地质灾害预报由县级以上人民政府国土资源主管部门会同气象主管机构发布。

任何单位和个人不得擅自向社会发布地质灾害预报。

第十八条　县级以上地方人民政府国土资源主管部门会同同级建设、水利、交通等部门依据地质灾害防治规划，拟订年度地质灾害防治方案，报本级人民政府批准后公布。

年度地质灾害防治方案包括下列内容：

（一）主要灾害点的分布；

（二）地质灾害的威胁对象、范围；

（三）重点防范期；

（四）地质灾害防治措施；

（五）地质灾害的监测、预防责任人。

第十九条　对出现地质灾害前兆、可能造成人员伤亡或者重大财产损失的区域和地段，县级人民政府应当及时划定为地质灾害危险区,予以公告,并在地质灾害危险区的边界设置明显警示标志。

在地质灾害危险区内,禁止爆破、削坡、进行工程建设以及从事其他可能引发地质灾害的活动。

县级以上人民政府应当组织有关部门及时采取工程治理或者搬迁避让措施,保证地质灾害危险区内居民的生命和财产安全。

第二十条 地质灾害险情已经消除或者得到有效控制的,县级人民政府应当及时撤销原划定的地质灾害危险区,并予以公告。

第二十一条 在地质灾害易发区内进行工程建设应当在可行性研究阶段进行地质灾害危险性评估,并将评估结果作为可行性研究报告的组成部分;可行性研究报告未包含地质灾害危险性评估结果的,不得批准其可行性研究报告。

编制地质灾害易发区内的城市总体规划、村庄和集镇规划时,应当对规划区进行地质灾害危险性评估。

第二十二条 国家对从事地质灾害危险性评估的单位实行资质管理制度。地质灾害危险性评估单位应当具备下列条件,经省级以上人民政府国土资源主管部门资质审查合格,取得国土资源主管部门颁发的相应等级的资质证书后,方可在资质等级许可的范围内从事地质灾害危险性评估业务:

(一)有独立的法人资格;

(二)有一定数量的工程地质、环境地质和岩土工程等相应专业的技术人员;

(三)有相应的技术装备。

地质灾害危险性评估单位进行评估时,应当对建设工程遭受地质灾害危害的可能性和该工程建设中、建成后引发地质灾害的可能性做出评价,提出具体的预防治理措施,并对评估结果负责。

第二十三条 禁止地质灾害危险性评估单位超越其资质等级许可的范围或者以其他地质灾害危险性评估单位的名义承揽地质灾害危险性评估业务。

禁止地质灾害危险性评估单位允许其他单位以本单位的名义承揽地质灾害危险性评估业务。

禁止任何单位和个人伪造、变造、买卖地质灾害危险性评估资质证书。

第二十四条 对经评估认为可能引发地质灾害或者可能遭受地质灾害危害的建设工程,应当配套建设地质灾害治理工程。地质灾害治理工程的设计、施工和验收应当与主体工程的设计、施工、验收同时进行。

配套的地质灾害治理工程未经验收或者经验收不合格的,主体工程不得投入生产或者使用。

第四章　地质灾害应急

第二十五条　国务院国土资源主管部门会同国务院建设、水利、铁路、交通等部门拟订全国突发性地质灾害应急预案，报国务院批准后公布。

县级以上地方人民政府国土资源主管部门会同同级建设、水利、交通等部门拟订本行政区域的突发性地质灾害应急预案，报本级人民政府批准后公布。

第二十六条　突发性地质灾害应急预案包括下列内容：

（一）应急机构和有关部门的职责分工；

（二）抢险救援人员的组织和应急、救助装备、资金、物资的准备；

（三）地质灾害的等级与影响分析准备；

（四）地质灾害调查、报告和处理程序；

（五）发生地质灾害时的预警信号、应急通信保障；

（六）人员财产撤离、转移路线、医疗救治、疾病控制等应急行动方案。

第二十七条　发生特大型或者大型地质灾害时，有关省、自治区、直辖市人民政府应当成立地质灾害抢险救灾指挥机构。必要时，国务院可以成立地质灾害抢险救灾指挥机构。

发生其他地质灾害或者出现地质灾害险情时，有关市、县人民政府可以根据地质灾害抢险救灾工作的需要，成立地质灾害抢险救灾指挥机构。

地质灾害抢险救灾指挥机构由政府领导负责、有关部门组成，在本级人民政府的领导下，统一指挥和组织地质灾害的抢险救灾工作。

第二十八条　发现地质灾害险情或者灾情的单位和个人，应当立即向当地人民政府或者国土资源主管部门报告。其他部门或者基层群众自治组织接到报告的，应当立即转报当地人民政府。

当地人民政府或者县级人民政府国土资源主管部门接到报告后，应当立即派人赶赴现场，进行现场调查，采取有效措施，防止灾害发生或者灾情扩大，并按照国务院国土资源主管部门关于地质灾害灾情分级报告的规定，向上级人民政府和国土资源主管部门报告。

第二十九条　接到地质灾害险情报告的当地人民政府、基层群众自治组织应当根据实际情况，及时动员受到地质灾害威胁的居民以及其他人员转移到安全地带；情况紧急时，可以强行组织避灾疏散。

第三十条　地质灾害发生后，县级以上人民政府应当启动并组织实施相应的突发性地质灾害应急预案。有关地方人民政府应当及时将灾情及其发展趋势等信息报告上级人民政府。

禁止隐瞒、谎报或者授意他人隐瞒、谎报地质灾害灾情。

第三十一条　县级以上人民政府有关部门应当按照突发性地质灾害应急预案的分工，做好相应的应急工作。

国土资源主管部门应当会同同级建设、水利、交通等部门尽快查明地质灾害发生原因、影响范围等情况,提出应急治理措施,减轻和控制地质灾害灾情。

民政、卫生、食品药品监督管理、商务、公安部门应当及时设置避难场所和救济物资供应点,妥善安排灾民生活,做好医疗救护、卫生防疫、药品供应、社会治安工作;气象主管机构应当做好气象服务保障工作;通信、航空、铁路、交通部门应当保证地质灾害应急的通信畅通和救灾物资、设备、药物、食品的运送。

第三十二条 根据地质灾害应急处理的需要,县级以上人民政府应当紧急调集人员,调用物资、交通工具和相关的设施、设备;必要时,可以根据需要在抢险救灾区域范围内采取交通管制等措施。

因救灾需要,临时调用单位和个人的物资、设施、设备或者占用其房屋、土地的,事后应当及时归还;无法归还或者造成损失的,应当给予相应的补偿。

第三十三条 县级以上地方人民政府应当根据地质灾害灾情和地质灾害防治需要,统筹规划、安排受灾地区的重建工作。

第五章 地质灾害治理

第三十四条 因自然因素造成的特大型地质灾害,确需治理的,由国务院国土资源主管部门会同灾害发生地的省、自治区、直辖市人民政府组织治理。

因自然因素造成的其他地质灾害,确需治理的,在县级以上地方人民政府的领导下,由本级人民政府国土资源主管部门组织治理。

因自然因素造成的跨行政区域的地质灾害,确需治理的,由所跨行政区域的地方人民政府国土资源主管部门共同组织治理。

第三十五条 因工程建设等人为活动引发的地质灾害,由责任单位承担治理责任。

责任单位由地质灾害发生地的县级以上人民政府国土资源主管部门负责组织专家对地质灾害的成因进行分析论证后认定。

对地质灾害的治理责任认定结果有异议的,可以依法申请行政复议或者提起行政诉讼。

第三十六条 地质灾害治理工程的确定,应当与地质灾害形成的原因、规模以及对人民生命和财产安全的危害程度相适应。

承担专项地质灾害治理工程勘查、设计、施工和监理的单位,应当具备下列条件,经省级以上人民政府国土资源主管部门资质审查合格,取得国土资源主管部门颁发的相应等级的资质证书后,方可在资质等级许可的范围内从事地质灾害治理工程的勘查、设计、施工和监理活动,并承担相应的责任:

(一)有独立的法人资格;

(二)有一定数量的水文地质、环境地质、工程地质等相应专业的技术人员;

(三)有相应的技术装备;

(四)有完善的工程质量管理制度。

地质灾害治理工程的勘查、设计、施工和监理应当符合国家有关标准和技术规范。

第三十七条　禁止地质灾害治理工程勘查、设计、施工和监理单位超越其资质等级许可的范围或者以其他地质灾害治理工程勘查、设计、施工和监理单位的名义承揽地质灾害治理工程勘查、设计、施工和监理业务。

禁止地质灾害治理工程勘查、设计、施工和监理单位允许其他单位以本单位的名义承揽地质灾害治理工程勘查、设计、施工和监理业务。

禁止任何单位和个人伪造、变造、买卖地质灾害治理工程勘查、设计、施工和监理资质证书。

第三十八条　政府投资的地质灾害治理工程竣工后，由县级以上人民政府国土资源主管部门组织竣工验收；其他地质灾害治理工程竣工后，由责任单位组织竣工验收。竣工验收时，应当有国土资源主管部门参加。

第三十九条　政府投资的地质灾害治理工程经竣工验收合格后，由县级以上人民政府国土资源主管部门指定的单位负责管理和维护；其他地质灾害治理工程经竣工验收合格后，由负责治理的责任单位负责管理和维护。

任何单位和个人不得侵占、损毁、损坏地质灾害治理工程设施。

第六章　法 律 责 任

第四十条　违反本条例规定，有关县级以上地方人民政府、国土资源主管部门和其他有关部门有下列行为之一的，对直接负责的主管人员和其他直接责任人员，依法给予降级或者撤职的行政处分；造成地质灾害导致人员伤亡和重大财产损失的，依法给予开除的行政处分；构成犯罪的，依法追究刑事责任：

（一）未按照规定编制突发性地质灾害应急预案，或者未按照突发性地质灾害应急预案的要求采取有关措施、履行有关义务的；

（二）在编制地质灾害易发区内的城市总体规划、村庄和集镇规划时，未按照规定对规划区进行地质灾害危险性评估的；

（三）批准未包含地质灾害危险性评估结果的可行性研究报告的；

（四）隐瞒、谎报或者授意他人隐瞒、谎报地质灾害灾情，或者擅自发布地质灾害预报的；

（五）给不符合条件的单位颁发地质灾害危险性评估资质证书或者地质灾害治理工程勘查、设计、施工、监理资质证书的；

（六）在地质灾害防治工作中有其他渎职行为的。

第四十一条　违反本条例规定，建设单位有下列行为之一的，由县级以上地方人民政府国土资源主管部门责令限期改正；逾期不改正的，责令停止生产、施工或者使用，处10万元以上50万元以下的罚款；构成犯罪的，依法追究刑事责任：

（一）未按照规定对地质灾害易发区内的建设工程进行地质灾害危险性评估的；

（二）配套的地质灾害治理工程未经验收或者经验收不合格，主体工程即投入生产或者使用的。

第四十二条 违反本条例规定,对工程建设等人为活动引发的地质灾害不予治理的,由县级以上人民政府国土资源主管部门责令限期治理;逾期不治理或者治理不符合要求的,由责令限期治理的国土资源主管部门组织治理,所需费用由责任单位承担,处10万元以上50万元以下的罚款;给他人造成损失的,依法承担赔偿责任。

第四十三条 违反本条例规定,在地质灾害危险区内爆破、削坡、进行工程建设以及从事其他可能引发地质灾害活动的,由县级以上地方人民政府国土资源主管部门责令停止违法行为,对单位处5万元以上20万元以下的罚款,对个人处1万元以上5万元以下的罚款;构成犯罪的,依法追究刑事责任;给他人造成损失的,依法承担赔偿责任。

第四十四条 违反本条例规定,有下列行为之一的,由县级以上人民政府国土资源主管部门或者其他部门依据职责责令停止违法行为,对地质灾害危险性评估单位、地质灾害治理工程勘查、设计或者监理单位处合同约定的评估费、勘查费、设计费或者监理酬金1倍以上2倍以下的罚款,对地质灾害治理工程施工单位处工程价款2%以上4%以下的罚款,并可以责令停业整顿,降低资质等级;有违法所得的,没收违法所得;情节严重的,吊销其资质证书;构成犯罪的,依法追究刑事责任;给他人造成损失的,依法承担赔偿责任:

(一)在地质灾害危险性评估中弄虚作假或者故意隐瞒地质灾害真实情况的;

(二)在地质灾害治理工程勘查、设计、施工以及监理活动中弄虚作假、降低工程质量的;

(三)无资质证书或者超越其资质等级许可的范围承揽地质灾害危险性评估、地质灾害治理工程勘查、设计、施工及监理业务的;

(四)以其他单位的名义或者允许其他单位以本单位的名义承揽地质灾害危险性评估、地质灾害治理工程勘查、设计、施工和监理业务的。

第四十五条 违反本条例规定,伪造、变造、买卖地质灾害危险性评估资质证书、地质灾害治理工程勘查、设计、施工和监理资质证书的,由省级以上人民政府国土资源主管部门收缴或者吊销其资质证书,没收违法所得,并处5万元以上10万元以下的罚款;构成犯罪的,依法追究刑事责任。

第四十六条 违反本条例规定,侵占、损毁、损坏地质灾害监测设施或者地质灾害治理工程设施的,由县级以上地方人民政府国土资源主管部门责令停止违法行为,限期恢复原状或者采取补救措施,可以处5万元以下的罚款;构成犯罪的,依法追究刑事责任。

第七章 附 则

第四十七条 在地质灾害防治工作中形成的地质资料,应当按照《地质资料管理条例》的规定汇交。

第四十八条 地震灾害的防御和减轻依照防震减灾的法律、行政法规的规定执行。

防洪法律、行政法规对洪水引发的崩塌、滑坡、泥石流的防治有规定的,从其规定。

第四十九条 本条例自2004年3月1日起施行。

（二）安徽省地质灾害易发区农村村民建房管理规定

安徽省地质灾害易发区农村村民建房管理规定

安徽省人民政府令第253号

《安徽省地质灾害易发区农村村民建房管理规定》已经2014年5月22日省人民政府第26次常务会议通过，现予公布，自2014年10月1日起施行。

省长　王学军

2014年5月30日

安徽省地质灾害易发区农村村民建房管理规定

第一条　为了规范地质灾害易发区农村村民建房管理，避免和减少地质灾害造成人身伤害和财产损失，根据《中华人民共和国土地管理法》《中华人民共和国城乡规划法》和国务院《地质灾害防治条例》等有关法律、法规的规定，结合本省实际，制定本规定。

第二条　本规定适用于本省行政区域内地质灾害易发区农村村民建房管理工作。

第三条　县级人民政府应当遵循科学规划、合理布局、有效防护、节约用地和统筹兼顾的原则，领导本行政区域内地质灾害易发区的农村村民建房管理工作。

县级人民政府国土资源、规划建设、发展改革、环境保护、交通运输、水利、财政、林业、农业、民政等部门按照各自职责，做好地质灾害易发区的农村村民建房指导和监督管理工作。

乡镇人民政府依照有关法律法规和本规定，负责地质灾害易发区农村村民建房的建设规划审查或者许可、用地审核工作，依法查处农村村民违法建房行为。

村民委员会应当协助当地人民政府及有关部门做好农村村民建房监督管理工作，开展安全建房宣传教育活动。

第四条　县级人民政府编制土地利用总体规划，应当统筹安排地质灾害易发区农村村民建房用地。

地质灾害易发区县级人民政府组织编制本级地质灾害防治规划，应当进行地质灾害危险性评估。在规划中划定禁止建设区和限制建设区，确定危险区的范围、地质灾害隐患点分布等情况，并予以公告。

地质灾害易发区的乡镇人民政府应当依法编制村庄规划。村庄规划区内农村村民建房选址,应当避开禁止建设区,尽量避开限制建设区。

第五条 以下区域应当列入禁止建设区:

(一)已经发生并且可能再次发生崩塌、滑坡、泥石流的区域;

(二)具备发生崩塌、滑坡、泥石流的地质环境条件,发生崩塌、滑坡、泥石流可能性较大的区域;

(三)地下有溶洞、裂隙发育,地表松散覆盖层较薄,可能发生岩溶塌陷的区域;

(四)开采地下矿产可能引发地面塌陷,或者已经发生采空塌陷而目前仍然不稳定的区域;

(五)生态环境脆弱的区域。

第六条 地质灾害易发区农村村民在乡、村庄规划区内建房的,应当按照《安徽省城乡规划条例》第三十二条的规定,向乡镇人民政府提出建设规划许可申请,并提供有关证明材料。

对使用原有宅基地和其他非农用地建房的,乡镇人民政府应当自收到申请和有关证明材料之日起10日内作出决定,符合乡规划或者村庄规划的,予以建设规划许可;不符合乡规划或者村庄规划的,不予建设规划许可,书面告知申请人,并说明理由。

对确需占用农用地建房的,乡镇人民政府应当自收到申请、农用地转用审批批文和有关证明材料之日起10日内提出审查意见,报县级人民政府规划建设主管部门。县级规划建设主管部门应当自收到审查意见之日起15日内作出决定,符合乡规划或者村庄规划的,予以建设规划许可;不符合乡规划或者村庄规划的,不予建设规划许可,书面告知申请人,并说明理由。

第七条 地质灾害易发区农村村民在乡、村庄规划区内零星分散建房,在取得建设规划许可后,依法需要申请建房用地的,按以下规定办理:

(一)申请人持所属村民委员会出具的同意意见和拟使用宅基地的位置、面积以及界址范围材料,报乡镇人民政府审核,并提交本人身份证明、户籍登记家庭成员身份证明。

(二)乡镇人民政府应当自收到申请材料之日起10日内组织国土资源和村镇建设管理人员,对建房用地进行现场踏勘,并提出踏勘和审核意见,报县级人民政府。

(三)县级人民政府应当自收到乡镇人民政府审核意见之日起10日内,作出是否批准用地的决定。批准用地的,告知建房村民在房屋建成后依法申请办理宅基地使用权确权登记发证手续;不批准用地的,自作出不予批准决定之日起5日内将不予批准决定书送达申请人,并说明理由。

地质灾害易发区农村村民建房涉及林地的,按照林地保护管理有关法律法规执行。

第八条 地质灾害易发区农村村民建房,应当按照相关规范进行设计,遵循建设质量标准,符合抗御地质灾害的要求。

县级和乡镇人民政府可以在中心村、小城镇、经济开发区或者工业园区周边等区域，为搬迁村民集中建设农民新村。集中建设农民新村，应当委托有地质灾害危险性评估资质的机构对建房选址进行地质灾害危险性评估。

第九条　地质灾害易发区农村村民，应当尽量避免切坡建房。因选址困难确需切坡建房的，应当在乡镇国土资源、村镇建设管理人员和技术人员的监督与指导下，按照有关技术规范实施，并做好坡体的防护。

地质灾害易发区的乡镇人民政府应当将切坡建房纳入地质灾害群测群防体系实施管理。

第十条　地质灾害易发区的县级人民政府应当组织国土资源、规划建设、发展改革、环境保护、交通运输、水利、财政、林业等部门，对地质灾害隐患点进行工程治理。

依法设立的地质灾害防治专项资金应当主要用于地质灾害调查评价、搬迁避让、工程治理和应急处置等。

各级人民政府应当将扶贫开发、生态移民、美好乡村建设、小城镇建设、保障房建设、危房改造、公路建设、危桥改造、土地整治与地质灾害防治相结合，兼顾地质灾害隐患点工程治理、搬迁避让和村民安置等，统筹安排物资和资金。

第十一条　县级以上人民政府国土资源、水利、气象等部门，对居民点、学校、医院、养老院等人口密集且易发生滑坡、山洪、泥石流的区域，应当加密部署气象、水文、地质灾害等专业监测设备，加强监测预报，及时发现险情、发出预警。

第十二条　地质灾害易发区的县、乡镇、村应当组织开展地质灾害的群测群防工作。在地质灾害重点防范期内，乡镇人民政府、村民委员会应当进行地质灾害险情的巡回检查，发现险情及时处理和报告。

县级以上国土资源主管部门应当组织对本行政区域的地质灾害进行汛前排查、汛中巡查、汛后核查，将新发现的地质灾害隐患点及时纳入群测群防体系。

鼓励单位和个人提供地质灾害前兆信息。

第十三条　县级以上人民政府应当利用广播、电视、互联网、手机短信、宣传车和电子显示屏等各种媒体和手段，发布灾害预警信息。

乡镇人民政府应当及时组织和动员村民委员会将灾害预警信息传递给受威胁群众。对老、幼、病、残等特殊人群和通信、广播、电视盲区以及偏远地区的人群，应当采取逐户通知、邻里转告等有效方式告知灾害预警信息。

第十四条　出现地质灾害前兆时，县级和乡镇人民政府应当组织力量监测隐患发展变化；紧急情况下迅速启动并组织实施突发性地质灾害应急预案，有序组织村民安全转移，并在危险区域划定警戒线，设立警示标志，防止人员进入。在灾害威胁消除后，方可通知村民返回原址居住。

第十五条　县级和乡镇人民政府应当有计划、有步骤地组织地质灾害危险区内的村民就近搬迁。对危害程度高、治理难度大的地质灾害隐患点受威胁村民,应当及时搬迁。

县级人民政府应当制定地质灾害易发区内村民搬迁扶持办法。

第十六条 省人民政府在分解土地利用年度计划时,安排建设用地计划指标,专项用于地质灾害危险区农村村民搬迁建房和地质灾害易发区农村村民安全建房。设区的市和县级人民政府应当在建设用地计划指标内,优先保障地质灾害危险区农村村民搬迁建房用地。

第十七条 农村村民搬迁后,其土地承包经营权益保持不变;迁居城市的,原宅基地权益保持不变。

农村村民将原宅基地退还集体,进城购房或者在乡镇人民政府规划选址区建房的,享受有关补助和扶持政策。

迁入地的县级和乡镇人民政府应当保证迁入的村民在土地、户籍、子女入学、农村低保、合作医疗、计划生育和就业等方面与当地村民享受同等待遇。

第十八条 县级以上人民政府及其有关部门应当对下级人民政府及其有关部门履行农村村民建房管理职责情况进行监督。

设区的市人民政府应当制定地质灾害易发区农村村民安全建房目标责任实施意见。设区的市、县级和乡镇人民政府应当按照属地管理、分级负责的原则,逐级签订农村村民安全建房工作目标责任书,并进行考核。

第十九条 县级人民政府规划建设主管部门应当会同国土资源主管部门,严格按照有关法律法规以及工程建设的强制性标准,对地质灾害易发区农村村民建房实施监督管理。

地质灾害易发区的乡镇人民政府应当建立农村建房巡查制度和专项检查制度,及时发现并制止违法建房行为。

村民委员会对在禁止建设区建房,或者未依法取得建设规划许可和用地许可擅自建房的行为,应当及时劝阻和制止;劝阻和制止无效的,向乡镇人民政府报告。

任何单位和个人发现有违法建房的行为,可以向县级人民政府国土资源、规划建设主管部门或者乡镇人民政府举报。

第二十条 各级人民政府及国土资源、规划建设主管部门违反本规定,不履行法定职责,有下列情形之一的,由上级人民政府或者监察机关对负有责任的领导人员和直接责任人员依法给予处分:

(一)未按照规定要求编制土地利用总体规划、村庄规划、地质灾害防治规划的;

(二)未按照要求对集中建房选址进行地质灾害危险性评估的;

(三)未组织有关管理人员对零星分散建房选址进行现场踏勘并提出意见的;

(四)未按照要求实施监督管理,未建立巡查制度和专项检查制度的;

(五)未履行法定职责的其他行为。

第二十一条 村民委员会不依照本规定承担协助管理责任的,由乡镇人民政府责令改正。

第二十二条　地质灾害易发区的农村村民未依法取得建设规划许可或者未按照建设规划许可规定在村庄规划区内建房的，由乡镇人民政府责令停止建房、限期改正；逾期不改正的，依法拆除。

地质灾害易发区的农村村民在禁止建设区建房或者未按照有关技术规范进行切坡建房的，由县级以上人民政府规划建设主管部门会同国土资源主管部门责令停止建房。

第二十三条　本规定下列用语的含义是：

（一）地质灾害，是指自然因素或者人为活动引发的危害人民生命和财产安全的山体崩塌、滑坡、泥石流、地面塌陷、地裂缝、地面沉降等与地质作用有关的灾害。

（二）地质灾害易发区，是指具备地质灾害发生的地质环境条件，在诱发因素的作用下可能发生地质灾害的区域。

（三）地质灾害危险区，是指在地质灾害易发区因地质环境条件发生显著变化，已经多次发生或者即将发生地质灾害的区域。

（四）地质灾害隐患点，是指在地质灾害危险区可能危害人民生命和财产安全的不稳定斜坡，潜在滑坡、崩塌、泥石流、地面塌陷，以及已经发生而目前仍然不稳定的滑坡、崩塌、泥石流、地面塌陷等。

第二十四条　山洪多发区农村村民建房管理工作参照本规定执行。

第二十五条　本规定自2014年10月1日起施行。

七、重要行政管理文件

(一)自然资源部关于印发《2023年全国地质灾害防治工作要点》的通知

自然资源部关于印发《2023年全国地质灾害防治工作要点》的通知

自然资发〔2023〕50号

各省、自治区、直辖市及副省级城市自然资源主管部门,新疆生产建设兵团自然资源局,中国地质调查局及部其他直属单位,部有关司局:

《2023年全国地质灾害防治工作要点》已经部领导同意,现印发你们,请结合实际认真贯彻落实。

自然资源部

2023年4月4日

2023年全国地质灾害防治工作要点

2023年全国地质灾害防治工作的总体要求是:坚持以习近平新时代中国特色社会主义思想为指导,深入学习贯彻党的二十大精神,按照2023年全国自然资源工作会议部署要求,坚持底线思维、问题导向和系统观念,更好统筹发展和安全,以推动全国地质灾害防治"十四五"规划实施、进一步健全完善地质灾害综合防治体系、有效减轻灾害风险为主线,持续推进地质灾害隐患识别、调查评价、监测预警、综合治理和基层防灾能力建设,加强科技、人才和信息化支撑,最大程度保障人民群众生命财产安全。

一、强化认识,落实职责

1. 地方各级自然资源主管部门要认真贯彻落实习近平总书记关于防灾减灾救灾工作系列重要论述和关于地质灾害防治工作重要指示批示精神,坚持人民至上、生命至上,协助地方各级党委政府切实履行属地责任,强化组织领导,保障资金投入,狠抓责任落实,探索奖惩机制，发挥条块合力，完善防灾体系，筑牢安全防线。

2. 地方各级自然资源主管部门要充分认识地质灾害防治工作的极端重要性，将做好地质灾害防治作为践行“群众路线”“我为群众办实事”的具体行动。要在地质灾害防治领域大兴调查研究之风，针对地质灾害防治中突出问题，问计于群众、问计于实践，及时了解掌握群众的急难愁盼问题，查找工作中的差距不足，剖析原因，采取针对性改进措施。

二、持续推进重大基础工作

3. 持续推进地质灾害调查评价。部相关司局、直属单位和中国地质调查局要强化陆探一号卫星L波段干涉SAR应用体系建设，持续开展全国高中易发区地质灾害隐患综合遥感识别，强化识别成果在监测预警和综合治理中的应用。各地要扎实做好风险普查工作总结，继续推进1:50000地质灾害风险调查评价和重点区域1:10000调查工作。强化调查评价成果在国土空间规划编制实施中的应用，落实地质灾害风险源头管控措施。

4. 持续加强专群结合监测预警体系建设。各地要进一步健全完善群测群防体系，及时开展群测群防员遴选和培训，探索补助激励机制。以自然资源部、中国气象局合作二十周年为契机，深化省、市、县三级地质灾害气象风险预警规范化建设，推进以斜坡单元预警为主要方式的县级地质灾害气象风险预警，提升预警信息的时效性和精准性。中央财政支持的17个地质灾害防治重点省份要在汛前完成普适型监测预警设备安装和并网运行，其他省份也要结合防灾需求开展试用。中国地质调查局要指导各地定期开展设备运行情况评价分析，加强预警模型、阈值设定研究，优化运行维护模式和预警响应机制。部相关司局要指导各地健全完善地质灾害气象风险预警、普适型监测预警与群测群防体系有机结合的工作机制，提升专群结合预警实效。

5. 切实提升基层防灾能力。各地要充分依托驻守驻防专业技术队伍、专家团队，利用防灾减灾日、地球日等时机，组织开展形式多样的宣传教育培训，提高防灾责任人、受威胁群众的防灾减灾意识和自主防范能力。要加强应急演练，针对重要隐患点和极高-高风险区，汛前应组织全部受威胁人员及相关单位至少开展一次应急演练。部相关司局要及时更新技术指导专家库，完善专家派出工作机制。中国地质调查局局属队伍要强化主动支撑服务、优化专家技术指导工作流程，及时进驻驻守地区。各地要坚持技术支撑队伍“驻县包乡”制度，并将其纳入地方防灾工作体系，进一步完善驻守工作制度。

6. 加强综合治理。各地要统筹利用中央和地方财政资金，对地质灾害险情紧迫、涉及公共安全的隐患点优先部署工程治理项目，对已竣工的工程治理项目定期开展工程维护。充分考虑群众意愿，根据轻重缓急有序推进避险搬迁。

7. 推进全国地面沉降综合防治，加强区域联防联控。部相关司局要及时向有关部门和地方政府印送《2022年全国地面沉降调查监测报告》，组织开展《京津冀平原地面沉降综合防治总体规划（2019—2035年）》近期规划工作总结。中国地质调查局要持续开展全国重点区域地面沉降调查监测。华北平原、长江三角洲、汾渭盆地等区域相关省（市）要进一步强化地面沉降区域联防联控，完善监测网络。

8. 积极完善地质灾害防治项目和资金管理制度。各地要加强项目储备库建设，认真组织做好绩效评价，及时解决影响项目实施进度和资金执行等的突出问题。对难以按计划实施的项目，要商同同级财政部门按照相关程序及时做出调整，调整的项目资金和结存资金要确保专款专用，继续用于地质灾害防治工作。尽快完成以往年度中央财政下达资金实施项目的自查和整改，确保地质灾害防治项目取得实效。

三、做好2023年地质灾害防治重点工作

9. 全力做好重点区域重要时段防范工作。据预测，今年汛期我国气候状况总体为一般到偏差，旱涝并重，极端天气气候事件偏多，降水呈南北两条多雨带，今年地质灾害总体趋势接近近五年平均水平，局部地区偏重，华北、华东、华南、西南、西北等地区在汛期或受较强地震影响期间，地质灾害将呈高发态势。上述地区各级自然资源主管部门要立足全年防灾，并将汛期地质灾害防治工作作为重中之重，提前谋划，精心组织。各地要加强地质灾害发生发展规律研究，分析地质灾害发生的诱发因素、重点区域，增强防御工作的前瞻性。要及时研判累计降雨量和局地短时强降雨带来的影响，加强隐患点和风险区管控，提高“人防＋技防”能力，预置地勘专业队伍，加强巡查排查，遇有紧急情况坚决果断组织撤离，全力避免人员伤亡。要做好强降雨期间和强震后的会商研判、监测预警和应急技术支撑等工作，协助地方党委政府加强避险转移人员管控，严防人员回流。省级自然资源主管部门要建立完善汛期值班值守制度，督促市、县加强值班和信息报送工作，一旦发生造成（或可能造成）5人以上死亡（失踪）的地质灾害，或与地质灾害可能相关的山洪灾害、生产安全事故、其他自然灾害、社会关注度高的紧急突发事件，务必在事发后45分钟内向部地质灾害应急值班室简要报告，并跟踪事件进展，及时书面报告。

10. 进一步探索推行“隐患点＋风险区”双控。浙江、重庆、四川、贵州、云南、甘肃等省份要系统总结“隐患点＋风险区”双控管理试点工作经验，完善易发区划、危险区划、风险区划、防治区划技术方法，编制双控工作技术要求和管理制度，逐步扩大应用于本省份地质灾害高、中易发区。山西、福建、江西、湖北、湖南、广东、广西、西藏、陕西、青海、新疆等省份要启动并确定双控管理试点区域，及时编制试点工作方案。其他省份也要结合本地实际适时开展双控管理试点。

11. 扎实做好工程建设领域地质灾害防范工作。各级自然资源主管部门要充分利用本地自然（地质）灾害防治议事协调机制，明确教育、住房城乡建设、交通运输、水利、农业农村、文化旅游、应急等部门对工程建设领域地质灾害防治的监管职责，共同督促工程建设和运营管理单位严格执行地质灾害危险性评估制度，落实防灾主体责任和防灾措施。地方各级自然资源主管部门要切实负起组织协调、指导监督责任，依法依规加强对各类工程在建设和运营管理期间相关部门、单位的防灾减灾责任、制度、措施等落实情况的监督检查，全力避免因工程建设引发地质灾害造成人员伤亡的事故发生。

（二）自然资源部办公厅关于将地质灾害和海洋灾害风险普查成果应用于国土空间规划的通知

自然资源部办公厅关于将地质灾害和海洋灾害风险普查成果应用于国土空间规划的通知

自然资办函〔2022〕2539号

各省、自治区、直辖市及计划单列市自然资源主管部门，新疆生产建设兵团自然资源局，上海市海洋局、福建省海洋与渔业局、山东省海洋局、广西壮族自治区海洋局，大连市海洋发展局、青岛市海洋发展局、厦门市海洋发展局：

开展地质灾害、海洋灾害风险普查和调查评价（以下简称风险普查）并将风险普查成果应用于国土空间规划，发挥国土空间规划的源头治理、系统治理、综合治理作用，是贯彻落实习近平总书记关于自然灾害防治“两个坚持，三个转变”工作理念，坚持总体国家安全观，以新安全格局保障新发展格局的重要举措。各级自然资源主管部门要高度重视、扎实做好风险普查成果在国土空间规划编制和实施中的应用，提升国土空间安全韧性，更好保护人民群众生命财产安全。现就将地质灾害和海洋灾害风险普查成果应用于国土空间规划有关事项通知如下。

一、总体要求

按照“自上而下、逐级精细”的要求，充分运用各级风险普查成果（含隐患点数据库、风险区划图、防治区划图）开展资源环境承载能力和国土空间开发适宜性评价（以下简称“双评价”）以及风险评估，作为各级国土空间规划编制的重要基础。风险普查成果缺失的，可参考使用上一级成果；各地还可以“伴随式作业”方式，同步开展风险普查和规划编制。按照“源头预防、综合治理”的要求，风险区划图主要应用于灾害防控线划示和城镇开发边界划定，隐患点数据库和防治区划图主要应用于安排综合治理措施、增强国土空间安全韧性。

二、各级国土空间规划应用要求

（一）国家级、省级国土空间规划。国家级和省级风险普查成果主要应用于引导提升全国、区域国土空间安全韧性和灾害风险源头预防。一是国家级、省级国土空间规划应将同级风险普查成果应用于“双评价”和风险评估。二是省级国土空间规划在确定主体功能定位、优化城镇体系、构建基础设施体系、布局省级以上重大工程建设项目等方面应充分考虑地质灾害和海洋灾害风险。

（二）市级、县级国土空间规划。市级、县级风险普查成果主要应用于提升市域、县域国土空间安全韧性，管控中心城区灾害风险，实现新增规划建设区灾害风险源头预防。一是市级、县级国土空间规划应在“双评价”和风险评估中充分衔接灾害风险普查成果，在完善基础设施体系、布局重大工程建设项目等方面应充分考虑地质灾害和海洋灾害风险。二是在城镇开发边界划定中应强化反向约束，避让地质灾害极高风险区和高风险区等不适宜城镇建设区域，确实无法避让的应充分论证并说明理由、明确减缓不良影响的措施，确保最大限度避免将地质灾害极高、高风险区作为城镇发展方向。三是在沿海城镇开发边界划定与规划建设中，应考虑海洋灾害高风险区内重要承灾体防护标准，落实陆海统筹，协调土地、岸线、海域等国土空间陆海功能分区。四是优化城市空间结构、用地布局时，应充分考虑对地质灾害极高、高风险区的避让，因地制宜形成多中心、网络化、分布式的空间格局，并统筹保障安全设施和应急空间需求。五是详细规划要结合社区生活圈构建城市安全健康单元、完善城市安全和生态系统，引导开展有助于减轻灾害风险的城市更新活动。

(三)乡镇国土空间规划。乡镇风险普查成果主要用于约束规划空间布局。一是聚焦产业发展、村庄布局、设施建设等空间布局，新增建设项目应避让地质灾害极高、高风险区和隐患点；难以避让的应落实工程治理、排危除险、避险搬迁等综合治理措施。二是沿海地区乡镇规划建设应引导在海洋灾害高风险区内采取生态保护修复和工程防护相结合的方式减轻灾害风险。三是已建区域中划定为灾害极高、高风险区的，更新建设安排时应采取有助于减轻灾害风险的措施。

三、保障措施

(一)加强统筹推进。各地应统筹部署推进包括地质灾害和海洋灾害风险普查在内的各项灾害防治工作，并在国土空间规划“一张图”实施监督信息系统中实现上图落位。结合国土空间规划体检评估制度，聚焦底线管控和城市韧性，开展各级国土空间规划实施过程中地质灾害、海洋灾害风险监测评估预警，加强灾害风险隐患源头管控，提升防灾减灾成效，切实保护人民群众生命财产安全。

(二)加强工作指导。各省级自然资源主管部门应结合本省防灾减灾工作实际和社会经济发展需求，必要时可进一步细化市级、县级和乡镇国土空间规划应用要求，积极指导将风险普查成果应用于国土空间规划，组织开展相关技术标准培训工作。

(三)加强应用总结。各地应及时掌握风险普查成果应用于国土空间规划的情况，总结相关典型做法。结合工作实际，补充完善地质灾害和海洋灾害风险普查成果，及时反馈用于优化国土空间规划。

（三）自然资源部关于印发《全国地质灾害防治“十四五”规划》的通知

自然资源部关于印发《全国地质灾害防治“十四五”规划》的通知

自然资发〔2022〕216号

各省、自治区、直辖市自然资源主管部门，新疆生产建设兵团自然资源局，中国地质调查局及部其他直属单位：

《全国地质灾害防治“十四五”规划》已经2022年第7次部长办公会审议通过，现印发给你们，请认真组织实施，确保实现各项目标和任务。

自然资源部

2022年12月7日

全国地质灾害防治“十四五”规划

前　言

为全面深入贯彻落实党的十九大、十九届历次全会和党的二十大精神，坚持以人民为中心的发展思想，推动地质灾害防治工作再上新台阶，有效减轻地质灾害风险，切实保障人民生命财产安全，依据《中华人民共和国国民经济和社会发展第十四个五年规划和2035年远景目标纲要》《地质灾害防治条例》和《国务院关于加强地质灾害防治工作的决定》，衔接自然资源部2020年印发的《地质灾害防治三年行动实施纲要》和《京津冀平原地面沉降综合防治总体规划（2019—2035年）》目标要求，制定本规划。

本规划所指的地质灾害包括自然因素或人为活动引发的危害人民生命和财产安全的山体崩塌、滑坡、泥石流、地面塌陷、地裂缝、地面沉降等与地质作用有关的灾害。规划内容主要包括地质灾害调查评价、监测预警、综合治理、基层防灾能力提升、信息化建设等。规划基准年为2020年，以2021—2025年为规划期。规划范围为除香港特别行政区、澳门特别行政区、台湾地区以外的全国31个省（区、市）和新疆生产建设兵团。

一、地质灾害防治现状与形势

(一)地质灾害现状

受太平洋板块、印度洋板块和亚欧板块运动作用,我国构造与地震活动强烈,地形地貌、地质条件复杂,加上气候类型多样,人类工程活动剧烈,我国地质灾害易发、多发、频发。截至2020年底,全国登记在册地质灾害隐患点共有328654处,潜在威胁1399万人和6053亿元财产的安全。按类型划分,滑坡130202处、崩塌67383处、泥石流33667处、不稳定斜坡84782处,其他类型地质灾害12620处。

(二)"十三五"防治成效

面对严峻的地质灾害防治形势,在党中央、国务院的坚强领导下,各级党委政府认真履职,相关部门密切配合,全国自然资源系统和基层干部群众共同努力,圆满完成了《全国地质灾害防治"十三五"规划》确定的主要目标任务,地质灾害防治工作取得明显成效。据统计,通过开展避险搬迁和工程治理等工作,全国受地质灾害威胁的人数由"十二五"末的1891万人降至2020年底的1399万人,减少了492万人,减少26%。"十三五"期间,全国共发生地质灾害34218起,造成1234人死亡(失踪)、直接经济损失160亿元,较"十二五"期间分别减少47%、39%、41%。全国共实现地质灾害成功避让4296起,涉及可能伤亡人员14.6万人,避免直接经济损失50亿元。

2018年10月10日召开的中央财经委员会第三次会议后,各地各部门进一步加强地质灾害防治工作,又取得新进展。2019—2020年,全国共发生地质灾害14021起,造成363人死亡(失踪),年平均死亡(失踪)人数较"十二五"期间减少55%。

1. 地质灾害防治体系不断健全完善

自然资源部认真贯彻党中央、国务院决策部署,成立了由主要负责同志任组长的地质灾害防治领导小组,统筹全系统力量做好各项防灾工作,着力解决隐患风险早期识别、监测预警、基层防灾能力建设等关键问题,逐步完善地质灾害调查评价、监测预警、综合治理、防御响应四大体系。国务院各部门协同联动机制进一步完善。自然资源部与中国气象局持续推进国家、省、市、县地质灾害气象风险预警标准化和规范化建设;自然资源部、中国气象局、中国地震局每年年初开展地质灾害趋势会商,分析研判年度地质灾害形势;按照"全力防、配合救"职责分工,应急管理部、自然资源部协调联动,及时应对灾情险情;住房城乡建设部、交通运输部、水利部等部门密切配合,共同做好相关领域地质灾害防范和治理工作。

地方各级政府认真履职,普遍成立了分管负责同志牵头的地质灾害防治工作领导小组或指挥部,落实政府主体责任和部门责任,分工协作,细化落实乡镇、村监测预警与防灾避险责任人责任制度,地质灾害防治责任体系和责任链条得到进一步巩固和完善。

地质灾害防治技术标准体系不断完善,"十三五"期间,国家层面发布各类地质灾害防治技术标准80项。其中,发布《滑坡防治工程勘查规范》《滑坡防治设计规范》等国家标准2项。

地方也发布了多项地质灾害防治技术标准。重庆市出台了《地质灾害防治工程勘察规范》，浙江省出台了《浙江省乡镇（街道）地质灾害风险调查评价技术要求（试行）》，山东省出台了《地质灾害治理工程设计技术规范》等。

2. 全面推进1:50000地质灾害调查，在高易发区部分县（市、区）探索开展隐患综合遥感识别

完成805个山地丘陵区县（市、区）1:50000较详细调查，全国累计完成1885个县（市、区），覆盖全部山地丘陵区县（市、区）；完成41060处地质灾害隐患点勘查，对地质灾害发育分布规律和特征认识进一步加深。每年坚持在2000余个县（市、区）开展汛前排查、汛中巡查、汛后复查，及时更新地质灾害数据库。完成长江三角洲、华北平原、汾渭盆地等重点地区地面沉降和地裂缝调查，基本掌握了我国重点地区地面沉降地裂缝现状。

2019—2020年，初步建立了“空天地”一体化地质灾害多尺度调查和风险评价体系；完成全国地质灾害高易发区9省（区、市）221个县（市、区）55万平方千米的地质灾害隐患综合遥感调查识别，部署开展了597个县（市、区）1:50000地质灾害风险调查，进一步掌握调查区地质灾害隐患风险底数。

3. 完善地质灾害群测群防体系，初步建立普适型监测预警系统

健全完善县、乡、村、组四级群测群防体系，全国现有29.1万名群测群防员，基本实现对直接威胁人员安全的重大地质灾害隐患的全面监控。在28914处地质灾害隐患点布设监测设备。在30个省（区、市）、332个市（地、州）、1679个县（市、区）开展汛期地质灾害气象风险预警，共发布国家级地质灾害气象风险预警产品843期。长江三角洲、华北平原、汾渭盆地等地的13个省（区、市）共建成基岩标177个，分层标199组，水准监测点12861个，GPS监测点1403个，GPS固定站205个，InSAR监测覆盖范围达75万平方千米。

2019—2020年，在重庆、四川、贵州、陕西等12个省（区、市）2512处滑坡开展普适型监测预警实验，成功预报了15起地质灾害，涉及可能伤亡人员366人。

4. 地质灾害避险搬迁和工程治理成效显著

对不宜采取工程治理措施的、受地质灾害威胁严重的居民点，结合易地扶贫搬迁、生态移民等任务，实行主动避让、易地搬迁，共完成42万户、135万受威胁群众的避险搬迁。对威胁人口众多、财产巨大的地质灾害隐患点开展工程治理，共治理21440处崩塌、滑坡、泥石流，保障了379万人安全。通过综合管控地下水开采防治地面沉降成效显著。上海市、江苏省大部分地区和浙江杭嘉湖平原大部分地区年沉降量明显减小；北京市、天津市、河北省地面沉降严重区面积呈现减少趋势。

2019—2020年，全国共对9806处隐患点威胁的21万人实施避险搬迁，完成4457处滑坡、2698处崩塌、759处泥石流的治理工程，有效保护了128万人和340亿元财产安全。

5. 地质灾害应急响应处置能力不断提高

地质灾害防治管理与技术指导机构逐步健全完善。31个省（区、市）建立了地质灾害专

业技术指导机构,并在18个省(区、市)建立了239个市级、853个县级地质灾害专业技术指导机构,24个省(区、市)配备了无人机、三维激光扫描仪、地基边坡雷达等地质灾害应急调查监测技术装备,地质灾害防御响应能力不断提高。妥善处置"10·11"金沙江白格滑坡堵江和"8·8"九寨沟地震次生地质灾害等重、特大地质灾害。地质灾害应急值守机制不断完善,信息报送时效性、准确性大幅提升。

2019—2020年,共派出国家级专家组85批次300余人次,妥善处置"3·15"山西乡宁滑坡和"7·23"贵州水城滑坡等重、特大地质灾害。

6. 基层地质灾害防灾意识和能力进一步提升

继续开展湖南、四川、云南、甘肃、湖北、重庆、贵州、陕西8个省(市)地质灾害综合防治体系建设。19个省份建立了专业地勘队伍包县、包乡防灾机制,2020年共有920支分队、6713名专业技术人员为基层提供技术支持。"十三五"期间,制作完成挂图、图书、手册、动画等科普产品60余种,不断丰富科普宣传形式和内容。"十三五"期间,全国共组织地质灾害防治知识培训15万余场,应急演练32万余次,参加人员2790万余人次,编制发放宣传材料2000万余份,基层地质灾害防治组织管理、技术支撑、监测预警和临灾避险等能力进一步提升。

2019—2020年,自然资源部建立了汛期地质灾害防治专家分省驻守工作制度,向各省派出驻守专家66名,长期指导、督促各省落实防治责任,协助开展趋势预测、巡查排查、监测预警等防灾工作,协助应对突发地质灾害。

7. 地质灾害防治信息化水平明显提升

建立1个国家级、31个省级地质灾害信息系统,并实现国家级与省级地质灾害数据库互联互通。建立了覆盖全国的地质灾害数据库,实现地质灾害隐患点管理和综合防治信息全面监管服务,初步实现地质灾害调查、监测预警、项目管理和指挥调度在线化,实现数据采集、分析、管理和服务全流程信息化。

(三)"十四五"防治形势

1. 党中央、国务院对地质灾害防治工作提出了更高要求

党中央、国务院历来高度重视地质灾害防治工作。2016年7月,习近平总书记在河北唐山市考察时针对国家综合防灾减灾救灾工作提出了"两个坚持、三个转变",即"坚持以防为主、防抗救相结合;坚持常态减灾和非常态救灾相统一""从注重灾后救助向注重灾前预防转变;从应对单一灾种向综合减灾转变;从减少灾害损失向减轻灾害风险转变"。2018年10月,习近平总书记在中央财经委员会第三次会议上指出,要建立高效科学的自然灾害防治体系,提高全社会自然灾害防治能力,为保护人民群众生命财产安全和国家安全提供有力保障。《中华人民共和国国民经济和社会发展第十四个五年规划和2035年远景目标纲要》提出,"统筹发展和安全,建设更高水平的平安中国""开展灾害事故风险隐患排查治理,实施公共基础设施安全加固和自然灾害防治能力提升工程,提升洪涝干旱、森林草原火灾、地质灾

害、气象灾害、地震等自然灾害防御工程标准”。党的二十大报告提出，“坚持安全第一、预防为主”“提高防灾减灾救灾和重大突发公共事件处置保障能力”。为落实上述要求，需全面、系统掌握地质灾害隐患风险底数，动态评价风险变化，及时采取合理有效的防范措施，切实提高人民生命安全保障能力，为更高水平的平安中国建设提供支撑。

2. 我国地质灾害防治形势依然严峻，气候变化、地震频发、人类工程活动加剧带来新挑战

我国地形地貌、地质条件等引发地质灾害的基础地质环境条件没有改变，仍是世界上地质灾害最为发育的国家之一，地质灾害发育类型多，分布广泛，隐患总量大。西南地区构造活动强烈、岩体破碎，西北黄土地区沟壑纵横、土体松散，中南山区地形陡峻、切割剧烈，东南山地丘陵区岩体风化强烈、残坡积层覆盖广，容易发育崩塌、滑坡、泥石流等不同类型的地质灾害和灾害链。长江三角洲、华北平原、汾渭盆地等区域不同程度发育地面沉降和地裂缝灾害。

我国气候类型复杂多样，季风气候显著，暴雨、洪水、旱涝急转、温度骤变等不良气候因素导致突发地质灾害频繁发生。近年来，我国深受全球气候变化影响，降雨、升温的幅度与速率高于全球，极端强降雨、局地集中降雨等极端天气气候事件频发，汛期主降雨带范围变化，造成原来不易发生地质灾害的地区地质灾害易发程度明显增高，局地引发群发灾害增多，地质灾害高发时段也从以往6～8月为主扩展为4～10月为主，地质灾害的动态变化性和时空不确定性更加凸显。

我国位于世界两大地震带——环太平洋地震带和欧亚地震带的交汇部位，地震频率高、强度大、分布广，地震造成山体破坏、岩体破碎、地质环境恶化，引发大量崩塌、滑坡、泥石流等次生地质灾害。近年来，西部地区地震多发，使大量山体破坏、岩土体破碎形成“内伤”，引发群发性地质灾害。“5·12”汶川地震后，震区地质灾害年发生数量为震前的2至3倍。近年来，四川汶川、芦山、康定、九寨沟、泸定、宜宾，云南彝良、鲁甸，青海玉树等震区地质灾害大幅度增加。据地震部门研究预测，我国已进入新一轮强震活跃期，青藏中北部、南北构造带、天山构造带中西段等地区次生地质灾害风险增加。

近年来，我国山区城镇化建设、道路通讯设施、重要基础设施、重大工程建设、能源资源开发、地下空间开发利用等人类工程活动的规模、范围和强度日益增大，人类工程活动引发地质灾害增加，加剧了地质灾害风险。山区能源交通建设、资源开采、水利水电开发和运营、城镇建设和农村农房建设等成为地质灾害高风险领域。

3. 地质灾害防治工作依然存在调查评价精度不够、先进技术手段应用不足、隐患识别、监测预警和风险管控能力不强、经费投入偏少等薄弱环节

我国地质灾害点多面广，隐蔽性、复杂性、突发性、时空不确定性和动态变化性强，之前虽然开展了多轮次1:100000、1:50000地质灾害调查工作，但调查评价精度和覆盖面仍显不够，利用综合遥感技术识别地质灾害隐患能力尚有较大提升空间，高分辨率光学卫星、In-

SAR、地基SAR、机载LiDAR、航空物探等先进技术手段在地质灾害防治领域应用仍不充分。区域地质灾害气象风险预警和自动化地质灾害监测点网覆盖度不足,针对不同区域不同类型地质灾害的预警预报模型尚不成熟,地质灾害防治装备技术水平和信息化能力仍需进一步提高。

目前,我国地质灾害防治仍以"看住"已知隐患点为主,对区域上的风险识别、评价与管控刚刚起步,风险调查评价还未做到与国土空间规划、用途管制的充分衔接,风险源头管控不足。在地质灾害防治经费投入方面,目前中央财政设立了特大型地质灾害防治专项补助资金,各级地方财政也相应建立了资金渠道,但现有投资规模与全国地质灾害防治实际需求间仍存在较大差距。

二、指导思想与规划目标

(一) 指导思想

以习近平新时代中国特色社会主义思想为指导,全面贯彻党的十九大、十九届历次全会和党的二十大精神,贯彻落实习近平总书记关于防灾减灾救灾的系列重要指示要求,牢固树立总体国家安全观,立足新发展阶段,贯彻新发展理念,构建新发展格局,以"两个坚持、三个转变"为根本遵循,以提升地质灾害防治能力、减轻地质灾害风险为主线,以保障人民生命财产安全为根本目的,聚焦"隐患在哪里""结构是什么""什么时候发生"等关键问题,依靠科技创新、管理创新和信息化,持续推进地质灾害隐患识别、调查评价、监测预警、综合治理和基层防灾能力建设,持续开展地质灾害易发区1:50000和重点地区1:10000基础调查,不断提升地质灾害防治工作服务经济社会高质量发展的能力和水平,为建设更高水平的平安中国作出贡献。

(二) 规划原则

1. 人民至上、生命至上

坚持以人民为中心的发展思想,统筹发展和安全,"坚持以防为主、防抗救相结合""坚持常态减灾和非常态救灾相统一",以对人民生命安全极端负责的精神,加强人口密集区、人类活动集中区、重大工程建设区等地质灾害防治工作,切实保护人民生命财产安全。

2. 提升能力、降低风险

把"从注重灾后救助向注重灾前预防转变""从减少灾害损失向减轻灾害风险转变"的工作理念贯穿地质灾害防治全过程,创新地质灾害防治管理和技术方法,提升"隐患在哪里""结构是什么"的遥感识别和调查评价能力、"什么时候发生"的"人防+技防"监测预警能力,以及基层防灾和科技支撑能力,提高地质灾害防御工程标准,切实减轻地质灾害风险。

3. 全面推进、突出重点

统筹东中西部,兼顾突发与缓变,全面推进各地地质灾害综合防治体系建设。聚焦防灾减灾关键领域、关键问题、关键环节及重点地区、重点隐患和重点时段，因地制宜，分类施策，合理部署，务求实效，努力提高地质灾害综合防治水平。

4. 综合治理、服务发展

坚持“系统治理、依法治理、综合治理、源头治理”。树立底线思维，强化源头管控，加强地质灾害防治工作与国土空间规划的衔接，突出地质灾害调查评价成果对城镇开发边界划定的反向约束，科学安排监测预警，按照“宜搬则搬、宜治则治”原则，统筹实施好工程治理和避险搬迁等综合治理措施，为经济社会发展安全提供基础支撑。

5. 统筹协调、群防群治

坚持党委领导、政府负责、部门协同、分级管理。自然资源主管部门负责组织、协调、指导和监督，着力提升基层群测群防能力，督促各行业主管部门负责落实监管责任和工程建设单位主体责任，相关部门密切配合，切实减少人为因素引发地质灾害。

（三）规划目标

到2025年，健全完善以地质灾害风险防控为主线的综合防治体系，提升地质灾害防治能力和防御工程标准，最大限度防范和化解地质灾害风险，推动地质灾害防治工作再上新台阶。

1. 风险管控能力持续提升

初步完成国家、省、市、县四级地质灾害风险评价与区划，在地质灾害防治重点省份持续推行“隐患点＋风险区”双控，探索形成风险管控制度、责任体系和技术方法。通过规划管控、人类工程活动管控、关键时段管控等，提升风险管控能力。

2. 隐患识别能力显著提升

实现易发区地质灾害隐患综合遥感识别全覆盖。开展1423个县（市、区）1∶50000地质灾害风险调查评价与区划，完成人口聚集或风险较大的75万平方千米重点区域1∶10000调查评价，进一步提高全国地质灾害调查评价精度，实现全国地质灾害数据库动态管理。

3. 监测预警能力显著提升

完善“人防＋技防”地质灾害监测预警体系，提升地质灾害易发区内的市级、县级地质灾害气象风险预警预报能力，“十四五”期末累计建成6万处普适型地质灾害监测网点，提升地质灾害预警时效性和覆盖面。

4. 防御工程标准显著提升

针对重要人口聚集区和极高、高风险地质灾害隐患点开展工程治理或避险搬迁，有效提高对重大隐患的防御能力。对已经实施的重大地质灾害防治工程开展运行维护，提高住房建设、重大基础设施建设地质灾害防御工程标准。

5. 基层防灾意识和能力显著提升

在地质灾害高、中易发区县（市、区）推广专业技术队伍包县技术服务，提升地质灾害防御装备现代化水平,全面提高防灾减灾意识和风险防御、应急处突能力。发动基层组织和群众,充分依靠全社会力量,利用一切可利用资源推动形成全民防灾新格局。

6. 科技信息能力显著提升

充分利用国产卫星、无人机、测绘地理信息和地面调查等手段,建立综合遥感识别技术体系,提升地质灾害隐患动态识别技术水平;综合运用无线组网与物联网技术、GNSS技术、多参量数据融合技术等新型技术手段,研发普适型智能化实时监测预警装备;利用人工智能、移动互联、区块链、大数据等技术,加强地质灾害风险评价,健全完善全国地质灾害综合信息平台;创新一批地质灾害防治理论和关键核心技术,完善地质灾害防治标准体系。

专栏1 “十四五”时期地质灾害防治主要指标规划值

类别	指标	2021—2025年
调查评价	1. 地质灾害隐患综合遥感识别(万平方千米)	717
	2. 1:50000地质灾害风险调查(县)	1423
	3. 1:10000地质灾害调查(万平方千米)	75
监测预警	4. 地质灾害隐患普适型监测点(万处)	6
	5. 易发区县级地质灾害气象风险预警预报覆盖率(%)	100
信息服务	6. 全国地质灾害综合信息平台(个)	1

三、地质灾害易发区和重点防治区

(一) 地质灾害易发区

根据地质灾害发育分布特征,结合地形地貌、岩土体类型及性质、地质构造以及地下水特征等地质环境条件和降雨、地震、人为活动等影响因素,考虑近年来部分地区降雨增多、气温上升和地震活动趋势增强等变化情况,划定高、中、低三级地质灾害易发区,比例尺为1:400万。

滑坡、崩塌、泥石流和地面塌陷易发区面积约717万平方千米,其中高易发区面积约128万平方千米,中易发区面积约279万平方千米,低易发区面积约310万平方千米,高、中易发区主要分布在川东渝南鄂西湘西山地、青藏高原东缘、云贵高原、秦巴山地、黄土高原、汾渭盆地周缘、东南丘陵山地、新疆伊犁、燕山等地区。地面沉降和地裂缝高、中易发区主要分布在长江三角洲、华北平原、汾渭盆地、珠江三角洲、淮河平原、东北平原等地区。

(二) 地质灾害重点防治区

根据全国地质灾害易发区分布,围绕长江经济带、黄河流域、成渝地区双城经济圈建设等国家区域重大战略实施和雅鲁藏布江下游水电开发、川藏铁路等重大工程建设需求,综合考虑区域社会经济发展和地质灾害防治现状及以往地质灾害所造成的人员伤亡和经济损失情况,提出“十四五”期间的16个地质灾害重点防治区,总面积约315.3万平方千米。其中,滑坡、崩塌、泥石流、地面塌陷重点防治区面积约288.2万平方千米,地面沉降和地裂缝重点防治区面积约27.1万平方千米。

1.西藏喜马拉雅重点地区高位远程滑坡及链式灾害重点防治区

该区域主要位于西藏东南部，毗邻云贵高原西部，面积约12万平方千米，占全国重点防治区总面积的3.8%。区内地处青藏高原南缘，平均海拔超过3500米，地形地貌极为复杂，峡谷高差悬殊，河流下切作用强烈，地表破碎，为高位远程滑坡和链式灾害发育提供有利条件。区内地壳隆升、冰川侵蚀及第四纪断裂活动等新构造运动对地质灾害发育控制作用明显。受青藏高原暖湿化影响，冰湖溃决形成洪水进而引发泥石流灾害链风险上升。该区是川藏铁路、雅鲁藏布江下游水电开发、中尼交通网络、边境口岸等国家重大工程建设区，防治重点是高位远程滑坡及其导致的堵江溃决链式灾害。

2.滇西川西藏东横断山区高山峡谷滑坡崩塌泥石流重点防治区

该区域主要位于云南西部、四川西部及西藏东部，面积约44万平方千米，占全国重点防治区总面积的14%。巨型、特大型和大型规模的地质灾害数量相对较多，高位远程地质灾害及灾害链发育。区内平均海拔3000米，金沙江、澜沧江、怒江及其主要支流等深切成谷，地形切割强烈；区内活动断裂密集，碎屑岩、碳酸岩、变质岩发育，以干热河谷气候为主。降雨、冻融、地震和不合理人为活动是主要引发因素，活动构造对地质灾害的发育具有明显的控制性作用。该区防治重点是威胁人口聚集区、能源开采、大型水利水电工程的高位远程滑坡、崩塌、泥石流及链式灾害。

3.川南滇东北黔东黔西高山峡谷区滑坡崩塌泥石流重点防治区

该区域主要位于四川南部、云南东北部、贵州东、西部，涉及大渡河中下游、普渡河流域、鲜水河流域、雅砻江下游及黑水河上游、小江流域以及龙门山断裂带地区，是全国大型水利水电工程和川藏铁路等重大基础设施建设区，面积约35.5万平方千米，占全国重点防治区总面积的11.3%。巨型、特大型和大型规模的地质灾害数量相对较多，高位远程地质灾害发育。该区地质构造复杂，地形切割强烈，地震活动强烈，岩土体破碎。降雨、冻融、地震和不合理人为活动是主要引发因素。该区防治重点是分布于水电工程区、城镇、人口聚集区、交通干线两侧的滑坡、崩塌、泥石流灾害。

4.桂北黔南粤西北中山区岩溶崩塌地面塌陷重点防治区

该区域主要位于广西北部、贵州南部和广东西北部，范围包括南宁、柳州、桂林、百色、河池等地质灾害中、高易发地区，面积约29.2万平方千米，占全国重点防治区总面积的9.3%。区内地质灾害隐患点密度是全国平均数的1.6倍。该区地处云贵高原和东南沿海丘陵过渡带，地形以峰林平原、丘陵盆地为主，地形切割较强，地质构造复杂，岩体风化严重，岩溶发育强烈，属热带季风气候，降水量丰富，大规模人类工程活动强烈。该区防治重点是能源基地、大型水利水电工程区、交通干线两侧的崩塌和地面塌陷灾害。

5.湘东南赣西中低山区群发性滑坡崩塌重点防治区

该区域主要位于湖南东南部和江西西部以及广西北部少部分地区，面积约23.7万平方千米，占全国重点防治区总面积的7.5%。区内地质灾害隐患点分布密度是全国平均数的3.8倍，规模以中小型为主。该区地处云贵高原向江南丘陵过渡地带，地貌形态多样，以构造侵蚀中低山为主，变质岩发育，岩土体风化程度较高，降雨丰沛。降雨和不合理人为活动是主要引发因素。该区防治重点是降雨引发和人为切坡所导致的群发性滑坡、崩塌灾害。

6. 浙闽粤赣皖低山丘陵区台风暴雨型滑坡崩塌重点防治区

该区域主要位于我国东南沿海地区，包括浙江大部、福建大部、广东东北部、江西东部以及安徽东南部部分地区，面积约37.1万平方千米，占全国重点防治区总面积的11.8%。据统计，区内地质灾害隐患点分布密度是全国平均数的4.2倍，规模以中小型为主。该区以构造侵蚀低中山为主，岩浆岩分布广泛，风化程度较高。降雨是主要引发因素，受台风暴雨、梅雨影响，区内年平均降水量在1800～2200毫米。该区防治重点是降雨引发和人为切坡所导致的群发性滑坡、崩塌灾害。

7. 长江中上游三峡库区滑坡崩塌重点防治区

该区域主要位于长江中上游三峡库区，包括重庆东北部以及湖北西南部部分地区，面积约15.6万平方千米，占全国重点防治区总面积的5%。区内地质灾害隐患点分布密度是全国平均数的3.3倍。区内以中山地貌为主，坡陡谷深，主要受控于北东向褶皱带和黄陵背斜为主的近南北向构造影响，区内地质灾害具有带状和相对集中于城镇等人口聚集区分布的特点。库水位周期性变化、水位消落区岩体劣化、降雨等是区内地质灾害主要引发因素。该区防治重点是水库消落带的滑坡、崩塌灾害及库岸失稳。

8. 陇南陕南川北秦岭大巴山区滑坡崩塌泥石流重点防治区

该区域主要位于甘肃南部、陕西南部和四川北部、汶川震区以及丹江口水库区，面积约28.5万平方千米，占全国重点防治区总面积的9%。区内地质灾害隐患点分布密度是全国平均数的3.1倍，巨型、特大型和大型规模的地质灾害数量相对较多，地质灾害具有群发性和链生性特点。该区地震活跃，活动断裂发育密集，山高谷深，地形起伏大，岩土体破碎，斜坡稳定性差，人类开发扰动强烈。降雨、冻融、地震和不合理人为活动是主要引发因素。该区防治重点是广泛分布于断裂、河谷和交通干线两侧、丹江口水库区以及城镇和农村地区周边的滑坡、崩塌、泥石流灾害。

9. 青东陇中陕北晋西北黄土滑坡崩塌泥石流重点防治区

该区域主要位于青海东部部分地区、甘肃中部、陕西北部部分地区、山西西北部以及宁夏南部固原地区，是黄河流域生态保护和高质量发展战略实施重要区域，面积约20万平方千米，占全国重点防治区总面积的6.3%。该区域总体位于黄土高原西南部，属黄土丘陵地貌，黄土覆盖层厚，沟谷切割深，新构造运动活跃。降雨和不合理人为工程活动是区内黄土滑坡、崩塌的主要引发因素。该区防治重点是城市周边、交通干线两侧和人口聚集区的黄土滑坡、崩塌、泥石流，以及采矿引发的地面塌陷灾害。

10. 新疆南部滑坡崩塌泥石流重点防治区

该区域主要位于新疆南部地区，主要包括阿图什、喀什、阿克陶县、乌恰县、莎车县、叶城县、塔什库尔干塔吉克自治县、墨玉县、策勒县、于田县、民丰县、且末县等部分地区，面积20.3万平方千米，占全国重点防治区总面积的6.4%。区内以山地为主，地形起伏不平。降雨是区内地质灾害的主要引发因素。该区防治重点是城镇、人口密集区和重要工程项目区的滑坡、崩塌、泥石流灾害。

11. 新疆伊犁地区滑坡泥石流重点防治区

该区域主要位于新疆西部，是"一带一路"国内段的重要部分，包括伊宁市和伊宁、霍城、特克斯、巩留、尼勒克等县，面积约16万平方千米，占全国重点防治区总面积的5.1%。区内以山地为主，近年来构造活动呈上升趋势，导致地震引发地质灾害风险上升。降雨和不合理人为活动是主要引发因素。该区防治重点是公路和转场牧道两侧以及农牧民聚集区的滑坡、泥石流灾害。

12. 辽东低山丘陵区泥石流重点防治区

该区域主要位于辽宁省东部，面积约6.3万平方千米，占全国重点防治区总面积的2%。该区主要为海拔600～900米的低山丘陵区，区内地质构造复杂，郯庐断裂带穿过该区域；变质岩风化程度较高，岩体断裂破碎。该区地处暖温带大陆性季风湿润区，降雨丰沛。降雨和不合理人为活动是主要引发因素。该区防治重点是降雨引发的泥石流灾害。

13. 华北平原地面沉降重点防治区

该区域主要位于我国华北地区，包括北京、天津、河北、山东省(市)等城市和农业区，涉及京津冀协同发展重要战略区，面积约12.7万平方千米，占全国重点防治区总面积的4%。该区地势平坦，发育巨厚的黏性土和砂性土，深层地下水超采严重，分布有多个地下水降落漏斗，水资源短缺是华北平原地面沉降面临的最大挑战。该区防治重点是北京、天津、雄安新区、沧州、邢台和德州等重点区域地面沉降与地裂缝灾害。

14. 长江三角洲地面沉降重点防治区

该区域主要包括安徽的阜阳、亳州、淮北，上海，江苏南部及沿海地区，浙江北部及东南沿海地区等，是长江三角洲区域一体化发展区，面积约7.9万平方千米，占全国重点防治区总面积的2.5%。区内主要分布细、粉砂及淤泥质黏土、砂质黏土等，承压含水层分布广泛。该区防治重点是淮北平原、上海、江苏苏锡常及沿海地区、浙江杭嘉湖等主要城市和海岸带等地区及铁路沿线的地面沉降和地裂缝灾害。

15. 汾渭盆地地面沉降地裂缝重点防治区

该区域主要位于陕西关中盆地和山西汾河谷地，面积约5.1万平方千米，占全国重点防治区总面积的1.6%。该区自六盘山南段至宝鸡、沿渭河向东经西安到风陵渡、转向北东，再沿汾河经临汾、太原到大同。该区防治重点是西安、太原、大同、临汾和运城等地区的地裂缝和地面沉降灾害。

16. 珠江三角洲地面塌陷地面沉降重点防治区

该区域主要包括珠江三角洲的广州、深圳、江门、惠州等市区和四会、高要等县(市),是粤港澳大湾区建设的重要区域,面积约1.4万平方千米,占全国重点防治区总面积的0.4%。该区地势低洼,分布淤泥类软土和砂性土,深部普遍存在承压含水层。该区防治重点是深圳、广州等地的地面塌陷和珠江三角洲、韩江三角洲和雷州半岛的地面沉降灾害。

四、地质灾害防治任务

(一) 聚焦"隐患在哪里"和"结构是什么",开展调查评价,掌握隐患风险底数

1. 加强地质灾害隐患综合遥感识别

充分利用基于星载、航空、地面的"空天地"一体化多源立体观测体系,开展多方法、分层次、多尺度综合遥感动态调查,全面开展地质灾害易发区隐患识别和地面验证,进一步掌握地质灾害隐患底数及动态变化情况,为地质灾害综合信息平台提供地质灾害隐患动态变化信息。

专栏2　地质灾害隐患综合遥感识别工作部署

(1) 隐患综合遥感识别技术研发

基于星载、航空、地面的"空天地"一体化多源立体综合遥感观测技术,研发国产SAR卫星数据质量提升、干涉与差分干涉、地表变化和形变信息快速提取和中低空遥感数据实时高速传输与快速处理等技术。

(2) 易发区综合遥感识别

重点和优先部署区域包括:青东陇中陕北晋西北黄土滑坡崩塌泥石流重点防治区、陇南陕南川北秦岭大巴山区滑坡崩塌泥石流重点防治区、长江中上游三峡库区滑坡崩塌重点防治区、滇西川西藏东横断山区高山峡谷滑坡崩塌泥石流重点防治区和西藏喜马拉雅重点地区高位远程滑坡及链式灾害重点防治区。

2021年,开展128万平方千米高易发区地质灾害隐患综合遥感识别和地面验证;2022年,开展407万平方千米高、中易发区地质灾害隐患综合遥感识别和地面验证;2023至2025年,每年开展717万平方千米易发区地质灾害隐患综合遥感识别和地面验证。

2. 继续开展1:50000地质灾害风险调查

在已部署开展597个县(市、区)1:50000地质灾害风险调查基础上,继续部署开展1423个县(市、区)1:50000地质灾害风险调查,及时核查综合遥感调查发现的地质灾害隐患,开展年度地质灾害动态排查,更新地质灾害数据库。开展重点省份地面沉降调查及易发性分区研究,开展县域及重点地区地质灾害风险评价与区划,提出地质灾害风险防范对策建议。编制国家、省、市、县地质灾害易发性评价图、风险区划图和防治区划图。深入推进地质灾害调查成果运用,为地质灾害综合信息平台提供地质灾害隐患基础数据,为国土空间规划编制提供依据。

专栏3　1:50000地质灾害调查工作部署

(1) 1:50000地质灾害风险调查

继续开展相关省(区、市)1423个县(市、区)1:50000地质灾害风险调查,同步完成域内重点调查区1:10000调查评价及受地质灾害威胁严重的人口聚集区重点隐患初步勘查,核查地质灾害隐患,进一步查明孕灾条件、易发区域、危险地带、隐患点空间分布、威胁对象和风险等级,基本掌握地质灾害隐患风险底数。

(2) 地质灾害风险排查

开展2020个县(市、区)年度地质灾害风险排查,掌握地质灾害风险动态。

(3) 风险评价与区划

完成1423个县(市、区)1:50000地质灾害风险评价与区划,提出地质灾害风险防范对策建议。完成国家、省、市、县四级行政单元地质灾害风险评价与区划,编制不同层级地质灾害易发性评价图;编制不同层级地质灾害防治区划图,划分重点、次重点和一般防治区,分类提出风险管控对策建议。

(4) 地面沉降调查、评价与区划

在华北平原地面沉降重点防治区、长江三角洲地面沉降重点防治区、汾渭盆地地面沉降地裂缝重点防治区、珠江三角洲地面塌陷地面沉降重点防治区等,开展区域地面沉降调查,完成调查面积32万平方千米,掌握区域地面沉降现状及变化趋势,形成全国地面沉降"一张图"。

开展北京、天津、河北、山西、辽宁、黑龙江、上海、江苏、浙江、安徽、山东、河南、广东、陕西、新疆(包含新疆生产建设兵团)等省(区、市)地面沉降易发性评价与区划。以地形地貌、松散沉积物厚度、黏性土或软土层厚度、地下水主采层数量、土地利用程度等为主要评价因子,编制地面沉降易发性评价图,划分为高易发区、中易发区和低易发区。

3. 开展1:10000地质灾害调查

针对人口聚集区、重点移民城镇、公共基础设施区等部署开展1:10000地质灾害调查,加强地质灾害成灾机理研究,掌握地质灾害隐患和潜在致灾体的结构特征、稳定性变化趋势、威胁范围和风险等级。在地质灾害重点防治区,针对高位远程地质灾害或成灾机理认识不清、InSAR监测已经发现存在变形但地面调查难以发现的重大滑坡、泥石流隐患等开展1:10000机载激光雷达高精度测量,精细刻画灾害体地质特征,查清灾害体动态变化情况,辅助地质灾害地面调查与评价。在地面沉降易发区、地下水超采区、特大城市区和重大线性工程区,持续开展地面沉降与地裂缝调查,掌握区域地面沉降现状及变化趋势,查明重点地区地下水、地热、油气等地下流体资源开采以及建筑荷载、软土固结等因素对地面沉降产生和发展的影响。继续开展重点地区地面塌陷调查,掌握地面塌陷现状及变化趋势。

专栏4 1:10000地质灾害调查工作部署

(1) 1:10000地质灾害调查

重点针对城镇、村组、居民区等人口聚集区和公共基础设施区开展1:10000调查及重点隐患初步勘查,部署开展调查面积75万平方千米,加强地质灾害成灾机理研究,掌握地质灾害隐患和潜在致灾体的结构特征、稳定性变化趋势、威胁范围和风险等级。

(2) 重大滑坡、泥石流隐患1:10000高精度测量

针对高位远程、认识不清、InSAR监测已经发现存在变形但地面调查难以发现的重大滑坡、泥石流隐患等开展机载激光雷达高精度测量,完成调查面积7万平方千米,精细刻画灾害体地质特征,查清灾害体动态变化情况。

(3) 地裂缝与地面塌陷调查

在华北平原、汾渭盆地地面沉降地裂缝重点防治区等区域开展地裂缝调查。开展湘中南、桂西及桂北、粤港澳大湾区、西部陆海新通道建设区等重点地区地面塌陷调查,掌握区域地面塌陷现状及变化趋势。

(二) 聚焦地质灾害“什么时候发生”,完善监测预警体系,提高预警能力

1. 提升地质灾害气象风险预警预报精度

深化全国地质灾害气象风险预警预报,进一步推进国家、省、市、县四级地质灾害气象风险预警预报网络建设,提升地质灾害易发区市级、县级地质灾害气象风险预警预报能力。加密预警频次,提升预警精准度和时效性。结合地质灾害综合信息平台基础数据,及时发布不同条件下区域地质灾害风险等级。

2. 提升地质灾害群测群防能力

充分发挥地质灾害防治“第一道防线”作用,继续保持地质灾害隐患点群测群防全覆盖。持续提升地质灾害群测群防管理和技术水平,进一步完善工作机制,完善网格化管理模式。加强群测群防员遴选,强化监测设备配备和技术培训,提高识灾、观测、辨灾、处置、自救、互救等能力,健全完善群测群防资金保障机制和成功避险奖励机制。结合地质灾害综合信息平台基础数据,及时研判地质灾害隐患点变化趋势。

3. 提高普适型地质灾害监测预警设备布设覆盖面

基于物联网及现代传感器技术,持续攻关研发低功耗、低成本、适应复杂环境、能够反映地质灾害变化特征及影响因素的普适型监测仪器。加强普适型地质灾害监测点网建设,进一步完善地质灾害专业监测预警网络。在重点地区,持续开展空中InSAR动态监测,并完善以地面水准测量、GNSS测量和地下分层标分层监测相结合的地面沉降监测立体网络,深入开展地面沉降机理与防控对策研究,强化多因素综合分析,加强对工程建设活动引发或加剧不均匀地面沉降的研究。结合地质灾害综合信息平台基础数据和实时监测数据,研发分区域分类型地质灾害预警预报、危险性预测等模型,及时掌握地质灾害隐患点动态,及时发送预警预报信息,并采取相应防范措施。

专栏5　地质灾害监测预警工作部署

(1) 地质灾害气象风险预警预报

健全完善国家、省、市、县四级地质灾害气象风险预警预报网络，提升地质灾害易发区市级、县级地质灾害气象风险预警预报能力。提高地质灾害气象风险预警网格密度、预警时长和频次，提升预警精准度和时效性。及时发布不同条件下区域地质灾害风险等级。

(2) 地质灾害群测群防体系建设

实现地质灾害隐患点群测群防全覆盖。提升地质灾害群测群防管理和技术水平，完善网格化管理模式。加强群测群防员遴选，强化监测设备配备和技术培训，提高防灾避险自救能力，健全完善群测群防资金保障机制和成功避险奖励机制。

(3) 普适型监测点网建设

“十四五”期末累计建成并运行6万处普适型监测点。鼓励各地在风险区探索安装简易型监测设备。

(4) 监测预警技术研发

研究突破微机电、智能图像、高精定位、超宽带、毫米波雷达等新型传感器在地质灾害监测领域应用的共性关键技术；研究智能变频与多源供电技术，降低运行功耗，提升供电能力；研究装备智能诊断与远程维护技术；研究无人值守自动监测巡检技术；研究地质灾害监测预警北斗集成技术；研发低成本的便携型和抛撒型地质灾害监测预警装备；研究水位消落区岩体劣化监测预警技术等。

基于地质灾害形成机理、动力学过程与成灾机理研究，构建多类型多参数高精度地质灾害预警预报模型和自适应预警技术。

修编地质灾害专群结合监测预警技术指南和地面沉降调查与监测规范等，编制地质灾害监测预警通信技术标准等。

（三）稳步推进地质灾害工程治理，提升工程标准

对威胁县城、集镇、学校、景区、重要基础设施、重要水库库区、人口聚集区等，且难以实施避险搬迁的地质灾害隐患点，或稳定性差、风险等级高、不宜避险搬迁的地质灾害隐患点，根据宜治则治、因地制宜、轻重缓急原则开展工程治理，科学设计防范措施，提高重点地区和重点部位防御工程标准。对调查发现的风险高、险情紧迫、治理措施相对简单的地质灾害隐患点，采取投入少、工期短、见效快的工程治理措施，组织排危除险。加强对建成一定年限以上治理工程的复查，对受损或防治能力降低的地质灾害治理工程，及时采取清淤、加固、维修、修缮等措施进行维护，确保防治工程的长期安全运行。综合利用地下水人工回灌、实施深基坑降排水管控、增加地下水替代水源等措施，治理地面沉降。

专栏6　地质灾害综合治理工作部署

(1) 工程治理 重点部署区域主要包括:青东陇中陕北晋西北黄土滑坡崩塌泥石流重点防治区、陇南陕南川北秦岭大巴山区滑坡崩塌泥石流重点防治区、长江中上游三峡库区滑坡崩塌重点防治区、川南滇东北黔东黔西高山峡谷区滑坡崩塌泥石流重点防治区、滇西川西藏东横断山区高山峡谷滑坡崩塌泥石流重点防治区、辽东低山丘陵区泥石流重点防治区、湘东南赣西中低山区群发性滑坡崩塌重点防治区。在京津冀平原等地面沉降严重地区开展综合治理,提出切实可行的防治对策。 计划实施工程治理7000处。优先治理威胁500人以上的地质灾害隐患点。计划实施地质灾害隐患排危除险11000处。计划实施地质灾害治理工程维护2500处。

创新和发展适用于强烈内外动力作用下的工程防灾减灾设计理论,研发黄土地质灾害防治、大型泥石流沟治理、大型滑坡排水抗滑组合技术、高位崩塌新型刚柔组合技术、水位消落区劣化岩体生态治理技术等。

(四) 积极推进地质灾害避险搬迁

对不宜采用工程措施治理的、受地质灾害威胁严重且成灾风险较高的居民点或乡镇驻地及县城区,结合生态功能区人口转移、工程建设和乡村振兴等政策,尊重群众意愿,充分考虑"搬得出、稳得住、能致富"的要求,开展主动避让、避险搬迁,及时化解地质灾害风险。按照宜搬则搬、轻重缓急原则,对成灾风险较高的地质灾害隐患点,优先安排避险搬迁。"十四五"期间,拟实施避险搬迁30万人。若国家另有相关支持政策加大搬迁力度,则根据实际情况进行调整。

(五) 提升风险防控能力,推动全民防灾

1. 创新地质灾害风险管理方法

在现有运行的地质灾害隐患点防控体系基础上,基于1∶50000地质灾害调查评价与区划结果,综合考虑地质、地形地貌、引发因素、承灾体等,划定风险等级,通过在典型地区试点,在地质灾害防治重点省份全面推行"隐患点+风险区"双控,探索形成风险管控制度、责任体系和技术方法。建立地质灾害风险源头管控机制,发挥地质灾害危险性评估作用,强化地质灾害高、中易发区国土空间规划管控和用途管制。

2. 健全地质灾害防御技术支撑体系

全面建立完善国家、省、市、县四级地质灾害防御技术支撑体系,加强地质灾害防治专家队伍和汛期驻守专家队伍建设,在地质灾害高、中易发区县(市、区)全面推行专业技术队伍包县技术服务,提升地质灾害防御技术支撑能力。

3. 加强地质灾害防御技术装备现代化

推进地质灾害防御技术装备保障能力建设,配置中低空数据采集、地基数据采集、数据传输网络、车载或船载式地质灾害技术保障系统等地质灾害专业化技术装备，加强地质灾害野外专业技术用车保障，大幅提升地质灾害防御信息获取能力、通信保障能力和数据综合分析能力等。提升公共设施在应对地质灾害方面的作用。

4. 推动全民防灾减灾

依托基层社会治理体系，充分发挥乡村干部、群测群防员、社会工作者、志愿者和公众等各类人员防灾减灾积极性和主动性，建立政府主导、人人参与、人人尽责、共享平安的地质灾害防治新格局；探索构建市场主导、政策支持的地质灾害保险体系，引入社会力量有效应对灾害风险。充分利用“全国防灾减灾日”“国际减灾日”等时间节点，面向全社会开展多形式的防灾减灾知识科普宣传，针对各级行政管理人员、技术支撑人员、应急救援人员及群测群防员等进行地质灾害防治知识培训，针对受威胁群众开展防灾应急演练。每年对地质灾害防治区内的县及乡镇地质灾害防治人员进行不少于1次的地质灾害防治知识培训。重要地质灾害隐患点每年至少开展1次应急演练，其他地质灾害隐患点有计划地组织开展应急演练。2020个县（市、区）每年至少组织开展1次应急演练。

以防范化解地质灾害风险为主题，加强地质灾害防治科普基地建设和典型案例宣传，编制地质灾害防治科普教材，构建适应不同对象和不同需求的地质灾害防治科普产品体系，打造科普活动品牌和科普团队，助力全社会提升地质灾害避险撤离、自救互救能力。

（六）强化数据信息建设，提升智慧防灾水平

1. 动态完善地质灾害风险数据库

以现有历史地质灾害调查数据库、实景三维中国建设成果和地质灾害综合遥感识别、风险调查、精细调查、风险区划、实时监测、预警处置、综合治理等数据为基础，依托国家数据共享交换平台，建成国家、省、市、县四级统一的地质灾害风险数据库，系统记录地质灾害隐患点和风险区空间分布、发育特征、坡体变形、承灾体、动态风险、灾情险情处置、工程治理、避险搬迁等信息。深入推进国家、省、市、县四级地质灾害风险数据库互联互通和动态更新，与同级国土空间规划“一张图”系统做好衔接，推动跨行业、跨部门、跨领域地质灾害防治大数据共享，建实全国地质灾害数据中心。

2. 提升地质灾害风险防控信息服务水平

利用人工智能、移动互联、区块链、大数据等技术，动态汇聚海量地质灾害风险数据和基础地质信息，及时、科学监管地质灾害隐患点，加强地质灾害风险动态精准评价，有效、精准管控地质灾害风险区，健全完善各级地质灾害综合信息平台。健全完善地质灾害监测预警模型，增强模型在不同地区的适用性，实现智能分析、科学预测，提高预警精度和准确度，推动调查监测成果在全国国土空间规划实施监测网络中的应用；提高地质灾害防治项目管理的规范化、标准化和信息化水平，实现对项目建档立卡和全过程监管；加强大数据挖掘分析和应用提升，强化地质灾害防治成果在防灾减灾和国土空间规划中的应用，精准服务政府管

理、科学研究和社会公众。

五、保障措施

(一)组织保障

地方各级党委政府要加强对地质灾害防治工作的统一领导,建立完善逐级负责制,确保防治责任和措施层层落到实处。各部门严格落实职责分工,各司其职、加强沟通、高效联动。

(二)制度保障

修订《地质灾害防治条例》,制定完善包含地质灾害风险管控等方面的防治管理政策、法律法规和配套规章制度,以及地方性法规和技术标准体系。

(三)资金保障

各工作任务承担部门在现有相关规划和已部署开展任务的基础上,科学测算工作任务和资金需求,充分征求中央相关部门和地方相关省份意见,研究确定各项工作任务经费需求规模。要统筹多层次、多领域资金投入,建立市场化、多元化地质灾害工程治理和避险搬迁资金投入机制。严格区分政府和市场的职责边界,按照"谁引发、谁治理"的原则,充分落实责任人的治理责任。科学合理划分中央与地方财政事权和支出责任,中央财政主要通过现有资金渠道积极支持,发挥财税、土地、生态等各项政策措施的合力;地方财政要将地质灾害防治经费纳入财政预算,根据当地社会经济发展水平和地质灾害防治工作需要合理安排地质灾害防治资金,统筹做好资金保障工作。针对农村切坡建房引发地质灾害隐患,协同相关职能部门,积极制定补助、奖励政策,完善相关技术标准,鼓励居民自主消除已建房屋建设过程中所引发的地质灾害隐患。鼓励社会资金参与,坚持共享发展理念,探索"政府主导、政策扶持,行业为主、社会参与,开发式治理、市场化运作"的地质灾害防治新模式。

(四)科技保障

加强地质灾害科研机构、高等院校与地质灾害防治一线单位的合作,强化科学研究。搭建不同层次的地质灾害防治研究合作交流平台,推进地质灾害防治重点实验室、地质灾害野外观测研究站、地质灾害超算分析与早期识别中心、地质灾害风险管控与监测预警等科研创新平台建设。基于科研创新平台,强化地质灾害防治装备、技术方法的研究,依靠科技创新,应用科技手段,提升地质灾害技防能力和智慧防灾能力。充分发挥行业协会作用,加强从业人员专业素质和能力培训,大力推进地质灾害防治工程行业诚信体系建设。

(五)机制保障

坚持"分级负责,属地管理"的原则,大力推进地质灾害防治体制机制建设,形成"中央统筹、地方主导,部门配合、社会参与"的地质灾害防治工作格局。

地方各级党委和政府要提高政治站位,以对人民极端负责的精神,加强统一领导和督导,压实领导责任,落实"促一方发展、保一方平安"的政治责任,妥善处理好发展与安全的关系，逐步将地质灾害防治工作纳入地方绩效考核体系。自然资源、住房城乡建设、交通运输、水利、应急管理、气象、农业农村等相关部门要按照职责分工，加强协调配合。统筹协调好地质灾害防治与国土空间规划、用途管制、生态保护修复、重大工程建设、山区城镇建设、农村建房等工作，加强地面沉降区域联防联控，加强源头管控与综合治理。督促相关行业的企业和施工单位按照“谁建设、谁负责，谁引发、谁治理”的原则，严格落实防灾主体责任。

附表1 “十四五”全国地质灾害重点防治分区说明表

序号	名称	面积（万平方千米）	重点防治分区说明	防治重点
一、突发性地质灾害重点防治区(总面积288.2万平方千米)				
1	西藏喜马拉雅重点地区高位远程滑坡及链式灾害重点防治区	12	该区域主要位于西藏东南部,毗邻云贵高原西部,平均海拔超过3500米,地形地貌极为复杂,峡谷高差悬殊,河流下切作用强烈,地表破碎,为高位远程滑坡和链式灾害发育提供有利条件。区内地壳隆升、冰川侵蚀及第四纪断裂活动等新构造运动对地质灾害发育控制作用明显。受青藏高原暖湿化影响,冰湖溃决形成洪水进而引发泥石流灾害链风险上升。	该区是川藏铁路、雅鲁藏布江下游水电开发、中尼交通网络、边境口岸等国家重大工程建设区,防治重点是高位远程滑坡及其导致的堵江溃决链式灾害。
2	滇西川西藏东横断山区高山峡谷滑坡崩塌泥石流重点防治区	44	该区域主要位于云南西部、四川西部及西藏东部,区内巨型、特大型和大型规模的地质灾害数量相对较多,高位远程地质灾害及灾害链发育;区内平均海拔3000米,金沙江、澜沧江、怒江及其主要支流等深切成谷,地形切割强烈;区内活动断裂密集,碎屑岩、碳酸岩、变质岩发育,以干热河谷气候为主。降雨、冻融、地震和不合理人为活动是主要引发因素,活动构造对地质灾害的发育具有明显的控制性作用。	该区防治重点是威胁人口聚集区、能源开采、大型水利水电工程的高位远程滑坡、崩塌、泥石流及链式灾害。
3	川南滇东北黔东黔西高山峡谷区滑坡崩塌泥石流重点防治区	35.5	该区域主要位于四川南部、云南东北部、贵州东、西部,涉及大渡河中下游、普渡河流域、鲜水河流域、雅砻江下游及黑水河上游、小江流域以及龙门山断裂带地区,是全国大型水利水电工程和川藏铁路等重大基础设施建设区。该区地质构造复杂,地形切割强烈,地震活动强烈,岩土体破碎。区内巨型、特大型和大型规模的地质灾害数量相对较多,高位远程地质灾害发育。降雨、冻融、地震和不合理人为活动是主要引发因素。	该区防治重点是分布于水电工程区、城镇、人口聚集区、交通干线两侧的滑坡、崩塌、泥石流灾害。

续表

序号	名称	面积（万平方千米）	重点防治分区说明	防治重点
4	桂北黔南粤西北中山区岩溶崩塌地面塌陷重点防治区	29.2	该区域主要位于广西北部、贵州南部和广东西北部，范围包括南宁、柳州、桂林、百色、河池等地质灾害中、高易发地区，区内地质灾害隐患点密度是全国平均数的1.6倍。该区地处云贵高原和东南沿海丘陵过渡带，地形以峰林平原、丘陵盆地为主，地形切割较强，地质构造复杂，岩体风化严重，岩溶发育强烈，属热带季风气候，降水量丰富，大规模人类工程活动强烈。	该区防治重点是能源基地、大型水利水电工程区、交通干线两侧的崩塌和地面塌陷灾害。
5	湘东南赣西中低山区群发性滑坡崩塌重点防治区	23.7	该区域主要位于湖南东南部和江西西部以及广西北部部分地区，区内地质灾害隐患点分布密度是全国平均数的3.8倍，规模以中小型为主。该区地处云贵高原向江南丘陵过渡地带，地貌形态多样，以构造侵蚀中低山为主，变质岩发育，岩土体风化程度较高，降雨丰沛。降雨和不合理人为活动是主要引发因素。	该区防治重点是降雨引发和人为切坡所导致的群发性滑坡、崩塌灾害。
6	浙闽粤赣皖低山丘陵区台风暴雨型滑坡崩塌重点防治区	37.1	该区域主要位于我国东南沿海地区，包括浙江大部、福建大部、广东东北部、江西东部以及安徽东南部部分地区，区内地质灾害隐患点分布密度是全国平均数的4.2倍，规模以中小型为主。该区以构造侵蚀低中山为主，火成岩分布广泛，风化程度较高。降雨是主要引发因素，受台风暴雨、梅雨影响，区内年平均降水量在1800～2200毫米之间。	该区防治重点是降雨引发和人为切坡所导致的群发性滑坡、崩塌灾害。
7	长江中上游三峡库区滑坡崩塌重点防治区	15.6	该区域主要位于重庆东北部以及湖北西南部部分地区，区内地质灾害隐患点分布密度是全国平均数的3.3倍。区内以中山地貌为主，坡陡谷深，主要受控于北东向褶皱带和黄陵背斜为主的近南北向构造影响，区内地质灾害具有带状和相对集中于城镇等人口聚集区分布的特点。库水位周期性变化、水位消落区岩体劣化、降雨等是区内地质灾害主要引发因素。	该区防治重点是水库消落带的滑坡、崩塌灾害及库岸失稳。

续表

序号	名称	面积(万平方千米)	重点防治分区说明	防治重点
8	陇南陕南川北秦岭大巴山区滑坡崩塌泥石流重点防治区	28.5	该区域主要位于甘肃南部、陕西南部和四川北部、汶川震区以及丹江口水库区,区内地质灾害隐患点分布密度是全国平均数的3.1倍,巨型、特大型和大型规模的地质灾害数量相对较多,地质灾害具有群发性和链生性特点。该区地震活跃,活动断裂发育密集,山高谷深,地形起伏大,岩土体破碎,斜坡稳定性差,人类开发扰动强烈。降雨、冻融、地震和不合理人为活动是主要引发因素。	该区防治重点是广泛分布于断裂、河谷和交通干线两侧、丹江口水库区以及城镇和农村地区周边的滑坡、崩塌、泥石流灾害。
9	青东陇中陕北晋西北黄土滑坡崩塌泥石流重点防治区	20	该区域主要位于青海东部部分地区、甘肃中部、陕西北部部分地区、山西西北部以及宁夏南部固原地区,是黄河流域生态保护和高质量发展战略实施重要区域,该区总体位于黄土高原西南部,属黄土丘陵地貌,黄土覆盖层厚,沟谷切割深,新构造运动活跃。降雨和不合理人为工程活动是区内黄土滑坡、崩塌的主要引发因素。	该区防治工作重点是城市周边、交通干线两侧和人口聚集区的黄土滑坡、崩塌、泥石流,以及采矿引发的地面塌陷灾害。
10	新疆南部滑坡崩塌泥石流重点防治区	20.3	该区域主要位于新疆南部地区,主要包括阿图什、喀什、阿克陶县、乌恰县、莎车县、叶城县、塔什库尔干塔吉克自治县、墨玉县、策勒县、于田县、民丰县、且末县等部分地区。区内以山地为主,地形起伏不平。降雨是区内地质灾害的主要引发因素。	该区防治重点是城镇、人口密集区和重要工程项目区的滑坡、崩塌、泥石流灾害。
11	新疆伊犁地区滑坡泥石流重点防治区	16	该区域主要位于新疆西部,是“一带一路”国内段的重要部分,包括伊宁市和伊宁、霍城、特克斯、巩留、尼勒克等县。区内以山地为主,近年来构造活动呈上升趋势,导致地震引发地质灾害风险上升。降雨和不合理人为活动是主要引发因素。	该区防治重点是公路和转场牧道两侧以及农牧民聚集区的滑坡、泥石流灾害。
12	辽东低山丘陵区泥石流重点防治区	6.3	该区域主要位于辽宁省东部,主要为海拔600~900米的低山丘陵区,区内地质构造复杂,郯庐断裂带穿过该区域;变质岩风化程度较高,岩体断裂破碎。该区地处暖温带大陆性季风湿润区,降雨丰沛。降雨和不合理人为活动是主要引发因素。	该区防治重点是降雨引发的泥石流灾害。

续表

序号	名称	面积（万平方千米）	重点防治分区说明	防治重点
二、缓变性地质灾害重点防治区（总面积27.1万平方千米）				
13	华北平原地面沉降重点防治区	12.7	该区域主要位于我国华北地区，包括北京、天津、河北、山东省（市）等城市和农业区，涉及京津冀协同发展重要战略区，该区地势平坦，发育巨厚的黏性土和砂性土。	该区防治重点是北京、天津、雄安新区、沧州、邢台和德州等重点区域地面沉降与地裂缝灾害。
14	长江三角洲地面沉降重点防治区	7.9	该区域主要包括安徽的阜阳、亳州、淮北，上海，江苏南部及沿海地区，浙江北部及东南沿海地区等，是长江三角洲区域一体化发展区，区内主要分布细、粉砂及淤泥质黏土、砂质黏土等，承压含水层分布广泛。	该区防治重点是淮北平原、上海、江苏苏锡常及沿海地区、浙江杭嘉湖等主要城市和海岸带等地区及铁路沿线的地面沉降和地裂缝灾害。
15	汾渭盆地地面沉降地裂缝重点防治区	5.1	该区域主要位于陕西关中盆地和山西汾河谷地，自六盘山南段至宝鸡、沿渭河向东经西安到风陵渡、转向北东，再沿汾河经临汾、太原到大同。	该区防治重点是西安、太原、大同、临汾和运城等地区的地裂缝和地面沉降灾害。
16	珠江三角洲地面塌陷地面沉降重点防治区	1.4	该区域主要包括珠江三角洲的广州、深圳、江门、惠州等市区和四会、高要等县（市），是粤港澳大湾区建设的重要区域。该区地势低洼，分布淤泥类软土和砂性土，深部普遍存在承压含水层。	该区防治重点是深圳、广州等地的地面塌陷和珠江三角洲、韩江三角洲和雷州半岛的地面沉降灾害。

(四)自然资源部关于印发《地质灾害风险普查成果汇交和入库管理办法(试行)》的通知

关于印发《地质灾害风险普查成果汇交和入库管理办法(试行)》的通知

自然资地勘函〔2021〕57号

各省、自治区、直辖市自然资源主管部门,新疆生产建设兵团自然资源局,中国地质调查局,中国地质环境监测院(自然资源部地质灾害技术指导中心)及有关单位:

为深入贯彻落实中央财经委员会第三次会议精神,保障地质灾害风险普查高效实施,加强普查成果有效汇交和质量控制,提高调查成果质量,根据《地质灾害防治三年行动实施纲要》和《第一次全国自然灾害综合风险普查数据与成果汇交和入库管理办法(修订稿)》(国灾险普办发〔2021〕8号)等有关要求,我司在广泛征求各方意见基础上,组织编制了《地质灾害风险普查成果汇交和入库管理办法(试行)》(附件)。现印发给你们,请遵照执行。

试行过程中,如发现问题请及时反馈部地质勘查管理司。

联系人及电话:张××,010-6655××××。

自然资源部地质勘查管理司

2021年5月18日

地质灾害风险普查成果汇交和入库管理办法(试行)

第一章　总　　则

第一条【办法目的】为规范地质灾害风险普查成果的汇交和质量审核工作,加强普查成果有效汇交和质量控制,提高调查成果质量,根据《地质灾害防治三年行动实施纲要》和《第一次全国自然灾害综合风险普查数据与成果汇交和入库管理办法(修订稿)》等有关要求,制定本办法。

第二条【工作任务】成果汇交和入库工作主要包括地质灾害风险普查成果逐级向上纵向汇交,逐级对下审核;地质灾害风险普查成果横向汇交同级第一次全国自然灾害综合风险普查领导小组办公室(以下简称普查办)。

第三条【工作原则】成果汇交和入库工作遵循纵向汇交、逐级审核的原则,各级自然资源主管部门要加强数据汇交和质量审核和入库管理技术支撑能力建设，确保普查成果的真实性、准确性、完整性、规范性和有效性。

第二章　职 责 分 工

第四条【责任主体】自然资源部地质勘查管理司统筹地质灾害风险普查成果的汇交和入库工作，各级自然资源主管部门是地质灾害风险普查成果汇交、质量审核和入库工作的责任主体。

第五条【职责分工】各级自然资源主管部门负责所辖区域地质灾害风险普查成果汇交、质量审核和入库，指导下级开展相关工作。中国地质环境监测院（自然资源部地质灾害技术指导中心）负责国家层级地质灾害风险普查成果入库和汇总集成，按部地勘司要求向国务院普查办汇交成果，指导地方各级自然资源主管部门开展地质灾害风险普查成果汇交、质量审核和入库工作，并开展技术培训和技术支持。市、县两级未直接组织实施地质灾害风险普查工作的，由上一级或省级自然资源主管部门履行成果汇交、质量审核和入库工作。

第三章　成 果 汇 交

第六条【汇交】成果汇交包括自下而上逐级纵向汇交自然资源主管部门和横向汇交同级普查办。

第七条【纵向汇交】各级自然资源主管部门将组织实施形成的地质灾害风险普查成果，或者下级部门汇交的成果，自下而上逐级纵向汇交到自然资源主管部门。

第八条【横向汇交】各级自然资源主管部门按照附件1中所列地质灾害风险普查成果相关要求，向同级普查办横向汇交成果资料。

第四章　成果质量审核

第九条【成果验收】地质灾害风险普查工作组织实施单位，应参照《地质灾害风险调查评价技术要求(1:50000)(试行)》等技术标准和要求，通过野外验收、专家评审等形式，采取软件质检、人工核查等手段，负责对产出的各类数据、图件、文字报告等成果的完整性、规范性、一致性、真实性、准确性和有效性进行质量审核，形成完整的成果验收意见，一并提交上级自然资源主管部门。

第十条【逐级审核】各级自然资源主管部门应采取软件质检、人工核查等手段，对下级部门汇交成果的完整性、规范性和一致性进行质量审核。上级自然资源主管部门应及时向下级部门反馈质量审核结果，对未通过审核的应要求下级在规定时限内完成修改更新和再次汇交。各级质量审核应形成质量审核意见(附件2)，向上级自然资源主管部门汇交成果时一并上交。

中国地质环境监测院（自然资源部地质灾害技术指导中心）负责国家层级地质灾害风险普查成果完整性、规范性和一致性质量审核。

第五章 数据安全

第十一条【数据安全】各级自然资源主管部门落实普查办牵头制定的数据安全分级分类保护标准、规则。不擅自复制、留存、传播、出版、翻译、销毁、报废以及擅自向第三方提供地质灾害风险普查成果。各级汇交的数据与成果要满足数据安全和质量控制要求。

第六章 附则

第十二条【软件系统】地质灾害风险普查成果的信息化、汇交和质量审核所用软件,原则上应使用中国地质环境监测院(自然资源部地质灾害技术指导中心)免费提供的地质灾害风险调查数据录入系统和检查系统。

第十三条【附则】本办法由自然资源部地质勘查管理司负责解释,自印发之日起施行。

附件1

地质灾害风险普查成果质检内容及要求

按照国务院普查办《第一次全国自然灾害综合风险普查实施方案》和《关于地质灾害风险普查相关工作意见的函》(自然资地勘函〔2021〕138号)等相关要求,地质灾害风险普查成果质检内容及要求如下:

一、地质灾害隐患点数据库

各调查县(区、市)应按照《第一次全国自然灾害综合风险普查实施方案》要求提交地质灾害隐患点数据库,内容应涵盖滑坡、崩塌、泥石流隐患点的编号、名称、经度、纬度、规模等级、威胁人数、威胁财产、风险等级等信息,数据格式为Access(详见表1);并提交地质灾害隐患点分布矢量文件(命名规则:DZPC+6位行政区划代码.shp),数据格式为SHP格式,图件统一采用2000国家大地坐标系(CGCS2000),属性字段内容同Access数据库。

表1　地质灾害隐患点数据库质检内容及要求

数据表名称	字段名称	字段类型	是否必填项	填写说明
DZB+6位县级行政区划代码	PCBH	文本型(50)	是	隐患点普查编号,自动生成
	YHMC	文本型(200)	是	隐患点名称
	XZQHBMA	文本型(6)	是	行政区划编码省
	XZQHBMB	文本型(6)	是	行政区划编码市
	XZQHBMC	文本型(6)	是	行政区划编码县
	YHLX	文本型(20)	是	隐患点类型:滑坡、崩塌、泥石流
	YHJD	浮点型	是	隐患点经度(°),如115.658°
	YHWD	浮点型	是	隐患点纬度(°),如30.748°
	GMDJ	文本型(20)	是	隐患点规模等级:巨型、特大型、大型、中型、小型
	WXRS	长整型	是	隐患点威胁人数(人)
	WXCC	浮点型	是	隐患点威胁财产(万元)
	FXDJ	文本型(20)	是	隐患点风险等级:极高、高、中、低
	HPPD	长整型	否	滑坡坡度(°)
	HPFX	长整型	否	滑坡方向(°)
	BTFX	长整型	否	崩塌方向(°)
	BTPY	长整型	否	崩塌最大水平位移(米)
	BTLJ	长整型	否	崩塌最远落石距离(米)
	NSLSC	浮点型	否	泥石流沟口扇形地扇长(米)
	NSLSK	浮点型	否	泥石流沟口扇形地扇宽(米)
	SNLKSJ	长整型	否	泥石流沟口扇形地扩散角(°)

注:已开展过勘查且资料完整、规模等级为大型以上的地质灾害隐患点需提供非必填项数据。

二、地质灾害危险性评价图

17个重点防治省份(山西、浙江、福建、江西、湖北、湖南、广东、广西、四川、重庆、贵州、云南、西藏、陕西、甘肃、青海、新疆)应提交省级地质灾害危险性评价矢量文件,编图比例尺为1:250000,数据格式为SHP格式,图件统一采用2000国家大地坐标系(CGCS2000),属性内容要求见表2。

表2 省级地质灾害危险性评价图质检内容及要求

矢量文件名称	字段名称	字段类型	是否必填项	填写说明
TE2+2位省级行政区划代码,SHP	分区面积	浮点型	是	地质灾害危险性分区面积
	危险性等级	文本型(20)	是	危险性等级:极高危险区、高危险区、中危险区、低危险区

三、地质灾害风险区划图

各省(自治区、直辖市)和新疆生产建设兵团、各地级市(州)、各地质灾害风险普查县(区、市)应按照《第一次全国自然灾害综合风险普查实施方案》中任务量要求提交地质灾害风险区划矢量文件,省级编图比例尺为1:250000,市级编图比例尺为1:100000,县级编图比例尺为1:50000;数据格式为SHP格式,图件统一采用2000国家大地坐标系(CGCS2000),属性内容要求见表3。

表3 地质灾害风险区划图质检内容及要求

矢量文件名称	字段名称	字段类型	是否必填项	填写说明
TQ2+2位省级行政区划代码/4位市级行政区划代码/6位县级行政区划代码,SHP	分区面积	浮点型	是	地质灾害风险等级分区面积
	风险等级	文本型(20)	是	风险等级:极高风险区、高风险区、中风险区、低风险区

四、地质灾害防治区划图

各省(自治区、直辖市)和新疆生产建设兵团、各地级市(州)、各地质灾害风险普查县(区、市)应按照《第一次全国自然灾害综合风险普查实施方案》中任务量要求提交地质灾害防治区划矢量文件,省级编图比例尺为1:250000,市级编图比例尺为1:100000,县级编图比例尺为1:50000;数据格式为SHP格式,图件统一采用2000国家大地坐标系(CGCS2000),属性内容要求见表4。

表4　地质灾害防治区划图质检内容及要求

矢量文件名称	字段名称	字段类型	是否必填项	填写说明
TF2+2位省级行政区划代码/4位市级行政区划代码/6位县级行政区划代码,SHP	分区面积	浮点型	是	地质灾害防治分区面积
	防治分级	文本型（20）	是	防治分级：重点防治区、次重点防治区、一般防治区

五、地质灾害风险普查成果说明文档

各省（自治区、直辖市）和新疆生产建设兵团、各地级市（州）、各地质灾害风险普查县（区、市）应按照《第一次全国自然灾害综合风险普查实施方案（修订稿）》中任务量要求提交“省名/市名/县名地质灾害风险普查成果说明”文档，提纲如下：

（一）基本情况

介绍工作区基本地理、地质概况和地质灾害风险普查工作情况。

（二）地质灾害发育及分布特征

介绍工作区地质灾害发育数量、类型、威胁人数、威胁财产、分布规律等。

（三）地质灾害风险区划

介绍地质灾害风险区划方法，说明风险分区的空间分布、面积和风险等级等。

（四）地质灾害防治区划

介绍地质灾害防治区划方法，说明防治分区的空间分布、面积和防治分级等。

附件2

地质灾害风险普查信息化成果汇交审核意见

<table>
<tr><td>行政区划代码</td><td></td><td>行政区名称</td><td></td></tr>
<tr><td colspan="4">地质灾害基本情况</td></tr>
<tr><td>总点数(处)</td><td>滑坡数(处)</td><td>崩塌数(处)</td><td>泥石流数(处)</td></tr>
<tr><td></td><td></td><td></td><td></td></tr>
<tr><td>提交单位</td><td></td><td>提交时间</td><td></td></tr>
<tr><td>审核单位</td><td></td><td>审核时间</td><td></td></tr>
<tr><td colspan="4">按照《地质灾害风险普查成果汇交和质量审核办法》,A(审核单位)对B(提交单位)提交的××省××市××县地质灾害风险普查成果进行了审核,形成意见如下:
1.按照要求提交了地质灾害隐患点数据库、风险区划图、防治区划图,数据格式符合要求。
2.地质灾害隐患点数据库必交内容完整/基本完整(缺失率是? %),填写规范,隐患点坐标无明显偏离。
3.地质灾害隐患点数据库内容和隐患点分布图层属性内容一致。
4.风险区划图、防治区划图属性完整,填写规范。

存在问题:

综上所述,××省××市××县地质灾害风险普查成果符合要求,审核通过。</td></tr>
</table>

附件1.地质灾害灾情和险情分级标准
附件2.地质灾害详细灾情报告表(表一)
附件3.地质灾害成功预报实例报告表(表二)
附件4.地质灾害防治信息表(表三)

自然资源部地质勘查管理司
2020年3月23日

附件1

地质灾害灾情和险情分级标准

依据《地质灾害防治条例》(国务院第394号)和《国家突发性地质灾害应急预案》(国办函发〔2005〕37号),对特大型、大型、中型和小型地质灾害灾情和险情作如下界定:

(1) 特大型地质灾害险情和灾情(Ⅰ级)

受灾害威胁,需搬迁转移人数在1000人(含)以上或潜在可能造成的经济损失1亿元以上的地质灾害险情为特大型地质灾害险情。

因灾死亡30人以上或因灾造成直接经济损失1000万元以上的地质灾害灾情为特大型地质灾害灾情。

(2) 大型地质灾害险情和灾情(Ⅱ级)

受灾害威胁,需搬迁转移人数在500人以上、1000人以下,或潜在经济损失5000万元以上、1亿元以下的地质灾害险情为大型地质灾害险情。

因灾死亡10人以上、30人以下,或因灾造成直接经济损失500万元以上、1000万元以下的地质灾害灾情为大型地质灾害灾情。

(3) 中型地质灾害险情和灾情(Ⅲ级)

受灾害威胁,需搬迁转移人数在100人以上、500人以下,或潜在经济损失500万元以上、5000万元以下的地质灾害险情为中型地质灾害险情。

因灾死亡3人以上、10人以下,或因灾造成直接经济损失100万元以上、500万元以下的地质灾害灾情为中型地质灾害灾情。

(4) 小型地质灾害险情和灾情(Ⅳ级)

受地质灾害威胁,需搬迁转移人数在100人以下,或潜在经济损失500万元以下的地质灾害险情为小型地质灾害险情。

因灾死亡3人以下,或因灾造成直接经济损失100万元以下的地质灾害灾情为小型地质灾害灾情。

附件2

____年____月地质灾害详细灾情报告表（表一）

序号	发生日期	发生时间	省	市	县	具体地点	经度坐标	纬度坐标	引发因素	具体原因	灾害类型	灾情等级	灾害规模	受灾人口(人)	死亡(人)	失踪(人)	受伤(人)	直接经济损失(万元)	主要受灾对象	受灾对象详情	新增/复发	是否为隐患点	隐患点编号	监测预警类型	是否成功避让点	备注	填表人	复核人	单位负责人

填报说明：

1. 统计范围:(1)造成人员伤亡的;(2)无人员伤亡,但有直接经济损失的。
2. 经度坐标、纬度坐标:按照度(°)分(′)秒(″)格式填写。
3. 引发因素:填写自然因素引发或人为因素引发。
4. 具体原因:填写导致灾害的具体原因,涉及切坡建房的需标明。
5. 灾害类型:填写滑坡/崩塌/泥石流/地面塌陷/地面沉降/地裂缝。
6. 灾害等级:填写特大型/大型/中型/小型。
7. 灾害规模:滑坡、崩塌、泥石流填写体积(m^3);地面塌陷填写面积(m^2);地面沉降填写面积(m^2);地裂缝填写长度(km)。
8. 受灾人口:因地质灾害造成损失的人数,包括因受到地质灾害威胁,处于危险区内的人数。
9. 主要受灾对象:填写居民家庭财产、农业、教育设施、公路交通设施、铁路交通设施、工业设施、水利水电设施、矿山、社会公共设施和其他。
10. 受灾对象详情:填写受灾对象的具体内容。
11. 监测预警类型填报:灾害发生之前开展的监测预警类型,填写无、专业监测、群测群防。
12. 备注:表格未能涵盖的其他内容。

附件3

____年____月地质灾害成功预报实例报告表(表二)

序号	省	市	县	具体地点	经度坐标	纬度坐标	灾害类型	灾害规模	发出预报日期	预报时间	灾害发生日期	灾害发生时间	紧急转移人员(人)	涉及可能伤亡人员(人)	避免经济损失(万元)	预报方法和避灾措施	预报人(或单位)	是否开展监测及监测手段	填表人	复核人	单位负责人

填报说明:

1. 灾害规模大小:按灾种不同分别填写体积(m^3)、面积(m^2)或长度(km)。
2. 涉及可能伤亡人员:是指如本次灾害影响范围内不搬迁避让可能造成的伤亡人员,如倒塌房屋内居住人员或灾害现场活动人员。
3. 是否开展监测及监测手段:险情发生之前是否开展监测,填写无、专业监测、群测群防。

附件4

地质灾害防治信息表(表三)

省份	出动应急处置小组(个)	部级应急专家组或工作组派出次数(次)	部级应急专家组或工作组派出人数(人)	省级应急专家组或工作组派出次数(次)	省级应急专家组或工作组派出人数(人)	参与应急处置地质灾害(起)	应急处置灾险情次数(次)	地质灾害防治项目(个)	治理项目(个)	治理隐患点数量(处)	监测预警项目(个)	新建专业监测点数(个)	投入防治资金(万元)	搬迁人数(人)	突发性地质灾害监测点(个)	缓变性地质灾害监测点(个)	完成地质灾害危险性评估项目(个)	隐患点新增数量(个)	隐患点核销数量(个)	特大型隐患点(个)	大型隐患点(个)	备注	填表人	复核人	单位负责人

填表说明：

1. 地质灾害预报预警是指报告期内通过群测群防、专业监测、气象预警等对地质灾害发生的地点、时间及其灾害影响范围、强度进行预报预警。2. 成功避让地质灾害是指报告期内根据预报预警信息而成功避让的地质灾害数。3. 避免伤亡人员是指如不搬迁避让可能造成的伤亡人员。4. 避免直接经济损失是指报告期内根据预报预警信息,采取防范措施,避免的能够用货币衡量的地质灾害直接财产损失。要按照实际情况确定,以地质灾害实际影响范围测定,如倒塌房屋内居住人员或灾害现场活动人员等。5. 出动应急处置小组是指报告期内县级(含)以上自然资源部门出动的地质灾害应急处置小组个数。6. 参与应急处置地质灾害是指报告期内县级(含)以上自然资源部门参与应急处置的地质灾害事故起数。7. 地质灾害防治项目是指报告期内各级政府及自然资源管理部门立项设立的,运用工程手段对由于地质作用导致的将要发生和已经发生的地质灾害进行预防和治理的项目,包括治理项目和搬迁避让项目。8. 投入防治资金是指为了防治地质灾害而开展的必要的监测、勘查和治理工程所投入的资金,包括中央和地方财政以及其他方面投入的资金。9. 完成地质灾害危险性评估项目是指报告期内已在自然资源主管部门备案的地质灾害危险性评估项目个数,按一级项目、二级项目、三级项目三个级别分别进行统计和日常防灾工作中的巡查、检查、应急调查等。10. 地质灾害隐患点总数是指按照规范开展的区域性地质调查和汛期巡查、排查、应急调查后,年末确认仍威胁人口、威胁财产的隐患点总数。11. 新增数量是指隐患点变化情况中本年度调查确认的新增地质灾害隐患点数量。12. 消除数量是指隐患点变化情况中本年度通过工程治理措施,确认消除隐患的地质灾害点数量。13. 突发性地质灾害监测点是指现存突发性地质灾害监测点数,为存量数据。14. 缓变性地质灾害监测点是指现存缓变性地质灾害监测点数,为存量数据。

（六）自然资源部办公厅关于印发《地质灾害防治三年行动实施纲要》的通知

自然资源部办公厅关于印发《地质灾害防治三年行动实施纲要》的通知

自然资办发〔2020〕16号

各省、自治区、直辖市自然资源主管部门，中国地质调查局及部其他直属单位，部机关各司局：

为深入贯彻落实中央财经委员会第三次会议精神，根据自然灾害防治“九大工程”任务分工要求及自然资源部职责，部组织有关单位和专家，以风险防控为主线，以大力提升我国地质灾害防治能力，显著降低地质灾害风险，最大限度减少人员伤亡为目标，研究编制了《地质灾害防治三年行动实施纲要》（以下简称《实施纲要》）。同时，为保障地质灾害防治三年行动高效实施，部还组织编制了《地质灾害风险调查评价技术要求（试行）》《地质灾害专群结合监测预警技术指南（试行）》2个技术规范。现一并印发给你们，请各地认真研究，编制省级行动实施方案，落实具体任务，加强组织实施，确保实现《实施纲要》各项工作目标。

地质灾害防治三年行动实施纲要

为深入贯彻落实习近平总书记在2018年中央财经委员会第三次会议上的讲话精神，按照中财办关于落实“提升自然灾害防治能力”的任务分工要求，自然资源部围绕制约地质灾害防治工作的主要问题和关键环节，研究提出了提升地质灾害防治能力的工作思路，明确了总体目标、重点任务等，在此基础上编制了本方案。

一、我国地质灾害防治基本情况

我国受太平洋板块、印度洋板块和亚欧板块运动影响，构造与地震活动强烈，地形地貌和地质条件复杂，气候类型多样，加上人类工程活动影响，地质灾害突发、频发问题严重。据统计，2011—2018年底，平均每年因滑坡、崩塌、泥石流等突发性地质灾害导致死亡的人数约占自然灾害（地震、洪涝、地质灾害、风雹、低温冷冻和雪灾、森林火灾、海洋灾害等）死亡总人数的27%。

1. 我国是世界上突发性地质灾害发育最强烈、因灾死亡人数最多的国家之一，地质灾害隐患点多、危害大

根据地质灾害发育条件和实际发生情况，我国滑坡、崩塌、泥石流高易发区面积约121万平方千米，中易发区面积约273万平方千米，主要分布在汶川地震灾区、三峡库区、秦巴山区、云贵高原、西北黄土高原、青藏高原及周缘地区、湘鄂桂山区、东南沿海山地丘陵、天山地区、燕山太行山和辽东山地丘陵等地区。从行政单元来看，我国地质灾害不同程度分布在31个省(区、市)，涉及2020个县(市)，其中1036个县(市)为"十三五"地质灾害防治重点县(市)。

我国地质灾害点多面广，威胁严重。截至2018年底，全国登记地质灾害隐患点286708处，按类型划分，滑坡148214处，崩塌77990处，泥石流34100处，地面塌陷、地裂缝、地面沉降等26404处；按险情等级划分，特大型2028处，大型8114处，中小型约27.66万处，共威胁1506万人和5217亿元财产的安全。

我国地质灾害多发频发，灾情严重。2008—2018年，我国共发生滑坡、崩塌、泥石流等突发性地质灾害约15.2万起，造成7035人死亡(不包括地震诱发的地质灾害及死亡人数)。按死亡人数统计，92%位于高、中易发区，88%位于重点防治县(市)。甘肃、四川、云南、陕西、贵州、广西、重庆、湖南、广东、福建、湖北、山西、浙江、西藏、江西、新疆等16省(区、市)灾情较为严重。

2. 党中央、国务院高度重视地质灾害防治，工作成效明显

党中央、国务院历来高度重视地质灾害防治，国务院2003年出台了《地质灾害防治条例》，2011年印发了《国务院关于加强地质灾害防治工作的决定》，地质灾害防治工作不断深入推进。十八大以来，各地区、各部门按照中央决策部署，初步建立了以地质灾害调查评价、监测预警、综合治理和应急处置为核心的综合防治体系，通过不断加大工作力度，调查评价工作逐步深化，群测群防体系不断健全，监测预警体系逐步完善，工程治理与避险移民搬迁不断加强，防治技术支撑体系初步建立，地质灾害防治工作取得明显成效。因地质灾害死亡人数由"十一五"的5611人降低到"十二五"的2008人，"十三五"前三年(2016—2018年)因地质灾害死亡869人。

3. 我国地质灾害防治形势依然严峻，防治工作还面临不少问题和挑战

2018年10月10日，习总书记在中央财经委员会第三次会议上指出，加强自然灾害防治关系国计民生，要建立高效科学的自然灾害防治体系，提高全社会自然灾害防治能力，为保护人民群众生命财产安全和国家安全提供有力保障。面对党中央、国务院对地质灾害防治提出的新要求，我国地质灾害防治还存在不少问题和挑战。

一是地质灾害风险底数掌握还不够准确。地质灾害不仅受地质条件控制，还与降雨、地震、人类工程等关系密切，具有很强的隐蔽性和复杂性。目前尚有大量地质灾害隐患没有被发现或对其危害认识不清，亟需通过高精度调查和评价，基本掌握风险底数。

二是监测预警科技水平亟待提高。目前地质灾害隐患主要依靠群测群防对房前屋后小范围进行监测预警,自动化程度低,技术水平亟待提高,专业监测、信息化建设相对滞后,监测预警覆盖面和精准度等也需要进一步提高。

三是地质灾害综合治理任务艰巨。虽然地质灾害综合治理已取得显著成效,但仍有大量地质灾害隐患威胁着人民生命财产安全。地质灾害治理与国土空间规划、生态保护修复等亟待统筹谋划,提高工程治理和避险移民搬迁成效。

四是地质灾害防治科技支撑能力亟待提升。目前新兴技术与地质灾害防治工作的结合不足,需要加强"空天地"一体化的早期识别技术以及监测预警装备、绿色新型防治技术装备等研发,提升科技防灾能力。

二、指导思想

以习近平新时代中国特色社会主义思想为指导,坚持以人民为中心的发展思想,充分依靠科技进步和管理创新,本着对人民极端负责的精神,大力加强地质灾害调查评价、监测预警、综合治理与避险移民搬迁以及防治技术装备研发,强化国土空间规划管控和生态保护修复,全面落实中央财经委员会第三次会议要求,加强统筹协调,提高地质灾害防治效率,推动高质量发展,为"两个一百年"奋斗目标提供有力保障。

三、总体目标与工作思路

(一) 总体目标

通过开展地质灾害高、中易发区风险调查和隐患排查,基本掌握我国地质灾害风险隐患底数和变化特征。建设完善新型高效的群专结合监测预警网络和气象预警体系,显著提高地质灾害预警精准度。全面完成全国地质灾害防治"十三五"规划避险移民搬迁任务,基本完成威胁人员密集区重大地质灾害隐患的工程治理,减少受地质灾害威胁人员300万以上。实现新型实用的地质灾害监测预警与防治技术装备普及应用,大幅度提高我国地质灾害防治科技支撑能力。通过三年行动实施,显著降低地质灾害风险,最大限度减少人员伤亡,有力支撑国家重大发展战略实施和重大工程建设。

(二) 工作思路

以风险识别与分类分级处置为主线,通过不同层次地质灾害调查与风险评价、多种手段的监测预警、有针对性的综合治理与避险移民搬迁工作,大幅提高我国地质灾害风险防控能力,具体技术路线如图3-7-1所示。

一是开展地质灾害隐患识别、调查与风险评价。利用综合遥感手段圈定地表重点变形区和疑似隐患点,并进行现场核查。在既往调查的基础上,对高、中易发区和受威胁严重的城镇分别开展1:50000和1:10000详细调查,对地质灾害隐患点或区段进行风险评价,基本掌握我国地质灾害风险底数和变化特征,作为监测预警、综合治理和避险移民搬迁等工作的基础。

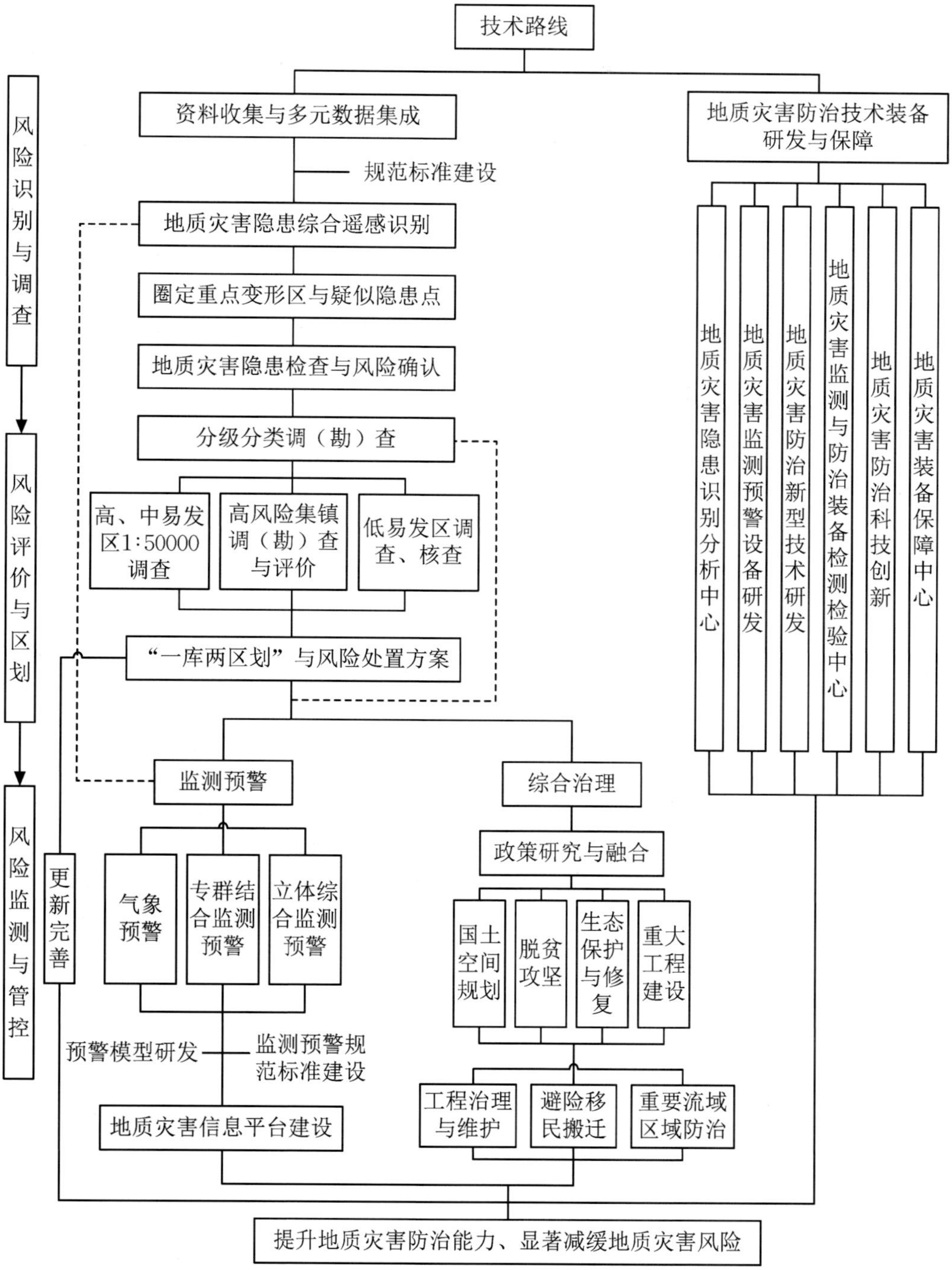

图3-7-1 地质灾害防治三年行动技术路线

二是推进建立监测预警体系,监测掌握地质灾害变化趋势,及时进行风险预警。针对确认的地质灾害隐患点和重要变形区,构建群测群防、专业监测相结合的监测预警网络以及气象预警体系。在此过程中,加强简易、实用监测仪器的研发与安装,建立预警模型,通过专业队伍驻地指导或政府购买服务等方式,提升群测群防信息化、专业化水平,提高监测预警精准度。

三是实施地质灾害综合治理和避险移民搬迁,显著降低地质灾害风险。针对风险高的变形区和地质灾害隐患点,结合国土空间规划、生态保护修复、乡村振兴、重大工程建设等工作,加大工程治理和避险移民搬迁工作力度和资金投入。针对险情紧迫、治理措施相对简单的地质灾害隐患点,及时采取排危除险措施,消除隐患威胁。

四是瞄准地质灾害风险识别、监测、防控中的关键环节,大力提升科技支撑能力。构建监测预警与防治技术标准体系,集成研发监测预警与防治技术装备并加强检测检验,推进我国地质灾害防治技术装备国产化、标准化和工业化。加强地质灾害防治科技创新与国际交流,开展重大地质灾害防治理论和技术攻关。

四、重点任务

(一) 地质灾害调查与风险评价

1. 工作目标

建立地质灾害隐患识别技术方法体系,实现全国地质灾害隐患综合遥感识别全覆盖及高、中易发区地质灾害风险调查全覆盖,建成动态更新的全国地质灾害数据库,编制完成国家、省、市、县四级地质灾害风险区划图和防治区划图,基本掌握我国地质灾害风险底数。

2. 主要任务

(1) 地质灾害隐患综合遥感识别

一是地质灾害隐患综合遥感识别。综合运用高分辨率多光谱光学影像遥感、合成孔径雷达干涉测量(InSAR)、激光雷达测量(LiDAR)等技术,对我国地质灾害高、中易发区开展综合遥感调查,结合地质环境条件圈定地表重点变形区和疑似隐患点。

二是地面核查。针对地质灾害隐患识别成果开展地面核查,初步查明基本特征和变化趋势。

(2) 高、中易发区地质灾害调查

一是采用地面调查与工程地质测绘、钻探、物探等相结合的技术手段,开展1:50000地质灾害调查,主要查明地质灾害孕灾条件和基本特征。

二是针对受地质灾害威胁严重的集镇等人口聚居区,采用无人机、三维激光扫描、边坡雷达等新技术新方法开展1:10000地质灾害调查,主要查明地质灾害隐患的稳定性和风险。

(3) “一库两区划”

一是全国地质灾害数据库动态更新。依托全国地质灾害信息系统,建设分布式网络基础设施，健全完善“国家—省—市—县”四级地质灾害数据库，集成相关领域地质灾害调查成果，实现全国地质灾害数据库动态更新。

二是开展地质灾害风险与防治区划。以县级行政区为单元，充分考虑地质灾害危险性和承灾体类型、易损性等信息，采用定性与定量相结合的方法进行风险评价和区划，并通过实地核查，对区划边界、风险等级、异常区等进行复核。基于风险区划开展地质灾害防治区划，分类提出监测、治理、搬迁避让、销号等风险管控对策建议。

3. 工作机制

中央负责制定地质灾害风险调查、隐患识别和数据库建设标准规范，开展全国范围地质灾害综合遥感识别，动态更新全国地质灾害数据库，编制全国地质灾害风险区划图和防治区划图。

地方负责辖区内地质灾害隐患识别结果核查、地质灾害风险调查、数据库建设，实现与国家数据库的互联互通，编制辖区内的风险区划图和防治区划图等。

（二）地质灾害监测预警

1. 工作目标

建设完善新型高效的群专结合监测预警网络，提升专业监测预警的覆盖面和精准度；建立互联互通的全国地质灾害气象预警体系，实现高、中易发区市级地质灾害气象预警全覆盖；建成国家级—省级联动的地质灾害信息平台，显著提升我国地质灾害监测预警水平与防治管理支撑能力。

2. 主要任务

（1）建设完善群专结合监测预警网络

一是完善群测群防体系。为群测群防员配备简易、标准化的监测、报警设备，提高监测预警能力。每年对群测群防员进行专业培训，通过地质灾害应急演练增强受威胁群众的防灾意识和自救互救能力。根据所在地区社会经济发展水平，适当提高群测群防员工作补助标准，建立对优秀地质灾害群测群防员与管理人员的奖励机制。

二是加强群专结合监测预警。选择威胁30人以上尚未规划和实施搬迁、治理的50000处地质灾害隐患点，安装成本低、实用性强的普适型监测仪器，扩大群专结合监测预警覆盖面，提高监测效率和精度。完善和推广地质灾害防治专业队伍驻守指导机制，支撑开展监测数据综合分析和地质灾害变化趋势研判，提升群测群防工作专业化水平。

（2）提升地质灾害气象预警水平

建成国家—省—市互联互通的地质灾害气象预警体系，完善1个国家级、31个省级、300个以上市级地质灾害气象预警模型，提升地质灾害高、中易发区市（州）级地质灾害气象预警精度。

（3）开展重点地区和重大地质灾害隐患立体综合监测预警

一是区域监测。应用高分辨率多光谱遥感、合成孔径雷达干涉测量（InSAR）等对地观测技术,针对重点地区每年开展不少于2次遥感监测。

二是专业监测预警。在地质灾害隐患识别分析和调查评价基础上,选择3700处成灾机理典型、稳定性差、威胁大、风险等级高且难以实施工程治理、避险移民搬迁的滑坡、崩塌、泥石流等地质灾害隐患点,开展以位移、应力、地下水、降雨等要素为主的立体综合监测,最大限度对可能发生的地质灾害提前预报预警,为避险决策提供支撑。

(4) 建设全国地质灾害信息平台

建设地质灾害信息化标准体系,促进信息共享,建设多层级、多部门互联互通的全国地质灾害信息平台,为地质灾害防治管理和应急救援提供精准服务。开展地质灾害监测预警基础理论研究和技术方法研究,提升地质灾害防治科技支撑能力。

3. 工作机制

中央负责制定监测预警相关标准规范、实施全国地质灾害气象预警和信息平台建设,示范和指导地方开展区域监测预警和地质灾害隐患点监测预警。地方负责具体开展辖区内地质灾害监测预警和信息平台建设。

(三) 地质灾害综合治理与避险移民搬迁

1. 工作目标

以消除地质灾害隐患威胁、减少受威胁人口、显著降低地质灾害风险为出发点,加大地质灾害综合治理和避险移民搬迁工作力度和资金投入,加强源头管控,全面完成《全国地质灾害防治“十三五”规划》避险搬迁任务,高效推进重大地质灾害工程治理,基本完成高风险区地质灾害隐患综合治理和受威胁群众避险移民搬迁,减少受地质灾害威胁人口300万以上,最大限度保障人民群众生命安全,为樟木口岸、三峡库区、丹江口库区、小浪底库区等重大工程运行提供有效安全保障。

2. 主要任务

(1) 开展地质灾害综合治理

一是地质灾害综合治理。对威胁县城、集镇、学校、景区、重要基础设施,难以实施避险移民搬迁的地质灾害隐患点,和经识别、调查新发现的稳定性较差、风险等级高、不宜避险移民搬迁的地质灾害隐患点,开展工程治理。根据各省市近几年地质灾害治理工程完成情况及上报数据综合考虑,3年计划实施工程治理7500处(滑坡4400处、泥石流1700处、崩塌1400处)。

二是地质灾害排危除险。对调查发现的风险高、险情紧迫、治理措施相对简单的地质灾害隐患点,采取投入少、工期短、见效快的工程治理措施,组织排危除险。3年计划实施排危除险20000处。

三是地质灾害治理工程维护。对受损或防治能力降低的地质灾害治理工程,及时采取清淤、加固、维修、修缮等措施进行维护,确保防治工程的长期安全运行。3年计划实施地质灾害治理工程维护2000处。

(2) 实施避险移民搬迁

对已查明的地质灾害风险高、受地质灾害威胁严重的人口聚集区,和经识别、调查新发现的稳定性较差、风险高、治理难度大的地质灾害隐患点,实施避险移民搬迁。对风险等级为中等及以下的地质灾害隐患点,地方结合脱贫攻坚、工程建设和乡村振兴等工作组织避险移民搬迁。3年计划对12万户53万人实施避险移民搬迁。

(3) 重要流域和重点区域地质灾害防治

针对金沙江、雅鲁藏布江及怒江等跨境或跨省河流,开展重大地质灾害隐患综合治理及潜在地质灾害链预防治理。

开展樟木口岸地质灾害专项综合治理。根据《三峡后续工作规划》,加强三峡库区崩塌、滑坡、危岩体等地质灾害工程治理以及高切坡监测预警。根据《丹江口库区地质灾害防治规划》等,开展丹江口库区、小浪底库区、尼尔基库区和皂市库区地质灾害工程治理与避险搬迁。开展1500千米国省干线公路灾害易发频发路段地质灾害综合治理。开展全国突发地质灾害应急处置,包括灾后为避免二次人员伤亡所采取的一定期限内的调查与监测、周边隐患排查、排危除险和临时治理措施等内容。

3. 工作机制

地方政府承担地质灾害防治主体责任,领导、监督、指导和协调地质灾害防治工作,统筹推进地质灾害综合治理与避险移民搬迁工作。地方各级部门按照职责分工,做好相关领域和行业地质灾害综合治理与避险移民搬迁工作。

樟木口岸、三峡库区、丹江口库区等重点区域,以及金沙江、雅鲁藏布江、怒江等重要流域重大地质灾害综合治理与避险移民搬迁,由自然资源部、水利部等相关部门按照相关职责统筹实施。

因工程建设等人为活动引发地质灾害的治理费用,按照"谁引发、谁治理"的原则由责任单位承担。

(四) 地质灾害防治技术装备现代化

1. 工作目标

加强隐患识别与智能计算装备研发配备,建设国家级、省级地质灾害隐患识别分析中心;研发推广具备工业稳定性和较高性价比的智能化、标准化监测预警设备,构建基于物联网的无线传感监测网络,建立地质灾害防治技术装备与检测检验标准体系;提高省级地质灾害防治技术装备保障水平,大幅度提升地质灾害防治技术装备信息获取能力、通信保障能力、数据综合分析能力和应急支撑能力。

2. 主要任务

(1) 地质灾害综合遥感识别平台建设

一是构建广域地表形变InSAR监测平台。以欧空局哨兵(Sentinel)系列卫星数据、《国家民用空间基础设施中长期发展规划》计划发射的陆地探测一号(LT-1)科研卫星L波段雷达数据(最大分辨率为3 m)等为主要数据源,研发基于超级计算的InSAR相位解缠并行算法,构建广域地表形变InSAR监测平台,显著提升区域地表形变监测能力。

二是建设1+N地质灾害隐患识别分析中心。建设我国多源光学遥感和雷达大数据支持下的地质灾害隐患识别分析中心,构建1个国家级中心和N个重点防治省级中心,逐步引领带动其他省份加入隐患早期识别技术体系,实现我国地质灾害隐患早期识别全覆盖,显著提高我国地质灾害调查效率和早期识别能力。

(2) 地质灾害防治新型技术、装备集成

一是监测预警技术装备集成研发。研发具有高敏感度、高精度、稳定性、耐久性的传感监测设备,有效提升监测数据获取能力和数据精度。研发适用于无人机投送的绿色智能传感器,形成快速部署能力。建立低功耗、传输稳定、普适性强的地质灾害监测预警数据传输网络体系,制定传输技术标准。

二是绿色、快速防治技术研发。研发绿色快速的生态友好型地质灾害防治新技术、新材料和新工艺,开展典型地区新型治理技术示范应用,形成可复制可推广的技术产品,提升我国地质灾害综合防治理论、技术和实践水平。

三是地质灾害防治装备检验检测。建设地质灾害防治技术装备标准体系与检测检验中心,制定地质灾害防治技术装备检测检验标准化流程及管理办法,实现对于地质灾害防治技术装备的质量监督、检验测试与评价,为标准化、规模化和工业化生产、应用提供保障。

(3) 加强地质灾害防治科技支撑和装备保障

一是加强地质灾害防治科技创新。依托自然资源部地质灾害技术指导中心开展地质灾害防治技术装备关键技术研发与核心装备配置、标准规范制定、典型地区示范应用与应急技术支撑工作。配置中低空—地基相结合的地质灾害调查监测数据采集与处理分析技术装备。

二是强化省级保障能力建设。推进省级地质灾害技术装备保障能力建设,配置中低空数据采集、地基数据采集、数据传输网络、车载式地质灾害技术保障系统等地质灾害专业化技术装备,加强地质灾害野外专业技术用车保障。

五、工作安排与成效分析

(一) 工作安排

1. 2019年工作安排

开展94万平方千米高、中易发区综合遥感识别与地质灾害调查和风险评价。初步构建全国地质灾害信息平台,更新完善地质灾害数据库。

完成10000处群专结合监测预警点和700处立体综合监测预警点建设,推进监测预警信息化建设,实施国家—省—市地质灾害气象预警。

完成500处大型以上地质灾害和1500处中小型地质灾害的工程治理以及5000处排危除险工程,完成4万户受地质灾害威胁群众的避险移民搬迁。

2. 2020年工作安排

开展150万平方千米高、中易发区综合遥感识别与地质灾害调查和风险评价。完成1000个受地质灾害威胁集镇的勘查与风险区划。更新全国地质灾害风险数据库。

完成20000处群专结合监测预警点和1700处立体综合监测预警点建设,继续推进监测预警信息化建设,实施全国—省—市地质灾害气象预警。

完成1000处大型以上地质灾害和2000处中小型地质灾害的工程治理以及7500处应急排危工程,完成4万户受地质灾害威胁群众的避险移民搬迁。

3. 2021年工作安排

开展150万平方千米高、中易发区综合遥感识别与地质灾害调查和风险评价。更新全国地质灾害风险数据库,完成地质灾害风险区划图和防治区划图编制。

完成20000处群专结合监测预警点和1000处立体综合监测预警点建设,实现监测预警信息化,实施全国—省—市地质灾害气象预警。

完成750处大型以上地质灾害和1750处中小型地质灾害的工程治理以及7500处应急排危工程,完成4万户受地质灾害威胁群众的避险移民搬迁。

(二)预期效果

通过地质灾害防治三年行动实施,地质灾害防治取得明显成效。

1. 进一步摸清地质灾害风险隐患底数

充分结合以往地质灾害调查成果以及动态核查成果,以地质灾害风险调查与重点隐患勘查等为主要工作内容,基本掌握我国地质灾害风险隐患底数及其动态变化。

2. 地质灾害防治能力明显提升

针对地质灾害风险识别、监测预警中的关键环节,大力提升科技支撑能力。攻关地质灾害隐患早期识别技术,全面提高隐患识别能力;建立全国"空天地"一体化地质灾害调查监测预警体系,多举措提高群测群防信息化、专业化水平;加大监测预警与防治技术装备集成研发力度,提高监测预警覆盖面与精准度。

3. 分级分类对地质灾害风险进行消除与管控

在以往地质灾害防治基础上,对风险等级高的12万户53万人实施避险移民搬迁,对风险等级高、不宜搬迁避让的地质灾害实施工程治理,对险情紧迫、治理措施相对简单的地质灾害隐患点通过排危除险消除隐患威胁。通过避险移民搬迁、工程治理和排危除险等,消除27500处地质灾害隐患,减少受地质灾害威胁人数300万人以上。针对风险等级中等及以上没有实施避险移民搬迁和综合治理的地质灾害,采取监测预警措施进行管控,三年共对53700处地质灾害开展监测预警,有效减轻约170万人面临的灾害风险。

4. 地质灾害防治管理更加高效

构建功能全面,互联互通的国家—省—市—县地质灾害风险数据库和信息平台,实现调查评价、监测预警、综合防治的智能化管理与数据动态更新。

六、防治体制机制构建

坚持“分级负责,属地管理”和“党委领导,政府主导,社会力量和市场机制广泛参与”的原则,进一步明确中央和地方关于地质灾害防治的事权划分,构建体制机制,形成全社会力量共同参与地质灾害防治工作的态势。

一是中央发挥好统筹指导和支持作用。进一步加强体制机制建设,做好资源统筹和共享,强化政策引导和资金项目支持,持续加大地质灾害防治工作投入。

二是各级地方党委政府充分发挥好防灾主体作用。强化组织领导,统筹协调和提供保障等任务,逐步将地质灾害防治工作纳入地方绩效考核体系,将防治经费纳入各级财政预算。

三是各级自然资源部门在党委政府领导下发挥好地质灾害防治组织、指导、监督、协调作用。应急、水利、交通、地震、气象等相关部门要按照职责分工,做好相关领域地质灾害防治工作的组织实施。

四是严格落实企业和施工单位的防灾主体责任,坚持“谁建设、谁负责,谁引发、谁治理”。

五是积极通过政府购买服务、建立责任制等方式,鼓励支持、引导规范社会力量参与地质灾害防治工作,积极发挥其技术优势和能动性,构建多方参与的社会化地质灾害防治格局。

七、保障措施

(一) 加强组织领导

地方党委政府要加强对地质灾害防治工作的统一领导,建立完善逐级负责制,确保防治责任和措施层层落到实处。各部门严格落实职责分工,各司其职、联动高效,及时督促检查防灾责任落实情况。

(二) 坚持依法防灾

修订《地质灾害防治条例》,进一步完善与之相配套的地方性法规、规章及相关国家、行业、地方技术标准体系,严格落实地质灾害危险性评估制度。

(三) 多渠道筹集资金

各工作任务承担部门在现有相关规划和相应已部署开展任务的基础上,科学测算工作任务和资金需求,充分征求中央相关部门和地方相关省份意见,研究确定各项工作任务经费需求规模。要统筹多层次、多领域资金投入,建立市场化、多元化地质灾害综合治理和避险移民搬迁资金投入机制。科学合理划分中央与地方财政事权和支出责任,按照“谁引发、谁治理”的原则,充分落实责任人的治理责任。涉及中央财政需安排资金的,主要通过现有资金渠道加大支持,充分发挥各项政策措施的合力。鼓励社会资金参与,坚持共享发展理念,探索“政府主导、政策扶持、社会参与、开发式治理、市场化运作”的地质灾害防治新模式。

（四）调动社会力量

搭建不同层次的地质灾害防治研究合作交流平台，加强地质灾害科研机构、高等院校与地质灾害防治一线单位的合作。充分发挥行业协会作用，加强从业人员专业素质和能力培训，大力推进地质灾害防治工程行业诚信体系建设。

（五）强化宣传培训

广泛发动社会各方面力量积极参与地质灾害防治工作，加强地质灾害防灾知识培训和演练，加强地质灾害防灾减灾宣传教育，全面提高地质灾害易发区人民群众自防自救能力。

(七)安徽省自然资源厅关于印发《安徽省2023年度地质灾害防治方案》的通知

安徽省自然资源厅关于印发《安徽省2023年度地质灾害防治方案》的通知

皖自然资〔2023〕85号

各市、县人民政府,省直有关部门:

经省政府同意,现将《安徽省2023年度地质灾害防治方案》印发给你们,请认真贯彻执行。

2023年4月28日

安徽省2023年度地质灾害防治方案

为深入学习贯彻党的二十大精神,贯彻落实习近平总书记关于防灾减灾救灾工作重要论述和关于自然灾害防治工作重要指示批示精神,认真落实党中央、国务院及省委、省政府和自然资源部决策部署,坚持以人民为中心的发展思想,更好统筹发展和安全,有效减轻灾害风险,全面做好2023年全省地质灾害防治工作,切实保障群众生命财产安全。根据《地质灾害防治条例》《全国地质灾害防治"十四五"规划》《2023年全国地质灾害防治工作要点》及《安徽省地质灾害防治"十四五"规划(2021—2025年)》等有关规定和要求,结合我省实际,制定本方案。

一、灾害隐患点分布

安徽省易发区6.82万平方公里,占全省总面积的48.68%。根据2022年地质灾害汛后核查结果,全省共查明地质灾害隐患点3067个,威胁8518户29744人、财产156165.5万元。

(1)按照危险等级分:特大型1处,中型2处,小型3064处。

(2)按照灾害类型分:崩塌1678处,滑坡1217处,泥石流114处,地面塌陷56处,地面沉降2处。

(3)按照所在区域分:皖南山区有地质灾害隐患点2008处,占全省总数的65.47%,威胁6078户19672人、财产85609万元;大别山区894处,占比29.15%,威胁1963户7685

人、财产34330.5万元；沿江和江淮丘陵平原地区137处，占比4.47%，威胁366户1140人、财产7993万元；淮北平原地区28处，占比0.91%，威胁111户1247人、财产28233万元。

二、地质灾害趋势预测

（一）降雨趋势预测

据气象部门预测，2023年4月沿淮淮北、大别山区南部和沿江江南西部降水量较常年偏多，其他地区偏少，月内阶段性变化明显。汛期（5～9月）降水量淮河以北较常年偏多，沿淮西部和淮河以南偏少。淮河以南入梅接近常年，出梅较常年偏早，梅雨期偏短，梅雨量偏少，梅雨强度偏弱。

（二）地质灾害趋势预测

根据全省地质环境条件、地质灾害发育分布特点，结合今年降雨趋势预测，2023年地质灾害总体趋势接近常年，较2022年可能加重，灾害类型仍以崩塌、滑坡、泥石流等突发性地质灾害为主。

三、地质灾害重点威胁对象与范围

（一）威胁对象

受地质灾害威胁区域内的城镇、村庄、学校、医院、重要交通干线、江（河）湖岸、重大建设工程项目、风景名胜区等。

（二）威胁范围

地质灾害威胁范围为皖南山区、大别山区、沿江丘陵区和部分风景名胜区以及地震危险区域；公路、铁路、水利、学校、矿山、城市地铁轻轨等重要工程地段可能发生地质灾害的区域。

四、2023年地质灾害防范重点

（一）重点防范区

（1）重点防范区域：32个地质灾害易发区，7个风景名胜区，部分地震烈度7度及以上区域（详见附件）。

（2）重点防范地段：在建高速铁路、高速公路和引江济淮工程沿线两侧1 km或第一斜坡带范围内；淮南煤矿区、淮北煤矿区、铜陵铜矿区、霍邱铁矿区、庐江铁（铜）矿区等5个矿山建设区域。

（二）重点防范隐患点

受强降雨及人类工程活动等因素的影响，可能发生突发性地质灾害的2处中型隐患点，分别为：淮南市土坝孜统建楼岩溶塌陷点，铜陵市狮子山社区先锋西村71栋、91栋——老粮站岩溶塌陷点。

（三）重点防范期

全省地质灾害重点防范期为5～9月，其中，6、7月主要防范梅汛期强降雨引发的地质灾害,8、9月主要防范台风活跃期强降雨引发的地质灾害;次重点防范期为3~4月,主要防范沿江江南地区和大别山区短时强降雨引发的地质灾害,10月至次年2月,地质灾害相对低发,但仍然不能忽视融雪下渗引发的少量崩塌、滑坡。全年应加强防范各类工程活动引发的崩塌、滑坡、泥石流、地面塌陷、地面沉降等地质灾害。

五、地质灾害防治任务

坚持人民至上、生命至上,统筹发展和安全,以防范灾害、保障安全为目标,持续推进地质灾害防治四项工程,着力提升防范能力和水平,探索点线面相结合的地质灾害风险管控新机制,全力保障人民群众生命和财产安全。

(一)实施地质灾害风险调查和评价工程

扎实做好汛前排查、汛中巡查、汛后核查,及时进行雨前排查、雨中巡查、雨后核查,重点加强人员密集区、重要基础设施周边、重要交通干线、旅游景区、临边临崖临沟等区域巡排查力度。经核查属于地质灾害隐患的,及时纳入管控范围,细化完善防灾预案,做到"一点一案"。全面完成104个县(市、区)1:50000地质灾害风险调查评价,确定全省地质灾害风险区划与防治区划,作为国土空间规划和用途管制的重要依据。

(二)实施地质灾害监测预警智能化工程

各地要进一步健全完善群测群防体系,及时开展群测群防员遴选和培训,探索补助激励机制。各级自然资源主管部门联合有关部门共同推进地质灾害隐患点和重点防范区域的监测站点建设,持续完善监测预警网络,提升地质灾害监测的精准度、时效性和覆盖面,提高智能化监测预警能力,逐步实现由群测群防向群专结合的转变。各级自然资源、应急、水利、气象等部门要加强合作,加强信息共享与会商,持续升级完善地质灾害监测预警平台,深化预警信息发布和联动机制。完善预警响应机制,有效落实防灾责任单位和责任人的响应行动,切实做到"有预警就有响应"。

(三)实施地质灾害综合治理提升工程

市、县人民政府应遵循"属地管理、分级负责"的原则,坚持"系统治理、依法治理、综合治理、源头治理",统筹实施搬迁避让和工程治理等综合防治措施。充分考虑群众意愿,根据轻重缓急有序推进搬迁避让,做到"应搬尽搬";对地质灾害险情紧迫、不宜搬迁避让的隐患点,实施工程治理,并对已竣工的工程治理项目定期开展工程维护;对治理措施相对简单的隐患点,采取投入少、工期短、见效快的排危除险措施;持续推进皖北地区地面沉降监测网建设,深度融入长三角地区地面沉降联防联控体系,不断提升防控能力。

(四)实施地质灾害防御能力提升工程

各市、县要在重要地质灾害隐患点至少开展一次防灾演练,围绕防范地质灾害风险主题,开展多形式、多渠道、多层次的宣传培训,全方位宣传地质灾害防治及应急避险知识,切实提高全民识灾、观测、辨灾、处置、自救、互救等能力。提前部署地质灾害防治专业队伍,统筹安排技术过硬的地质队员"驻县包乡",做好技术支撑工作。推进省地质灾害防治重点实验室和野外科学观测站建设，强化成灾机理研究，加强应急能力建设，提升我省地质灾害防治科技创新能力和风险防范水平。

六、保障措施

（一）加强组织保障

地方党委政府要提高政治站位，以对人民极端负责的精神，加强统一领导和指导，压实领导责任，落实“促一方发展、保一方平安”的政治责任。自然资源、住房城乡建设、交通运输、水利、应急管理、气象、农业农村、教育等相关部门要按照职责分工，加强协调配合，形成工作合力，层层落实防治责任和措施，确保按时保质保量完成各项任务。

（二）加强制度保障

在地质灾害易发区内进行工程建设时，严格按规定落实地质灾害危险性评估制度，加强源头管控，严防人为活动诱发地质灾害。按照《安徽省自然资源厅　安徽省应急管理厅关于加强地质灾害防范和应急处置工作的通知》（皖自然资〔2022〕167号）要求，明确相关部门职责分工，强化协调配合，形成工作合力。

（三）加强资金保障

市、县人民政府要根据当地社会经济发展水平和地质灾害防治工作需要，统筹安排资金，做好资金保障。省级财政继续加大资金支持力度，切实保障地质灾害防治工作有效开展。区分政府和市场的职责边界，按照“谁引发、谁治理”的原则，充分落实责任人的治理责任。鼓励社会资金参与，探索“政府主导、政策扶持、行业为主、社会参与，开发式治理、市场化运作”的地质灾害防治新模式。

（四）加强监督考核

市、县人民政府要统筹发展和安全，将地质灾害防治工作纳入地方绩效考核体系。省地质灾害防治指挥部成员单位按职责分工履职尽责，主动做好地质灾害防治工作。对省级以上财政支持的综合治理项目，要加快项目实施进度，加强全流程监管，治理期间严格落实各项安全管理措施，确保财政资金和工程项目尽快发挥防灾减灾效益。对地质灾害防治工作不到位，失职渎职，造成重大人员伤亡和财产损失的，要依法依规严肃追究相关责任人的责任。

附件:2023年地质灾害重点防范区域

2023年地质灾害重点防范区域

重点防范区域	重点县(市、区)	防范灾种
皖南山区	黄山市歙县、休宁县、黟县、祁门县、屯溪区、黄山区、徽州区,池州市东至县、石台县,宣城市宣州区、宁国市、泾县、绩溪县、旌德县,广德市。	崩塌、滑坡、泥石流等
大别山区	安庆市桐城市、潜山市、太湖县、岳西县、宿松县,六安市霍山县、金寨县、舒城县。	崩塌、滑坡、泥石流等
沿江和江淮丘陵平原	铜陵市枞阳县、铜官区、义安区,安庆市怀宁县,池州市青阳县、贵池区,芜湖市繁昌区,马鞍山市含山县,合肥市庐江县,滁州市定远县、凤阳县、琅琊区。	崩塌、滑坡、泥石流、地面塌陷等
皖北平原	淮北、亳州、宿州、阜阳、淮南等市。	地面沉降、地面塌陷等
部分风景名胜区	黄山、九华山、齐云山、天堂寨、天柱山、小孤山、万佛山等。	崩塌、滑坡、泥石流等
部分地震烈度7度及以上区域	安庆市迎江区、大观区、宜秀区,六安市金安区、裕安区、霍邱县,宣城市郎溪县,滁州市五河县、明光市,宿州市泗县。	崩塌、滑坡、泥石流等

（八）安徽省自然资源厅关于做好2023年汛期地质灾害值班工作的通知

安徽省自然资源厅关于做好2023年汛期地质灾害值班工作的通知

皖自然资勘函〔2023〕14号

各市及广德市、宿松县自然资源和规划局：

为切实做好2023年汛期地质灾害防治工作，省自然资源厅执行汛期地质灾害值班制度（行政及业务双值班）。现将有关事项通知如下。

一、值班时间及值班人员

自2023年5月1日起至9月30日止，实行每天24小时值班和领导带班制度（包括双休日、法定节假日），行政值班和业务值班人员分别由地质勘查管理与灾害防治处、地质灾害预警室人员轮流担任。

二、值班地点及值班电话

行政值班地点：厅四楼地质勘查管理与灾害防治处

行政值班电话：0551-6255××××

业务值班地点：厅四楼地质灾害预警室

业务值班电话：0551-6255××××

值班传真电话：0551-6255××××

三、值班职责

（1）及时、准确接收并认真记录上级机关、相关部门有关地质灾害防治工作的指示、命令、通知、电话、传真等，及时向带班领导和厅分管领导报告。

（2）接到地质灾害灾情或险情报告时，立即向带班领导和厅分管领导报告，按照领导指示立即办理，及时跟踪事态变化，并做好记录，指导相关单位做好灾情险情处置工作；密切关注天气变化，适时了解市、县地质灾害防治工作情况并做好记录。

（3）值班人员要熟悉掌握自然资源部、省有关部门和各市、县自然资源主管部门分管地质灾害防治工作的负责人和具体工作人员的联系方式，保持通讯畅通。

四、值班纪律

（1）坚持领导带班制度，值班人员按时到岗到位，并认真做好值班交接工作，不得缺岗、脱岗；确因事、生病或出差等特殊情况不能值班的，应提前报告并落实好人员代班。

（2）带班领导和值班人员须保持手机、值班电话24小时畅通。

(3) 严格交接班制度,在未办理好交接手续前,上一班值班人员不得离岗。

(4) 带班领导或值班人员根据防灾工作实际,适时检查下级机构值班人员、防灾责任人在岗在位和履职尽责情况。

五、有关要求

(1) 严格值班值守。各地要结合实际,认真落实汛期地质灾害值班工作,建立健全相关制度。

(2) 加强信息报送。各地要严格落实《安徽省自然资源厅关于做好地质灾害统计报送工作的通知》(皖自然资勘函〔2020〕25号)等相关要求,一旦发生造成(或可能造成)人员死亡(失踪)的地质灾害,或与地质灾害可能相关的山洪灾害、生产安全事故、其他自然灾害、社会关注度高的紧急突发事件,务必在事发后45分钟内向省自然资源厅地质灾害值班室简要报告,并跟踪事件进展,及时书面报告。对迟报、漏报、误报的,省自然资源厅将予以通报批评。

(3) 及时报告值班安排。请各市自然资源和规划局将市本级及所辖县(市、区)汛期地质灾害值班安排情况(样表见附件),于4月25日前书面报省自然资源厅,电子稿(Excel版)发送至电子邮箱。

联系人:李××;联系电话:0551-6255××××;传真:0551-6255××××;电子邮箱:zz1037@×××.com。

附件1. ××市2023年汛期地质灾害值班表(样表)

附件2. ××市2023年地质灾害防治工作通讯录(样表)

附件3. 安徽省自然资源厅关于做好地质灾害统计数据报送工作的通知(皖自然资勘函〔2020〕25号)

2023年4月17日

附件 1

××市 2023 年汛期地质灾害值班表（样表）

单位	时间	值班人	值班电话	手机	传真	带班领导	办公电话	手机	备注
×× 市自然资源和规划局									
…									
××县自然资源和规划局									
…									
××市自然资源和规划局									
…									
×× 区自然资源和规划局									
…									

附件2

××市2023年地质灾害防治工作通讯录（样表）

<table>
<tr><th>单位</th><th>姓名</th><th>职务</th><th>办公电话</th><th>手机</th><th>备注</th></tr>
<tr><td rowspan="4">××市人民政府</td><td></td><td>分管副市长</td><td></td><td></td><td></td></tr>
<tr><td rowspan="2">…</td><td></td><td></td><td></td><td></td></tr>
<tr><td></td><td></td><td></td><td></td></tr>
<tr><td></td><td>市政府传真</td><td colspan="2"></td><td></td></tr>
<tr><td rowspan="9">××市自然资源和规划局</td><td></td><td>主要负责领导</td><td></td><td></td><td></td></tr>
<tr><td></td><td>分管领导</td><td></td><td></td><td></td></tr>
<tr><td></td><td>局办公室传真</td><td colspan="2"></td><td></td></tr>
<tr><td rowspan="2">…</td><td>业务科室负责人</td><td></td><td></td><td></td></tr>
<tr><td>业务科室人员</td><td></td><td></td><td></td></tr>
<tr><td></td><td>业务科室传真</td><td colspan="2"></td><td></td></tr>
<tr><td rowspan="2">…</td><td>市地环站站长</td><td></td><td></td><td></td></tr>
<tr><td>市地环站人员</td><td></td><td></td><td></td></tr>
<tr><td></td><td>市站传真</td><td colspan="2"></td><td></td></tr>
<tr><td rowspan="4">××县（市、区）人民政府</td><td></td><td>分管副县（市、区）长</td><td colspan="2"></td><td></td></tr>
<tr><td rowspan="2">…</td><td></td><td colspan="2"></td><td></td></tr>
<tr><td></td><td colspan="2"></td><td></td></tr>
<tr><td></td><td>区政府传真</td><td colspan="2"></td><td></td></tr>
<tr><td rowspan="5">××县（市、区）自然资源和规划局</td><td></td><td>主要负责领导</td><td></td><td></td><td></td></tr>
<tr><td></td><td>分管领导</td><td></td><td></td><td></td></tr>
<tr><td rowspan="2">…</td><td>业务股（科）室负责人</td><td></td><td></td><td></td></tr>
<tr><td>业务股（科）室人员</td><td></td><td></td><td></td></tr>
<tr><td></td><td>业务股（科）室传真</td><td colspan="2"></td><td></td></tr>
</table>

（九）安徽省自然资源厅　安徽省财政厅关于印发《安徽省地质灾害防治项目及专项资金管理办法》的通知

安徽省自然资源厅　安徽省财政厅关于印发《安徽省地质灾害防治项目及专项资金管理办法》的通知

皖自然资规〔2022〕5号

各市及广德市、宿松县自然资源和规划局、财政局，各相关单位：

为加强地质灾害防治项目及专项资金管理，特制定《安徽省地质灾害防治项目及专项资金管理办法》，现印发给你们，请遵照执行。

安徽省自然资源厅　安徽省财政厅

2022年9月30日

安徽省地质灾害防治项目及专项资金管理办法

第一章　总　则

第一条　为加强我省地质灾害防治项目及专项资金管理，提高项目管理质量和资金使用效益，根据《地质灾害防治条例》《国务院关于加强地质灾害防治工作的决定》《安徽省省级财政专项资金管理办法》等有关规定，结合我省实际，制定本办法。

第二条　本办法所称地质灾害防治项目，主要包括地质灾害调查评价、监测预警、搬迁避让、工程治理、排危除险、能力建设和技术支撑等。

本办法所称地质灾害防治项目专项资金（以下简称“专项资金”）是指省级财政预算安排的用于全省地质灾害防治的专项转移支付资金。

第三条　地质灾害防治项目及专项资金由省自然资源厅、省财政厅负责管理。省自然资源厅在编制年度预算时，负责提出下年度专项资金安排建议；在年度预算执行过程中，负责提出具体专项资金分配建议方案，做好预算绩效管理具体工作，督促和指导市县做好项目实施和资金使用管理监督工作等。省财政厅对省自然资源厅申报的预算安排建议进行审核后，列入省级财政年度预算，经省人大批准后执行；在年度预算执行过程中，负责审核资金分配建议方案并下达资金预算，指导市县加强资金使用监督管理等。

市、县(市、区)自然资源主管部门和财政部门根据职能分工,做好地质灾害防治项目实施、资金分配使用、监督管理及预算绩效管理等工作。

第四条 坚持“搬迁优先、综合治理”的原则,科学合理制定对已核查入库的地质灾害隐患点或灾险情速报点的综合防治措施。对风险等级高的实施搬迁避让;对风险等级较高、威胁人数较多、难以搬迁避让的实施工程治理;对规模较小、治理措施简单的实施排危除险;对暂时难以实施搬迁避让或治理、威胁人数较多的实施专业监测。

第五条 专项资金原则上根据当年地质灾害发生情况分批下达,如遇突发重大地质灾害发生可启动资金紧急核拨机制。

第六条 中央财政下达我省的地质灾害防治专项资金除特别规定外,适用本办法。

第二章 项目申报和审查

第七条 搬迁避让项目,由县级自然资源主管部门会同同级财政部门申报,由市级自然资源主管部门会同同级财政部门对项目验收合格后,统一向省自然资源厅和省财政厅申请补助资金。申报材料包括资金申报表(附件1)、地质灾害隐患点信息、搬迁前后的全景照片、搬迁安置人员登记册及户籍资料或被拆迁房屋产权证明、乡镇人民政府意见等。

第八条 工程治理项目,由县级自然资源主管部门会同同级财政部门向市级自然资源主管部门和财政部门申报,经市级自然资源主管部门会同同级财政部门审核同意后,报省自然资源厅和省财政厅申请立项,并附项目申报表(附件2)和勘查、设计方案。省自然资源厅会同省财政厅组织专家现场踏勘核实项目是否符合工程治理条件;对符合条件的项目进行勘查、设计方案审查,审定施工技术方案、实物工作量和治理所需费用。

第九条 排危除险项目,由市级自然资源主管部门会同同级财政部门统一组织专家对辖区内县级自然资源主管部门和同级财政部门申报的排危除险项目设计方案进行审查,审定施工技术方案、实物工作量和治理所需费用,并根据审查结果和工作实际统筹安排实施项目,向省自然资源厅和省财政厅申请立项,随文附项目申报表(附件3)、设计方案和专家审查意见。项目申报单位对项目的真实性、完整性、准确性负责。省自然资源厅会同省财政厅对项目申报材料的合规性、合理性进行审查。

第十条 调查评价、监测预警项目,由县级自然资源主管部门会同同级财政部门向市级自然资源主管部门和财政部门申报,经市级自然资源主管部门会同同级财政部门审核同意后,报省自然资源厅和省财政厅申请立项,并附项目申报表(附件4)、设计方案。省自然资源厅会同省财政厅组织专家对项目设计方案进行审查,审定实施技术方案、实物工作量和项目所需费用。

第十一条 省自然资源厅会同省财政厅将符合条件的搬迁避让、工程治理、排危除险、调查评价和监测预警等项目,纳入省级地质灾害防治项目库管理。

第十二条 各类项目抽取评审专家时,实行回避制度。专家组应依法依规对项目实施的必要性、技术可行性、经济合理性等方面进行审查,并对审查结果终身负责。

第三章 资金拨付

第十三条 搬迁避让项目,经市级验收确认的搬迁户数,按照每户6万元的标准,采取"以奖代补"方式安排资金。

工程治理、排危除险、调查评价和监测预警等项目,所需费用由省级专项资金补助50%,按照财政事权与支出责任相统一的原则,剩余50%资金由项目所在市、县(市、区)财政予以保障。

基层能力建设资金,由省自然资源厅综合权衡各市、县(市、区)地质灾害防灾工作任务、重点隐患状况、灾害威胁和受灾情况等主要因素,提出资金分配建议。

第十四条 省自然资源厅根据年度专项资金预算和项目库储备等情况,制定专项资金总体分配建议方案和绩效目标分解方案,提交厅党组会议研究同意后,按程序报送省财政厅。省财政厅审核下达资金。

第十五条 对于危险性大的突发地质灾害等特殊情况亟需进行工程治理的,经市级自然资源主管部门会同同级财政部门申请,省自然资源厅会同省财政厅组织专家现场论证通过后,纳入项目库管理,并提前下达项目任务书,优先安排项目治理资金。

第四章 项目实施与监管

第十六条 工程治理、排危除险、调查评价和监测预警等项目由县级自然资源主管部门全程负责实施、管理和监督,根据招投标及政府采购要求,择优确定具有相应地质灾害防治资质的项目承担单位。工程治理、排危除险项目的勘查和设计承担单位不得同时确定为施工和监理单位。

第十七条 基层能力建设资金,由市、县(市、区)自然资源主管部门会同同级财政部门细化到具体任务,制定实施方案并负责具体实施。基层能力建设资金主要用于地质灾害监测预警、巡查排查、避险转移、防灾演练、宣传培训和基层专业支撑队伍建设等。具体安排情况和实施方案由市级自然资源主管部门会同同级财政部门在专项资金拨付后30日内报送省自然资源厅和省财政厅备案。

第十八条 搬迁避让项目,由省自然资源厅会同省财政厅对项目完成情况视情进行抽查或"双随机一公开"检查,抽查比例根据当年申报户数确定,抽查户数原则上不低于申报总户数的30%,并督促市级自然资源主管部门对抽查发现问题进行限期整改,整改期间暂停该市搬迁避让项目申报。

第十九条 市级自然资源主管部门对辖区内地质灾害防治项目的实施进度、工程质量、资金使用及绩效管理进行全程监督检查。

第五章 项目变更

第二十条 地质灾害防治项目实施过程中,应严格执行已批准的设计方案和预算,一般情况不得变更,确需变更设计方案的,按照程序申请变更。

工程治理、调查评价和监测预警等项目变更由市级自然资源主管部门会同同级财政部门以正式文件形式向省自然资源厅和省财政厅申请变更。省自然资源厅会同省财政厅组织专家对变更的勘查和设计方案进行审查,出具专家审查意见,下达市、县(市、区)自然资源主管部门组织实施。

排危除险和基层能力建设项目变更由市级自然资源主管部门会同同级财政部门组织有关专家对变更方案进行审查,下达县级自然资源主管部门组织实施,并于30日内报送省自然资源厅和省财政厅备案。

第二十一条 项目变更后总投资超出原设计总投资部分由项目所在地市、县(市、区)人民政府承担,总投资减少部分按投入资金比例相应核减省级补助资金。

第六章 项目验收

第二十二条 地质灾害防治项目完工后,由项目所在地县(市、区)自然资源主管部门会同同级财政等相关部门组织初步验收,验收合格后向市级自然资源主管部门和同级财政部门申请验收。市级自然资源主管部门会同同级财政等相关部门组织专家进行项目验收(验收基本要求见附件5)。验收合格后,由市级自然资源主管部门会同同级财政部门在30日内,将项目验收结果和经费决算审计报告报送省自然资源厅和省财政厅备案。

第二十三条 工程治理、调查评价、监测预警项目周期为2年,排危除险和基层能力建设项目周期为1年。逾期未完成的,由项目所在市级自然资源主管部门和同级财政部门以正式文件向省自然资源厅和省财政厅说明原因,并承诺完成时限。项目逾期未通过竣工验收的县(市、区),暂停安排相应类别的地质灾害防治项目。

第二十四条 专项资金支持项目形成的资产由验收单位交所在地县级以上人民政府管理和维护,其中地质灾害治理工程不作固定资产处理。

第七章 资金使用和绩效管理

第二十五条 专项资金严格执行国库集中支付制度,实行专账核算、专款专用,严格按照规定用途使用,不得截留、挤占、挪作他用。属于政府采购范围的,按照政府采购有关规定执行。各级自然资源、财政部门应当加快预算执行,提高资金使用效益。项目决算后,省自然资源厅、省财政厅根据省级财政补助比例,对项目资金进行清算。

第二十六条 工程治理和排危除险项目的预算编制、审核和决算应严格执行《安徽省地质灾害治理工程定额》等规范。

第二十七条 专项资金建立“预算编制有目标、预算执行有监控、预算完成有评价、评价结果有反馈、反馈结果有应用”的全过程预算绩效管理机制。

第二十八条 专项资金绩效目标分为区域绩效目标和项目绩效目标,主要分为产出指标、效益指标和满意度指标,具体包括与项目相对应的数量、质量、时效、成本及经济效益、社会效益、生态效益、满意度等,可根据绩效管理需要适当调整(附件6)。

第二十九条　省自然资源厅在申请设立专项资金和编制年度预算时，按预算绩效管理程序编报整体绩效目标，并随项目申报通知同步下达区域绩效目标申报指标体系。

市、县（市、区）自然资源主管部门结合任务计划和本地区实际情况，编制区域和项目绩效目标申报表，随项目申报文件逐级报送省自然资源厅。

省财政厅随资金预算文件同步下达区域绩效目标，省自然资源厅会同省财政厅具体分解下达区域绩效目标有关指标。

第三十条　在预算执行中，市、县（市、区）自然资源主管部门应按照规定开展绩效监控，并将监控结果逐级上报，省自然资源厅汇总后，及时报送省财政厅备案。对预算执行进度缓慢或预计绩效目标无法实现、预算执行与绩效目标偏离较大、预计或已经造成重大损失浪费或存在风险等情况，及时采取调减项目预算或暂停项目实施等措施。

第三十一条　预算执行结束或年度终了，市、县（市、区）自然资源主管部门会同财政部门对照既定绩效目标开展绩效自评，并逐级将绩效自评报告汇总报送省自然资源厅。省自然资源厅审核汇总形成整体绩效自评报告，按规定报送省财政厅备案。省自然资源厅可适时组织开展部门绩效评价，省财政厅根据需要可组织开展财政绩效评价。评价结果可作为专项资金预算安排和政策调整等的重要参考依据。

第八章　责 任 追 究

第三十二条　项目承担单位、中介机构、施工企业、监理机构等有下列行为之一的，按照《中华人民共和国安全生产法》《地质灾害防治条例》有关法律法规追究责任。

（1）无资质证书或者超越资质等级许可的范围承揽地质灾害危险性评估和治理工程勘查、设计、施工、监理业务的。

（2）在项目危险性评估、勘查、设计、施工、监理等工作中弄虚作假、降低质量、发生生产安全事故的。

（3）以其他单位名义或者允许其他单位以本单位名义承揽地质灾害防治业务的。

第三十三条　项目审查专家在审查过程中有弄虚作假、失职、渎职等行为的，取消其地质灾害防治专家资格，涉嫌犯罪的，移送司法机关依法追究责任。

第九章　附　　则

第三十四条　本办法由省自然资源厅、省财政厅负责解释。

第三十五条　本办法自2022年9月30日起施行，有效期5年。施行期间，国家法律、法规、规章和上级规范性文件另有规定的，从其规定。《安徽省国土资源厅　安徽省财政厅关于印发〈安徽省地质灾害搬迁避让“以奖代补”实施办法〉的通知》（皖国土资〔2015〕47号）和《安徽省国土资源厅　安徽省财政厅关于印发安徽省地质灾害治理工程项目及资金管理办法的通知》（皖国土资函〔2016〕1641号）同时废止。

附件1

××市申报地质灾害搬迁避让“以奖代补”资金汇总表

<table>
<tr><th>序号</th><th>项目名称</th><th>搬迁户数（户）</th><th>搬迁人口（人）</th><th>市级配套资金（万元）</th><th>县级配套资金（万元）</th><th>申请省级“以奖代补”资金（万元）</th><th>备注</th></tr>
<tr><td>1</td><td></td><td></td><td></td><td></td><td></td><td></td><td></td></tr>
<tr><td>2</td><td></td><td></td><td></td><td></td><td></td><td></td><td></td></tr>
<tr><td>……</td><td></td><td></td><td></td><td></td><td></td><td></td><td></td></tr>
<tr><td>合计</td><td></td><td></td><td></td><td></td><td></td><td></td><td></td></tr>
<tr><td colspan="2">市级自然资源主管部门审核意见</td><td colspan="6">（公章）
年　月　日</td></tr>
<tr><td colspan="2">市级财政部门审核意见</td><td colspan="6">（公章）
年　月　日</td></tr>
</table>

××市地质灾害搬迁避让“以奖代补”资金申报表

<table>
<tr><td>申请单位</td><td colspan="3"></td><td colspan="2">申请时间</td><td></td></tr>
<tr><td>项目名称</td><td colspan="3"></td><td colspan="2">申请金额(万元)</td><td></td></tr>
<tr><td>隐患点名称
(县、乡镇、村、组)</td><td colspan="3"></td><td colspan="2">隐患点坐标</td><td></td></tr>
<tr><td>灾害类型</td><td colspan="3"></td><td colspan="2">灾害规模</td><td></td></tr>
<tr><td>威胁人口
(户、人)</td><td colspan="3"></td><td colspan="2">威胁财产
(万元)</td><td></td></tr>
<tr><td>计划搬迁户数</td><td colspan="3"></td><td colspan="2">计划搬迁人口</td><td></td></tr>
<tr><td rowspan="3">搬迁避让
资金来源</td><td>市级财政</td><td colspan="5">万元</td></tr>
<tr><td>县级财政</td><td colspan="5">万元</td></tr>
<tr><td>搬迁户自筹</td><td colspan="5">万元</td></tr>
<tr><td rowspan="2">集中安置情况</td><td>位置及坐标</td><td colspan="3"></td><td>建设
主体</td><td>□ 统建
□ 自建</td></tr>
<tr><td>占地面积</td><td colspan="5">亩</td></tr>
<tr><td rowspan="2">分散安置情况</td><td>××户</td><td>位置</td><td colspan="4"></td></tr>
<tr><td>……</td><td>位置</td><td colspan="4"></td></tr>
<tr><td>项目开始时间</td><td colspan="2"></td><td>项目完成时间</td><td colspan="3"></td></tr>
<tr><td>项目验收时间</td><td colspan="2"></td><td>项目验收单位</td><td colspan="3"></td></tr>
<tr><td>县级自然资源主管
部门审核意见</td><td colspan="6">(公章)
年　月　日</td></tr>
<tr><td>县级财政部门
审核意见</td><td colspan="6">(公章)
年　月　日</td></tr>
</table>

附件2

××市申报地质灾害工程治理项目汇总表

<table>
<tr><td>序号</td><td>项目名称</td><td>威胁户数
(户)</td><td>威胁人口
(人)</td><td>市级配
套资金
(万元)</td><td>县级配
套资金
(万元)</td><td>申请省级
补助资金
(万元)</td><td>备注</td></tr>
<tr><td>1</td><td></td><td></td><td></td><td></td><td></td><td></td><td></td></tr>
<tr><td>2</td><td></td><td></td><td></td><td></td><td></td><td></td><td></td></tr>
<tr><td>……</td><td></td><td></td><td></td><td></td><td></td><td></td><td></td></tr>
<tr><td>合计</td><td></td><td></td><td></td><td></td><td></td><td></td><td></td></tr>
<tr><td colspan="2">市级自然资源
主管部门审核
意见</td><td colspan="6">(公章)
年 月 日</td></tr>
<tr><td colspan="2">市级财政部门
审核意见</td><td colspan="6">(公章)
年 月 日</td></tr>
</table>

地质灾害工程治理项目立项申请表

<table>
<tr><td>申请单位</td><td colspan="2"></td><td>申请时间</td><td></td></tr>
<tr><td>项目名称</td><td colspan="2"></td><td>申请金额(万元)</td><td></td></tr>
<tr><td>隐患点名称
(县、乡镇、村、组)</td><td colspan="2"></td><td>隐患点坐标</td><td></td></tr>
<tr><td>灾害类型</td><td colspan="2"></td><td>灾害规模</td><td></td></tr>
<tr><td>威胁人口(户、人)</td><td colspan="2"></td><td>威胁财产(万元)</td><td></td></tr>
<tr><td rowspan="2">配套资金
(万元)</td><td>市级财政</td><td colspan="3">万元</td></tr>
<tr><td>县级财政</td><td colspan="3">万元</td></tr>
<tr><td>拟采取的治理措施</td><td colspan="4"></td></tr>
<tr><td>项目实施单位</td><td colspan="2"></td><td>项目验收单位</td><td></td></tr>
<tr><td>县级自然资源主管
部门审核意见</td><td colspan="4">(公章)
年　　月　　日</td></tr>
<tr><td>县级财政部门
审核意见</td><td colspan="4">(公章)
年　　月　　日</td></tr>
</table>

附件3

××市申报地质灾害排危除险项目汇总表

<table>
<tr><td>序号</td><td>项目名称</td><td>威胁户数(户)</td><td>威胁人口(人)</td><td>市级配套资金(万元)</td><td>县级配套资金(万元)</td><td>申请省级补助资金(万元)</td><td>备注</td></tr>
<tr><td>1</td><td></td><td></td><td></td><td></td><td></td><td></td><td></td></tr>
<tr><td>2</td><td></td><td></td><td></td><td></td><td></td><td></td><td></td></tr>
<tr><td>……</td><td></td><td></td><td></td><td></td><td></td><td></td><td></td></tr>
<tr><td>合计</td><td></td><td></td><td></td><td></td><td></td><td></td><td></td></tr>
<tr><td colspan="2">市级自然资源主管部门审核意见</td><td colspan="6">(公章)
年　　月　　日</td></tr>
<tr><td colspan="2">市级财政部门审核意见</td><td colspan="6">(公章)
年　　月　　日</td></tr>
</table>

地质灾害排危除险项目立项申请表

<table>
<tr><td>申请单位</td><td colspan="3"></td><td>申请时间</td><td></td></tr>
<tr><td>项目名称</td><td colspan="3"></td><td>申请金额(万元)</td><td></td></tr>
<tr><td>隐患点名称
(县、乡镇、村、组)</td><td colspan="3"></td><td>隐患点坐标</td><td></td></tr>
<tr><td>灾害类型</td><td colspan="3"></td><td>灾害规模</td><td></td></tr>
<tr><td>威胁人口(户、人)</td><td colspan="3"></td><td>威胁财产(万元)</td><td></td></tr>
<tr><td rowspan="2">配套资金
(万元)</td><td>市级财政</td><td colspan="4">万元</td></tr>
<tr><td>县级财政</td><td colspan="4">万元</td></tr>
<tr><td>拟采取的简易措施</td><td colspan="5"></td></tr>
<tr><td>项目实施单位</td><td colspan="2"></td><td colspan="2">项目验收单位</td><td></td></tr>
<tr><td>县级自然资源主管部门审核意见</td><td colspan="5">(公章)
年　　月　　日</td></tr>
<tr><td>县级财政部门审核意见</td><td colspan="5">(公章)
年　　月　　日</td></tr>
</table>

备注:排危除险项目专指针对规模较小的地质灾害隐患,通过按照相关规范对房屋进行加固、清坡、回填压脚、简单支挡或支护、封闭裂缝以及修筑截(排)水沟等简易措施消除危害,单个项目工程造价在20万元以下,主体工程在6个月内能够完成的治理项目。

附件4

××市申报地质灾害调查评价项目汇总表

<table>
<tr><th>序号</th><th>项目名称</th><th>威胁户数
(户)</th><th>威胁人口
(人)</th><th>市级配
套资金
(万元)</th><th>县级配
套资金
(万元)</th><th>申请省级
补助资金
(万元)</th><th>备注</th></tr>
<tr><td>1</td><td></td><td></td><td></td><td></td><td></td><td></td><td></td></tr>
<tr><td>2</td><td></td><td></td><td></td><td></td><td></td><td></td><td></td></tr>
<tr><td>……</td><td></td><td></td><td></td><td></td><td></td><td></td><td></td></tr>
<tr><td>合计</td><td></td><td></td><td></td><td></td><td></td><td></td><td></td></tr>
<tr><td colspan="2">市级自然资源主管部门审核意见</td><td colspan="6">(公章)
年　月　日</td></tr>
<tr><td colspan="2">市级财政部门
审核意见</td><td colspan="6">(公章)
年　月　日</td></tr>
</table>

地质灾害调查评价项目立项申请表

<table>
<tr><td>申请单位</td><td></td><td>申请时间</td><td></td></tr>
<tr><td>项目名称</td><td></td><td>申请金额（万元）</td><td></td></tr>
<tr><td>调查区域</td><td></td><td>四至范围（面积）</td><td></td></tr>
<tr><td>威胁人口（户、人）</td><td></td><td>威胁财产（万元）</td><td></td></tr>
<tr><td rowspan="2">配套资金
（万元）</td><td>市级财政</td><td colspan="2">万元</td></tr>
<tr><td>县级财政</td><td colspan="2">万元</td></tr>
<tr><td>拟采取的调查方法</td><td colspan="3"></td></tr>
<tr><td>项目实施单位</td><td></td><td>项目验收单位</td><td></td></tr>
<tr><td>县级自然资源主管部门审核意见</td><td colspan="3">（公章）
年　　月　　日</td></tr>
<tr><td>县级财政部门审核意见</td><td colspan="3">（公章）
年　　月　　日</td></tr>
</table>

备注：监测预警和其他地质灾害防治项目立项申请表可参照调查评价项目。

附件5

地质灾害防治项目验收基本要件

地质灾害防治项目验收时应至少具备以下要件:

一、治理工程项目验收应包括:竣工验收申请、合同或委托书、初验或自验报告及整改报告、项目设计、竣工报告(含竣工图)、监理报告、第三方检测报告、财务决算报告和审计报告、公示公告牌。

二、排危除险项目验收应包括:竣工验收申请、项目设计、合同或委托书、初验或自验报告及整改报告、竣工报告、监理报告、财务决算报告和审计报告、公示公告牌。

三、搬迁避让项目验收应包括:项目验收申请、项目实施工作总结报告、搬迁避让安置实施方案(采取集中安置方式需提供集中安置点建设规划和地质灾害危险性评估材料)、资金发放登记册、户籍资料或被拆迁房屋产权证明、旧房拆除图片等有关资料、地质灾害隐患点搬迁前后的全景照片、集中安置点的相关录像、图片、资料等(采取集中安置方式需提供)。

四、调查评价、监测预警项目验收应包括:项目验收申请、合同或委托书、初验或自验报告及整改报告、项目设计方案、项目建设竣工报告、财务决算报告和审计报告。

附件6

××区域(项目)资金绩效目标申报表

<table>
<tr><td colspan="2">项目名称</td><td colspan="3"></td></tr>
<tr><td colspan="2">省级主管部门</td><td></td><td>市级财政部门</td><td></td></tr>
<tr><td colspan="2">市级主管部门</td><td></td><td>县级财政部门</td><td></td></tr>
<tr><td colspan="2">县级主管部门</td><td></td><td>具体实施单位</td><td></td></tr>
<tr><td colspan="2" rowspan="6">资金情况
(万元)</td><td>项目总投资</td><td colspan="2"></td></tr>
<tr><td>其中:中央财政资金</td><td colspan="2"></td></tr>
<tr><td>省级财政资金</td><td colspan="2"></td></tr>
<tr><td>市级财政资金</td><td colspan="2"></td></tr>
<tr><td>县级财政资金</td><td colspan="2"></td></tr>
<tr><td>其他资金</td><td colspan="2"></td></tr>
<tr><td>总体
目标</td><td colspan="4">目标1:

目标2:</td></tr>
<tr><td rowspan="10">绩效
指标</td><td>一级指标</td><td>二级指标</td><td>三级指标</td><td>指标值</td></tr>
<tr><td rowspan="9">产出指标</td><td rowspan="3">数量指标</td><td>指标1:</td><td></td></tr>
<tr><td>指标2:</td><td></td></tr>
<tr><td>……</td><td></td></tr>
<tr><td rowspan="3">质量指标</td><td>指标1:</td><td></td></tr>
<tr><td>指标2:</td><td></td></tr>
<tr><td>……</td><td></td></tr>
<tr><td rowspan="3">时效指标</td><td>指标1:</td><td></td></tr>
<tr><td>指标2:</td><td></td></tr>
<tr><td>……</td><td></td></tr>
</table>

续表

绩效指标		成本指标	指标1:	
			指标2:	
			……	
	效益指标	经济效益指标	指标1:	
			指标2:	
			……	
		社会效益指标	指标1:	
			指标2:	
			……	
		生态效益指标	指标1:	
			指标2:	
			……	
		可持续影响指标	指标1:	
			指标2:	
			……	
		……		
	满意度指标	服务对象满意度指标	指标1:	
			指标2:	
			……	
		……		

（十）安徽省自然资源厅　安徽省应急管理厅关于加强地质灾害防范和应急处置工作的通知

安徽省自然资源厅　安徽省应急管理厅
关于加强地质灾害防范和应急处置工作的通知

皖自然资〔2022〕167号

各市自然资源和规划局、应急管理局：

为进一步做好地质灾害防范和应急处置工作，明确职责分工，强化协调配合，形成工作合力，有效防范应对地质灾害，切实保障群众生命财产安全，现就有关情况通知如下。

一、提高思想认识

各级自然资源、应急管理部门要深入学习习近平总书记关于防灾减灾救灾重要论述和考察安徽重要讲话指示精神，认真贯彻落实省委、省政府和上级有关部门地质灾害工作部署，加强统筹兼顾、资源共享、优势互补，做到各司其职，不断提升全省地质灾害防范和应急处置水平。理顺“防”和“救”的关系，牢固树立“防”要考虑“救”、“救”也要考虑“防”的理念，最大限度避免或减轻地质灾害造成的损失。

二、明确职责分工

根据《安徽省委省政府关于省级机构改革的实施意见》和省自然资源厅、省应急管理厅职能配置有关规定，明确各自职责分工。

（一）省自然资源厅

组织、协调、指导和监督地质灾害调查评价及隐患的普查、详查、排查。指导开展群测群防、专业监测和预报预警等工作，指导开展地质灾害工程治理工作。执行地质灾害防治标准并指导实施。汇总分析全省地质灾害防治情况。组织协调地质灾害预防、治理、应急救援等技术支撑工作。

（二）省应急管理厅

编制省突发地质灾害应急预案并开展预案演练，统筹地质灾害应急救援力量建设。组织指导协调突发地质灾害应急救援，依法统一发布地质灾害灾情。组织协调地质灾害救助工作，组织指导地质灾害灾情核查和损失评估，组织开展突发地质灾害调查评估。

三、加强协同配合

（一）加强监测预警

省自然资源厅及时与应急、气象、水利等部门会商，根据会商结果和雨情、水情变化情况,及时发布地质灾害预警信息。省应急管理厅根据自然灾害综合监测信息,结合地质灾害预警信息,及时向社会统筹发布综合防御预警。

(二) 强化预警响应

发布黄色、橙色预警信息后,两部门加强灾害风险研判,省自然资源厅根据预警级别,适时加密预警预报和会商频次。技术支撑单位根据预警信息做好相应的应急救援技术支撑准备。省应急管理厅根据预警级别,及时组织应急救援队伍做好救援准备或进入待命状态。发布红色预警信息后,在黄色、橙色预警措施的基础上,根据需要两部门成立联合工作组,赴重点防范区域开展避险转移和应急救援准备等工作督导。

(三) 做好灾情处置

发生重大及以上突发地质灾害或接到市、县人民政府请求支援时,省应急管理厅立即启动应急响应,落实各项应急响应措施;发生较大及以下突发地质灾害,视情启动相应级别的应急响应,会商研判灾害发展趋势,指导事发地做好应急处置。省自然资源厅组织做好灾害现场及周边应急调查,对临时安置场所进行灾害风险评估,划定安全区域,根据灾害基本情况、地质环境条件及灾害特征,分析灾害成因,预测发展趋势,提出应急处置措施建议,配合应急管理部门科学制定抢险救援方案;省应急管理厅组织协调救援队伍开展应急救援,协调调拨应急救灾物资,做好受灾群众生活救助。

(四) 开展灾害调查评估

突发地质灾害应急响应结束后,按照灾害等级和管理权限,省应急管理厅组织有关部门及时开展灾害调查评估,突出预警响应、灾情处置、应急救援救助和防灾减灾能力评估等,分析存在的问题,总结经验教训,提出针对性改进措施。

四、健全联动机制

(一) 信息互通

双方畅通沟通渠道,共享地质灾害有关信息。省自然资源厅共享地质灾害防治规划、易发区分区、年度防治方案、隐患点数据以及预警预报等信息,省应急管理厅共享应急避难场所、应急救援力量出动、救援处置进展、受灾群众安置以及灾情调查评估等信息。加强灾害发生过程中的信息互通,一方在接报地质灾害灾险情信息后,第一时间互相通报,并随时通报本系统掌握的灾险情信息。接报有人员伤亡的灾情,双方互相沟通达成一致后,按规定及时上报;灾害的成因、性质等由县级以上自然资源主管部门组织专家进行分析论证认定。

(二) 应急演练

自然资源部门开展地质灾害避险转移演练,应急管理部门开展突发地质灾害应急救援演练,双方在开展演练时应邀请对方参加,也可联合开展演练。

(三) 宣传培训

自然资源和应急管理部门积极利用“防灾减灾日”“国际减灾日”等时机,联合开展地质灾害识灾防灾、灾情报告、避险自救等知识的宣传培训,增强全社会预防地质灾害的意识和自我保护能力。

（四）督导检查

联合开展地质灾害防范和应急准备督导检查，由省地质灾害防治指挥部办公室牵头，省自然资源、应急管理等部门参与，检查组由相关部门人员共同组成，检查内容覆盖地质灾害防治和应急准备工作。

安徽省自然资源厅　安徽省应急管理厅

2022年4月28日

(十一)安徽省自然资源厅　安徽省发展和改革委员会　安徽省科学技术厅　安徽省财政厅　安徽省生态环境厅　安徽省住房和城乡建设厅　安徽省农业农村厅　安徽省水利厅关于印发《加强新时代安徽地质工作实施方案》的通知

安徽省自然资源厅　安徽省发展和改革委员会　安徽省科学技术厅　安徽省财政厅　安徽省生态环境厅　安徽省住房和城乡建设厅　安徽省农业农村厅　安徽省水利厅关于印发《加强新时代安徽地质工作实施方案》的通知

皖自然资〔2021〕171号

各市、县(市、区)人民政府,各地勘单位:

为进一步加强安徽地质工作,主动对接国家重大发展战略需求,贯彻落实《自然资源部关于促进地质勘查行业高质量发展的指导意见》,经省政府同意,现将《加强新时代安徽地质工作实施方案》印发你们,请认真组织实施。

安徽省自然资源厅　安徽省发展和改革委员会
安徽省科学技术厅　安徽省财政厅
安徽省生态环境厅　安徽省住房和城乡建设厅
安徽省农业农村厅　安徽省水利厅
2021年12月8日

加强新时代安徽地质工作实施方案

地质工作是国民经济和社会发展的基础性、先行性工作,服务于经济建设和社会发展的全过程。为贯彻落实《自然资源部关于促进地质勘查行业高质量发展的指导意见》(自然资发〔2021〕71号),切实加强新时代全省地质工作,结合我省实际,提出如下实施方案。

一、总体要求

（一）指导思想

坚持以习近平新时代中国特色社会主义思想为指导，深入贯彻党的十九大和十九届二中、三中、四中、五中、六中全会及省第十一次党代会精神，全面落实党中央、国务院及省委、省政府重大决策部署，立足新时代，坚定不移贯彻新发展理念，统筹安全和发展，坚持以地质工作高质量发展为主线，精准对接国家重大战略和经济社会高质量发展需求，全力支撑保障能源资源安全、精心服务生态文明建设和自然资源管理中心工作，全面提升地质工作服务保障能力，为建设现代化美好安徽作出积极贡献。

（二）基本原则

强化保障。聚焦经济社会高质量发展需求，充分发挥地质工作在国土空间规划和开发保护、生态环境修复、能源资源开发利用、地质灾害防治等领域的基础性、先行性作用，提供科学决策支撑和技术保障。

统筹兼顾。加强全局性谋划、合理性布局、整体性推进，统筹地质工作与区域经济、产业发展、环境保护相协调。牢固树立系统观念，在完成地质工作重大任务中抓好制度完善、人才培养、技术创新，构建与新时代相适应的地质工作体系。

绿色发展。以推动经济绿色低碳转型发展为引领，坚定不移走生态优先、绿色低碳的高质量发展道路，加快形成地质调查、地质勘查与生态环境保护协调发展的新格局。

科技创新。充分发挥科技创新在现代化地质工作中的核心支撑作用，强化地球系统科学理论创新，开展关键技术方法攻关，加强创新平台建设，坚持用科技创新改造、支撑和引领地质工作，厚积发展优势。

开放合作。充分利用两个市场、两种资源，加强地质工作对外交流与合作；深入推进开放型地质工作，建立多方联动、协同高效的地质工作合作机制，努力开拓合作共赢新局面。

成果共享。坚持以信息化建设为抓手，强力推进互联网、大数据、云计算、人工智能在地质工作领域的融合应用，打通地质数据汇集通道，建立地质数据推送机制、信息共享机制与服务平台，全面提升地质信息社会化服务水平。

（三）发展目标

到2025年，地质工作转型升级迈出新步伐，全流程服务基本实现数字化；地质工作服务支撑国家及省重大发展战略更加有力，服务支撑生态文明建设和自然资源管理中心工作更加精准，服务保障能源和矿产资源安全更加高效。展望到2035年，地质工作全面实现转型发展，全流程服务实现智能化，服务支撑国家区域发展战略、经济高质量发展、绿色转型发展的能力大幅提升；战略性矿产资源和清洁能源勘查取得重要突破。

二、重点任务

（一）扎实推进基础地质和自然资源综合调查

着力提升地球系统科学认知水平，以推进“四化同步”发展为契机，以地表基质与系统演变基础地质调查为重点，开展1:50000区域地质调查，解决关键地质问题，服务国家区域发展战略、重大工程建设。以支撑自然资源保护和合理利用为目的，加强山水林田湖草综合评价与区划，开展自然资源综合地质调查试点，逐步推广应用。

(二)稳步提升能源和矿产资源保障能力

按照矿产资源国情调查技术要求，持续开展重要矿产资源潜力评价和保障程度研究。以实施战略性矿产找矿行动为主线，在省域内重要成矿区带、国家规划资源基地、省重点勘查区开展1:50000区域矿产调查和战略性矿产专项调查；着眼攻深找盲、拓展新区，开展省内重要矿集区深边部矿产资源调查评价。加大我省铜、铁、金、钨、"三稀"等战略性矿产和优质非金属矿产勘查力度。落实国务院八部委印发《关于促进地热能开发利用的若干意见》要求，以亳州、巢湖、大别山和皖南山区为重点，加强浅层地热能调查评价和总体评价，开拓中深层地热开发新空间。以"两淮"为重点工作区，加强煤炭资源勘查和煤系天然气资源综合评价。深入推进页岩油气资源调查，力争实现长江下游(安徽段)页岩油气调查新突破。

(三)积极开展生态环境地质调查

统筹兼顾自然生态整体性和系统性，加强生态保护红线和自然保护地内的环境地质工作，开展环境地质调查、监测和预警。以长江、淮河、江淮运河、新安江生态廊道和环巢湖湿地为重点开展生态地质调查评价，支撑湿地生态保护修复和维护管理，深化脆弱带地质环境—生态系统关系研究，服务自然资源整体保护、系统修复和综合治理。开展全省生态系统碳汇过程及增汇潜力调查评价。严格生态保护红线管控，落实《绿色地质勘查工作规范》，将绿色勘查贯穿于地质调查、矿产勘查全流程，着力打造地质工作与生态环境保护协调发展新模式。

(四)系统开展水文地质调查与水资源调查监测评价

以服务水资源科学管理为目的，持续开展重点河湖、湿地和城市毗邻区水文地质基础调查。加快推进水资源监测网络与信息化服务，加强淮北平原地面沉降区监测网建设和地下水监测工程建设力度，实现地下水水位实时在线监测。推进皖北采煤矿井地下水综合利用，开展引江济淮工程沿线及受水区水资源调查监测，加强水循环、水平衡研究，服务水资源调度管理。

(五)着力提升地质灾害风险防控能力

积极开展地面沉降监测和防治研究。加快推进地质灾害高发区1:50000地质灾害风险调查评价，完成全省地质灾害风险区划，针对地质灾害威胁严重的集镇、迁建区、集中安置点等人口聚集区开展1:10000精细调查，基本掌握全省地质灾害风险隐患底数和动态变化特征。以地质灾害风险调查成果为基础，分类分级开展地质灾害防治工作，通过多手段监测预警、有针对性地开展综合治理与避险搬迁工作。

(六)深入开展农业地质调查

以摸清土地质量现状为重点，实现省域1:250000土地质量地球化学调查全覆盖，在粮食主产区、耕地分布区和产茶区加大1∶50000土地质量地球化学调查力度；指导市县开展1∶10000土地质量地球化学调查。有针对性地开展特色土壤资源调查，推进土壤元素迁移转化研究，研发特色土壤安全开发利用技术；建立农业地质监测体系，评价农作物产地和人类生存环境质量，助力推进乡村振兴战略，为农业经济规划、结构调整和发展优质、生态、安全农业提供基础数据。

（七）加快推进城市地质调查

聚焦城市规划、建设、运行管理的重大问题，推广应用安庆多要素城市地质调查成果，在地级以上城市和有条件的县（区）开展城市“空间、资源、环境、灾害”多要素地质调查，摸清城市地质结构、地下空间状况，补齐城市地质工作短板，开拓地下空间。以国土空间开发地质适宜性和城市地质安全性评价为重点，分类推进城市地质调查。推动建设合肥市地下空间基础信息平台，建立三维城市地质模型，构建城市地质资源环境监测预警体系，建立城市地质信息服务与决策支持系统，并向有条件的市、县进行推广。构建地质工作与新型城镇化建设、国土空间规划深度融合的制度体系，将城市地质调查成果作为规划编制与审查的重要依据，有效保障国土空间规划编制的科学性和合理性。

（八）加大地质科技创新力度

持续推进地质工作领域科技体制改革，不断提升地质工作科技创新能力，对接实施以“一核两深三系”为主体的自然资源重大科技创新战略。加强地质工作和地质找矿科学前沿探索，深入开展成矿规律和找矿关键技术方法研究，深化地质安全性评价和地质灾害监测预警新技术、新方法研究。组织精细物探、深部钻探和煤系天然气地面抽采等关键技术方法攻关，共建华东地质科技创新中心。加快推进高端智能地质勘查设备更新换代，全面提高地质工作质量和效率。

（九）切实加强地质信息化建设

大力提升地质现代化水平，打造地质信息化建设新样板。加快全省地质数据综合集成与应用，依托大数据、云计算，融合数据采集、智能集成、评价预测、应用管理等服务链，建设省级跨层级—系统—部门的地质智慧监管大数据平台，全面提升数据分析处理、决策支持能力。

（十）加快推进地质调查成果转化

围绕国家重大战略部署，按照统一颁布的标准规范，加强地质资料信息二次及多次开发利用，形成适应国家、社会、市场需求的专题服务产品。强化互动协作，建立地质资料汇集、交接机制和地质调查成果移送制度。加快推进地质智慧监管大数据平台和服务能力建设，充分运用地质大数据平台提供地质调查成果查询与应用，实现地质资料信息社会化服务。

（十一）努力培养一流人才队伍

坚持人才优先，深入推进新时代“江淮英才”计划，落实自然资源部高层次创新人才培养制度和重大工程首席专家制度。健全以创新能力、质量、实效、贡献为导向的科技人才评价体系。搭建高层次地质科学技术创新平台,积极推进地勘单位与高等院校、科研院所合作共建,促进产学研用对接。围绕国家和省重大发展战略、重点领域和关键核心技术攻关,培养一批部省级以上地质行业科技创新领军人才。以项目为依托,培养一批与新时代地质工作要求相适应的复合型、创新型中青年技术骨干。鼓励多种方式引进人才,构筑优秀人才集聚的创新创业高地。充分发挥地勘单位在新一轮战略性矿产找矿行动中主力军作用,培养锻造技术一流的地质工作队伍,为推进地质工作高质量发展提供人才智力支持。

三、保障措施

(一)加强组织领导

各地、各部门要准确把握新阶段地质工作面临的新形势、新任务,结合本地、本部门实际,统筹做好地质工作,及时协调解决工作中遇到的重大难题,营造良好的发展环境。要坚持系统谋划、密切配合、强力推进,形成推进地质工作高质量发展的强大合力。各地勘单位要加强与所在地政府部门的沟通合作,充分发挥技术优势,主动做好技术服务支撑工作。

(二)强化资金保障

主动服务新发展格局,善用市场逻辑,汇聚资本力量,坚持有效市场和有为政府结合,建立多元化多渠道地质工作投入机制,积极争取国家地质调查专项资金支持,促进地质调查工作协调联动。各地要根据地质工作需求,统筹管理矿业权出让收益等资金,加大公益性地质调查和矿产勘查投入力度,充分发挥财政资金政策调控和分担勘查风险的作用,吸引和撬动社会资本参与矿产勘查,形成健康有序的勘查市场。鼓励有条件的市、县设立地质勘查专项基金开展矿产勘查,保障重要矿产资源安全高效供应。

(三)编制落实规划

科学编制全省地质勘查规划,并将基础性、公益性地质调查工作纳入省相关规划;各地要根据本地实际制定地质工作年度计划。按照确定的目标任务,认真落实本地区地质调查、矿产资源勘查工作。各级自然资源主管部门要牵头做好规划实施工作,加强跟踪分析、督促检查,及时解决规划实施中出现的问题。

(四)提高管理水平

严格落实地质勘查活动事中事后监管和地质勘查活动质量管理要求,充分发挥地质行业学会协调服务作用,深入做好地质勘查行业诚信建设工作。结合地质工作新形势,更新完善地质勘查行业发展规划。切实加大地质工作标准化建设力度,探索构建集调查、勘查、评价、监测、研究、应用为一体的地质工作新体系,促进地质勘查行业健康发展。

（十二）安徽省自然资源厅关于印发《安徽省地质灾害防治“十四五”规划（2021—2025年）》的通知

安徽省自然资源厅关于印发《安徽省地质灾害防治“十四五”规划（2021—2025年）》的通知

皖自然资〔2021〕156号

各市、县（市、区）自然资源和规划局：

现将《安徽省地质灾害防治“十四五”规划（2021—2025年）》印发给你们，请各地结合实际，认真组织实施。

2021年11月18日

安徽省地质灾害防治“十四五”规划（2021—2025年）

前　言

为全面贯彻落实党的十九大和十九届二中、三中、四中、五中、六中全会精神，深入学习贯彻习近平总书记关于防灾减灾工作系列重要论述和考察安徽重要讲话指示精神，依据《地质灾害防治条例》《国务院关于加强地质灾害防治工作的决定》《安徽省国民经济和社会发展第十四个五年规划和二〇三五年远景目标纲要》，结合自然资源部《地质灾害防治三年行动实施纲要》及《安徽省地质灾害防治行动实施方案》，编制《安徽省地质灾害防治“十四五”规划（2021—2025年）》（以下简称《规划》），旨在构建科学高效的地质灾害防治体系，有效减轻或规避灾害风险，最大限度地减少人员伤亡和财产损失，为全省国民经济和社会可持续发展提供地质安全保障。

《规划》适用范围为安徽省行政区域内自然因素或者人为活动引发的危害人民生命和财产安全的山体崩塌、滑坡、泥石流、地面塌陷、地裂缝、地面沉降等与地质作用有关的灾害。

《规划》内容主要包括地质灾害调查评价、监测预警、综合治理、科学研究、基层防灾能力和信息化建设等。

《规划》基准年为2020年，规划期为2021—2025年。

一、地质灾害现状与防治形势

(一)地质灾害现状

安徽省地貌类型多样,地质构造复杂,汛期降雨丰沛,孕育突发性地质灾害的背景条件长期存在,加之山区、丘陵地区人类工程活动越来越频繁,地质灾害呈多发频发态势,防治形势严峻。截至2020年底,全省共查明地质灾害隐患点6085处,威胁13866户48154人、财产239646.30万元。按地质灾害类型分:崩塌4235处、滑坡1628处、泥石流144处、地面塌陷76处、地面沉降2处;按险情等级分:特大型2处、中型3处、小型6080处;按地貌单元分:皖南山区3637处、大别山区2070处、沿江丘陵平原123处、江淮波状平原212处、淮北平原43处;按行政区域分:黄山市2026处、安庆市1140处、宣城市727处、池州市724处、六安市671处、合肥市150处、滁州市62处、铜陵市51处、马鞍山市38处、芜湖市34处、淮南市31处、蚌埠市6处、宿州市3处、亳州市2处、阜阳市1处、宿松县259处、广德市160处。

(二)“十三五”防治成效

在省委、省政府的正确领导下,在自然资源部的指导下,各级党委、政府高度重视,相关部门密切配合,广大基层干部群众共同努力,圆满完成了《安徽省地质灾害防治“十三五”规划(2016—2020年)》确定的主要目标任务,地质灾害防治工作成效显著。“十三五”期间,通过开展搬迁避让和工程治理等工作,截至2020年底,全省受地质灾害威胁的人数由“十二五”末的78119人降至48154人,减少了29965人,减少38.36%。全省共发生地质灾害1768起,较“十二五”期间增加16.01%(“十二五”期间1524起);直接经济损失9476.6万元,较“十二五”期间减少58.16%(“十二五”期间22650.31万元)。全省共成功避险53起,避免323人伤亡,避免经济损失6030万元。由于各项防治措施得力,实现了地质灾害“零死亡”。

1. 地质灾害调查评价稳步推进

每年开展地质灾害汛前排查、汛中巡查、汛后核查工作,五年累计排查42935点次,共发现地质灾害隐患点3864处。完成了九龙岗幅、寿县幅2个图幅1:50000岩溶塌陷调查880平方千米;完成了宿州市、亳州市、阜阳市、淮北市、淮南市、蚌埠市的地面沉降控制区划定42325平方千米;完成了岳西县主簿镇园口河流域、黄山市徽州区丰乐河流域1:10000小流域地质灾害详细调查(试点)317.2平方千米。开展了全省切坡建房隐患排查,共查出切坡建房隐患点21627处,其中2155处已纳入地质灾害隐患点数据库进行管理,剩余19472处已交由地方乡镇政府管理。

2. 地质灾害监测预警不断完善

全省中型以上地质灾害隐患点安装雨量站120处,提升了监测预警的时效性。“十三五”期间,通过省级平台共发布地质灾害黄色以上预警195次,其中红色预警7次、橙色预警36次、黄色预警152次;根据预警信息,及时转移受威胁群众332120人次,有效保障了人民群众生命和财产安全。地质灾害防治网格化管理实现全覆盖,并逐步由群测群防向群专结合转变。

3. 地质灾害综合治理成效显著

“十三五”期间，全省共投入地质灾害防治资金9.62亿元，实施地质灾害治理项目181个，消除滑坡隐患109处、崩塌隐患59处、泥石流隐患13处，保护了9262人生命安全和44370万元财产安全；实施搬迁避让1849处，14145人彻底摆脱了地质灾害威胁。

4. 地质灾害防御能力显著提高

成立了省级地质灾害应急技术指导中心和六安、马鞍山、宣城、铜陵、池州、安庆、黄山七个地质灾害防治技术中心，全省选派1000多名地质队员驻县包乡，技术支撑能力显著提升。强化汛期24小时值班值守，并为值班人员配备必要的应急装备。组织宣传培训762场，培训人数55781人，发放地质灾害“防灾明白卡”和“避险明白卡”119462份，发放宣传光盘及宣传材料160737份，开展避险转移演练416场，参演人员37583人次，群众防灾意识和自救、互救能力显著提升。

5. 地质灾害防治信息化水平明显提升

完成地质灾害监测预警省级平台的升级、地质灾害隐患点数据库更新和切坡建房数据库建设，开通微信公众号“安徽地质灾害”，实现地质灾害信息管理、监测预警和指挥调度三大系统的集成，智慧防灾工作稳步推进，信息化服务功能日趋完善。

（三）“十四五”防治形势

党中央、国务院及省委、省政府历来高度重视地质灾害防治工作。党的十九大报告中明确提出“加强地质灾害防治”。2018年10月，习近平总书记在中央财经委员会第三次会议上指出，要建立高效科学的自然灾害防治体系，提高全社会自然灾害防治能力，为保护人民群众生命财产安全和国家安全提供有力保障。2020年8月18～21日，习近平总书记又亲临安徽考察并作出重要讲话，要求做好防汛救灾和灾后恢复重建工作。

我省地质灾害防治形势依然严峻。一是孕育地质灾害的背景条件没有发生改变；二是气象条件依然复杂多变，极端气象事件呈多发频发态势；三是地震威胁依然存在，预测预报仍是世界性难题；四是人类工程活动加剧，偏远山区切坡建房引发的地质灾害时有发生，已成为我省地质灾害防治工作的重点和难点。每年5～9月，均是我省突发性地质灾害的高发期，崩塌、滑坡、泥石流等地质灾害发生的可能性很大，防灾减灾形势较为严峻。

目前，我省地质灾害防治工作还存在不少问题和薄弱环节，“十四五”防灾工作仍面临诸多挑战。一是地质灾害隐患识别能力有待提高。地质灾害生成机理复杂，具有很强的隐蔽性、动态性、复杂性、差异性和不确定性，受工作精度、技术方法和手段等多种因素影响，风险隐患尚不能及时有效识别。二是地质灾害风险区亟需划定。我省尚有大量地质灾害隐患未被查明，每年新发生的灾险情80％以上不在已查明的隐患点上，有必要尽快查清地质灾害风险底数，划定地质灾害风险区，以提高我省风险区管控能力。三是监测预警智能化水平亟待提升。目前我省地质灾害监测预警主要依靠群测群防，监测手段较为落后；专业监测工作刚刚起步，多数已知隐患点没有安装监测预警设备，地质灾害何时发生的问题仍难以解决，应尽快推进智能化监测预警工作,提升预报预警的精准度。四是地质灾害综合治理任务依然艰巨。截至“十三五”末,全省有崩塌4235处、滑坡1628处、泥石流144处,需要通过搬迁避让或工程治理来消除隐患威胁。五是地质灾害防治能力仍需加强。根据大数据、人工智能等新技术的发展趋势以及基层防灾需求,我省需快速提升地质灾害防治信息化水平,加强地质灾害生成机理、隐患早期识别、精准预警等关键技术研究,尽快推广应用地质灾害防治新技术、新方法和新装备,全面提升地质灾害防治能力。六是地质灾害防治与国土空间规划和用途管制统筹不够,从源头控制地质灾害风险亟需加强。

二、总体要求

(一)指导思想

高举中国特色社会主义伟大旗帜,坚持以习近平新时代中国特色社会主义思想为指导,深入贯彻党的十九大和十九届二中、三中、四中、五中全会精神和习近平总书记考察安徽重要讲话指示精神,立足新发展阶段,贯彻新发展理念,构建新发展格局,以“两个坚持、三个转变”为根本遵循,以提升地质灾害防治能力、减轻地质灾害风险为主线,以保障人民生命财产安全为目的,聚焦“隐患在哪里”“结构是什么”“什么时候发生”等关键问题,依靠科技进步、管理创新和信息技术,持续推进地质灾害隐患识别、风险调查、监测预警、综合治理、基层防灾能力和信息化建设,加快融入长三角一体化地质灾害防治体系,实现地质灾害防治工作更大作为,为新阶段现代化美好安徽建设提供地质安全保障。

(二)基本原则

1. 人民至上,生命至上

牢固树立以人民为中心的发展理念,坚持人民至上、生命至上。凡受地质灾害隐患威胁的群众应逐户建档立卡,排查巡查不漏一户,不落一人,主动防范,最大限度地减少因地质灾害造成的人员伤亡和财产损失。

2. 分级负责,属地管理

建立健全“党委领导、政府主导、部门协同、社会参与、法制保障”的社会化、扁平化防治工作新格局。人为活动引发的地质灾害,按照“谁建设、谁负责,谁引发、谁治理”,严格落实企业和施工单位的防治责任。

3. 科学防灾,智能预警

强化地质灾害分布发育规律研究,加强新技术推广应用,切实提升地质灾害防治科技水平,及时捕捉灾害前兆信息,实时监测灾变过程,力争做到早发现、早报告、早预警、早处置,实现科学防灾、智能预警。

4. 搬迁优先,综合治理

按照“轻重缓急”,分重点、分层级科学制定地质灾害搬迁避让、工程治理、排危除险等综合治理措施。坚持以搬迁避让为主、工程治理为辅,对风险等级高的地质灾害隐患点实施搬迁避让;对风险等级高、不宜搬迁避让的实施工程治理;对险情紧迫、治理措施相对简单的通过排危除险消除隐患威胁。

（三）规划目标

一是逐步提高地质灾害隐患调查水平和早期识别能力，全面掌握我省地质灾害隐患风险底数；二是建成新型高效群专结合智能化监测预警体系，显著提升地质灾害监测预警能力；三是实施地质灾害综合治理工程，逐步消除威胁30人以上的地质灾害隐患点；四是构建更加完善的技术支撑体系和装备保障体系，显著提升基层防灾能力；五是构建地质灾害防治科普体系，切实提升群众防灾识灾和自救互救能力；六是构建功能全面、互联互通的省、市、县一体化地质灾害信息化管理平台，实现调查评价、监测预警、指挥调度的智能化，实时更新数据库，实现地质灾害防治管理信息化、标准化、精准化和便捷化，为地质灾害防治工作提供有力数据支撑。

三、地质灾害易发区和防治区

（一）地质灾害易发区

依据地形地貌、岩土体性质、地质构造、地下水特征等地质环境条件和降雨、人为活动等影响因素，把全省地质灾害易发区划分为高、中、低三个级别。

地质灾害高易发区：主要分布于皖南山区、大别山区和淮北平原煤矿开采集中区，总面积3.62万平方千米，占全省总面积的25.84%，威胁3.6万余人、财产19.11亿元。其中，崩塌、滑坡、泥石流高易发区主要分布在皖南山区和大别山区；地面塌陷高易发区主要分布于淮北、淮南煤矿开采集中区；岩溶塌陷高易发区主要分布于淮南、铜陵石灰岩浅覆盖区；地面沉降高易发区主要分布于淮北平原阜阳、亳州、宿州地下水超采区。

地质灾害中易发区：主要分布于皖南山区中南部的休宁—屯溪、青阳—繁昌—广德一带，沿江丘陵平原的怀宁—庐江、明光—全椒和江淮波状平原的定远中部地区，总面积1.38万平方千米，占全省总面积的9.85%，威胁人口0.5万余人、财产3.74亿元。

地质灾害低易发区：主要分布于沿江丘陵平原的长江沿线南陵—郎溪、马鞍山、宿松—巢湖，江淮波状平原的霍邱、凤阳部分地区，淮北平原的萧县、埇桥、灵璧局部地区，总面积1.82万平方千米，占全省总面积的12.99%，威胁0.2万人、财产1.18亿元。

（二）地质灾害防治区

依据地质灾害易发程度、人口密度、社会经济财富集中度、重要基础设施布局、自然保护区及重要风景名胜区分布，全省共划分为3个地质灾害重点防治区、9个地质灾害次重点防治区、2个地质灾害一般防治区。其中：重点防治区面积4.27万平方千米、次重点防治区面积3.67万平方千米、一般防治区面积6.07万平方千米。

1. 皖南山区池州、黄山、宣城、芜湖、铜陵崩塌滑坡泥石流岩溶塌陷重点防治区

包括黄山市全部，池州市、铜陵市、宣城市的大部分地区，芜湖市的繁昌区、南陵县部分地区，总面积27483.65平方千米。该区是崩塌、滑坡、泥石流、地面塌陷灾害高、中易发区。本区防治重点是城镇、村庄、学校、医院等人口聚集区及重要基础设施和重大建设工程周边

的崩塌、滑坡、泥石流、岩溶塌陷灾害。

2. 大别山区安庆、六安崩塌滑坡泥石流重点防治区

包括六安市的金寨县、霍山县大部及舒城县南部、安庆市的岳西县全境及太湖县、潜山市、桐城市和宿松县西北部地区,总面积12690.68平方千米。该区是崩塌、滑坡、泥石流灾害高易发区。本区防治重点是城镇、村庄、学校、医院等人口聚集区及重要基础设施和重大建设工程周边的崩塌、滑坡、泥石流灾害。

3. 皖西北地面沉降重点防治区

包括阜阳市区及界首市、临泉县、太和县部分地区,总面积2497.54平方千米。该区松散层厚度大,地下水长期超采,地面沉降达0.2~1.8米。本区防治重点是城镇、村庄、学校、医院等人口聚集区及重要基础设施和城市建成区周边的地面沉降灾害。

4. 沿江丘陵平原南陵—郎溪崩塌滑坡泥石流次重点防治区

包括芜湖市的湾沚区、南陵县,宣城市的宣州区、郎溪县,广德市部分地区,总面积4087.18平方千米。该区地貌类型平原—中丘,岩土体类型以碳酸盐岩、浅变质岩、碎屑岩为主,地下水资源较丰富。本区防治重点是城镇、村庄、学校、医院等人口密集区及重要基础设施周边的崩塌、滑坡、泥石流灾害。

5. 沿江丘陵平原马鞍山崩塌滑坡泥石流次重点防治区

包括马鞍山市濮塘镇、霍里镇,当涂县银塘镇—龙山桥镇,博望区等地区,总面积764.61平方千米。该区地貌类型为中丘和高丘,局部为波状平原,岩土体类型以碎屑岩、侵入岩为主。本区防治重点是城镇、村庄、学校、医院等人口密集区及重要基础设施周边的崩塌、滑坡、泥石流灾害。

6. 沿江丘陵平原宿松—巢湖崩塌滑坡泥石流地面塌陷次重点防治区

包括宿松县,安庆市的潜山市、太湖县、怀宁县,铜陵市枞阳县,合肥市的庐江县、巢湖市,马鞍山市的含山县、和县部分地区,总面积12699.34平方千米。该区地貌类型为低丘—高丘,岩土体类型以碎屑岩、变质岩、碳酸盐岩为主。本区防治重点是城镇、村庄、学校、医院等人口密集区及重要基础设施和重点水利水电工程周边的崩塌、滑坡、泥石流、地面塌陷灾害。

7. 沿江丘陵平原明光—全椒崩塌滑坡泥石流次重点防治区

包括滁州市的明光市自来桥镇、三界镇、张八岭镇,南谯区大柳镇、珠龙镇、章广镇,全椒县马厂镇等地区,总面积2591.88平方千米。该区地貌类型为中低丘,岩土体类型以碎屑岩和浅变质岩为主,地下水资源贫乏。本区防治重点是城镇、村庄、学校、医院等人口密集区及重要基础设施周边的崩塌、滑坡、泥石流灾害。

8. 江淮波状平原定远地面塌陷次重点防治区

包括滁州市定远县永康镇、朱湾镇、西卅店、三和镇一带,总面积726.30平方千米。该区地貌类型为波状平原,岩土体类型以碎屑岩和松散岩类为主。本区防治重点是城镇、村庄、

学校、医院等人口密集区及重要基础设施周边的地面塌陷灾害。

9. 江淮波状平原凤阳崩塌滑坡泥石流次重点防治区

包括滁州市的凤阳县武店—殷涧镇，定远县西卅店镇等地区，总面积666.04平方千米。该区地貌类型为低丘—高丘，岩土体类型以变质岩和碎屑岩为主，地下水贫乏。本区防治重点是城镇、村庄、学校、医院等人口密集区及重要基础设施周边的崩塌、滑坡、泥石流灾害。

10. 八公山—凤台岩溶塌陷次重点防治区

包括淮南市区及凤台县等地区，总面积726.31平方千米。该区地貌类型仅淮南市为低山丘陵外，其他均为平原。岩土体类型主要为碳酸盐岩组，地下水以碳酸盐岩裂隙岩溶水和松散岩类孔隙水为主。本区防治重点是城镇、村庄、学校、医院等人口密集区及重要基础设施和重大建设工程周边的岩溶塌陷灾害。

11. 江淮波状平原霍邱地面塌陷次重点防治区

包括六安市的霍邱县周集镇—马店镇一带，总面积331.11平方千米。该区地貌类型为东北部属平原，西南属中低丘，岩土体类型以变质岩和碎屑岩为主，地下水资源贫乏。本区防治重点是城镇、村庄、学校、医院等人口密集区及重要基础设施周边的地面塌陷灾害。

12. 淮北平原界首—涡阳地面沉降次重点防治区

包括阜阳市的阜南县、颍上县和亳州市区及利辛县、涡阳县的大部分地区，总面积14153.89平方千米。该区地貌类型为平原，地势平坦，岩土体主要为巨厚松散岩类黏性土和砂性土。地下水主要为深层松散岩类孔隙水，水量丰富，为城镇主要供水水源。本区防治重点是城镇、村庄、学校、医院等人口密集区及重要基础设施和重点水利水电工程周边的地面沉降灾害。

13. 江淮波状平原寿县—天长、沿江丘陵平原望江—和县崩塌滑坡一般防治区

包括六安市区及霍邱县、舒城县，淮南市的寿县，合肥市，滁州市的凤阳县、来安县、天长市、全椒县，安庆市的望江县，铜陵市的枞阳县，马鞍山市的和县，芜湖市区及无为市等大部分地区，总面积37259.22平方千米。该区地貌类型为平原和丘陵，岩土体类型以浅变质岩、碎屑岩、碳酸盐岩为主。本区防治重点是城镇、村庄、学校、医院等人口密集区及重要基础设施和重点水利水电工程周边的崩塌、滑坡灾害。

14. 淮北平原蚌埠—宿州—淮北地面沉降一般防治区

包括蚌埠市、宿州市、淮北市及淮南市和亳州市部分地区，总面积23502.45平方千米。该区地貌以平原为主，土体主要为碳酸盐岩和松散岩类，地下水为碳酸盐岩裂隙岩溶水和松散岩类孔隙水。本区防治重点是城镇、村庄、学校、医院等人口密集区及重要基础设施和重点水利水电工程周边的地面沉降灾害。

四、地质灾害防治任务

（一）全面掌握地质灾害风险底数

1. 深化地质灾害隐患早期识别

建设基于多源光学遥感和雷达大数据支持下的地质灾害综合遥感识别平台,开展无人机、中高分辨率InSAR测量、机载激光雷达测量等高精度遥感调查,获取地质灾害重点区域高精度的地表形变数据和隐患信息,强化物联网、大数据、人工智能等技术支持,综合分析研判,及时捕捉灾险情前兆和灾变信息,提前预报预警,不断提高地质灾害早期识别能力。

2. 完成地质灾害风险调查

以县级行政区为单元,全面开展全省104个县(市、区)1:50000地质灾害风险调查评价,完成全省地质灾害极高、高、中、低风险区划。针对地质灾害威胁严重的集镇、迁建区、集中安置点等人口聚集区,开展1:10000地质灾害风险调查评价。

3. 持续开展地质灾害"三查"工作

严格落实地质灾害汛前排查、汛中巡查、汛后核查制度,按照"横向到边、纵向到底"的原则,查责任落实、查地质灾害隐患、查灾险情变化,确保每一处地质灾害隐患有监测人、有责任人,做到一点一案、一点一策。进一步加大地质灾害"雨前排查、雨中巡查、雨后核查"力度,最大限度地发现"隐患在哪里",将新增隐患点及时纳入数据库进行管理。

(二)不断加强监测预警体系建设

1. 完善地质灾害监测预警系统

加强地质灾害监测预警平台建设,打造省、市、县统一共用的地质灾害监测预警平台,全面实现地质灾害监测预警、指挥调度、数据库更新等智能化预警、一站化管理、精准化监测,实现24小时常规预警与1小时动态预警相结合,不断提升地质灾害预报预警精准度和时效性。充分利用广播、电视、网络、短信、电话和人工传报等方式,实时、靶向将预警信息发送到各级防灾责任人、群测群防员和受威胁群众手中。升级地质灾害监测预警移动客户端,提高监测预警系统的实用性和便利性。

2. 整合雨量站点资源

综合利用气象、水利等各部门的雨量监测资源,在地质灾害隐患点周边增建雨量站1000个,基本实现风险性较高的地质灾害隐患点雨量站应建尽建,逐步实现区域全覆盖。

3. 完善群专结合监测网络

继续发挥群测群防在地质灾害防治中的"第一道防线"作用,继续保持地质灾害隐患点群测群防全覆盖。针对威胁人口较多、危险性较大、风险较高的地质灾害隐患点,科学布设裂缝计、土壤含水率仪、GNSS卫星定位仪、倾角计和加速度计等普适型地质灾害监测设备,实时、精准监测隐患点动态变化。2021年计划在皖南山区和大别山区完成普适型监测试点示范工作,2022—2025年在全省重要地质灾害隐患点陆续完成300处普适型监测设备的安装。

4. 完善网格化管理体系

各级人民政府要不断优化地质灾害网格化管理体系,继续推进"乡镇、村(社区)、自然资源所、专业地质人员、群测群防员""五位一体"协同管理,实现任务到岗、责任到人、落实到位，确保强降雨期间24小时有人值守、有人监测、有人巡查、有人预警。充分发挥专业队伍技术优势，强降雨期间或遭遇极端天气，在地质灾害高中易发区的县（市、区）和重点乡镇至少安排1名专业技术人员驻地提供技术服务，及时研判地质灾害隐患点变化趋势，及时发送预警信息，提前采取各项防范措施。

5. 构建地面沉降立体监测网络

充分利用已建成的地下水和地面水准监测网，优化淮北平原地面沉降监测网络布局，推进典型地段基岩标、分层标、光纤监测孔建设，构建空中InSAR遥感、地面水准测量、地下光纤和水位监测的立体地面沉降监测网，实现地面沉降监测的常态化、自动化、标准化，为我省地面沉降监测和长三角地区地面沉降联防联控提供技术支撑。建设地面沉降基岩标5个，建设光纤监测孔8组，开展4000公里水准测量，常态化开展淮北平原InSAR遥感监测。

（三）深入推进地质灾害综合治理

1. 大力实施避险搬迁工程

对风险等级高的地质灾害隐患点，可结合新农村、美好乡村、特色小镇、生态移民、乡村振兴等政策，统筹安排，尊重群众意愿，充分考虑“搬得出、稳得住、能致富”的要求，实施搬迁避让，及时防范化解灾害风险。“十四五”期间，计划实施搬迁避让2000处。

2. 稳步推进地质灾害工程治理

对威胁县城、集镇、学校、景区、重要基础设施和人口聚集区，且难以实施避险搬迁的极高、高风险地质灾害隐患点和经识别、调查新发现的稳定性差、风险等级高、不宜避让搬迁的地质灾害隐患点，实施工程治理。对受损或防治能力降低的地质灾害治理工程，应及时采取清淤、加固、维护、修缮等措施，确保防治工程长期安全稳定运行。对险情紧迫、治理措施相对简单的地质灾害隐患点，采取投入少、工期短、见效快的工程治理措施，及时排危除险，切实减轻灾害威胁。计划实施工程治理300处，实施排危除险工程800处。

（四）着力提升地质灾害防治能力

1. 健全完善地质灾害防御技术支撑体系

继续加强省级地质灾害应急技术指导中心和市级地质灾害防治中心建设，不断建立健全省、市、县三级地质灾害防御技术支撑体系。继续完善地质灾害网格化管理，加强地质灾害防治专家团队建设，及时补充完善汛期驻守专家队伍，全面推行专业技术队伍驻县包乡，建立延伸至乡镇基层的地质灾害防御体系，将防灾措施落实到点、到坡、到户、到人，打通地质灾害防治“最后一公里”。

2. 提升地质灾害防御保障能力

加快新技术、新方法、新装备的推广应用，配置中低空数据、地基数据采集、数据传输网络、车载或船载式地质灾害技术保障系统等专业化技术装备，加强地质灾害野外用车保障，大幅提升地质灾害防御信息获取能力、通信保障能力和数据综合分析能力。

3. 推动全社会参与防灾减灾

依托基层社会治理体系,充分发挥乡村干部、群测群防员、社会工作者、志愿者和公众等各类人员防灾减灾积极性和主动性,逐步形成政府主导、人人参与、人人尽责、共建共享的地质灾害防治新局面;探索构建市场主导、政策支持的地质灾害保险体系,引入社会力量有效应对灾害风险。针对我省量大、面广的切坡建房隐患,乡镇政府应切实担负起管理责任,积极引导切坡建房户自查、自测、自防、自治,有效降低灾害风险。

(五)强化地质灾害防治科学研究

1. 加强地质灾害形成机理研究

努力解决"隐患在哪里""结构是什么""什么时候发生"等关键问题。加强极端天气引发地质灾害、预警阈值、监测预警判据等研究,提高地质灾害防治科技水平。

2. 构建地质灾害防治科普体系

紧紧围绕防范化解地质灾害风险主题,制作地质灾害防治科普教材和产品,加强典型案例宣传,构建适应不同对象和不同需求的地质灾害防治科普体系,全面加大地质灾害防治知识宣传培训,切实有效提升人民群众的识灾、防灾、避灾和自救、互救能力。

3. 推动地质灾害防治重点实验室建设

依托安徽省地质灾害防治技术支撑单位,优选高等院校及地质灾害防治相关企业,共同建设地质灾害防治重点实验室,填补安徽省地质灾害防治领域实验室建设的空白。聚集一批专家学者,致力于我省地质灾害防治关键技术研究,在政府、科研院所、生产单位之间建立一条紧密联系的纽带,为省内外搭建一座共同研究安徽省地质灾害防治的科研平台。

(六)提高全流程信息化管理水平

1. 建立完善地质灾害隐患数据库

建立完善地质灾害隐患数据库,对危险性较高的地质灾害隐患点进行实景三维建模,形成多元数据高度集成的地质灾害隐患全息数据库。实行地质灾害防治全流程信息化管理,实现调查评价、监测预警、工程治理、搬迁避让和灾险情信息等"一张图"管理,为地质灾害防治工作提供有力数据支撑。

2. 建立地质灾害风险防控智慧服务平台

充分运用物联网、大数据、区块链、云计算和人工智能等现代信息技术,集成地质灾害信息管理、在线监测、灾险情处置和指挥调度系统,建成省级地质灾害风险防控智慧服务平台,实现省、市、县地质灾害信息管理系统互联互通,分级分类管理地质灾害隐患点和风险区,为管理部门提供决策支撑,为专业人员提供技术支持,为群测群防员和受威胁群众及时推送监测预警信息,为社会公众提供信息查询服务。

五、保障措施

(一)加强组织领导

各级党委政府必须高度重视地质灾害防治工作,按照"党委领导、政府主导""分级负责、属地管理”的原则，强化规划实施的统一领导，建立完善逐级负责制。自然资源、应急、水利、住建、交通、地震、气象等相关部门应严格落实责任分工，各司其职，密切协作，齐抓共管，形成合力，层层落实防治责任和措施，确保按时保质保量完成各项任务。

（二）加强资金保障

加大各级财政和社会力量对规划实施的支持力度，科学合理划分省级财政和地方财政事权与支出责任，建立政府、社会和责任者共同参与的地质灾害经费投入机制。各级政府一定要把规划实施与乡村振兴、村庄整治、生态移民紧密结合起来，加大资金投入，形成政策措施合力，切实提高地质灾害防治工作的资金保障水平和投入效率。积极争取中央地质灾害防治资金支持，充分发挥省级财政资金引导作用，主动引导社会资金参与，积极探索“政府主导、政策扶持、社会参与、开发式治理、市场化运作”的地质灾害防治新模式。

（三）加强监督考核

完善规划实施动态监测和绩效考评机制。各市、县政府应将规划实施列入重要议事日程，结合本地实际对规划方案进行细化，对目标任务进行分解，并纳入地方年度绩效目标考核，考核结果作为领导班子和领导干部综合考核的重要内容。各级自然资源部门应在各级党委政府领导下发挥好地质灾害防治组织、协调、指导和监督作用，坚持巡查排查，构建地质灾害隐患动态发现机制，及时将新发现的隐患纳入地质灾害数据库统一管理。对已通过搬迁避让、工程治理、排危除险等措施消除隐患威胁的，及时予以动态销号。应急、水利、住建、交通、地震、气象等部门应按照职责分工，加强协调配合、联防联动，做好相关领域和行业地质灾害防治工作。

（四）加强宣传教育

各级政府和有关部门要将地质灾害防治法律法规、科学知识纳入年度培训教育计划，动员全社会力量积极参与地质灾害防治工作，搭建科研机构、大专院校与一线地质灾害防治单位的“产、学、研、用”合作交流平台，通过多层次、多形式的培训、科普和避险转移演练，加大地质灾害防治宣传力度，提高政府、部门、单位和民众的防灾减灾意识，实现“要我防”到“我要防”的观念转变，让地质灾害防治成为全社会的自觉行动，筑牢战胜地质灾害的全民防线。

（十三）安徽省应急管理厅关于印发《安徽省突发地质灾害应急预案》的通知

安徽省应急管理厅关于印发《安徽省突发地质灾害应急预案》的通知

皖应急〔2021〕119号

各市、县人民政府，省政府各部门、各直属机构：

经省政府同意，现将《安徽省突发地质灾害应急预案》印发给你们，请结合实际，认真贯彻实施。2014年12月31日省政府办公厅印发的《安徽省突发地质灾害应急预案》（皖政办秘〔2014〕277号）同时废止。

安徽省应急管理厅

2021年10月25日

安徽省突发地质灾害应急预案

一、总则

（一）编制目的

以习近平新时代中国特色社会主义思想为指导，深入贯彻落实习近平总书记关于防范化解重大风险和防灾减灾救灾重要论述，坚持人民至上、生命至上，有力有序有效应对地质灾害，最大程度地避免和减少地质灾害造成的人员伤亡和财产损失，维护社会稳定。

（二）编制依据

依据《中华人民共和国突发事件应对法》《地质灾害防治条例》《自然灾害救助条例》《国家突发地质灾害应急预案》《安徽省突发事件应对条例》《中共安徽省委安徽省人民政府关于省级机构改革的实施意见》《安徽省突发事件总体应急预案》《安徽省自然灾害救助办法》等，结合我省实际，制定本预案。

（三）适用范围

本预案适用于我省行政区域内因自然因素或者人为活动引发的危害人民生命和财产安全的山体崩塌、滑坡、泥石流、地面塌陷等与地质作用有关的突发地质灾害的应对工作。

地震引发的次生地质灾害的应对工作,按相关应急预案执行。

(四)工作原则

(1)以人为本,保障安全。坚持人民至上、生命至上,最大限度地减少地质灾害造成的人员伤亡、财产损失和社会影响。

(2)统一领导,部门协同。省有关部门和单位在省委、省人民政府统一领导下,建立联动协同工作机制,各司其职、密切协作,形成工作合力。

(3)以防为主,分级负责。牢固树立"两个坚持、三个转变"防灾减灾救灾重要理念,从源头防范化解重大风险。坚持属地为主、条块结合的应急工作机制,按照灾害等级分级负责,上下联动,高效应对。

二、组织指挥体系

(一)应急指挥部组成及主要职责

发生重大以上突发地质灾害后,省人民政府成立省突发地质灾害应急指挥部(以下简称省指挥部),负责省级层面应急处置工作的统一指挥和协调部署。

总指挥:分管应急管理工作的副省长。

常务副总指挥:分管自然资源工作的副省长。

副总指挥:省人民政府相关副秘书长,省应急厅厅长、省自然资源厅厅长、省消防救援总队总队长,省军区战备建设局、武警安徽省总队负责同志。

成员:省委宣传部、省委网信办、省教育厅、省经济和信息化厅、省公安厅、省民政厅、省财政厅、省自然资源厅、省生态环境厅、省住房城乡建设厅、省交通运输厅、省水利厅、省商务厅、省文化和旅游厅、省卫生健康委、省应急厅、省广电局、省林业局、省人防办、省粮食和储备局、省能源局、省药监局、省气象局、省地震局、省通信管理局、省军区战备建设局、武警安徽省总队、省消防救援总队、安徽银保监局、省电力公司等部门单位负责人。

省指挥部主要职责:统一领导、指挥和协调特别重大、重大突发地质灾害应对工作,其中特别重大突发地质灾害应对工作在国家应急指挥机构指导下进行;督促、指导市、县(市、区)人民政府及省相关部门和单位做好灾害应对工作。

省指挥部成员调整,报总指挥批准。

(二)指挥部办公室及主要职责

省指挥部下设办公室,承担省指挥部日常工作。省指挥部办公室设在省应急厅,办公室主任由省应急厅厅长担任;副主任由省应急厅、省自然资源厅、省消防救援总队相关负责同志担任,成员为省指挥部成员单位联络员。

省指挥部办公室主要职责:落实省指挥部决策部署,协助组织开展应急处置和救援工作,负责信息上传下达,承担省指挥部及办公室文件、文稿的办理和会务工作,完成省指挥部交办的其他工作。

(三)指挥部成员单位职责

省委宣传部:负责新闻报道和舆情监控工作,正面引导社会舆论;会同省应急厅、省自然资源厅组织召开新闻发布会,及时做好突发地质灾害信息发布工作。

省委网信办:组织主流网络媒体开展正面宣传;组织开展突发地质灾害网络舆情监控,及时分析网络舆情态势,协助开展应急处置工作。

省教育厅:负责指导灾区教育部门和学校组织受灾害威胁师生紧急疏散转移,修复受损毁校舍或应急调配教学资源,妥善解决灾区学生就学问题。

省经济和信息化厅:负责省级药品应急储备。

省公安厅:负责组织警力开展抢险救灾和现场救援,协助相关部门对受灾害威胁人员进行疏散转移;负责现场治安秩序维护、交通疏导和管控。

省民政厅:负责指导遇难人员善后处置和灾后困难群众生活救助工作。

省财政厅:负责省级地质灾害防治与救灾补助资金的保障,会同相关部门做好资金分配、使用的指导和监督管理。

省自然资源厅:负责应急救援阶段的应急调查、应急监测、应急测绘、应急处置、成因分析、发展趋势预测等技术支撑工作。

省生态环境厅:负责组织指导因地质灾害引发的突发环境事件的应急监测;参与处置因地质灾害引发的重特大突发环境事件。

省住房城乡建设厅:负责组织开展灾区危房调查,提出消除灾害隐患的有效措施;组织指导抢修受损供水、供气等公共设施,保障正常运行。

省交通运输厅:负责指导保障救灾车辆运输的安全、畅通;及时组织抢修损毁的交通设施。

省水利厅:做好水情监测预警工作,配合省防汛抗旱指挥部办公室做好因突发地质灾害引发的次生洪涝灾害的处置、组织指导修复水毁工程。

省商务厅:负责指导灾区生活必需品的应急供应。

省文化和旅游厅:负责指导督促旅行社、旅游景区、山区农家乐等加强对游客进行必要的地质灾害知识普及、自救互救技能培训。

省卫生健康委:负责组织、指导灾区医疗救治工作,做好疾病预防控制和卫生监督;根据需要,向受灾地区派出医疗专家和心理治疗专家,并协助做好药品和医疗设备调配。

省应急厅:承担省指挥部办公室工作;履行信息汇总、灾情发布、综合协调职责;组织协调救援队伍参与应急救援工作;组织开展救灾捐赠、指导社会力量参与灾害救助;组织开展灾害范围、损失评估;配合开展新闻宣传工作。

省广电局:配合省委宣传部开展地质灾害减灾救灾宣传和新闻报道;负责组织、协调灾区广电部门恢复广播电视系统设施。

省林业局:负责组织做好特别重大和重大突发地质灾害造成的有关林业资源损害的调

查、评估和恢复。

省人防办:协助应急避难场所开设与管理工作,协同开展应急通信保障。

省粮食和储备局:负责生活类应急救灾物资采购、调运。

省能源局:负责油气长输管道的隐患排险和应急处置工作,强化管道沿线地质灾害监测和防范,切实维护管道设施安全。

省药监局:负责救灾药品的质量监督。

省气象局:负责灾害性天气监测预报预警等工作,对灾区的气象条件进行监测预报。

省地震局:负责提供地质灾害预报预警所需的地震资料信息,对与突发地质灾害有关的地震趋势进行监测预测。

省通信管理局:负责组织、协调通信运营企业抢修和维护因灾损毁的通信设施;保障应急抢险救援指挥和现场通信畅通;协调各通信运营企业,及时发布突发地质灾害预警信息。

省军区战备建设局:组织协调所属部队和民兵力量参加抢险救灾,支援地方开展灾后恢复重建。

武警安徽省总队:根据县级以上地方政府兵力需求和用兵商请,组织指挥所属武警部队担负抢险救灾任务,协同公安机关维护灾区秩序和社会稳定,支援地方开展灾后恢复重建。

省消防救援总队:组织综合性消防救援队伍参与地质灾害应急救援工作。

安徽银保监局:负责督促有关保险机构及时做好理赔工作。

省电力公司:负责组织、协调供电企业抢修和维护因灾损坏的电网设施,尽快恢复灾区生产和生活用电;为应急抢险救援所需电力提供保障。

(四) 工作组和现场指挥部

发生重大以上突发地质灾害后,省指挥部设立抢险救援、转移安置、医疗救治、调查评估、后勤保障、新闻宣传等若干工作组,分别开展相关工作。

(1) 抢险救援组:由省应急厅、省自然资源厅、省公安厅、省交通运输厅、省军区战备建设局、武警安徽省总队、省消防救援总队等单位和灾害发生地设区的市人民政府组成,负责抢险救援工作。

(2) 转移安置组:由省应急厅、省自然资源厅、省公安厅、省人防办等部门和灾害发生地设区的市人民政府组成,负责灾害发生地群众的转移、临时安置和生活、治安保障工作。

(3) 医疗救治组:由省卫生健康委、省药监局等部门和事发地市、县(市、区)人民政府组成,负责医疗救治和卫生防疫等工作。

(4) 调查评估组:由省应急厅、省自然资源厅、省交通运输厅、省水利厅、省林业局、省气象局等部门组成,负责现场调查、分析会商、灾害评估等工作。

(5) 后勤保障组:由省经济和信息化厅、省财政厅、省交通运输厅、省人防办、省粮食和储备局、省通信管理局、省电力公司等单位和灾害发生地设区的市人民政府组成,负责后勤保障工作。

(6) 新闻宣传组：由省委宣传部、省委网信办、省应急厅、省自然资源厅、省广电局等单位组成，做好应急救援新闻报道、信息发布、舆情收集、舆论引导等工作。

重大以上突发地质灾害发生后，省人民政府成立现场指挥部，负责现场应急处置工作，现场总指挥由省指挥部派出或指定。

现场指挥部统一指挥和组织实施现场应急处置工作，主要承担制定和组织实施灾害现场应急救援处置方案，指挥调度应急救援力量开展应急救援，及时收集、汇总并向省指挥部报告灾害发展态势及救援情况，落实省指挥部交办的其他事项等工作。

当上级人民政府设立现场应急指挥机构的，下级人民政府的现场应急指挥机构应纳入上级现场应急指挥机构，在上级现场应急指挥机构的统一领导下组织开展应对工作。

三、预防与预警机制

（一）预防措施

地方各级人民政府承担地质灾害防治主体责任，县级以上自然资源部门组织开展灾害风险调查，完善群测群防和专业监测预警网络，提升地质灾害和灾害链的早期识别、综合监测预警能力，定期开展检查巡查核查。将已发现的隐患点纳入管理台账，分类采取监测预警和综合治理等措施。

（二）预警机制

1. 预报预警体系

建立健全地质灾害预报预警体系，形成覆盖全省的地质灾害预报预警网络。县级以上人民政府自然资源、气象、水利、应急管理等部门密切合作，建立信息共享平台，及时传送地质灾害险情和灾情、汛情、雨情等监测预警信息。

2. 预报预警信息发布

预报预警信息由自然资源部门会同相关部门发布，通过电视、广播、短信、微信、网站、传真及国家突发事件预警信息发布系统等渠道，向预警区内的防灾责任人、监测人和区域内群众及时发送预警信息。

3. 预警响应

预警响应由各级自然资源部门会同相关部门根据地质灾害风险高低确定，共分为四级，分别用红色、橙色、黄色和蓝色标示，红色为最高级别。预报预警内容包括地质灾害可能发生的时间、空间范围以及风险等级等。

区域预警信息发布后，地方各级人民政府组织自然资源、气象、水利、应急管理等有关部门和单位按照职责分工做好相关响应工作。预警信息发布后，预警区域的当地人民政府及村(居)委会，立即将有关信息通知到地质灾害隐患点的防灾责任人、监测人和危险区域内的人员；各单位和当地相关人员要对照“防灾明白卡”和“避险明白卡”的要求，做好各项应急准备工作。

(1) 蓝色预警响应

实行24小时值班,保持通信联络畅通;气象、水利等部门密切关注雨情、水情变化趋势,必要时向有关部门和单位通报;自然资源等部门加大对预警区内地质灾害巡查监测力度;应急管理部门组织指导有关部门和单位做好应对地质灾害的准备工作。

(2) 黄色预警响应

在蓝色预警响应的基础上,实行24小时在岗值班;气象、水利等部门加强对雨情、水情的动态监测和收集,并及时向有关部门和单位通报;当地政府组织自然资源等相关部门、企事业单位加强地质灾害防御,开展巡查监测;自然资源部门会同应急管理、气象等部门联合开展地质灾害趋势会商,应急部门组织应急救援队伍做好应急救援准备。

(3) 橙色预警响应

在黄色预警响应的基础上,气象、水利等部门加密监测和收集雨情、水情,并及时向有关部门和单位通报;当地政府组织自然资源等相关部门按职责做好防御工作,必要时当地人民政府启动应急预案,组织受威胁人员转移避让;自然资源部门会同应急管理、气象、水利、交通等部门加强地质灾害趋势会商研判,应急部门组织应急救援队伍进入待命状态。

(4) 红色预警响应

在橙色预警响应的基础上,气象、水利等部门实时监测和收集雨情、水情,并及时向有关部门和单位通报;当地人民政府组织相关部门按职责做好防御工作,组织受威胁人员转移避让,实施危险区域管控;自然资源部门会同应急管理、气象、水利、交通等部门动态会商研判地质灾害趋势,应急部门组织应急救援队伍进驻预警区。

4. 预警响应调整和终止

预警响应视气象条件以及实时监测情况动态调整,可逐步升(降)级。超出地质灾害预警时限未再发布新的预警信息,预警响应自动终止。

四、应急处置与救援

(一) 灾害分级

按照危害程度和规模大小,突发地质灾害分为特别重大、重大、较大和一般四个级别。

1. 特别重大突发地质灾害

(1) 受灾害威胁,需搬迁转移人数在1000人以上,或潜在经济损失1亿元以上。

(2) 因灾死亡30人以上,或因灾造成直接经济损失1000万元以上。

2. 重大突发地质灾害

(1) 受灾害威胁,需搬迁转移人数在500人以上、1000人以下,或潜在经济损失5000万元以上、1亿元以下。

(2) 因灾死亡10人以上、30人以下,或因灾造成直接经济损失500万元以上、1000万元以下。

3.较大突发地质灾害

(1)受灾害威胁,需搬迁转移人数在100人以上、500人以下,或潜在经济损失500万元以上、5000万元以下。

(2)因灾死亡3人以上、10人以下,或因灾造成直接经济损失100万元以上、500万元以下。

4.一般突发地质灾害

(1)受灾害威胁,需搬迁转移人数在100人以下,或潜在经济损失500万元以下。

(2)因灾死亡3人以下,或因灾造成直接经济损失100万元以下。

(二)灾情报告

1.速报

有关乡镇政府(街道办事处)、村(社区)、单位和个人发现或接报突发地质灾害时,应立即向灾害发生地县(市、区)应急管理、自然资源部门报告。

当发生有人员伤亡的突发地质灾害时,灾害发生地县(市、区)应急管理、自然资源部门应及时向本级人民政府和上一级应急管理、自然资源部门速报有关情况。地质灾害发生所在地人民政府应当及时将灾情或险情及其发展趋势等信息报告上级人民政府。

发生特别重大、重大地质灾害后,灾害发生地设区市应急管理、自然资源部门应在接报后1小时内将灾情报告省应急厅和省自然资源厅;发生涉及人员伤亡的较大和一般地质灾害后,灾害发生地设区市应急管理、自然资源部门接报后2小时内将灾情报告省应急厅和省自然资源厅。

省应急厅和省自然资源厅接到地质灾害报告后,应相互通报信息并开展会商,按相关规定向省委、省人民政府、应急管理部和自然资源部报告,同时对灾情进行核实,及时续报。

速报内容主要包括:地质灾害发生时间、地点、类型、灾害体的规模、等级、伤亡人数、直接经济损失、可能的引发因素、发展趋势以及先期处置情况等。

2.续报和终报

根据地质灾害发展变化以及应急救援工作进展,及时做好有关情况的续报和终报工作。

(三)先期处置

灾害发生地县(市、区)人民政府及所属部门、乡镇人民政府(街道办事处)和村委会(社区居委会)及有关责任单位发现或接报地质灾害后,应立即派人赶赴现场开展调查,转移疏散受威胁人员,划定危险区、设立警示标志、封锁进出道路。情况紧急时,在确保救援人员安全情况下可先行组织搜救被困人员。

(四)分级响应条件及措施

突发地质灾害实行分级响应的原则,分为一级、二级、三级和四级,一级为最高级别。

1.响应条件

发生下列情况之一,启动省突发地质灾害四级应急响应:

(1) 达到一般地质灾害分级标准。

(2) 发生社会关注、危害较大、造成一定损失的地质灾害。

发生下列情况之一,启动省突发地质灾害三级应急响应:

(1) 达到较大地质灾害分级标准。

(2) 发生社会关注度较高、危害大、造成较大损失的地质灾害。

发生下列情况之一,启动省突发地质灾害二级应急响应:

(1) 达到重大地质灾害分级标准。

(2) 发生社会关注度非常高、危害重大、造成重大损失的地质灾害。

发生下列情况之一,启动省突发地质灾害一级应急响应:

(1) 达到特别重大地质灾害分级标准。

(2) 发生社会关注度特别高、危害特别大、造成特别重大损失的地质灾害。

2. 响应措施

四级应急响应由省应急厅视情启动,响应措施如下:

(1) 加强监测,会商灾害发展趋势,对灾害发生地给予指导和支持。

(2) 及时掌握灾情信息,并及时向省人民政府报告。

三级应急响应由省应急厅启动,并增加以下措施:

(1) 协调调拨救灾物资、装备等应急资源。

(2) 必要时派出工作组或专家组。

二级应急响应由省指挥部启动,并增加以下措施:

(1) 省人民政府成立现场指挥部,派出或指定现场指挥部总指挥,统一指挥灾害应急处置工作。

(2) 省指挥部根据情况派出有关成员单位人员赶赴现场,按照现场指挥部要求开展应急处置工作。

(3) 组织相关专家赶赴现场,会商研判灾害发展趋势,提出应急处置对策。

(4) 组织驻皖解放军、武警部队、公安、消防、卫生等救援力量开展人员搜救和抢险,做好伤员救治工作。

(5) 紧急调拨生活救助物资,保障受灾群众的基本生活。

(6) 根据需要,组织省相关部门和单位派出专业技术人员,抢修被损毁的交通、通信、供水、排水、供电、供气、供热等基础设施。

(7) 及时发布灾情信息,做好舆论引导工作。

(8) 开展灾情调查,对灾区损失情况进行评估和统计汇总,及时报送灾情信息和应急处置工作情况。

一级应急响应由省指挥部启动,并增加以下措施:

(1) 认真落实党中央、国务院的指示精神和工作部署,在国家有关应急指挥机构的统一领导下开展处置工作。

(2) 根据需要,请求国家相关部门给予指导和支援。

(五) 应急响应级别调整

突发地质灾害应急响应启动后,根据突发地质灾害分级条件、发展趋势和天气变化等因素,适时调整应急响应等级,避免响应不足或响应过度。

(六) 响应终止

当人员搜救工作已经完成,受灾群众基本得到安置,灾区群众生活基本得到保障,灾区社会秩序基本恢复正常,由原启动应急响应的机构终止应急响应。

(七) 信息发布

县级以上人民政府或其设立的应急指挥机构应当按照权限,及时、准确地向社会发布突发地质灾害相关信息,发布的内容主要包括地质灾害发生地点、发生原因、严重程度、损害情况、影响范围、应对措施等。

五、调查评估

省人民政府组织有关部门和单位,对特别重大、重大突发地质灾害的灾情、影响、灾前预防与应急准备、应急救援过程等问题开展调查分析,对事发地应急体系建设情况、监测预警与风险防范、处置与救援等工作进行综合评估,制定改进措施。较大、一般突发地质灾害,分别由市、县(市、区)应急管理部门会同有关部门,开展调查评估工作。

六、恢复重建

灾害发生地市、县(市、区)人民政府应制定救助、补偿、抚慰、抚恤、安置和恢复重建、地质灾害点工程治理等工作计划并负责组织实施,帮助灾区修缮、重建因灾倒塌和损坏的住房及校舍、医院等;修复因灾损毁的交通、水利、通信、供水、供电等基础设施和农田等;做好受灾人员的安置等工作,帮助恢复正常的生产生活秩序。省相关部门和单位按照各自职责给予指导和帮助。

七、应急保障

(一) 应急队伍保障

省应急厅、省军区战备建设局、武警安徽省总队、省消防救援总队、省相关部门和单位以及县级以上人民政府加强消防救援队伍、地质灾害应急救援队伍、医疗卫生救援队伍等综合及专业抢险救灾队伍建设,建立各类专、兼职应急救援队伍和志愿者队伍。

(二) 资金保障

各级政府应高度重视地质灾害应急救援与救灾资金的保障工作,发生地质灾害或险情时,财政部门应统筹资金支持应急救援与救灾。

(三) 装备、物资保障

县级以上人民政府及其有关部门根据有关法律法规,做好应急物资装备储备工作,并通过与有关生产经营企业签订协议等方式,保障应急物资、生活必需品和应急处置装备的生产、供给。

（四）通信、交通保障

各级人民政府及相关部门应整合利用公共通信资源，配备必要的通信装备，确保应急响应时应急指挥部、现场指挥部和现场各专业队伍间的联络畅通。

公安和交通运输部门应采取有效措施，保障抢险救灾人员、装备和物资的运输通畅。

（五）技术保障

各级自然资源部门充分发挥地质灾害预警平台作用，及时发布地质灾害预报预警信息、地质灾害风险防范区预警提示信息。各级应急管理部门、自然资源部门建立本级突发地质灾害应急专家库，为各级人民政府对地质灾害的应急处置提供技术保障。

（六）社会动员

突发地质灾害发生后，参与应急处置的各级人民政府及其应急指挥机构可根据灾害性质、危害程度和范围，组织调动社会力量参与应急处置，紧急情况下可依法调用物资、装备、场所等。

八、预案管理

（一）预案编制

省应急厅负责本预案的编制，并根据我省经济社会发展情况和突发地质灾害应对工作实际，及时组织修订完善，报省人民政府批准后实施。各市、县（市、区）政府可参照本预案，制定完善本行政区域的突发地质灾害应急预案。

（二）宣传、培训与演练

各级应急管理、自然资源部门要加强地质灾害防灾、减灾、救灾知识的宣传和培训，组织开展应急演练，锻炼队伍，检验和完善预案。

（三）责任与奖惩

根据有关规定，对在地质灾害应急工作中贡献突出的单位和个人给予表彰奖励。对在地质灾害应急处置中失职、渎职的有关人员追究责任。

九、附则

（一）名词术语

地质灾害隐患：出现地质灾害发生前兆，可能发生地质灾害的潜在点或者潜在区段。

地质灾害险情：具有一定紧迫性，需要采取紧急避险等应急措施的地质灾害隐患。

地质灾害易发区：指具备地质灾害发生的地质构造、地形地貌和气候条件，容易发生地质灾害的区域。

地质灾害危险区：出现地质灾害前兆、可能造成人员伤亡或者财产损失的区域。

次生灾害：指由地质灾害造成的工程结构、设施和自然环境破坏而引发的灾害，如水灾、爆炸及剧毒和强腐蚀性物质泄漏等。

预警响应：针对地质灾害风险采取相应防御措施的行动。

直接经济损失:指地质灾害及次生灾害造成的物质破坏,包括建筑物和其他工程结构、设施、设备、物品、财物等破坏而引起的经济损失,以重新修复所需费用计算。不包括非实物财产,如货币、有价证券等损失。

潜在经济损失:地质灾害险情可能造成的最大直接经济损失。本预案有关数量的表述中,“以上”含本数,“以下”不含本数。

(二)预案解释

本预案由省应急厅会同省自然资源厅负责解释。

(三)预案实施时间

本预案自发布之日起实施。2014年12月31日由省人民政府办公厅印发的《安徽省突发地质灾害应急预案》(皖政办秘〔2014〕277号)同时废止。

2021年10月25日

（十四）安徽省自然资源厅关于进一步加强中央财政地质灾害防治项目及资金管理的通知

安徽省自然资源厅关于进一步加强中央财政地质灾害防治项目及资金管理的通知

皖自然资勘函〔2021〕44号

有关市、县自然资源和规划局：

财政部先后于2020年和2021年拨付我省自然灾害防治体系建设补助资金14954万元、2830万元，用于支持灾后恢复重建地质灾害防治工作和地质灾害风险调查。为加强我省灾后恢复重建工作，提升地质灾害隐患识别和防范能力，合理使用中央财政资金，充分发挥资金使用效益，现将有关工作通知如下：

一、地质灾害搬迁避让

各地要根据《安徽省自然资源厅关于2020年度地质灾害搬迁避让项目验收情况的通报》（皖自然资勘函〔2021〕24号），针对省级验收组发现的问题，对所有灾后恢复重建地质灾害搬迁避让项目开展一次全面复查，彻底消除隐患。经省级验收已完成搬迁的地质灾害隐患点，按程序予以核销。

二、地质灾害工程治理

为加快灾后恢复重建地质灾害工程治理项目验收进度，提高中央财政资金执行率，参照《安徽省地质灾害治理工程项目及资金管理办法》（皖国土资函〔2016〕1641号），由市级自然资源主管部门会同财政部门于2021年12月底前按要求完成项目验收，向省级自然资源主管部门、财政部门备案，备案内容应包括项目实施单位、承担单位、专家验收意见和第三方审计报告等。

三、地质灾害排危除险

市级自然资源主管部门会同财政部门于2021年9月底前，按要求完成灾后恢复重建地质灾害排危除险项目验收，报省级自然资源主管部门、财政部门备案。省自然资源厅将会同省财政厅适时对项目实施情况进行抽查。

四、地质灾害风险调查

请各地认真落实《安徽省自然资源厅关于下达2020年灾后恢复重建地质灾害风险调查项目任务书的通知》（皖自然资勘函〔2020〕63号）和《安徽省自然资源厅关于下达中央财政2021年自然灾害防治体系建设补助资金项目任务书的通知》（皖自然资勘函〔2021〕41号），

加快推动项目实施，严格执行有关技术规范要求，按时保质完成风险调查任务，并于2022年8月底前完成市本级1:50000地质灾害风险调查成果集成工作。

五、有关要求

(一)加强组织领导。有关市、县自然资源主管部门要高度重视，进一步加强组织领导，科学制定实施方案，压实工作责任，强化统筹协调，加强项目全流程管理，强化一线监督检查，确保中央财政资金支持的地质灾害防治项目按时保质完成，并按照合同约定，及时支付资金，保障中央财政资金预算执行率。

(二)严格资金管理。按照有关规定及相关财经制度，加强资金监管和预算执行，强化项目立项、项目实施、预算执行、绩效管理、项目竣工验收、项目管护等全流程管理，确保资金使用安全、规范有效。加强资金绩效管理，做好绩效监控，促进中央财政资金绩效目标的实现。各地前期上报无法执行的中央财政资金，省自然资源厅将会同省财政厅对灾后恢复重建地质灾害防治项目进行及时调整，保证中央财政资金的预算有效执行和利用。

(三)及时填报系统。认真组织开展自然资源部"灾后重建资金项目管理系统"和"自然资源资金监测监管系统"在线填报及监管工作，及时更新进度，确保中央财政资金专款专用，跟踪问效，提升资金效益。省厅将适时对系统填报情况进行通报。

(四)定期报送进展情况。为及时整改审计指出的问题，请有关市自然资源主管部门每月15日和月底最后一天报送中央财政资金支持项目进展和资金执行情况。省厅会同省财政厅适时派出督查组，对项目实施和资金拨付较慢的市、县(市、区)开展督查指导，解决项目实施过程中遇到的问题。

联系人：黄×；电话：0551-6255××××；邮箱：zz1037@×××.com。

2021年8月5日

（十五）安徽省自然资源厅关于加强地质灾害危险性区域评估工作的通知

安徽省自然资源厅关于加强地质灾害危险性区域评估工作的通知

皖自然资勘函〔2021〕9号

各市及广德市、宿松县自然资源和规划局：

为深入贯彻落实党中央、国务院及省委、省政府决策部署，进一步优化营商环境，深化工程建设项目审批制度改革，加快落实开发区“标准地”改革，建立完善地质灾害危险性区域评估制度，根据《地质灾害防治条例》《安徽省人民政府办公厅关于全省开发区“标准地”改革的指导意见》（皖政办秘〔2020〕117号）和《关于实施工程建设项目区域评估的指导意见》（皖建审改办〔2019〕8号）等，结合我省实际，现将地质灾害危险性区域评估有关工作通知如下。

一、工作目标

位于地质灾害易发区的各类经济功能区，包括产业集聚区、特别政策区、各类开发区和其他具备条件的区域（以下简称“功能区”），全面开展地质灾害危险性区域评估。到2021年底前，省以上各类园区的地质灾害危险性评估工作全部完成，省级以下各类园区完成率不低于50%。

二、主要内容

（一）地质灾害危险性区域评估由市、县（区）人民政府或功能区管理机构组织实施，并承担评估费用，不得要求项目单位分担区域评估成本，评估成果供入驻该区域的项目免费共享。除负面清单（见附件1）内的建设项目需单独开展地质灾害危险性评估外，地质灾害区域评估范围内的其他建设项目，在有效期内不再单独开展地质灾害危险性评估。

（二）严格按照《地质灾害危险性评估规范》（DZ/T 0286—2015）高质量编制地质灾害危险性区域评估报告，阐明评估区域地质环境条件基本特征；分析论证各种灾害的危险性，进行现状评估、预测评估和综合评估；提出防治地质灾害措施与建议，并作出场地建设适宜性评价结论。地质灾害危险性区域评估级别为一级，承担地质灾害危险性区域评估的单位必须具有地质灾害危险性评估甲级资质。评估承担单位对评估报告负责。

（三）地质灾害危险性区域评估报告审查由市、县（区）人民政府或功能区管理机构组织，采取专家会审的方式进行，报告评审专家组参照省厅专家库抽取原则，执行专家回避制度。

(四)功能区位于地质灾害高易发区的,地质灾害危险性区域评估报告有效期为2年;位于地质灾害中、低易发区的,地质灾害危险性区域评估报告有效期为5年。在有效期内功能区发生地质灾害灾情或险情,或年地面沉降速率大于20毫米,以及功能区规划进行重大调整的,应及时更新区域评估成果。

(五)实施建设项目业主承诺制。位于地质灾害评估区域负面清单外的建设项目,业主应签署《建设项目地质灾害防治工作承诺书》(附件2),按照地质灾害危险性区域评估报告要求全面落实地质灾害防治措施及责任,地质灾害治理工程同时与主体工程配套建设。地质灾害区域评估报告和承诺书作为区域内建设项目用地审批的依据。

三、有关要求

(一)加强组织领导。各市自然资源主管部门要高度重视,切实加强组织领导,压实责任,确保区域评估工作在2021年底前按时保质完成。

(二)加强部门协调。各市自然资源主管部门要主动与功能区管理机构对接,加强与发展和改革、住建等部门协调,切实形成工作合力。

(三)强化责任落实。各级自然资源主管部门要与功能区管理机构建立联合监管机制,功能区管理机构要加强日常监督巡查,督促建设项目业主切实落实地质灾害防治措施。对建设项目业主不履行承诺书内容的,要督促企业限期整改;对拒不整改或整改不到位的,自然资源主管部门要依法依规严肃查处。

(四)定期报送进展情况。各市自然资源主管部门根据市政府确定的需要开展区域评估的国家级、省级开发区、省级以下产业园区名录,每月3日前汇总统计本地区上月各开发区地质灾害区域评估评价事项进展情况,向省厅报送《地质灾害危险性区域评估工作完成情况表》(附件3)。

联系人:黄×;电话:0551-6255××××;邮箱:zz1037@×××.com。

附件1.地质灾害危险性区域评估事项审批负面清单指导目录

附件2.建设项目地质灾害防治工作承诺书

附件3.地质灾害危险性区域评估工作完成情况表

2021年3月8日

附件1

地质灾害危险性区域评估事项审批负面清单指导目录

1. 抽排岩溶地区地下水和淮北平原中深层孔隙地下水项目。

2. 重要线状工程(铁路、轻轨地铁、高速公路、一级公路、高架路、隧道工程、油气水管线等)。

3. 航空建设工程、特大桥工程、1000吨级以上港口和航道工程。

4. 对环境具有较大影响的重化工项目、垃圾填埋场项目、液(气)罐站场项目等。

5. 地质灾害防治主管部门认为需要单独进行地质灾害危险性评估的其他建设项目。

附件2

建设项目地质灾害防治工作承诺书

承诺单位	
项目名称	
功能区名称	
项目用地面积	
地理位置	
控制性 拐点坐标	
地质灾害 危险性区域 评估结论	

本单位承诺建设____________项目将严格按照所在功能区地质灾害危险性区域评估成果和相关法律法规要求,在进行项目建设的同时,配套实施地质灾害治理工程,认真落实地质灾害防治措施和防治责任。

1. ……

2. ……(按区域评估报告防治措施及防治建议逐项填写)

本单位已知晓违反承诺的后果,并愿意承担有关法律责任。

承诺单位(盖章):

日期:　　年　　月　　日

附件3

地质灾害危险性区域评估工作完成情况表

填报单位(盖章)：

序号	开发区名称	级别(国家级/省级/省级以下)	工作进展情况	备注

(十六)安徽省自然资源厅转发《自然资源部办公厅关于切实做好地质灾害风险普查工作的通知》

安徽省自然资源厅转发《自然资源部办公厅关于切实做好地质灾害风险普查工作的通知》

皖自然资勘函〔2021〕5号

各市及广德市、宿松县自然资源和规划局:

现将《自然资源部办公厅关于切实做好地质灾害风险普查工作的通知》(自然资办函〔2021〕242号)转发给你们,并结合我省工作实际,提出以下要求,请一并贯彻落实。

一、提高政治站位,加强组织领导

习近平总书记在中央财经委员会第三次会议上要求提高全社会自然灾害防治能力,实施灾害风险调查和重点隐患排查工程,掌握风险隐患底数。为深入贯彻落实会议精神,自然资源部印发了《地质灾害防治三年行动实施纲要》,部署地质灾害风险调查工作,解决“隐患在哪里”问题,作为监测预警、综合治理等工作的基础。《安徽省人民政府办公厅关于认真做好第一次全国自然灾害综合风险普查的通知》(皖政办秘〔2020〕71号)和《安徽省地质灾害防治指挥部关于印发地质灾害防治行动实施方案的通知》(皖地灾防指〔2020〕4号)全面部署全省地质灾害风险调查工作,省厅已分两个批次安排中央及省级财政资金7815万元,用于34个位于地质灾害高、中易发区的县(市、区)开展1:50000风险调查。

省厅成立了地质灾害防治领导小组,负责全省地质灾害风险普查工作的组织领导,领导小组办公室设在厅地质勘查管理与灾害防治处,负责地质灾害风险普查日常协调联络工作。各地要在同级风险普查工作牵头部门或领导机构组织下,结合当地实际,加强组织领导,落实技术力量,优选实施队伍,按时完成地质灾害风险调查各项工作任务。

二、严格时间节点,保质保量完成任务

各地要按照《地质灾害风险调查评价技术要求(1:50000)(试行)》开展地质灾害风险调查评价工作,及时汇交地质灾害隐患点数据库、风险区划图和防治区划图等风险调查成果。严格把控数据质量,加强数据审核,确保数据有效准确、真实可靠;充分利用相关行业普查数据成果和先进技术手段,补充完善地质灾害风险普查相关数据,提升数据质量;按照统一的格式标准,开展数据汇交和审核等工作,风险普查数据采集、录入应使用中国地质环境监测院开发的“地质灾害风险调查数据录入系统”。

2020年省级地质灾害防治资金和中央灾后恢复重建资金安排的风险调查项目分别于

2021年2月28日和3月20日前，编制项目设计方案报省厅进行专家审查。项目实施和验收阶段参照《安徽省公益性地质工作项目及资金管理办法》（皖自然资规〔2020〕7号）执行，2021年12月底前完成调查任务，2022年3月31日前提交调查成果报省自然资源厅验收，2022年6月底前完成成果审核、汇交工作。承担2021年试点任务的黄山市歙县、六安市霍山县应于2021年4月底前完成试点任务，形成风险普查试点成果并完成汇交。其他县（市、区）应于2022年12月底前全面完成风险普查任务和数据成果审核、验收、汇交工作。

三、加强业务指导，做好保障工作

各地要提前谋划地质灾害风险调查工作，做好调查工作经费预算，积极主动申请工作经费，切实保障风险普查工作顺利开展。组织开展地质灾害风险普查工作的业务指导和技术培训，创新工作方式，加强项目和资金监管，并对相关数据和成果做好质量审核把关工作，逐级提交省厅验收，按时限和相关要求汇交成果资料。及时总结工作经验，查找薄弱环节和存在的问题，及时将有关情况反馈省厅地质勘查管理与灾害防治处。

2021年2月9日

(十七)安徽省地质灾害防治指挥部关于印发《地质灾害防治行动实施方案》的通知

安徽省地质灾害防治指挥部关于印发《地质灾害防治行动实施方案》的通知

皖地灾防指〔2020〕4号

各市、县人民政府,省有关部门:

为进一步加强我省地质灾害防治工作,根据《自然资源部办公厅关于印发〈地质灾害防治三年行动实施纲要〉的通知》(自然资办发〔2020〕16号)要求,现将《安徽省地质灾害防治行动实施方案》印发给你们,请认真贯彻执行。

安徽省地质灾害防治指挥部

2020年11月23日

地质灾害防治行动实施方案

为深入贯彻习近平新时代中国特色社会主义思想和习近平总书记考察安徽重要讲话指示精神,进一步加强我省地质灾害防治工作,根据《自然资源部办公厅关于印发〈地质灾害防治三年行动实施纲要〉的通知》(自然资办发〔2020〕16号)要求,结合我省实际,制定本方案。

一、地质灾害防治基本情况

安徽省突发性地质灾害以崩塌、滑坡、泥石流为主,主要分布于皖南山区和大别山区,易发区总面积94237平方千米,占全省国土面积的67.59%。

安徽省地质灾害点多、面广、规模小、危害重。2011—2020年,全省共发生地质灾害3345起,其中崩塌1495起、滑坡1693起、泥石流102起、地面塌陷55起,造成7人死亡、2人受伤,直接经济损失32164.5万元,年均发生灾害335起,年均直接经济损失3216.45万元。其中,皖南山区和大别山区共发生地质灾害3062起,占总发生数量的91.54%;黄山市、安庆市、宣城市、六安市地质灾害较为严重,共发生地质灾害2685起,占总发生数量80.27%,直接经济损失26176.4万元。截至2020年10月,全省共有地质灾害隐患点4224个,按险情等级分:特大型2个,大型1个,中型31个,小型4190个;按灾害类型分:滑坡1790个,崩塌2196个,泥石流155个,地面塌陷81个,地面沉降2个;威胁13423户47342人,威胁财产213231万元。

2011—2020年,省级财政共投入地质灾害防治资金15亿元,先后完成41个丘陵山区县(市)1:50000地质灾害详细调查项目,开展了2个1:10000小流域地质灾害调查试点工作,连续多年实现全省地质灾害隐患点汛前排查、汛中巡查、汛后核查全覆盖;建成了覆盖全省的群测群防网络和监测预警体系;先后实施地质灾害治理工程219个,开展地质灾害避让搬迁2392处,11382户摆脱了地质灾害威胁;初步建成了安徽省地质灾害信息化平台和会商系统。

我省地质灾害防治取得明显成效的同时,仍然面临一些问题与挑战,主要体现在:一是调查评价精度有待提高,隐患识别能力有待增强。受调查精度和调查手段的限制,我省尚有大量地质灾害隐患点和隐患区没有被查出,每年新发生地质灾害多不在已知隐患点上,因此应尽快开展高精度、"空天地"一体化的地质灾害调查和风险评价工作。二是专业监测工作持续推进,群专监测持续融合。目前我省地质灾害监测预警主要依靠群测群防,专业监测工作刚刚起步。虽然已在威胁人数较多的120个隐患点上安装了自动雨量站,但全省仍有4104个已知隐患点没有安装专业监测设备,地质灾害何时发生的问题仍难以解决,因此专业监测工作须持续推进,快速提升预报预警的精准度。三是地质灾害工程治理和避险移民搬迁任务十分艰巨。目前全省威胁30人以上的已知隐患点尚有315处,威胁30人以下的已知隐患点尚有3789处,只有避让搬迁或工程治理才能彻底消除安全隐患,因此避让搬迁和工程治理任务依然十分艰巨。四是地质灾害防治信息化建设亟待加强,系统功能亟待完善升级。目前,我省已初步建成了地质灾害信息数据管理平台、地质灾害气象风险预报预警系统、地质灾害信息会商平台和地质灾害防治指挥调度系统,市、县级地质灾害信息化建设还相当薄弱,亟待深入推进。伴随着机构改革的职能转变,以及大数据、人工智能等新技术的发展,信息系统中的部分内容亟待进行调整,系统功能也亟待完善升级。五是地质灾害防治技术装备现代化水平亟需提高。我省突发性地质灾害生成机理研究、隐患早期识别、定向预警和精准治理等关键技术研究有待深入,新技术、新方法、新装备的推广应用有待提速,科技防灾装备能力亟需提升。

二、指导思想

以习近平新时代中国特色社会主义思想和党的十九届五中全会精神为指导,深入贯彻习近平总书记考察安徽重要讲话指示精神,坚持以人民为中心的发展思想,充分依靠科技进步和管理创新,本着对人民极端负责的精神,大力加强地质灾害调查评价、监测预警、工程治理与避险搬迁,切实加强防治技术装备建设和信息化建设,强化国土空间规划管控和生态保护修复,全面落实中央财经委员会第三次会议要求,全面提升地质灾害防治能力,最大限度地避免和减轻地质灾害造成的人员伤亡和财产损失,为新时代美好安徽建设提供安全保障。

三、总体目标、基本原则与工作思路

(一)总体目标

开展1:50000地质灾害风险调查和隐患排查,基本掌握全省地质灾害隐患风险底数,显著提高我省地质灾害隐患识别能力。建成新型高效的群专结合的监测预警体系,显著提升我省地质灾害预报预警水平。全面完成“十三五”规划避险移民搬迁任务和威胁人口密集区重大地质灾害隐患的工程治理,最大限度地避免和减少人员伤亡,有力支撑脱贫攻坚、重大发展战略和重大工程建设。建设高效、管用的地质灾害防治管理信息平台,实现地质灾害指挥调度、监测预警、数据库建设等一站化管理、精准化监测、智能化预警,提高地质灾害防治的主动性、时效性、科学性。加大关键技术攻关力度,推进新技术、新方法、新装备应用,提升地质灾害防治技术装备现代化水平。

(二)基本原则

1.人民至上,生命至上

牢固树立以人民为中心的发展理念,坚持人民至上、生命至上,采取主动防范、避险转移等有效措施,宁可备而不用,不可用时无备;宁可十防九空,不可失防万一,切实把保障人民生命安全放在地质灾害防治的首位。

2.统筹规划,源头管控

加强源头管控,将地质灾害易发区和高风险区作为国土空间规划和用途管制的特殊地区,对不宜开展建设的区域进行严格控制,从源头上管控地质灾害风险。

3.分类管理,分级负责

按照“党委领导,政府主导”和“分级负责,属地管理”原则,确保防治责任和措施层层落到实处。严格落实企业和施工单位的防灾主体责任,因工程建设等人为因素引发的地质灾害,坚持“谁建设、谁负责,谁引发、谁治理”原则。

4.部门联动,防抗救结合

发挥好各级自然资源部门组织、指导、监督、协调作用;应急、水利、交通、地震、气象等相关部门按照职责分工,齐抓共管,做好相关领域地质灾害防治工作的组织实施。坚持以防为主、防灾抗灾救灾相结合,全面提升综合防灾能力。

(三)工作思路

一是通过提高调查精度和隐患识别能力,提升解决隐患在哪里的问题能力。

二是通过构建群专结合型监测预警体系,逐步解决地质灾害什么时候发生的问题。

三是加大地质灾害避险移民搬迁和工程治理力度,逐步消除已发现的地质灾害隐患。

四是构建高效、管用的地质灾害信息化系统,确保国家—省—市—县地质灾害信息畅通,为地质灾害防治提供高效的管理支撑、技术支撑和服务支撑。

五是加大关键技术攻关力度,提高地质灾害防治装备现代化水平,加强新技术、新方法、新装备推广应用,为地质灾害防治提供科学理论支撑。

四、重点任务

(一) 地质灾害风险调查

1. 工作目标

开展我省丘陵山区地质灾害隐患识别和全面排查,实现全省地质灾害隐患综合遥感识别全覆盖及高、中易发区地质灾害风险评价全覆盖,编制省、市、县三级地质灾害风险区划图和防治区划图,基本掌握全省地质灾害风险底数。

2. 主要任务

(1) 地质灾害隐患遥感识别

综合运用高分辨率多光谱光学影像遥感、合成孔径雷达干涉测量(InSAR)、激光雷达测量(LiDAR)等技术,对我省地质灾害高、中易发区开展综合遥感调查,结合地质环境条件圈定地表重点变形区和疑似隐患点。通过地面核查,建立解译标志,初步查明地表重点变形区和疑似隐患点基本特征和变化趋势。

(2) 地质灾害风险区划

以县级行政区为单元,充分考虑地质灾害危险性和承灾体类型、易损性等信息,采用定性与定量相结合的方法进行风险区划,对区划边界、风险等级、异常区等进行实地核查。基于风险区划开展地质灾害防治区划,分类提出监测、治理、搬迁等风险管控对策建议。

(二) 地质灾害监测预警

1. 工作目标

建设新型高效的群专结合监测预警网络,提升专业监测预警的覆盖面和精准度;完成省级地质灾害气象预警平台的升级改造,实现高、中易发区市级地质灾害气象预警全覆盖,显著提升我省地质灾害监测预警水平与防治管理支撑能力。

2. 主要任务

(1) 逐步提升地质灾害气象预警水平

完成省级地质灾害气象预警平台的升级改造,建成国家—省—市—县互联互通的地质灾害气象预警体系,推进地质灾害高、中易发区市级地质灾害气象预警平台建设,总结推广定向预警技术,逐步提升地质灾害气象预报精度和风险预警水平。

(2) 进一步完善地质灾害群测群防体系

为群测群防员配备简易、标准化的监测、报警设备;对群测群防员进行专业培训,坚持“一点一测”“一点一策”提高监测预警能力;开展避险转移演练,切实增强受威胁群众的防灾意识和自救互救能力。

(3) 全面推进地质灾害网格化管理

全省地质灾害高、中易发区,以及存在地质灾害隐患点的乡镇,均须以县为区域、乡镇为单元、行政村或社区行政边界为界,构建地质灾害防治网格,落实网格责任人、网格管理员、网格专管员、网格指导员和网格监测员,加强与地勘单位合作,选派专业技术人员担任网格指导员驻县包乡,加强指导。力争做到地质灾害隐患早发现、早预警、早处置,切实降低地质灾害风险。

(4) 逐步推进地质灾害专业监测预警

整合利用气象、水利等各部门雨量监测资源,继续推进地质灾害隐患点的雨量站点建设,在危险性较高的威胁10人以上的地质灾害隐患点,做到“一点一站”全覆盖,为及时预警提供实时雨量数据;针对威胁人员众多,三年内无法实施避险搬迁或工程治理的高风险地质灾害隐患点,安装普适型监测仪器,开展专业监测,及时预报预警。

(三) 地质灾害工程治理与避险移民搬迁

1. 工作目标

加大资金投入,推进我省高风险地质灾害隐患点的避险搬迁与工程治理,全面完成《安徽省地质灾害防治“十三五”规划》避险搬迁和工程治理任务,消除威胁100人以上的地质灾害隐患点,拟实施避险移民搬迁125处、工程治理91处、排危除险363处,显著减轻我省地质灾害威胁。

2. 主要任务

(1) 实施避险移民搬迁

以避险移民搬迁为主。对危害程度高、治理难度大、安置可行性强的地质灾害隐患点,首先考虑异地搬迁、主动避让。可结合“新农村”建设、“美好乡村”建设、“特色小镇”建设、“生态移民”工程、“脱贫攻坚”工程统筹安排,按照“搬得出、稳得住、能致富”的原则,进行科学选址,开展地质灾害危险性评估,确保搬迁安置群众安全,确保群众就业,确保儿童入学。

(2) 开展地质灾害综合治理

对治理技术可行、经济合理、风险可控、不宜搬迁避让的地质灾害隐患点实施工程治理,分期分批落实治理任务,开展工程治理。对险情紧迫的地质灾害隐患点,采取投入少、工期短、见效快的工程治理措施,及时进行排危除险,切实减轻地质灾害威胁。对受损或防治能力降低的地质灾害治理工程,及时采取清淤、加固、维修、修缮等措施进行维护,确保防治工程的长期安全运行。

(四) 地质灾害信息化建设

1. 工作目标

建设全省统一的地质灾害防治管理信息平台,实现地质灾害指挥调度、监测预警、数据库建设等一站化管理,提高地质灾害防治的主动性、时效性、科学性,为政府决策、社会咨询和工程建设提供高效服务。

2. 主要任务

(1) 健全完善全省地质灾害防治管理信息平台

改造现有的地质灾害三维信息平台、在线监测预警和应急处置三大系统,完成全省地质灾害防治管理信息平台的升级改造，对全省地质灾害隐患点的雨量站和专业监测传感设备进行远程监管、数据实时采集，确保全省地质灾害动态数据实时更新，实现与国家—省—市—县地质灾害信息管理平台互连互通。

(2) 建设地质灾害隐患点全息数据库

建设完成全覆盖、全类型地质灾害隐患点和具有危险性的切坡建房等数据库，对危险性高的地质灾害隐患点进行实景三维建模，形成多元数据高度集成的地质灾害隐患点全息数据库，并及时更新维护，实现“一张图”管理。

(五) 地质灾害防治科技支撑和装备保障

1. 工作目标

加强新技术、新方法的推广应用，加强我省突发性地质灾害发生、发育规律研究，重点围绕我省地质灾害突出问题，开展地质灾害隐患早期识别、定向预警和精准治理等关键技术研究，切实降低灾害风险；加强设备保障能力建设，利用“空天地”一体化装备，全方位、全天候、全要素开展地质灾害隐患监测，大幅提升预报预警能力与水平，切实降低灾害危害。

2. 主要任务

(1) 加强新技术、新方法的推广应用

鼓励高等院校、科研院所、地勘单位、社会团体积极投身地质灾害防治技术研究，建成安徽省地质灾害防治重点实验室，重点围绕地质灾害防治突出问题，开展隐患早期识别和防治关键技术研究，切实降低灾害风险。

(2) 加强装备保障建设

利用“空天地”一体化装备，开展全方位、全天候、全要素地质灾害专业监测试点示范和推广应用工作；积极购置技术成熟的普适性设备，开展我省地质灾害专业监测工作；鼓励有条件的厂家积极开展地质灾害防治装备研发，切实解决我省地质灾害隐患早期识别和防治问题。

五、进度安排

(一) 地质灾害风险调查

2020年，启动黄山市黄山区、歙县、休宁县、宁国市、绩溪县、石台县、岳西县、太湖县、霍山县、金寨县10个高、中易发区县(市、区)地质灾害隐患遥感识别和地质灾害风险调查试点工作。

2021年，开展潜山市、桐城市、宿松县、怀宁县、宜秀区、定远县、全椒县、祁门县、黟县、徽州区、屯溪区、裕安区、舒城县、贵池区、青阳县、东至县、宣州区、泾县、广德市、旌德县、义安区、枞阳县、繁昌区、南陵县24个高、中易发区县(市、区)地质灾害隐患遥感识别和地质灾害风险调查工作。

2022年，开展大观区、望江县、迎江区、蚌山区、固镇县、怀远县、淮上区、龙子湖区、五河县、禹会区、利辛县、蒙城县、谯城区、涡阳县、凤阳县、来安县、琅琊区、明光市、南谯区、天长市、阜南县、界首市、临泉县、太和县、颍东区、颍泉区、颍上县、颍州区、包河区、巢湖市、肥东县、肥西县、庐江县、庐阳区、蜀山区、瑶海区、长丰县、杜集区、烈山区、濉溪县、相山区、八公山区、大通区、凤台县、潘集区、寿县、田家庵区、谢家集区、霍邱县、金安区、叶集区、博望区、当涂县、含山县、和县、花山区、雨山区、郊区、铜官区、镜湖区、鸠江区、无为市、湾沚区、弋江区、砀山县、灵璧县、泗县、萧县、埇桥区、郎溪县70个县(市、区)地质灾害隐患遥感识别和地质灾害风险调查工作。

(二)地质灾害监测预警

2020年,完成省级地质灾害气象预警平台升级改造,开展地质灾害专业监测试点,完善雨量站点布局,全面完成我省高、中易发区地质灾害网格化建设全覆盖。

2021年,结合雨量站点建设,推进地质灾害专业监测,加强地质灾害网格化管理,确保高效运行。

2022年,健全完善我省高、中易发区市级地质灾害气象预警平台,实现危险性较高的威胁30人以上的地质灾害点雨量站点全覆盖,专业监测和定向预警技术较成熟,预报预警精度和智能化水平显著提升。

(三)地质灾害工程治理与避险移民搬迁

1. 避险移民搬迁

2020年,完成63户221人避险搬迁,其中黄山市8户20人、安庆市23户81人、六安市21户75人、池州市1户5人、马鞍山市5户22人、宣城市5户18人。

2021年,完成81户305人避险搬迁,其中黄山市7户19人、安庆市50户200人、六安市21户79人、宣城市3户7人。

2022年,完成83户283人避险搬迁,其中黄山市8户17人、安庆市23户85人、六安市27户108人、宣城市25户73人。

2. 综合治理

2020年,完成37处地质灾害工程治理,其中黄山市10处、安庆市8处、宣城市11处、六安市1处、铜陵市2处、马鞍山市3处、芜湖市2处;计划完成排危除险80处,其中黄山市20处、安庆市37处、六安市5处、池州市10处、宣城市7处、铜陵市1处。

2021年,完成41处地质灾害工程治理,其中黄山市13处、安庆市13处、池州市2处、宣城市4处、六安市7处、铜陵市1处、宿松县1处;计划完成排危除险142处,其中黄山市50处、安庆市50处、六安市25处、池州市10处、宣城市6处、铜陵市1处。

2022年,完成13处地质灾害工程治理,其中黄山市6处、安庆市4处、六安市1处、铜陵市1处、宿松县1处;计划完成排危除险141处,其中黄山市50处、安庆市50处、六安市25处、池州市10处、宣城市6处。

(四)地质灾害信息化建设

2020年,科学编制《安徽省地质灾害防治监测预警能力提升建设方案》,升级建设“安徽省地质灾害防治管理信息平台”。

2021年，完成地质灾害“一张图”建设；建成省、市、县、乡镇四级统一、共用的地质灾害隐患点全息数据库。

2022年，进一步优化“安徽省地质灾害防治管理信息平台”，实现省、市、县地质灾害信息数据同步更新。

（五）地质灾害防治科技支撑和装备保障

2020年，优选一批设备厂家，购置一批普适性仪器，开展专业监测试点示范工作，提出地质灾害防治重点实验室建设思路。

2021年，开展普适性设备的推广应用，鼓励科研院所和设备厂家针对我省地质灾害防治开展隐患识别、定向预警和精准治理等技术研究，编制地质灾害防治重点实验室建设方案。

2022年，完成高风险隐患点专业监测设备安装，完成地质灾害隐患点识别和防治技术课题研究，初步建成地质灾害防治重点实验室。

六、保障措施

（一）加强组织领导，落实责任分工

按照“党委领导，政府主导，社会力量和市场机制广泛参与”和“分级负责，属地管理”的原则，各级政府必须高度重视地质灾害防治工作，应将本行动方案列入重要议事日程，应结合当地实际对方案进行细化，对任务进行分解，并纳入地方年度绩效考核，考核结果将作为领导班子和领导干部综合考核评价的重要内容。坚持地方党委政府在地质灾害防治工作中的主体责任地位，地方各级自然资源部门在党委政府领导下发挥好地质灾害防治组织、指导、监督、协调作用。应急、水利、交通、地震、气象、林业等部门按照职责分工，做好相关领域和行业地质灾害防治工作的组织实施。通过建立完善逐级负责制，确保防治责任和措施层层落到实处。

（二）坚持依法防灾，完善制度建设

进一步完善与《地质灾害防治条例》相配套的相关规章制度和技术标准，实现地质灾害防治工作制度化、科学化、规范化。在工程建设中严格落实地质灾害危险性评估制度，严格落实地质灾害治理工程“三同时”制度，科学安排国土空间开发保护格局，引导各项建设选址尽量避让地质灾害风险较高地区，从源头上控制地质灾害的发生，最大限度地避免人为切坡活动引发地质灾害。

（三）筹措多源资金，加大防治力度

加大各级财政对地质灾害调查评价、监测预警和综合治理的支持力度，建立政府、社会和责任者共同参与的地质灾害防治机制。地方各级政府要进一步加大资金投入，把地质灾害的搬迁避让和工程治理与脱贫攻坚、土地整治、生态移民、新农村建设等相关工作紧密结合和融合起来。鼓励社会资金参与，坚持共享发展理念，在地方党委的领导下，积极探索“政府主导、政策扶持、社会参与、开发式治理、市场化运作”的地质灾害防治新模式。

(四)规范技术要求,提升成果质量

加大对重点环节的督查检查,确保各项工作符合要求;切实加强对地质灾害风险调查评价技术要求及工程治理等各类规范的宣贯培训,定期检查和审核质量管理体系的运行情况,发现问题,及时督促改进,追踪检查,直至问题解决,形成闭环管理。切实保证相关技术规范得到执行,技术水平得到提高,确保各类工作成果质量得到提升。

(五)调动社会力量,强化宣传培训

广泛发动社会各方面力量积极参与地质灾害防治工作,搭建不同层次的地质灾害防治研究合作交流平台。各级地方政府应加强本辖区内地质灾害防灾知识的培训和演练,多形式、多渠道、多层次开展技术交流和科普宣传,加强地质灾害防灾减灾宣传教育,普及地质灾害防治知识,全面提高地质灾害易发区人民群众自防自救能力。

附件1

地质灾害风险调查工作部署表

序号	项目名称	工作内容	工作年度	备注
1	地质灾害隐患遥感识别	启动10个县(市、区)地质灾害隐患遥感识别试点	2020	2020年,黄山市黄山区、歙县、休宁县、宁国市、绩溪县、石台县、岳西县、太湖县、霍山县、金寨县10个项目。 2021年,潜山市、桐城市、宿松县、怀宁县、宜秀区、定远县、全椒县、祁门县、黟县、徽州区、屯溪区、裕安区、舒城县、贵池区、青阳县、东至县、宣州区、泾县、广德市、旌德县、义安区、枞阳县、繁昌区、南陵县24个项目。 2022年,大观区、望江县、迎江区、蚌山区、固镇县、怀远县、淮上区、龙子湖区、五河县、禹会区、利辛县、蒙城县、谯城区、涡阳县、凤阳县、来安县、琅琊区、明光市、南谯区、天长市、阜南县、界首市、临泉县、太和县、颍东区、颍泉区、颍上县、颍州区、包河区、巢湖市、肥东县、肥西县、庐江县、庐阳区、蜀山区、瑶海区、长丰县、杜集区、烈山区、濉溪县、相山区、八公山区、大通区、凤台县、潘集区、寿县、田家庵区、谢家集区、霍邱县、金安区、叶集区、博望区、当涂县、含山县、和县、花山区、雨山区、郊区、铜官区、镜湖区、鸠江区、无为市、湾沚区、弋江区、砀山县、灵璧县、泗县、萧县、埇桥区、郎溪县70个项目。
		开展24个县(市、区)地质灾害隐患遥感识别试点地质灾害隐患遥感识别工作	2021	
		开展70个县(市、区)地质灾害隐患遥感识别试点地质灾害隐患遥感识别工作	2022	
2	地质灾害风险调查	启动10个县(市、区)高、中易发区地质灾害风险调查试点	2020	
		开展24个县(市、区)地质灾害风险调查工作	2021	
		开展70个县(市、区)地质灾害风险调查工作	2022	

附件2

地质灾害监测预警工作部署表

序号	项目名称	工作内容	工作年度	备注
1	省级地质灾害气象预警平台升级	考察调研和升级方案的编制,完成工作站等硬件设备采购、预警模型优化、预警网格调整和预警系统升级	2020—2021	
2	地质灾害隐患点专业监测	完成威胁100人以上的地质灾害隐患点特征调查与专业监测点选点,编制专业监测设计方案,完成地质灾害隐患点专业监测设备安装	2020—2022	2020年在大别山区和皖南山区开展试点工作
3	群测群防能力提升和网格化建设	完善群测群防体系,为群测群防员配备简易、标准化的监测、报警设备,提高监测预警能力;地质灾害网格化管理,派遣专业技术人员包保,构建群专结合型群测群防网络	2020—2022	2020年全面推进网格化建设
4	市级地质灾害气象预警平台升级	完成两大山区威胁30人以上的地质灾害隐患点调查和雨量站点建设需求分析,编制建设方案,完成雨量站安装	2022	高、中易发区

附件3

地质灾害综合治理工作部署表

序号	市、县	“十三五”计划治理工程个数/处	“十三五”计划治理工程经费(万元)	2016—2019年计划治理工程数/处	2020—2022年计划治理工程数/处	2020—2022年计划排危除险数/处
1	合肥市	2	800	1	0	0
2	芜湖市	0	0	2	2	0
3	蚌埠市	1	500	0	0	0
4	淮南市	0	0	0	0	0
5	马鞍山市	2	800	2	3	0
6	淮北市	0	0	0	0	0
7	铜陵市	1	300	4	4	2
8	安庆市	21	7300	20	25	137
9	黄山市	34	15700	18	27	120
10	阜阳市	0	0	0	0	0
11	宿州市	2	300	2	1	0
12	滁州市	2	800	1	0	0
13	六安市	22	9700	8	9	55
14	宣城市	11	4700	4	12	19
15	池州市	17	6300	7	6	30
16	亳州市	2	90	0	0	0
17	广德市	4	1600	1	0	0
18	宿松县	5	1900	0	2	0
总计		126	50790	70	91	363

附件4

地质灾害工程治理项目部署表

序号	市、县	2020年工程治理点/处	2021年工程治理点/处	2022年工程治理点/处	2020—2022年计划治理工程数/处	备注
1	合肥市	0	0	0	0	
2	芜湖市	2	0	0	2	
3	蚌埠市	0	0	0	0	
4	淮南市	0	0	0	0	
5	马鞍山市	3	0	0	3	
6	淮北市	0	0	0	0	
7	铜陵市	2	1	1	4	
8	安庆市	8	13	4	25	
9	黄山市	10	13	4	27	
10	阜阳市	0	0	0	0	
11	宿州市	1	0	0	1	
12	滁州市	0	0	0	0	
13	六安市	1	7	1	9	
14	宣城市	8	4	0	12	
15	池州市	2	2	2	6	
16	亳州市	0	0	0	0	
17	广德市	0	0	0	0	
18	宿松县	0	1	1	2	
总计		37	41	13	91	

附件5

地质灾害排危除险工作计划表

序号	市、县	2020—2022年计划实施地质灾害排危除险数量	计划实施年份	备注
1	安庆市	37	2020	
		50	2021	
		50	2022	
2	六安市	5	2020	
		25	2021	
		25	2022	
3	黄山市	20	2020	
		50	2021	
		50	2022	
4	宣城市	7	2020	
		6	2021	
		6	2022	
5	池州市	10	2020	
		10	2021	
		10	2022	
6	铜陵市	1	2020	
		1	2021	
		0	2022	
总计		363		

附件6

地质灾害避险移民搬迁工作部署表

序号	市、县	2016—2019年已完成避险移民搬迁隐患点数	2016—2019年已完成避险移民搬迁户数	2016—2019年已完成避险移民搬迁人数	2020—2022年计划避险移民搬迁隐患点数	2020—2022年计划避险移民搬迁户数	2020—2022年计划避险移民搬迁人数
1	合肥市	0	0	0	0	0	0
2	芜湖市	3	10	37	0	0	0
3	蚌埠市	0	0	0	0	0	0
4	淮南市	0	0	0	0	0	0
5	马鞍山市	0	0	0	1	5	22
6	淮北市	0	0	0	0	0	0
7	铜陵市	0	0	0	0	0	0
8	安庆市	851	1569	5382	54	96	366
9	黄山市	155	446	1337	13	23	56
10	阜阳市	0	0	0	0	0	0
11	宿州市	0	0	0	0	0	0
12	滁州市	1	10	21	0	0	0
13	六安市	324	577	1935	47	69	262
14	宣城市	39	258	804	9	33	98
15	池州市	49	275	883	1	1	5
16	亳州市	0	0	0	0	0	0
17	广德市	71	74	221	0	0	0
18	宿松县	46	91	300	0	0	0
总计		1539	3310	10920	125	227	809

附件7

地质灾害避险移民搬迁工作计划表

市	计划搬迁数			计划实施年份	备注
	点数	户	人		
黄山市	3	8	20	2020	
	5	7	19	2021	
	5	8	17	2022	
安庆市	15	23	81	2020	
	20	50	200	2021	
	19	23	85	2022	
六安市	12	21	75	2020	
	17	21	79	2021	
	18	27	108	2022	
池州市	1	1	5	2020	
	0	0	0	2021	
	0	0	0	2022	
马鞍山市	1	5	22	2020	
	0	0	0	2021	
	0	0	0	2022	
宣城市	3	5	18	2020	
	3	3	7	2021	
	3	25	73	2022	
总计	125	227	809		

附件8

地质灾害信息化建设工作部署表

序号	项目名称	工作内容	工作年度	备注
1	全省地质灾害信息系统建设	编制全省地质灾害信息系统建设方案,完善全省地质灾害信息系统	2020—2022	
2	管理维护视频会商系统	平常视频会商系统管理和维护,汛期视频会商系统的使用	2020—2022	
3	优化和维护地质灾害信息平台	进行省、市、县地质灾害信息数据实时更新;做好视频会商系统维护工作,平时支撑会商演练,汛期保障政府决策;购置地质灾害信息管理平台优化硬件设备,升级管理系统,拓展服务功能	2020—2022	
4	地质灾害数据库更新	建成地质灾害全息数据库,实现地质灾害风险数据动态更新	2020—2022	

附件9

地质灾害防治科技支撑和装备保障工作部署表

序号	项目名称	工作内容	工作年度	备注
1	专业监测试点示范工作	积极购置技术成熟的普适性设备，开展我省地质灾害专业监测工作	2020	
2	普适性设备的推广应用	积极购置技术成熟的普适性设备，利用“空天地”一体化装备，开展全方位、全天候、全要素地质灾害专业监测试点示范和推广应用工作	2021	
3	高风险隐患点专业监测安装	针对高风险隐患点，选取高效、智能、实用的监测设备，开展隐患点专业监测和防治，降低灾害风险	2022	
4	地质灾害隐患识别和防治技术课题研究	鼓励有条件的科研院所和设备厂家积极开展地质灾害防治装备研发，切实解决我省地质灾害隐患早期识别和防治问题，构建安徽省地质灾害防治重点实验室	2020—2022	

(十八)安徽省自然资源厅关于做好地质灾害统计数据报送工作的通知

安徽省自然资源厅关于做好地质灾害统计数据报送工作的通知

皖自然资勘函〔2020〕25号

各市及广德市、宿松县自然资源和规划局:

根据自然资源部地质勘查司《关于做好地质灾害统计数据报送工作的通知》(自然资地勘函〔2020〕12号,附件1)要求,结合我省实际,现将做好地质灾害统计数据报送工作有关事项通知如下:

一、地质灾害速报时限与内容

发生地质灾害灾情、险情及避免人员死亡的成功预报实例,灾害发生地的市、县(市、区)自然资源和规划局要严格按时限要求报送信息(附件1、附件2),进展情况或情况发生变化应及时续报。成功预报地质灾害实例的相关数据省厅视情进行实地踏勘核实。

(1)发生人员伤亡和失踪的地质灾害灾情,以及特大型、大型和中型险情,灾害发生地的市、县(市、区)自然资源和规划局要在接到报告后1小时内,速报当地人民政府和省自然资源厅。

(2)未发生人员伤亡和失踪的地质灾害灾情、小型险情及避免人员伤亡的成功预报实例,灾害发生地的市级自然资源和规划局要在接到报告后6小时内,速报当地人民政府和省自然资源厅。

(3)因灾伤亡或较大经济损失的疑似地质灾害灾情和险情,以及可能引发地质灾害或社会普遍关注的其他灾情,灾害发生地的市、县(市、区)自然资源和规划局要第一时间通过电话、传真等方式向省自然资源厅简要报告情况,做到有效处置,严防迟报、漏报。

二、地质灾害月报时限与内容

各市自然资源和规划局应于每月1日前,将本行政区域内上一个月度发生的地质灾害月报信息(附件3),按要求报省自然资源厅,同时对本行政区域内本月地质灾害发展趋势作出简明扼要的预测说明。每季度末和次年2月15日以前,报送下季度和下一年度的地质灾害发展趋势预测说明。

三、有关要求

(1)加强组织领导。地质灾害相关统计数据是各级领导掌握情况、判断形势、科学决策的重要依据,是主动防灾、有效防灾的重要基础。各地要高度重视,进一步加强组织领导,落实《安徽省国土资源厅关于及时报送地质灾害防治信息的通知》(皖国土资明电〔2018〕43号)和安徽省自然资源厅转发自然资源部地勘司《关于加强地质灾害信息报送工作的通知》等要求,确保地质灾害信息报送工作及时、准确、高效。同时,明确1名责任心强、熟悉业务的同志作为联络员,具体负责地质灾害数据统计速报和月报工作。

(2) 严格制度落实。各地要严格按照有关制度要求开展地质灾害数据统计速报和月报工作,加强对信息报送情况的抽查检查,对虚报、瞒报、漏报、不报的单位和工作人员要视情况通报批评,造成不良后果的,要追究领导和相关人员责任。

(3) 各市自然资源和规划局请于2020年6月16日前,将地质灾害数据统计人员名单(附件4)报送省厅地质勘查管理与灾害防治处。人员变动时,及时报送接替人员名单。

联系人:黄×、赵××;联系电话:0551-6255××××,6255××××,6255××××(传真);邮箱:zz1037@×××.com。

附件1. 安徽省地质灾害灾险情速报表

附件2. 安徽省地质灾害成功预报实例报告表

附件3. 安徽省地质灾害月报表

附件4. 地质灾害统计数据报送工作人员名单

2020年6月11日

附件1

安徽省地质灾害灾险情速报表

单位：（盖章）　　　　　　　　报告时间：　　　　　　　　编号：

<table>
<tr><td colspan="2">灾险情地点</td><td colspan="3"></td><td>隐患点编号</td><td colspan="2"></td></tr>
<tr><td rowspan="15">灾
险
情
基
本
情
况</td><td>发生日期</td><td colspan="3"></td><td>发生时间</td><td colspan="2"></td></tr>
<tr><td>地理位置</td><td colspan="3">经度：
纬度：</td><td>接报时间</td><td colspan="2"></td></tr>
<tr><td rowspan="2">伤亡情况（人）</td><td>死 亡</td><td>失 踪</td><td>受伤</td><td rowspan="2">直接经济损失（万元）</td><td colspan="2" rowspan="2"></td></tr>
<tr><td></td><td></td><td></td></tr>
<tr><td>受灾人口（人）</td><td colspan="3"></td><td>灾害类型</td><td colspan="2"></td></tr>
<tr><td>灾险情等级</td><td colspan="3"></td><td>灾害规模</td><td colspan="2"></td></tr>
<tr><td>新增/复发</td><td colspan="3"></td><td>是否为隐患点</td><td colspan="2"></td></tr>
<tr><td>是否成功避让点</td><td colspan="3"></td><td>监测预警类型</td><td colspan="2"></td></tr>
<tr><td>引发因素</td><td colspan="6"></td></tr>
<tr><td>具体原因</td><td colspan="4"></td><td>是否切坡建房引发</td><td></td></tr>
<tr><td>主要受灾对象</td><td colspan="6"></td></tr>
<tr><td>受灾对象详情</td><td colspan="6"></td></tr>
<tr><td>地质成因</td><td colspan="6"></td></tr>
<tr><td>发展趋势</td><td colspan="6"></td></tr>
<tr><td colspan="7"></td></tr>
<tr><td rowspan="2">防范措施</td><td>已采取的应急措施</td><td colspan="6"></td></tr>
<tr><td>防治建议</td><td colspan="6"></td></tr>
<tr><td>现场照片</td><td colspan="7">（可附页）</td></tr>
<tr><td>备注</td><td colspan="7"></td></tr>
<tr><td rowspan="4">联系电话</td><td colspan="2">填表人</td><td colspan="2">手机号码</td><td>复核人</td><td colspan="2">手机号码</td></tr>
<tr><td colspan="2"></td><td colspan="2"></td><td></td><td colspan="2"></td></tr>
<tr><td colspan="3">单位负责人</td><td colspan="2">手机号码</td><td colspan="2">签字</td></tr>
<tr><td colspan="3"></td><td colspan="2"></td><td colspan="2"></td></tr>
</table>

填报说明：

1. 灾险情地点须精确到村、组。

2. 隐患点编号：如是老点须填写原有隐患点编号，如是新点此栏无需填写。

3. 报告时间、接报时间须精确到分钟。

4. 编号须按照“行政区划代码＋灾险情代码＋灾害类型代码＋年份＋月份＋日期＋顺序编号”规则形成21位编码。其中，行政区划代码：为该灾险情发生地县(市、区)行政区划代码；灾险情代码：01—灾情，02—险情；灾害类型代码：01—滑坡，02—崩塌，03—泥石流，04—岩溶塌陷，05—采空塌陷；年份：为该灾险情发生年份；月份：为该灾险情发生月份，占2位，不足2位补“0”；日期：为该灾险情发生日期，占2位，不足2位补“0”；顺序编号：为3位顺序编号。例如：歙县2020年度第1起速报，为一起滑坡险情，发生日期1月14日，则该速报编号为：341021020120200114001。

5. 经度坐标、纬度坐标：按照度(°)分(′)秒(″)格式填写。

6. 监测预警类型：灾害发生之前开展的监测预警类型，填写无、专业监测、群测群防。

7. 受灾人口：因地质灾害造成损失的人数，包括因受到地质灾害威胁，处于危险区内的人数。

8. 引发因素：填写自然因素引发或人为因素引发。

9. 具体原因：填写导致灾害的具体原因，涉及切坡建房的需标明。

10. 灾害规模：滑坡、崩塌、泥石流填写体积(m^3)；地面塌陷填写面积(m^2)；地面沉降填写面积(km^2)；地裂缝填写长度(km)。

11. 主要受灾对象：填写居民家庭财产、农业、教育设施、公路交通设施、铁路交通设施、工业设施、水利水电设施、矿山、社会公共设施和其他。

12. 受灾对象详情：填写受灾对象的具体内容。

13. 备注：填写其他需要说明的情况。

14. 此表单位负责人签字后，传真并将扫描件发电子邮箱，邮箱地址：zz1037@×××.com。特殊情况，可先盖章报送，后补签字。

附件2

安徽省地质灾害成功预报实例报告表

单位:(盖章)　　　　　　　　报告时间:　　　　　　　　编号:

<table>
<tr><td colspan="2">灾险情地点</td><td></td><td>隐患点编号</td><td></td></tr>
<tr><td rowspan="7">基本情况</td><td>发出预报日期</td><td></td><td>预报时间</td><td></td></tr>
<tr><td>灾害发生日期</td><td></td><td>灾害发生时间</td><td></td></tr>
<tr><td>地理位置</td><td>经度:
纬度:</td><td>灾害类型</td><td></td></tr>
<tr><td>灾害规模</td><td></td><td>紧急转移人员(人)</td><td></td></tr>
<tr><td>涉及可能伤亡人员(人)</td><td></td><td>避免经济损失(万元)</td><td></td></tr>
<tr><td>预报人(或单位)</td><td></td><td>是否开展监测及监测手段</td><td></td></tr>
<tr><td>预报方法及避灾措施</td><td colspan="3"></td></tr>
<tr><td>成功预报实例文字材料</td><td colspan="4">编写提纲:
1.引言
2.地质灾害特征
3.地质灾害巡查监测
4.地质灾害避险处置
5.经验与启示
(可附页)</td></tr>
<tr><td>现场照片</td><td colspan="4">(可附页)</td></tr>
<tr><td rowspan="4">联系电话</td><td>填表人</td><td>手机号码</td><td>复核人</td><td>手机号码</td></tr>
<tr><td></td><td></td><td></td><td></td></tr>
<tr><td>单位负责人</td><td colspan="2">手机号码</td><td>签字</td></tr>
<tr><td></td><td colspan="2"></td><td></td></tr>
</table>

填报说明:

1. 灾害规模大小:按灾种不同分别填写体积(m^3)、面积(m^2)成长度(km)。

2. 涉及可能伤亡人员:是指如本次灾害影响范围内不搬迁避让可能造成的伤亡人数,如倒塌房屋内居住人员或灾害现场活动人员。

3. 是否开展监测及监测手段:险情发现之前是否开展监测,填写无、专业监测、群测群防。

4. 此表单位负责人签字后,传真并将扫描件发电子邮箱,邮箱地址:zz1037@×××.com。

附件3

___年___月地质灾害灾情月报告表(表一)

填报单位：　　　　　　　　　　　　　　　　　　　　填报日期：　　年　　月　　日

序号	县(市、区)	地点	发生时间	灾害类型	灾害级别	灾害规模	伤亡情况(人)			损毁房屋(间)	直接经济损失(万元)	转移人员		成因	备注
							死亡	失踪	受伤			户	人		

填表人：　　　　　　　　　　复核人：　　　　　　　　　　单位负责人：

填表说明：

1. 统计范围：(1)造成人员伤亡的；(2)无人员伤亡，但有直接经济损失的。
2. 灾害类型填写滑坡、崩塌、泥石流、地面塌陷、地裂缝、地面沉降。
3. 灾害级别填写特大型/大型/中型/小型。
4. 灾害规模大小滑坡、崩塌、泥石流填写体积(m^3)；地面塌陷、地面沉降填写面积(m^2)；地裂缝填写长度(m)。
5. 成因填写自然因素引发或人为因素引发。
6. 此表每月1日前填好经单位负责人签字后，传真并将扫描件发电子邮箱，邮箱地址：zz1037@×××.com。

___年1～___月地质灾害灾情统计汇总表(表二)

填报单位：　　　　　　　　　　　　　　　　　　　　　　　　　　　填报日期：　　年　　月　　日

月份	灾情总数(起)	县(市、区)	分县起数(起)	引发因素(起)		灾害等级(起)				灾害类型(起)						伤亡人数(人)			直接经济损失(万元)	转移人数		损毁房屋(间)	备注
				自然	人为	特大型	大型	中型	小型	滑坡	崩塌	泥石流	地面塌陷	地裂缝	地面沉降	死亡	失踪	受伤		户数	人数		
1		××区																					
		××县																					
		……																					
2		××区																					
		××县																					
		……																					
……		××区																					
		××县																					
		……																					
累计																							

填表人：　　　　　　　　复核人：　　　　　　　　单位负责人：　　　　　　　　签字：

填表说明：

1. 每月1日前填报上月各项统计数据，并对以前各月数据进行修正，修正情况在备注栏中注明。
2. 此表每月1日前填好经单位负责人签字后，传真并将扫描件发电子邮箱，邮箱地址：zz1037@×××.com。

___年___月地质灾害险情月报告表(表三)

填报单位：　　　　　　　　　　　　　　　　填报日期：　　年　　月　　日

序号	县(市、区)	地点	发生时间	灾害类型	险情级别	灾害规模	威胁对象	威胁人数		威胁财产(万元)	转移人数		成因	备注
								户	人		户	人		

填表人：　　　　　　　　　　复核人：　　　　　　　　　　单位负责人：

填表说明：

1. 统计范围：无直接经济损失的险情。
2. 灾害类型填写滑坡、崩塌、泥石流、地面塌陷、地裂缝、地面沉降。
3. 险情级别填写特大型/大型/中型/小型。
4. 灾害规模大小滑坡、崩塌、泥石流填写体积(m^3)；地面塌陷、地面沉降填写面积(m^2)；地裂缝填写长度(m)。
5. 威胁对象：填写居民家庭财产、农业、教育设施、公路交通设施、铁路交通设施、工业设施、水利水电设施、矿山、社会公共设施和其他。
6. 成因填写自然因素引发或人为因素引发。
7. 此表每月1日前填好经单位负责人签字后，传真并将扫描件发电子邮箱，邮箱地址：zz1037@×××.com。

___年1～___月份地质灾害险情统计汇总表(表四)

填报单位：　　　　　　　　　　　　　　　　填报日期：　　年　　月　　日

月份	险情总数(起)	县(市、区)	分县起数(起)	引发因素(起)		险情级别(起)				灾害类型(起)						威胁人数	威胁财产(万元)	转移人数	备注
				自然	人为	特大型	大型	中型	小型	滑坡	崩塌	泥石流	地面塌陷	地裂缝	地面沉降				
1		××区																	
		××县																	
		……																	
2		××区																	
		××县																	
		……																	
……		××区																	
		××县																	
		……																	
累计																			

填表人：　　　　　　　　复核人：　　　　　　　　单位负责人：

填表说明：

1. 统计范围：无经济损失的险情。
2. 灾害类型填写滑坡、崩塌、泥石流、地面塌陷、地裂缝、地面沉降。
3. 险情级别填写特大型/大型/中型/小型。
4. 成因填写自然因素引发或人为因素引发。
5. 此表每月1日前填好经单位负责人签字后，传真并将扫描件发电子邮箱，邮箱地址：zz1037@×××.com。

____年____月地质灾害成功预报实例月报告表(表五)

填报单位：　　　　　　　　　　　　　　　　　　　　填报日期：　　年　　月　　日

序号	时间	地点	灾害类型	灾害级别	发出预报时间	灾害发生时间	转移人员		避免伤亡人员（人）	避免经济损失（万元）	预报方法和避灾措施	预报人（或单位）
							户数	人数				

填表人：　　　　　　　　　　复核人：　　　　　　　　　　单位负责人：

填表说明：

1. 灾害级别填写特大型/大型/中型/小型。
2. 避免伤亡人员数是指如不搬迁避让可能造成的伤亡人员，如倒塌房屋内居住人员或灾害现场活动人员。
3. 每月填报当月各项统计数据，并对以前各月数据进行修正，修正情况在备注栏中注明。
4. 搬迁避让人员数、避免伤亡人员数和避免直接经济损失数应与表三一致。
5. 此表每月1日前填好经单位负责人签字后，传真并将扫描件发电子邮箱，邮箱地址：zz1037@×××.com。

___年1～___月份地质灾害成功预报统计汇总表(表六)

填报单位：　　　　　　　　　　　　　　　　　　　　　　填报日期：　年　月　日

月份	成功预报数量(起)	县(市、区)	分县起数(起)	转移人员		避免伤亡人员(人)	避免直接经济损失(万元)	备注
				户数	人数			
1		××区						
		××县						
		……						
2		××区						
		××县						
		……						
……		××区						
		××县						
		……						
累计								

填表人：　　　　　　　　复核人：　　　　　　　　单位负责人：

填表说明：

1. 每月1日前填报上月各项统计数据，并对以前各月数据进行修正，修正情况在备注栏中注明。
2. 搬迁避让人员数、避免伤亡人员数和避免直接经济损失数应与表四一致。
3. 此表每月1日前填好经单位负责人签字后，传真并将扫描件发电子邮箱，邮箱地址：zz1037@×××.com。

___年___月___市地质灾害避险演练和宣传培训情况统计表(表七)

填报单位：　　　　　　　　　　　　　　　　　　　　填报日期：　　年　　月　　日

序号	地区	避险演练情况						宣传培训情况					
		月份			1～__月份			月份			1～__月份		
		场	次	人数	场	次	人数	场	次	人数	场	次	人数
1	市级												
2	××区												
3	××县												
4	……												
5													
6													
7													
8													
合　计													

填表人：　　　　　　　　　　　复核人：　　　　　　　　　　　单位负责人：

填表说明：

1. 避险演练情况填写转移避险演练的场次、人数。

2. 此表每月1日前填好经单位负责人签字后，传真并将扫描件发电子邮箱，邮箱地址：zz1037@×××.com。

___年___月___市地质灾害预警预报、避险转移情况统计表(表八)

填报单位：　　　　　　　　　　　　　　　　　　填报日期：　　年　　月　　日

序号	地区	预警预报情况								预警信息(条)		避险转移情况			
		月份				1～__月份				月份	1～__月份	月份		1～__月份	
		小计	红色	橙色	黄色	小计	红色	橙色	黄色			避险转移户数	避险转移人次	避险转移户数	避险转移人次
1	市级														
2	××区														
3	××县														
4	……														
5															
6															
7															
8															
合计															

填表人：　　　　　　　　　　复核人：　　　　　　　　　　单位负责人：

填表说明：

1. 此表每月1日前填好经单位负责人签字后，传真并将扫描件发电子邮箱，邮箱地址：zz1037@×××.com。

___年___月___市地质灾害巡查排查、参与应急处置情况统计表(表九)

填报单位：　　　　　　　　　　　　　　　　　　　　填报日期：　　年　　月　　日

序号	地区	巡查排查、应急处置情况											
		月份						1～__月份					
		巡查排查点数	参与应急处置地质灾害起数	参与应急处置灾情险情次数	出动应急处置小组个数	应急专家组或工作组派出次数	应急专家组或工作组派出人数	巡查排查点数	参与应急处置地质灾害起数	参与应急处置灾情险情次数	出动应急处置小组个数	应急专家组或工作组派出次数	应急专家组或工作组派出人数
1	市级												
2	××区												
3	××县												
4	……												
5													
6													
7													
合 计													

填表人：　　　　　　　　　　复核人：　　　　　　　　　　单位负责人：

填表说明：

1. 出动应急处置小组是指报告期内市、县自然资源部门出动的地质灾害应急处置小组个数。
2. 参与应急处置地质灾害是指报告期内市、县自然资源部门参与应急处置的地质灾害事故起数。
3. 参与应急处置灾情险情次数是指报告期内市、县自然资源部门参与应急处置的地质灾害事故次数，此数据应大于等于参与应急处置地质灾害起数。
4. 此表每月1日前填好经单位负责人签字后，传真并将扫描件发电子邮箱，邮箱地址：zz1037@×××.com。

___年___月___市地质灾害防治信息统计表(表十)

填报单位：　　　　　　　　　　　　　　　　填报日期：　　年　　月　　日

	地质灾害防治项目(个)		搬迁户数人数				搬迁避让消除隐患点数(处)		工程治理项目(个)		工程治理隐患点数(处)		监测预警项目(个)		新建专业监测点数(个)		投入防治资金(万元)							
	_月份	1~_月份	_月份		1~_月份		_月份	1~_月份	_月份	1~_月份	_月份	1~_月份	_月份	1~_月份	_月份	1~_月份	中央		省级		市级		县级	
			户数	人数	户数	人数											_月份	1~_月份	_月份	1~_月份	_月份	1~_月份	_月份	1~_月份
××市																								

填表人：　　　　　　　　　　复核人：　　　　　　　　　　单位负责人：

填表说明：

1. 地质灾害防治项目是指报告期内各级政府及自然资源管理部门立项设立的，运用工程手段对由于地质作用导致的将要发生和已经发生的地质灾害进行预防和治理的项目，包括治理项目和搬迁避让项目。
2. 搬迁避让户数人数是指报告期内通过验收的搬迁避让户数人数。
3. 搬迁避让消除隐患点数是指报告期内因搬迁避让消除的地质灾害隐患点数量。
4. 工程治理项目个数是指报告期内下达任务书的治理工程项目个数。
5. 工程治理隐患点数是指报告期内工程治理完成的隐患点个数。
6. 投入防治资金是指为了防治地质灾害而开展的必要的监测、勘查和治理工程所投入的资金，包括中央、省、市、县财政以及其他方面投入的资金。
7. 此表每月1日前填好经单位负责人签字后，传真并将扫描件发电子邮箱，邮箱地址：zz1037@×××.com。

附件4

地质灾害统计数据报送工作人员名单

填报单位：

姓名	职务	办公电话	手机	传真	电子信箱	备注

(十九)安徽省自然资源厅转发关于进一步加强当前地质灾害防范应对工作的通知

安徽省自然资源厅转发关于进一步加强当前地质灾害防范应对工作的通知

皖自然资函〔2019〕356号

各市及广德、宿松县自然资源主管部门:

现将自然资源部地质勘查管理司《关于进一步加强当前地质灾害防范应对工作的函》(自然资勘函〔2019〕1号)转发你们,请结合我厅近期下发的关于做好地质灾害防治工作的系列文件要求,一并贯彻落实。

2019年1月29日

关于进一步加强当前地质灾害防范应对工作的函

自然资勘函〔2019〕1号

各省、自治区、直辖市、新疆生产建设兵团自然资源主管部门:

2019年1月以来,云南、江西、广西、甘肃、重庆等地先后多次发生崩塌、滑坡灾害,造成人员伤亡。为加强当前地质灾害防范工作,请各地自然资源主管部门进一步落实责任,细化各项工作,扎实完成全年防灾减灾任务,确保人民群众生命财产安全。具体要求如下:

一、强化组织领导,严格落实防灾责任

要充分认识当前防灾减灾形势的严峻性,保持高度警觉,根除麻痹思想。在各地党委、政府的统一领导下,与各相关部门密切协作,层层落实防灾减灾责任,健全完善各项工作制度和机制,切实做到机构改革期间地质灾害防治工作不断、思想不乱、队伍不散、干劲不减。

二、加强巡查排查,认真做好临灾准备

进一步组织力量加强巡查、排查、复查,对所有排查出来的隐患点,全部纳入群测群防和预警体系。要加强应急演练、专业培训与科普宣传,对可能造成人员伤亡的灾害要严加防范。

三、落实监测预警,提前做好防灾部署

要持续密切关注雨情、水情,加强与气象部门联系,及时获取雨情趋势分析与预判报告。

完善灾情会商与协同预警机制，及时发布预警信息，视情况采取必要措施。

四、加强值班值守，及时开展临灾处置

严格落实24小时值班和领导带班制度，确保春节期间值守工作扎实有序。一旦出现险情灾情，要及时核报信息，果断撤离危险区内所有人员。要第一时间派出专业技术力量赶赴现场，协助地方和有关部门做好抢险救灾工作，力求把灾害损失降到最低。

如有重要情况，及时上报。

联系人及电话/传真：刘××，010-6655××××/6655××××。

自然资源部地质勘查管理司

2019年1月22日

(二十)安徽省财政厅　安徽省国土资源厅关于进一步规范地质灾害群测群防监测员补助等有关问题的通知

安徽省财政厅　安徽省国土资源厅关于进一步规范地质灾害群测群防监测员补助等有关问题的通知

皖财建〔2010〕614号

各市、县(市、区)财政局、国土资源局:

为切实加强全省地质灾害防治工作,进一步完善地质灾害群测群防体系建设,经省地质灾害防治领导小组研究同意,现就我省地质灾害群测群防监测员补助等有关问题通知如下。

一、补助对象

地质灾害群测群防监测员是指列入各县(市、区)群测群防的地质灾害隐患点上直接承担监测、巡查工作任务的监测人员。每年汛期之前,由县(市、区)国土资源局会同财政局根据地质灾害防治工作部署,确定地质灾害群测群防点和监测人员,地质灾害群测群防监测员的选拔要严格坚持公开、公正、透明的原则,监测员名单、工作职责和补助标准应在当地媒体及地质灾害隐患点所在村庄予以公布,同时上报国土资源局、财政局备案。

二、补助费参考标准

地质灾害群测群防监测员补助(含误工费、通讯补助费)标准按灾害点等级、监测难易程度确定,汛期(5~9月)每人每月补助120~180元,其他时段每人每月补助100~120元。各地可以根据实际情况在此范围内自行确定本地区执行标准。

三、配置监测工具

地质灾害群测群防监测员在工作中所必备的简易监测工具,包括钢尺、记录本、雨具(雨靴、雨衣等)、防水手电、报警工具等,由县(市、区)国土资源局负责配置,其他设备根据地质灾害点具体情况和实际需要配备。

四、补助费发放

地质灾害群测群防监测员补助费每年分两次发放:第一次发放在汛期结束后,并不得超过应补助标准的80%,其余在年终考核的基础上一次性发放,发放工作由所在地县(市、区)国土资源部门会同财政局等有关部门组织进行。

五、经费来源

地质灾害群测群防监测员补助费和监测设备购置费在县(市、区)预算安排的地质灾害防治经费中列支。

六、监督检查

各级财政、国土资源部门要切实加强对地质灾害群测群防监测员补助费和监测设备购置费等有关经费支出的监督管理，并自觉接受审计、监察等有关部门的监督检查。有截留、挤占、挪用经费及其他违法违规行为的，一经发现，按有关法律、法规的规定处理。

七、其他

责任单位负责的地质灾害隐患点群测群防监测员由责任单位自行选拔确定，其补助标准和监测设备购置可参照上述标准执行，所需经费由责任单位自行解决。

(二十一)安徽省国土资源厅关于印发地质灾害预警响应应急处置工作规程的通知

安徽省国土资源厅关于印发地质灾害预警响应应急处置工作规程的通知

皖国土资〔2016〕45号

各市、县国土资源局:

经厅长办公会研究同意,现将《安徽省国土资源厅地质灾害预警响应应急处置工作规程》印发给你们,请结合实际,认真贯彻落实。

2016年4月18日

安徽省国土资源厅地质灾害预警响应应急处置工作规程

为规范地质灾害预警响应后应急处置工作,控制、减轻和消除各类突发地质灾害造成的危害和损失,保护人民生命财产安全,根据国务院《地质灾害防治条例》《国务院关于加强地质灾害防治工作的决定》《国家突发地质灾害应急预案》《安徽省突发地质灾害应急预案》等有关规定,结合我省实际,制定本规程。

一、总则

(1) 地方人民政府是地质灾害防治的责任主体,国土资源主管部门负责本行政区域内地质灾害防治的组织、协调、指导和监督工作。

(2) 在地质灾害预警响应和应急处置过程中,国土资源主管部门应当在当地人民政府的统一领导下,协调相关部门开展各项工作。

(3) 本工作规程仅限于对国土资源主管部门和参与地质灾害防治的相关人员进行规范。

二、预警预报发布

(一) 发布级别

预警预报由低到高依次分为四级、三级、二级、一级,分别用蓝色、黄色、橙色和红色标示,黄色以上预警向社会发布,蓝色预警不向社会发布。省、市、县(市、区)国土资源主管部门根据预警预报不同级别，分别做好地质灾害应急处置工作。

（二）发布条件

黄色预警：日降雨量达到40 mm或72小时累计降雨量为80 mm，发生地质灾害的可能性较大或概率为40％～60％；

橙色预警：日降雨量达到60 mm或72小时累计降雨量为110 mm，发生地质灾害的可能性大或概率为60％～80％；

红色预警：日降雨量达到90 mm或72小时累计降雨量为150 mm，发生地质灾害的可能性很大或概率大于80％。

（三）发布依据

（1）国土资源部有关地质灾害防治工作的指示要求。

（2）省防汛抗旱指挥部有关决定、命令等。

（3）省国土资源厅有关决定、命令。

（4）与气象、水利等相关部门雨情、水情会商结果。

（5）其他需要发布的情况。

（四）发布方式

（1）传真发文。

（2）省电视台、省广播电台、安徽日报等媒体发布。

（3）省国土资源厅门户网站发布。

（4）短信平台发布。

（5）其他可以利用的方式。

（五）审核签发

黄色以上预警由地质环境处处长或负责人审核，分管厅长签发。

（六）发布单位

省国土资源厅。

三、应急处置

（一）发布黄色预警时，各相关单位实行24小时值班制度，保持通信畅通，相关部门密切关注雨情、水情变化，强化责任人带班制度，对预警区域地质灾害隐患点开展巡查与监测。相关部门和人员应按照以下要求开展地质灾害防范工作：

1. 省国土资源厅

（1）厅地质灾害应急值班实行24小时值班和领导带班制度。

（2）继续关注雨情、水情变化，收集掌握各地相关信息。

（3）保持与省气象、水利等部门联系、会商，及时掌握雨情、水情发展趋势。

（4）及时收集掌握各地应急处置进展情况，指导应急处置工作的开展。

（5）抽调人员组建1～2个应急专家组，随时待命赶赴一线开展工作。

(6) 及时了解各地应急工作开展情况,做好上行下达、下行上达的信息传递工作。

2. 市国土资源局

(1) 及时同本地相关部门会商,进一步确定地质灾害预警级别。

(2) 根据会商结果,及时发布预警信息,对应急处置工作做出部署和安排。

(3) 严格执行24小时值班和局领导带班制度,并适时抽查所辖县(市、区)值班职守情况,确保信息畅通、指挥有效。

(4) 抽调人员、车辆、装备,组织1个应急专家组,随时待命,负责突发地质灾害应急处置工作。

(5) 及时了解县(市、区)雨情、水情变化情况,指导所辖县(市、区)做好地质灾害防范工作,出现灾情、险情及时有效处置并报告省厅。

3. 县(市、区)国土资源局

(1) 迅速与气象、水利等部门会商,进一步确定地质灾害预警级别。

(2) 及时报告相关部门并发布预警信息,对应急处置工作做出部署和安排。

(3) 继续关注雨情、水情变化,加强与气象、水利等部门会商,并根据会商情况适时调整预警级别。

(4) 严格执行24小时值班和局领导带班制度,确保信息畅通、指挥有效。

(5) 抽调人员、车辆、装备,组织1个应急工作组,随时待命,负责突发地质灾害应急处置工作。

(6) 及时搜集和掌握辖区应急处置情况及灾情发生情况,加强与上下左右沟通交流,及时报送相关信息。

4. 乡镇国土资源所

(1) 严格执行24小时值班和领导带班制度。

(2) 密切关注雨情、水情变化,及时将上级预警预报情况,第一时间传达至防灾责任人和群测群防员。

(3) 加强预警期间的巡查,重点对辖区内地质灾害隐患点、切坡建房点的巡查和排查,发现灾情、险情及时报告,并采取防范措施。

(4) 乡镇地质灾害应急组织或相关人员进入戒备状态,确保遇有灾情、险情能及时赶赴现场开展应急处置,指导受威胁群众做好转移避险。

(5) 督促检查群测群防员巡查、监测情况。

5. 群测群防员

(1) 及时将预警信息告知地质灾害隐患点群众,提高警惕,做好各项防范工作。

(2) 加强对地质灾害隐患点进行巡查,每日监测2次以上,并认真填写监测记录。

(3) 及时向监测责任人、乡镇人民政府、村委会及国土资源所报告地质灾害隐患点的动态变化情况。

(4) 出现危急情况，按照应急预案，组织受威胁群众避灾转移。

(二) 发布橙色预警时，在黄色预警措施的基础上，加密对预警区域地质灾害隐患点巡查与监测频次，必要时，组织受地质灾害威胁人员转移，各级国土资源、气象等部门加密会商研判，应急专家队伍与应急抢险救援队伍做好待命准备。相关部门和人员应按照以下要求开展地质灾害防范工作：

1. 省国土资源厅

(1) 省厅地质灾害应急值班，严格执行24小时值班和领导带班制度。

(2) 持续关注雨情、水情变化情况，实时掌握各地相关信息。

(3) 加密与省气象、水利等部门会商，掌握雨情、水情发展动态趋势。

(4) 实时掌握各地应急处置进展情况，指导各地地质灾害防范工作；保持与国土资源部、省政府应急办、省防指及各市、县(市、区)级国土资源局的联系，及时上报信息。

(5) 抽调人员、车辆、装备，组织3个省级应急专家组随时待命，负责突发地质灾害应急调查、灾情评估等工作。

(6) 实时掌握各地应急工作开展情况，做好上行下达、下行上达的信息传递工作；并电话核实各市、县(市、区)级国土资源局值班值守情况。

2. 市国土资源局

(1) 立即会同本地相关部门会商，确定地质灾害预警级别。

(2) 根据会商结果，发布预警信息，第一时间报告相关部门，对全市辖区预警区域进行媒体告知，并做好应急处置准备。

(3) 严格执行24小时值班和分管领导带班制度，地环科负责人立即到岗到位；加密抽查所辖县(市、区)值班职守情况，确保人员在岗、信息畅通、指挥有效。

(4) 抽调人员、车辆、装备，组织2个市级应急专家组随时待命，负责突发地质灾害应急调查、应急监测、灾情评估等工作。

(5) 随时掌握县(市、区)雨情、水情变化，指导所辖县(市、区)做好受威胁群众转移工作，及时向上级部门汇报，出现灾情、险情及时有效处置并立即报告省厅。

3. 县(市、区)国土资源局

(1) 立即与气象、水利等部门会商，确定地质灾害预警级别。

(2) 报告相关部门，发布预警信息，第一时间将预警信息传达至乡镇、村(办)、有关单位，请示安排相关部门予以协助，对全县辖区预警区域进行媒体告知，并做好应急处置准备。

(3) 实时关注雨情、水情变化，加密与气象、水利等部门会商，并根据会商情况适时调整预警级别。

(4) 严格执行24小时值班和局分管领导带班制度，确保人员在岗、信息畅通、指挥有效；各乡镇国土资源所人员到岗到位，群测群防员开展巡查、监测。

(5) 抽调人员、车辆、装备，组织2个应急工作组，24小时待命，负责突发地质灾害应急处置工作。

(6) 实时搜集和掌握辖区应急处置及灾情、险情发生情况,根据灾情险情情况,协助地方政府转移受威胁群众,并将相关情况逐级上报。

4. 乡镇国土资源所

(1) 严格执行24小时值班和所长带班制度,接到预警信息后国土所相关工作人员必须到岗到位。

(2) 实时监测雨情、水情变化,第一时间将上级预警预报情况传达至防灾责任人和群测群防员。

(3) 强化预警期间的巡查频率,重点对辖区内地质灾害隐患点、切坡建房点的巡查和排查,发现灾情、险情及时报告,并采取防范措施。

(4) 乡镇地质灾害应急组织或相关人员进入高度戒备状态,遇有灾情、险情时,协助政府对受威胁群众进行转移。

(5) 落实群测群防员到岗到位,实时掌握他们的巡查、监测情况。

5. 群测群防员

(1) 立即将预警信息告知地质灾害隐患点群众,保持高度警惕,随时做好各项防范工作。

(2) 加强对地质灾害隐患点进行巡查,每日监测4次以上,发现异常情况应加密监测,并认真填写监测记录。

(3) 第一时间向监测责任人、乡镇人民政府、村委会及国土资源所报送地质灾害隐患点的动态信息。

(4) 出现危急情况,按照应急预案,直接组织群众快速转移、避灾自救。

(三) 发布红色预警时,在橙色预警措施的基础上,及时组织受地质灾害威胁人员转移,预警区域各级国土资源主管部门实行地质灾害零报告制度,各级人民政府及相关部门对预警区域措施落实情况进行督促检查。相关部门和人员应按照以下要求开展地质灾害防范工作:

1. 省国土资源厅

(1) 省厅地质灾害应急值班,严格执行24小时行政、业务双值班和领导带班制度。

(2) 持续关注雨情、水情变化,实时掌握各地相关信息,要求受威胁群众立即转移避险。

(3) 加密频次与省气象、水利等部门会商,随时掌握雨情、水情发展动态趋势。

(4) 实时掌握各地应急处置进展,指导各地地质灾害防范工作;接收、核实各类地质灾害信息,保持与国土资源部、省政府应急办、省防指及各市、县(市、区)级国土资源局的联系,随时上报信息。

(5) 抽调相关人员、车辆、装备,组织4个应急专家组,负责突发地质灾害应急调查、灾情评估等工作。其中,2个应急专家组马上赶赴可能发生地质灾害的重点区域进行巡查和地质灾害防治技术指导，2个应急专家组随时待命。

(6) 掌握各地应急工作开展进度，做好上行下达、下行上达的信息传递工作；随时电话检查各市、县(市、区)国土资源局值班值守情况，并予以通报。

2. 市国土资源局

(1) 通知所辖县(市、区)立即转移受威胁人员。

(2) 加密与气象、水利等部门会商频次，根据会商结果，实时发布预警信息，第一时间报告相关部门，对全市辖区预警区域进行媒体告知，并做好应急抢险准备。

(3) 严格执行24小时值班和局领导带班制度，地环科全体人员立即到岗到位；随时掌握所辖县(市、区)值班职守情况，确保人员在岗、信息畅通、指挥有效，并予以通报。

(4) 抽调人员、车辆、装备，组织1个应急专家组立即赶赴可能发生地质灾害的重点区域进行巡查和地质灾害防治技术指导，负责突发地质灾害应急调查、应急监测、灾情评估等工作，2个应急专家组随时待命。

(5) 加密监测县(市、区)雨情、水情变化，指导所辖县(市、区)做好受威胁群众转移工作，及时向上级部门汇报，出现灾情、险情立即处置并报告省厅。

3. 县(市、区)国土资源局

(1) 协助当地人民政府立即转移受威胁人员。

(2) 立即报告相关部门，发布预警信息，第一时间将预警信息传达至乡镇、村(办)、有关单位，及防灾责任人和群测群防员；请示安排相关部门予以协助，对全县辖区预警区域进行媒体告知，并做好应急抢险准备。

(3) 严格执行24小时值班和局长带班制度，地质环境股所有人员立即到岗到位，确保人员在岗、信息畅通、指挥有效；各乡镇国土资源所人员到岗到位，群测群防员开展巡查、监测。

(4) 抽调人员、车辆、装备，组织3个应急工作组，1组24小时待命，2组立即赶赴地质灾害易发区，开展地质灾害应急处置工作。

(5) 实时搜集和掌握辖区应急处置进展、灾情发生情况，随时与上下左右沟通交流，报送相关信息；对地质灾害易发区受威胁群众转移情况实时掌握、上报，并予以协助。

(6) 严格执行灾情速报制度。遇有重大灾情、险情，第一时间上报、第一时间处置。

4. 乡镇国土资源所

(1) 立即配合当地人民政府转移地质灾害危险区域群众。

(2) 严格执行24小时值班和所长带班制度，接到预警信息后国土所所有工作人员立即到岗到位。

(3) 持续监测雨情变化，第一时间传达至防灾责任人和群测群防员；并向当地乡镇人民政府汇报，请求当地武装部、派出所、水利站、学校、供电所、电信、民政办、财政所等相关部门予以协助。

(4) 加密预警期间的巡查频率，重点对辖区内地质灾害隐患点、切坡建房点的巡查和排查,发现险情及时报告,并采取防范措施。

(5)落实群测群防员到岗到位情况,掌握巡查、监测情况。

5.群测群防员

(1)按上级要求,协助受威胁群众立即转移避险。

(2)发现异常情况应24小时连续监测,认真填写监测记录,并立即将上级预警信息通知到自己所负责监测区域的所有住户及有关单位。

(3)第一时间向监测责任人、乡镇人民政府、村委会及国土资源所报送地质灾害隐患点的动态信息。

(4)出现危急情况,第一时间上报,及时发出预警信号,并对转移区域进行巡查,对群众私自返回住地及时劝阻。

四、预警的级别调整和解除

根据气象预报及实时雨情、水情、风情监测等情况,预警级别应及时调整。超出24小时预警期,未再发布新的黄色以上预警响应的,预警响应解除。

五、工作纪律

(1)严格落实24小时值班值守制度,值班值守人员不得擅自脱岗缺岗。

(2)接到上一级预警预报信息后,第一时间向当地人民政府汇报,并逐级下达。

(3)发生地质灾害灾情、险情时,及时、准确按规定时限上报。

(4)应急处置人员在接到指令后,按要求前往指定区域开展应急处置工作。

(5)及时配合当地人民政府组织受威胁群众立即避险转移。

六、附则

(1)各级国土资源主管部门应参照本规程,结合本地区实际制定详细的工作规程,对本地区发布预警信息、部署应急处置工作进行规范。

(2)本规程自2016年5月1日起实行。

第四篇　安徽省地质灾害技术管理

一、技术要求与管理

(一) 地质灾害危险性评估

1. 建设工程地质灾害危险性评估

执行《地质灾害危险性评估规范》(GB/T 40112—2021),主要内容如下:

1) 范围

本标准规定了地质环境条件调查,地质灾害调查,地质灾害危险性现状评估、预测评估、综合评估及建设用地适宜性评价、成果提交的内容、方法和要求等。本标准适用于在地质灾害易发区内进行各类工程建设和规划可行性研究阶段的滑坡、崩塌、泥石流、岩溶塌陷、采空塌陷、地裂缝、地面沉降、不稳定斜坡等地质灾害危险性评估。

2) 基本规定

(1) 工作内容

收集评估区工程建设规划、设计等相关文件,以及环境地质条件和前期地质灾害调查等相关成果;调查评估区地质环境条件和基本特征;调查分析评估区各类地质灾害的发育程度、危害程度和诱发因素;对评估区各类地质灾害危险性进行现状评估、预测评估和综合评估;对建设场地的适宜性进行评价;提出地质灾害防治措施建议。

(2) 工作方法

采用调查测量、工程地质类比、成因历史分析、层次分析、数学统计法等方法进行。

对影响地质灾害体稳定的隐伏结构面、采空区、特殊岩土体等宜适当进行物探、坑槽探、采样测试和钻探工作。对岩土工程地质、水文地质等评价中的参数宜参考当地勘察工作的经验值。

(3) 工作要求

评估工作结束后两年工程建设仍未进行、建设规划或有关规定发生变化时,应重新进行评估工作。

评估工作结束后评估区地质环境条件发生重大变化或工程建设方案变化大时,应根据建设工程特点重新进行评估工作。

(4) 工作程序

① 接受评估工作任务后,应根据建设工程的类型和特点,收集有关资料和现场踏勘,对评估区地质环境条件和地质灾害类型进行初步分析。

② 根据地质环境条件和地质灾害类型确定评估区面积、划分评估级别、编制评估工作大纲。

③ 调查区域和评估区地质环境条件,分析与地质灾害形成的关系。

④ 调查评估区地质灾害特征,对地质灾害危险性进行评估。

⑤ 根据评估区地质灾害的危险性,结合建设工程特点对建设用地适宜性做出评价。

⑥ 提交地质灾害危险性评估报告。

(5) 评估区范围

① 应根据建设工程用地及规划区范围、地质环境条件、地质灾害类型及其影响范围确定。

② 线状工程评估区由线路中心向两侧宜大于500 m。具体应根据地质灾害类型和工程特点扩展到地质灾害体的影响范围。

③ 滑坡、崩塌、不稳定斜坡评估区应包括地质灾害体的影响范围。

④ 泥石流评估区应包括所在的河、沟以上至地表分水岭及泥石流的影响范围。

⑤ 岩溶塌陷评估区应根据所在的岩溶水文地质单元划分,结合可溶岩的埋深和分布特征、地下水的变化特点综合确定。评估区为隐伏岩溶时应通过搜集资料或物探验证分析确定。

⑥ 采空塌陷评估区应通过搜集矿山开采历史、规划和设计等资料,通过地面调查分析确定。有古采空不易查明时,宜通过物探、钻探等方法确定。

⑦ 地裂缝评估区应划至纵向延展与横向错动的影响边界。有全新世活动断裂或发震断裂分布时,应将其影响范围划入评估区。

⑧ 地面沉降评估区应以地下水降落漏斗(或沉降盆地)的影响边界和地下水开采规划综合确定。

(6) 评估工作级别

① 根据地质环境条件复杂程度与建设工程重要性,将地质灾害危险性评估划分为一级评估、二级评估和三级评估三级。

② 地质环境条件复杂程度根据区域地质背景、地形地貌、地层岩性和岩土工程地质性质、地质构造、水文地质条件、地质灾害及不良地质现象、人类活动对地质环境的影响划分为复杂、中等和简单三类。

③ 建设工程重要性根据工程类别划分为重要、较重要和一般三类。

④ 地质灾害危害程度根据灾情和险情分为危害大、危害中等和危害小三级。

⑤ 地质灾害诱发因素根据成因分为自然和人为因素两类。

⑥ 地质灾害危险性根据地质灾害发育程度、危害程度和诱发因素分为危险性大、危险性中等和危险性小三级。

(7) 不同级别评估的技术要求

① 一级评估应有充足的基础资料，进行充分论证。内容包括：

a) 应对评估区内分布的各类地质灾害体的发育程度、危害程度、诱发因素和危险性逐一进行现状评估。

b) 对评估区内工程建设可能引发和建设工程遭受各类地质灾害的危险性分别进行预测评估。

c) 根据现状评估和预测评估的结果，进行评估区内地质灾害危险性综合评估，分区段划分危险性等级，说明各区段地质灾害的种类和危险性，对建设用地和规划用地适宜性做出评估结论，并提出防治地质灾害措施建议。

② 二级评估应有充足的基础资料，进行综合分析。内容包括：

a) 应对评估区内分布的各类地质灾害体的发育程度、危害程度、诱发因素和危险性逐一进行初步现状评估。

b) 对评估区内工程建设可能引发和建设工程遭受各类地质灾害的危险性分别进行初步预测评估。

c) 根据现状评估和预测评估的结果，进行建设用地区和规划区地质灾害危险性综合评估，分区段划分出危险性等级，说明各区段地质灾害的种类和危险性，对建设用地和规划用地适宜性做出评估结论，并提出防治地质灾害的措施建议。

③ 三级评估应有必要的基础资料进行分析，参照二级评估要求的内容，做出评估。

3) 地质环境条件调查

(1) 一般规定

在收集和分析评估区已有地质环境资料的基础上，对评估区地质环境条件进行调查。调查用图应能反映评估区地质环境条件和灾害体的影响范围，比例尺不应小于1:50000。在图幅面积10 cm×10 cm的范围内，调查点不应少于8个。对影响地质灾害体稳定的结构面、微地貌、特殊岩土、构造破碎带、地下水点、地表水体等重点地段，应加密调查点。调查地质环境条件对地质灾害形成、分布和发育的影响作用。通过综合分析，确定地质环境条件复杂程度。

(2) 区域地质背景

收集区域地质及构造背景资料，分析判断在其背景下可能发育的地质灾害及与评估区的关系；收集区域及评估区活动断裂资料，分析判断对评估区的影响；收集区域地震历史资料，分析判断地震活动对评估区的影响及地壳稳定性；收集区域及评估区地应力场分布特征，确定评估区主应力方向，分析判断地应力对评估区影响程度。

(3) 气象水文

收集评估区气候类型和气象要素，气象要素包括降水、气温、蒸发、湿度、冻土深度等，分析气象要素对评估区地质灾害体的影响；收集评估区地表水水文要素，包括流域特征、流量、水位、含沙量、历史洪水及洪涝灾情等，分析水文要素对评估区及周边地质灾害体的影响程度。

(4) 地形地貌

① 收集评估区地形地貌资料，确定评估区地形地貌类型。

② 调查评估区地形地貌特征，包括海拔高度、相对高差、岩土体组成和成因、特征、微地貌类型、形态特征。

③ 重点调查与地质灾害相关的地形地貌特征，主要包括以下内容：

a) 自然斜坡的形态、类型、结构、坡度、高度、宽度和面积。

b) 人工边坡的形态、类型、结构、坡度、高度、宽度、面积、台阶留设高度和宽度、防护措施、排水系统。

c) 河、沟等流域面积、长度、宽度、坡比、断面特征、岩土体组成与风化程度、植被覆盖程度、堵塞程度、防洪堤坝等稳定程度与蓄排水情况等。

d) 河漫滩、阶地、冲洪积扇等分布特征，微地貌组合特征、相对地质时代及其演化历史。

e) 采矿弃渣场的分布位置、形态、规模、对地貌的改变、处治及稳定性。

(5) 地质构造

调查评估区地质构造的分布位置、产状、性质、组合关系、破碎带或影响带宽度，分析地质构造对评估区的影响。调查评估区节理和裂隙(或卸荷裂隙)的分布位置、产状、性质、密度、充填物特征和胶结程度、组合关系，分析对地质体和灾害体的影响程度。

(6) 地层岩性

收集评估区地层分布与地层岩性资料，确定评估区与周边地层的变化关系。调查评估区地层的地质年代、成因、岩性、产状、厚度、分布及接触关系等。调查评估区对地质灾害体有控制作用的泥岩、页岩、泥质层面、岩土接触面、不整合面等。调查评估区松散层的分布范围、规模及特征，分析其在工程建设中形成灾害体的可能性。

(7) 工程地质条件

根据评估区地层调查资料，按GB 50021规定划分岩土类型。阐明各岩土体的工程地质特征。通过收集、调查或采样测试，阐明各岩土体工程地质特征与物理力学性质，结合工程建设的特点进行工程地质评价。

(8) 水文地质条件

调查评估区含水层的分布、类型、富水性、透水性，隔水层的岩性、厚度和分布。调查地下水类型及水位、水量、水质、水温等动态特征。分析地下水对评估区岩土体稳定性影响及与地质灾害的关系。

(9) 特殊工程地质问题

① 对特殊工程地质问题不作为地质灾害评估内容，应在工程地质条件中进行论述，分析在工程建设中与建设工程运营期间对地质体稳定性影响或形成次生灾害的可能性，并在评估报告中建议开展专项评价。主要特殊工程地质问题有：

a) 区域地壳稳定性、建(构)筑物地基稳定性。

b) 隧道开挖过程中的工程地质问题。

c) 地下开挖过程中突水、岩爆、塌方、软岩变形、瓦斯突出等。

d) 矿山生产中排土场、矸石山、矿渣堆、尾矿库发生的各种灾害和问题等。

② 分析在工程建设中与建设工程运营期间对地质体稳定性影响或形成次生灾害的可能性。

③ 对评估区影响大时,应在评估报告中建议开展专项评价。

(10) 人类工程活动对地质环境的影响

调查评估区人类工程活动的位置、类型、强度、规模及对地质环境条件的影响。调查评估区人类工程活动引发地质灾害的可能性。分析评估区人类工程活动对建设工程的影响。

4) 地质灾害调查

(1) 一般规定

① 调查地质灾害体及其影响范围内建筑物的基本特征,进行记录、绘图、素描、拍照或录像。

② 调查评估区地质灾害类型、形成条件、分布特征、规模、结构、发育程度、危害程度和诱发因素。

③ 收集和调查评估区地质灾害防治工程的类型、效果和经验。

④ 调查时应现场填写地质灾害调查表。

(2) 滑坡

① 调查滑坡体的影响范围、分析确定滑动面的空间分布特征,初步估算滑坡体体积。

② 根据评估区地层出露和分布判断滑坡体结构组合特征。

③ 调查滑坡前缘挤压变形、地鼓、水体、湿地分布及变迁情况,分析判断剪出口埋深和位置。

④ 调查滑坡后缘拉张裂缝带宽度和后期充填现状、滑坡体两侧岩土体错裂位移情况,分析判断滑坡体位移量和发育程度。

⑤ 调查滑坡体前部、中部、后部裂缝空间分布特征、力学属性、密度,分析确定滑坡的抗滑段、主滑段、张拉段和主滑方向。

⑥ 调查滑坡灾情和险情,确定现状条件下的危害程度。

⑦ 根据滑坡的发育程度和危害程度,结合评估区地质环境条件,分析滑坡的成因,确定滑坡的诱发因素。

⑧ 根据调查、勘查、测试或经验值初步确定岩土体物理力学参数,初步分析滑坡的稳定性。

(3) 崩塌

① 调查崩塌体的影响和分布范围,确定主控结构面延展贯穿和分布高度,估算崩塌体体积。

② 根据评估区地层出露和分布确定崩塌体结构组合特征。

③ 根据调查、测试或经验值确定岩土体比重,估算崩塌体总重度。

④ 调查崩塌体坡面产状和各剖面岩土体形态变化特征。

⑤ 调查崩塌体上方裂缝开裂、自然或人为充填、灌木杂草生长、降水或地表水下渗等;调查崩塌体下方主控结构面变化与坡面的位置关系、岩土体压裂状态、流土和掉块情况,分析判断崩塌体活动历史与发育程度。

⑥ 调查崩塌的灾情和险情,确定现状条件下的危害程度。

⑦ 根据崩塌的发育程度和危害程度,结合评估区地质环境条件,分析崩塌成因,确定崩塌的诱发因素。

⑧ 根据崩塌体的规模、掉块和崩塌方式、诱发因素,分析崩塌体的崩落方向和影响范围。

(4) 泥石流

① 调查范围应包括评估区所在的河、沟以上至地表分水岭及泥石流影响地段。

② 调查泥石流的汇水面积、纵坡比、岩土体组合及植被发育特征。

③ 调查泥石流河、沟汇水范围内岩土体风化剥落、滑坡、崩塌对河、沟的堵塞程度。

④ 收集评估区气象资料,分析多年平均降水量、最大降水量、最小降水量、小时降水强度等与泥石流的关系。

⑤ 收集泥石流区气象水文条件,分析水源类型、多年平均流量、最大洪峰流量、最小流量、积水与泥石流的关系。

⑥ 调查泥石流的发生时间、频率、规模、泥位、形成过程、延续时间、流体性质、降水与河水条件、已造成和潜在的危害,确定泥石流发育程度和危害程度。

⑦ 根据泥石流堆积区的影响范围、表面形态、纵坡、植被、沟道变迁和冲淤情况、历次堆积物质组成和厚度,结合对应历史降水强度,分析泥石流成因,确定泥石流的诱发因素。

(5) 岩溶塌陷

① 调查评估区可溶岩分布范围、岩溶发育程度和空间位置、上覆松散层厚度与岩性特征。

② 调查地表水与地下水的水力联系及其动态变化、地下水开采(疏排)情况,分析与岩溶塌陷的关系。

③ 调查岩溶塌陷的形态特征、规模、已造成和潜在的危害,确定岩溶塌陷发育程度和危害程度。

④ 根据岩溶塌陷发生的时间规律,结合地质环境条件分析岩溶塌陷成因,确定岩溶塌陷的诱发因素。

(6) 采空塌陷

① 调查矿山开采历史与现状、规划设计,调查采掘工作面的布置、采深、采厚、开采方

式、开采强度、顶板管理方式、与周边开采和工程活动的关系。

② 调查矿层的种类、分布、层数、单层厚度和总厚度、埋藏深度。

③ 调查开采层顶底板和上覆松散层岩性、厚度及工程地质特征。

④ 调查矿区地表水文与地下水文地质条件,确定地下水位埋深,分析地表水、地下水和开采层的水力联系。

⑤ 调查采空区的总面积、空间展布、冒落、积水、抽排水情况。

⑥ 调查地面塌陷对地面破坏影响总面积、已造成和潜在的危害,确定地面塌陷发育程度和危害程度。

⑦ 调查地面塌陷特征,结合地质环境条件分析地面塌陷成因和变形特征,确定地面塌陷的诱发因素。

⑧ 根据地面塌陷形成过程和特点,分析地面塌陷所处阶段和发展趋势。

(7) 地面沉降

① 调查地面沉降所处的地形地貌和地质构造位置。

② 调查松散层沉积类型、地貌特征、地层厚度和岩性特征。

③ 调查压缩层的厚度、岩性特征、埋藏深度和分布条件。

④ 调查松散层水文地质条件,确定含水层厚度、岩性特征、埋藏深度和分布条件。

5) 地质灾害危险性现状评估

① 在地质灾害调查的基础上,应对滑坡、崩塌、泥石流、岩溶塌陷、采空塌陷、地裂缝、地面沉降、不稳定斜坡等地质灾害的发育程度、危害程度、诱发因素,进行现状评估。

② 根据地质灾害体的发育程度、危害程度、诱发因素,结合地质环境条件,进行地质灾害危险性现状评估。

6) 工程建设中、建成后引发地质灾害危险性预测评估

(1) 一般规定

应在现状评估的基础上,结合工程建设类型和工程建设特点进行地质灾害危险性预测评估。工程建设中至建成后的期间包括自征地到建设工程竣工验收,受灾对象为施工人员、设备和材料。应对工程建设中、建成后引发地质灾害危险性进行预测评估。

(2) 滑坡

确定工程建设与滑坡体的位置关系,分析工程建设中、建成后引发滑坡的可能性。确定滑坡的发育程度、危害程度和诱发因素,结合现状评估,进行工程建设中、建成后引发滑坡地质灾害危险性预测评估。

(3) 崩塌

确定工程建设与崩塌体的位置关系,分析工程建设中、建成后引发崩塌的可能性。确定崩塌的发育程度、危害程度和诱发因素,结合现状评估,进行工程建设中、建成后引发崩塌地

质灾害危险性预测评估。

(4) 泥石流

确定工程建设与泥石流的位置关系,分析工程建设中、建成后引发泥石流的可能性。确定泥石流的发育程度、危害程度和诱发因素,结合现状评估,进行工程建设中、建成后引发泥石流地质灾害危险性预测评估。

(5) 地面塌陷

确定工程建设与地面塌陷的位置关系,分析工程建设中、建成后引发地面塌陷的可能性。根据地面塌陷的发育程度、危害程度和诱发因素,结合现状评估,进行工程建设中、建成后引发地面塌陷地质灾害危险性预测评估。

(6) 地面沉降

确定工程建设与地面沉降的位置关系,分析工程建设中、建成后引发地面沉降的可能性。确定地面沉降的发育程度、危害程度和诱发因素,结合现状评估,进行工程建设中、建成后引发地面沉降地质灾害危险性预测评估。

7) 建设工程遭受地质灾害危险性预测评估

应对提出的工程建设中地质灾害防治措施建议可行性进行分析评估。分析建设工程竣工后在运营期间对地质环境条件改变可能引发的地质灾害,结合建设工程建设类型和建设工程运营特点进行地质灾害危险性预测评估。建设工程运营期间为设计使用寿命期,受灾对象为使用和服务人员及财产。应对建设工程和规划区遭受地质灾害的危险性进行预测评估。

8) 地质灾害危险性综合评估及建设用地适宜性评价

(1) 一般规定

① 根据地质灾害危险性现状评估和预测评估结果,充分考虑评估区地质环境条件的差异和潜在地质灾害隐患点的分布、发育程度、危害程度和诱发因素,确定判别区段危险性的量化指标。

② 根据“区内相似,区际相异”的原则,采用定性、半定量分析法,进行评估区地质灾害危险性等级分区(段)。

③ 根据地质灾害危险性、防治难度和防治效益,对评估区建设场地的适宜性做出评估,提出防治地质灾害的措施建议。

(2) 地质灾害危险性综合评估

① 地质灾害危险性综合评估,危险性等级划分为危险性大、危险性中等和危险性小三级。

② 地质灾害危险性综合评估,应根据各区(段)存在的和可能引发的灾种多少、规模、发育程度、危害程度等,按“就高不就低”的原则综合判定评估区地质灾害危险性的等级

区(段)。

③ 分区(段)评估结果,应列表说明各区(段)的地质环境条件,存在和可能诱发的地质灾害类型、规模、发育程度、危害程度、诱发因素、危险性级别与分区长度、防治措施建议。

(3) 建设用地适宜性评价

① 建设用地适宜性由地质环境条件复杂程度、工程建设引发和建设工程遭受地质灾害的危险性、地质灾害防治难度三方面确定。

② 建设用地适宜性分为适宜、基本适宜、适宜性差三个等级。

(4) 地质灾害防治措施建议

① 地质灾害防治措施建议包括工业与民用建筑、道路交通、油气管道、水利水电、港口码头等建设工程及城市总体规划、村庄和集镇规划等工程类型。

② 地质灾害防治监测预警措施建议宜结合国家普适性监测预警仪器推广规划编制。

2. 区域地质灾害危险性评估

(1) 位于地质灾害易发区的各类经济功能区,包括产业集聚区、特别政策区、各类开发区和其他具备条件的区域,按照《安徽省自然资源厅关于加强地质灾害危险性区域评估工作的通知》(皖自然资勘函〔2021〕9号),开展地质灾害危险性区域评估。市、县(区)人民政府或功能区管理机构组织实施地质灾害危险性区域评估,并承担评估费用。

(2) 承担地质灾害危险性区域的单位必须具有地质灾害危险性评估相应资质,应按照《地质灾害防治条例》和《地质灾害危险性评估规范》(GB/T 40112—2021)等相关要求,高质量编制地质灾害危险性区域评估报告,阐明评估区域地质环境条件基本特征;分析论证各种灾害的危险性,进行现状评估、预测评估和综合评估;提出防治地质灾害措施与建议,并作出场地建设适宜性评价结论。评估承担单位对评估结果负责。

(3) 地质灾害危险性区域评估报告审查由市、县(区)人民政府或功能区管理机构组织,采取专家会审的方式进行,报告评审专家组参照省厅专家库抽取原则,执行专家回避制度。

(4) 功能区位于地质灾害高易发区的,区域评估成果的有效期为2年;位于地质灾害中、低易发区的,区域评估成果的有效期为5年。在有效期内功能区发生重大地质灾害灾情或险情,或年地面沉降速率大于20 mm,以及功能区规划进行重大调整的,应及时更新区域评估成果。

(5) 建设项目实行业主承诺制。位于地质灾害评估区域负面清单外的建设项目,业主应签署《建设项目地质灾害防治工作承诺书》,按照地质灾害危险性区域评估报告要求全面落实地质灾害防治措施及责任,地质灾害治理工程同时与主体工程配套建设。地质灾害区域评估报告和承诺书作为区域内建设项目用地审批的依据。

(6) 除以下地质灾害危险性区域评估事项审批负面清单内的建设项目需单独开展地质灾害危险性评估外,地质灾害区域评估范围内的其他建设项目,在有效期内不再单独开展地质灾害危险性评估。

地质灾害危险性区域评估事项审批负面清单：

① 抽排岩溶地区地下水和淮北平原中深层孔隙地下水项目。

② 重要线状工程(铁路、轻轨地铁、高速公路、一级公路、高架路、隧道工程、油气水管线等)。

③ 航空建设工程、特大桥工程、1000吨级以上港口和航道工程。

④ 对环境具有较大影响的重化工项目、垃圾填埋场项目、液(气)罐站场项目等。

⑤ 地质灾害防治主管部门认为需要单独进行地质灾害危险性评估的其他建设项目。

(二) 地质灾害“三查”

1. 三查对象

一是已知地质灾害隐患点的变形、破坏信息,二是新发生的灾险情信息,三是防灾责任人和群测群防员的变化信息。

2. 汛前排查

(1) 汛前排查是指在上一年度汛后核查的基础上,对辖区内地质灾害隐患点的分布、类型、规模、特征、威胁范围和对象、稳定性和危害性及防治措施落实情况等进行全面调查分析,为编制年度地质灾害防治方案提供依据。

(2) 汛前排查的主要内容:一是对登记在册的所有地质灾害点受威胁的人口(户籍人口和实际居住人口)、监测预警、各级防灾和监测人员等变化情况进行调查,有变化的要重新核定调整;二是对稳定性差、危险程度高、威胁人员较多的重要地质灾害点组织专业技术调查;三是对登记在册的隐患点的稳定性和危险性加重的,以及发动群众自查发现的新的隐患点(包括临时居住工棚),要组织专业人员实地调查,并逐一落实监测等防治措施。

(3) 汛前排查应在每年的4月底前完成,编制地质灾害汛前调查报告,经本级政府确认后向上一级自然资源主管部门备案。

3. 汛中巡查

(1) 汛中巡查是指在汛期由各级政府及自然资源主管部门和基层组织人员对辖区内地质灾害防治措施落实情况进行检查;对已出现变形的隐患点、切坡建房危险点的变形破坏、各种途径上报的灾险情点核查情况进行检查;对地质灾害险情等进行检查。

(2) 巡查主要内容:一是年度防治方案的编制和执行情况;二是组织保障和防治责任制落实情况;三是值班值守、监测预报、宣传培训、专家队伍建设等各项具体防治工作开展和落实情况;四是实地检查辖区内易发区域和重点区段。重点检查值班、监测、巡查、速报、“两卡一表”发放等记录和台账;监测、报警和通讯等设备运行情况;临灾处置程序的有效性、转移路线和临时安置场所的安全性、避险标识和警示标牌的齐全性以及防灾责任人和监测人对辖区隐患点、监测报警、临灾处置程序等熟悉掌握程度。

(3) 汛中巡查实行定期和不定期巡查。定期巡查不得少于两次,并且不定期巡查雨情、水情和地质灾害气象风险预警等情况。

(4) 每次巡查要有书面记录,并建立巡查工作台账。巡查发现的险情应及时处置和报告,对存在的问题必须责令限期整改。巡查结束后应向上级书面报告情况。

4. 汛后核查

(1) 汛后核查是指在经历一个汛期以来对地质灾害的动态变化情况(包括地质灾害点数量、威胁范围和对象等等)进行核查,为下一年度地质灾害防治工作提供基础数据。

(2) 核查对象:一是已登记在册的地质灾害点,对照上一年度汛后核查和本年度汛前调查情况,逐点将变化情况逐一记录填表;二是对汛期发生的地质灾害灾情险情,开展受灾情况核查和技术调查;三是对年度地质灾害防治方案执行情况和群测群防实施情况进行全面核查。

(3) 汛后核查工作在乡镇、村组排查的基础上,由区县自然资源主管部门组织相关部门和专业技术人员进行认定。

(4) 当年发生的灾情险情的核查以月报和应急调查为基础。一是查明灾情险情点的持续发展情况,已进行技术调查的,要进行跟踪调查。登记在册的点出现灾情险情的,在进行技术调查的基础上,重新调整防灾措施;新发生的灾情险情,要通过技术调查界定是否是地质灾害、是否列入新增地质灾害隐患点进行管理等,列入新增地质灾害隐患点管理的,要逐点落实防灾措施。二是查明地质灾害发生的起数、人员伤亡和财产受损情况、直接和间接经济损失(包括损毁房屋和农田等)。

(5) 凡汛后核查地质灾害隐患点情况出现变化的,必须重新修正相关基础数据,落实监测、群测群防、防灾方案等各项措施。重大事项报上级自然资源主管部门认定或备案:一是因涉及威胁范围、威胁人员等变化,导致地质灾害点规模等级发生变化的;二是地质灾害隐患点数量发生变化的。

(6) 核查工作结束后,应当及时编制地质灾害汛后核查报告,报告的主要内容应包括:年度地质灾害防治方案和地质灾害隐患点防灾监测、巡查情况,灾情险情和人员财产伤亡受损情况,地质灾害隐患点变化情况,存在问题和工作建议。

5. 报告编写

“三查”报告的编写应阐述“三查”任务来源、任务完成情况、“三查”前地质灾害基本情况、“三查”发现的已出现变形迹象的隐患点情况、新增隐患点详细情况(按入库要求描述)、隐患点核销情况、“三查”结果与建议。附件资料包括野外调查表、照片集、视频、地质灾害隐患点分布图等。

（三）地质灾害应急调查

按照《突发地质灾害应急调查技术指南（试行）》（TCAGHP 030—2018）规范执行，主要内容如下：

1）目的任务

（1）针对出现临灾前兆的地质灾害隐患点突发的地质灾害进行成因和灾情调查，判断、评估其发展趋势和险情。

（2）划定地质灾害危险区，提出应急处置建议，为突发地质灾害防治和生命财产安全保障提供基础资料。

2）基本要求

（1）地质灾害应急调查总体原则为快速响应、规范调查、以人为本、信息速报、结论客观、建议可行。

（2）地质灾害应急调查应在充分收集、利用已有资料的基础上进行，并加强应急调查技术单位与地质灾害应急抢险救灾指挥机构和地方政府之间的有效沟通、协作。

（3）地质灾害应急调查对象为突发的或可能发生崩塌、滑坡、泥石流和地面塌陷等，造成危害或威胁的地质灾害或隐患点，可根据实际情况增加其他类型地质灾害。

（4）地质灾害应急调查信息应速报并严格遵守《国家突发地质灾害应急预案》和《地质灾害防治条例》（国务院令第394号）等相关要求，按程序及时向地质灾害抢险救灾指挥机构等部门报告，应急调查人员不得随意散布未经审查的信息。

（5）地质灾害应急调查应加强对次生地质灾害的认识和评估，尤其应评估高速远程滑坡、碎屑流及堰塞坝溃决等灾害链发生的可能性。

（6）涉密资料（地质图、地形图和校准后的影像图等）需经脱密处理或签署保密协议后提交相关技术部门或管理部门使用，并按脱密规定进行保管使用和销毁。

3）应急调查内容

（1）应急调查内容包括地质灾害和危害对象的应急调查。

（2）调查范围应包括地质灾害变形区及影响区（变形可能发展的区域和灾害发展可能危害的区域），可根据灾害体及其环境条件，适当扩大调查范围。

（3）对地质灾害发生地点准确定位（行政区地点、地理坐标），调查地质灾害发生的时间或地质灾害隐患点变形加剧出现时间等。

（4）收集、调查地质灾害所在地的地形地貌、气象水文、地层岩性、地质构造、人类工程活动等区域地质环境条件，分析突发地质灾害触发因素和机理。

（5）调查地质灾害（隐患点）的类型、性质、几何形态与空间范围、地质灾害体体积和规模等。

(6) 调查、统计地质灾害的灾情,包括危害对象、危害范围和造成的损失,进行灾情评估。

(7) 调查地质灾害(隐患点)变形特征,对其稳定性进行评价并研判其发展趋势和可能影响范围,进行地质灾害危险区划。

(8) 调查地质灾害(隐患点)威胁对象情况(威胁人口、威胁财产),进行地质灾害险情评估。

(9) 提出地质灾害(隐患点)应急处置建议和防治措施,协助地方政府建立地质灾害防灾预案,明确撤离路线,划定安全区域。

(10) 应急调查技术单位应及时提交地质灾害应急调查简报、日报和应急调查成果报告。应急调查结束后应及时提交调查简报(当应急调查或应急工作需要在多个工作日完成时,宜提交突发地质灾害调查应急日报)。

4) 调查内容

(1) 地质灾害灾情调查内容

按《地质灾害灾情统计》(DZ/T 0269—2014)要求对地质灾害灾情进行调查和统计。

调查内容主要包括:受灾人口、死亡人口、受伤人口、倒塌房屋数量、损坏房屋数量、损毁耕地面积、损坏公路长度、损坏铁路里程、家庭财产直接经济损失、农业经济损失、教育设施直接经济损失、交通运输设施直接经济损失和其他直接经济损失等。

(2) 地质灾害险情调查内容

按照《地质灾害灾情统计》(DZ/T 0269—2014)要求进行险情调查和统计。

调查内容主要包括:受威胁的人口、房屋数量、耕地面积、公路长度、铁路里程、家庭财产、农业财产、教育设施及财产、交通运输设施及财产和其他直接威胁财产等。

5) 滑坡应急调查内容

(1) 滑坡调查内容主要包括滑坡成因类型调查、滑坡区地质条件调查、滑坡发生过程调查、滑坡体特征调查、灾情险情调查。

(2) 滑坡区地质条件调查,包括地层结构、岩性、断裂构造、地貌及其演变、水文地质条件、地震等。

(3) 调查工程岩组,包括:岩体产状、结构和工程地质性质,并应划分工程岩组类型及其与滑坡灾害的关系,确定软弱夹层和易滑岩组。了解地层层序、地质时代、成因类型,特别是易滑地层的分布、岩性特征和接触关系,以及可能形成滑动带的标志性岩层。

(4) 确定滑坡区地貌单元的成因形态类型,包括:斜坡形态、类型、结构、坡度,以及悬崖、沟谷、河谷、河漫滩、阶地、沟谷口冲积扇等;微地貌组合特征、相对时代及其演化历史。

(5) 调查滑带水和地下水情况,泉水出露地点及流量、地表水自然排泄沟渠的分布和断面、湿地的分布和变迁情况等。

(6) 以资料收集为主，了解区域断裂活动性、活动强度和特征，以及区域地应力、地震活动、地震加速度或基本烈度。分析区域新构造运动、现今构造活动、地震活动以及区域地应力场特征，分析活动构造与滑坡灾害的关系。

(7) 根据滑坡体的物质组成和结构形式等主要因素，以及滑坡体厚度、运移形式、成因、稳定程度、形成年代和规模等其他因素，对滑坡进行分类。

6) 崩塌应急调查内容

(1) 崩塌灾害调查内容主要包括成因类型调查、危岩体调查、崩塌堆积体调查和崩塌运移斜坡调查。

(2) 成因与类型调查：确定崩塌发生的成因类型，包括降雨引发型、地震激发型、自然演化型、冻融渗透型、地下开挖型、切坡卸荷型、工程堆载型、水库浸润型、灌溉渗漏型和爆破振动型。确定崩塌的规模等级、形成机理，并按特征进行分类。

(3) 危岩体调查内容主要包括位置、形态、裂缝展布情况及形成和诱发因素等。

① 危岩体位置、形态、分布高程、规模，以平面图、剖面图、立面图综合标示。

② 危岩体所在的地质构造部位、地层岩性、地形地貌、岩(土)体结构类型、斜坡结构类型。

③ 量测各类软弱结构面产状(节理面、层面、裂隙面及卸荷裂隙带等)组合形成的菱形体、楔形体特征及与临空面的关系，并以赤平投影图分析其稳定性。

④ 测绘卸荷裂隙带宽度及分布特征，必要时宜采用槽探工程揭露测量。

⑤ 测量节理及各类裂隙发育密度；测量危岩体凹腔深度和变化，对比危岩体节理裂隙、卸荷裂隙密度，分析危岩体稳定性。

⑥ 测量上述裂隙的连通性，张开、闭合、充填特征，综合分析危岩体形成的控制性结构面及影响危岩体稳定性的结构面组合关系。

⑦ 危岩体崩塌运移斜坡形态、坡度，峡谷区应考虑气垫浮托、折射回弹效应可能性及由此造成的危害。

⑧ 调查危岩体水文地质、工程地质条件。

⑨ 危岩体形成时代，危岩体近期发生崩塌次数、时间；小崩小落、平行临空面裂隙加大、凹腔变矮等前兆特征；崩塌方向、运动距离、堆积区、崩塌规模、诱发因素、灾情等。

⑩ 危岩体形成诱发因素：自然因素有降雨、河流冲刷、地震等；人为因素有崖下硐掘型采矿、放炮引起山体开裂形成危岩体等，应详细调查采空区面积、采高、开采时间、保安矿柱分布等。

⑪ 初步划定危岩体崩塌可能造成的灾害范围，进行险情的分析与预测。

7) 泥石流灾害应急调查内容

调查范围应包括沟谷至分水岭的全部地段和可能受泥石流影响的地段，调查的主要内容包括流域调查、成因调查、特征调查和灾(险)情调查等。

(1) 泥石流沟流域调查

① 形成区调查。调查形成区的地势、沟谷发育程度、冲沟切割深度和密度、植被覆盖情况、斜坡稳定性及水土流失情况等。

② 流通区调查。调查流通区的长度、宽度、坡度,沟床切割情况、形态、平剖面变化,沟谷冲、淤均衡坡度,阻塞地段堆积类型,跌水、急弯、卡口情况以及冲、淤和堵塞情况等,对泥石流沟堵塞程度进行评价。

③ 堆积区调查。调查堆积区面积、厚度、层次、形态、体积、纵横坡度、堆积幅角、扇顶、扇腰及扇线位置、叠置或切割情况,堆积物的物质组成、磨圆程度和颗粒级配等,初步判断堆积扇的发展趋势等。

④ 流域地形地貌调查。确定流域内最大地形高差,上、中、下游各沟段沟谷与山脊的平均高差,山坡最大、最小及平均坡度,各种坡度级别所占的面积比率,分析地形地貌与泥石流活动之间的内在联系,确定地貌发育演变历史及泥石流活动的发育阶段。

⑤ 流域岩(土)体调查。重点对泥石流的形成提供松散固体物质来源的易风化软弱层、构造破碎带、第四系的分布状况和岩性特征进行调查,并分析其主要来源区。

⑥ 地质构造调查。确定泥石流沟流域在地质构造图上的位置,重点调查研究新构造对地形地貌、松散固体物质形成和分布的控制作用,阐明与泥石流活动的关系。

⑦ 地震分析。收集历史资料和未来地震活动趋势资料,分析研究可能对泥石流的触发作用。

⑧ 相关的气象水文条件。调查气温及蒸发的年际变化、年内变化以及沿垂直带的变化,降水的年内变化及随高度的变化,最大暴雨强度及年降水量等。调查历次泥石流发生时间、次数、规模大小次序,泥石流泥位标高。

⑨ 调查流域内的人类工程活动,主要调查人类工程活动所产生的固体废弃物(矿山尾矿、工程弃渣、弃土、垃圾)的堆放位置、堆放形式和体积规模等。

⑩ 调查流域内植被分布和土体利用情况,圈定流域内植被严重破坏区、陡坡耕地区等。

(2) 泥石流特征调查

① 调查泥石流活动历史,包括历次泥石流发生的时间、规模,泥石流泥位标高,确定泥石流发生的规模和频率。

② 调查泥石流的运动过程,测量了解泥石流的动力特征(流速、流量、超高、冲击力等)。

③ 调查泥石流的堆积过程和堆积体特征(堆积长度、幅角、体积、物质组成等),估算泥石流的一次最大堆积量。

④ 在调查基础上,根据泥石流水源类型、地貌部位、流域形态、物质组成、固体物质提供方式、流体性质、发育阶段、暴发频率和堆积物体积等分类指标,按《滑坡崩塌泥石流灾害调查规范(1:50000)》(DZ/T 0261—2014)要求对泥石流进行综合分类。

⑤ 采用泥石流沟严重程度数量化表对泥石流沟易发程度进行评判。

(3) 泥石流灾(险)情调查

① 调查了解历次泥石流残留在沟道中的各种痕迹和堆积范围,采用泥位调查法划定泥石流危险区。对中-低频泥石流,难于采用泥位调查法确定危险区范围时,可按设防的降雨频率雨量,计算泥石流流量和泥位线,并划定危险区范围。

② 调查泥石流危害的对象、危害形式(淤埋和漫流、冲刷和磨蚀、撞击和爬高、堵塞或挤压河道),评估泥石流灾害灾情。

③ 进行泥石流发育期判别,分析今后一定时期内泥石流的发展趋势。对泥石流危险区进行预测,评估泥石流险情。

8) 地面塌陷应急调查内容

(1) 调查范围应包括塌陷区、潜在威胁区及其相邻地段。

(2) 岩溶塌陷调查内容应以区域岩溶环境工程地质条件为基础,重点调查岩溶地面塌陷的发育条件和影响因素,掌握调查工作区内岩溶发育、分布规律及岩溶水环境,基本查明岩溶塌陷的形态、分布、成因、土层厚度与下伏基岩岩溶特征等。

① 岩溶环境工程地质条件调查,包括气象、地形地貌、地层岩性、地质构造和地下水特征等。

a) 水文气象:全年及多年平均降雨量、月降雨量分配及雨季降雨量特征、一次最大降雨量及暴雨强度等;地表溪河年总径流量及其分配,平均流量和最大流量,洪、枯、平水期水位高程和变幅。

b) 地形地貌:岩溶发育与所处的地貌部位、水文网、相对高程的关系。

c) 地层岩性:可溶性岩层和非可溶性岩层的分布和接触关系,可溶性岩层的成分、结构、溶解性,第四系沉积物的成因类型和分布等。

d) 地质构造:地质构造的部位,断裂带的位置、规模、性质,主要节理裂隙的延伸方向,新构造运动的性质和特点。

e) 含水层的类型、特征与分布,地下水流场特征,岩溶水系统的结构与分布,岩溶泉、地下河的出露条件及其流量与水位动态特征。

② 岩溶塌陷形成条件调查,包括形成条件和诱发因素等。

a) 岩溶塌陷的形成条件:岩溶塌陷点的地质结构特征与水动力条件,可溶岩的岩溶层组类型与岩溶发育程度,第四系覆盖层的岩性结构与厚度,各类土的工程地质性状、地下水类型与埋深及其动态特征,岩溶地下水位埋深与基岩面的关系等。

b) 人类活动的影响:城市、村镇、乡村、经济开发区、工矿区等经济发展规模、趋势;抽排水点位置、抽排水过程及抽排水降深与水量、地下水人工流场(如降落漏斗)的范围;水库与引水渠道的渗漏特征等。

③ 岩溶塌陷成灾过程与特征调查,包括发展历史、变形特征等。

a) 调查与访问相结合,掌握岩溶塌陷的发育、发生过程及其伴生现象。

b) 通过调查岩溶塌陷现象,测量塌陷体的形态特征和特征数据。

c) 调查本区域岩溶塌陷历史造成的人员伤亡、直接和间接经济损失及社会和环境影响,以往采取的治理措施、治理费用及效果。

(3) 地面塌陷灾(险)情调查

① 调查核实地面塌陷灾害危害的对象和范围、造成的损失情况,统计记录人员伤亡及财产损失的数量、毁坏程度,确定灾情。

② 评价地面塌陷的发展趋势,分析与预测地面塌陷进一步发生后可能成灾范围,划定危险区、影响区及威胁对象,评估险情。

③ 提出突发地面塌陷应急处置和防治对策建议。

9) 地质灾害应急预案编制

(1) 承担突发地质灾害应急调查的专业地质队伍,应结合应急调查、评价结果,对还存在险情隐患或可能伴随着次生灾害的灾害点,及时协助地方政府按地质灾害点编制突发地质灾害应急预案(防灾预案)。

(2) 按地质灾害点编制突发地质灾害应急预案应当明确突发地质灾害所处的位置(行政区位置和地理坐标)、类型、规模、主要特征、触发因素和临灾特征等,划定地质灾害危险区范围,进行危险性评估,提出具体的监测方案、预防意见、预防措施等防治对策建议。

(3) 应急处置

① 承担突发地质灾害应急调查的专业地质队伍,应结合应急调查结果,评判地质灾害发展趋势,对还存在险情隐患或可能伴随着次生灾害的灾害点,及时提出地质灾害应急处置建议。

② 突发地质灾害应急处置的提出应遵照以人为本、预防为主的原则,最大限度地减少突发地质灾害造成的损失,把保障人民群众的生命、财产安全作为突发地质灾害应急处置的出发点和落脚点。

③ 承担突发地质灾害应急调查的专业地质队伍,应及时向政府通报突发地质灾害调查结论和灾(险)情。对存在重大险情的突发地质灾害隐患,及时提出群众转移、避灾疏散;采取应急措施,排除险情等应急处置建议,防止灾害进一步扩大,避免抢险救灾可能造成的二次人员伤亡。

④ 任何参加突发地质灾害应急调查的专业地质队伍和个人须在政府的统一领导下开展应急处置工作,不得随意发布灾害处置信息。

(4) 应急处置建议

① 承担突发地质灾害应急调查的专业地质队伍,应结合应急调查、评价结果,除提出应急处置建议外,进一步根据地质灾害的基本特征、危害程度、稳定性、影响因素和发展趋势,提出全面的地质灾害防治对策及建议,为地方政府防灾减灾决策提供科学依据。

② 地质灾害防治对策及建议应遵照以人为本、预防为主的原则,全面结合地方政府的需求和发展规划,经济可行,针对性强。

(四)滑坡崩塌泥石流调查

按照《滑坡崩塌泥石流灾害调查规范》(1:50000)(DZ/T 0261—2014)执行,主要内容如下:

1)范围

本标准规定了滑坡、崩塌、泥石流灾害调查(1:50000)的内容、控制精度、基本方法以及成果编制与验收等要求。本标准适用于滑坡、崩塌、泥石流三类地质灾害的区域调查。

2)总则

(1)任务

① 调查地质灾害形成的地质环境条件,编制地质灾害地质条件图,分析滑坡、崩塌、泥石流发生的地质环境条件,阐明其发育、分布规律及形成机理,评价和预测其发展趋势。

② 调查已发生的滑坡、崩塌、泥石流点,了解其分布范围、规模、结构特征、影响因素和诱发因素等,并对其复活性和危险性进行评估。

③ 调查城市、村镇、厂矿、重要交通沿线、重要工程设施、大江大河、重要风景名胜区和重点文物保护点等潜在的滑坡、崩塌、泥石流等地质灾害隐患点,并对其危险性进行评价。

④ 开展地质灾害易发性、危险性评价与区划。

(2)基本要求

① 采用点、线、面相结合的调查方法。

② 点的调查指根据已掌握的资料和群众报险线索,对灾害点或出险点逐一进行现场调查。对县城、村镇、矿山、重要公共基础设施、主要居民点应进行重点地质调查。

③ 线的调查指沿滑坡、崩塌、泥石流易发生的沟谷和人类工程活动强烈的公路、铁路、水库、输油(气)管线等进行追索调查。

④ 面的调查指采用遥感和网格控制调查,对地质环境条件进行修测,了解地质灾害形成演化的地形地貌、岩(土)体结构等地质环境条件;了解滑坡、崩塌、泥石流等区域性分布和发育规律;了解中、远程滑坡致灾的可能性。

⑤ 调查技术路线宜采用遥感调查、地面调查、测绘和勘查相结合的方式综合开展。运用遥感和地面网格控制调查方式,了解滑坡、崩塌、泥石流发生和分布的地质环境条件。

⑥ 对威胁集镇、重要公共基础设施、居民点安全的地质灾害隐患点,以及规模大且稳定性较差的灾害体应进行大比例尺地面测绘(1:2000~1:500)。

⑦ 对重点调查区且危害对象为一级,或具有典型结构和演化特征的滑坡、崩塌、泥石

流点,宜布设适当钻探、山地工程、物探等工作量,了解岩土体结构,获取必要的物理力学参数。

⑧ 野外调查工作应采用1:50000或更大比例尺地形图作为工作底图。

(3) 危害对象的确定及等级划分

① 应根据滑坡、崩塌、泥石流所危及的范围确定其危害对象,主要包括县城、村镇、主要居民点、矿山、重要公共基础设施等。

② 应根据危害对象的重要性划分危害等级。

(4) 地质条件复杂程度划分

按地形地貌、地质构造、岩(土)体结构、人类工程活动等,可将地质条件复杂程度综合划分为简单、中等和复杂3种地区类型。

(5) 调查区分级

按危害等级和地质条件复杂程度,划分为重点和一般调查区。

(6) 调查基本工作量

① 重点调查区基本工作量包括:

a) 应采用点、线、面相结合,以遥感调查为先导,以野外实地调查为主的方式进行。

b) 对于基本具备成灾条件的地质灾害隐患地段或区域逐一排查,通过大比例尺测绘,圈画地质灾害隐患的范围,开展地质灾害隐患点危险评估。

c) 在地质灾害发育的县城、集镇或重要公共基础设施分布区开展1:10000地质灾害测量。

d) 对于基本具备成灾条件的地质灾害隐患地段或区域逐一排查,通过大比例尺测绘,圈画地质灾害隐患的范围,开展地质灾害隐患点危险评估。

e) 对重大灾害隐患点应布设必要的钻探、山地工程、物探等验证。

② 一般调查区基本工作量包括:

a) 应采用遥感调查和路线调查相结合的方式进行。

b) 野外调查一般按照简测(简测的点密度及数量按照正测要求的70%控制)的要求开展1:50000地质灾害调查,野外路线核查点数不应少于遥感解译总数的80%,核查路线间距宜为5~10 km。

c) 对于地质环境条件简单,地质灾害不发育或人口稀疏的区域可按照草测(草测的点密度及数量按照正测要求的50%控制)的要求主要开展1:50000地质灾害和地质环境条件核查。

d) 在一般调查区内,对于群众报险点、遥感解译认为基本具备成灾条件的居民点、基础设施、小型矿山与水库等地段,应逐一进行地质灾害隐患排查。

e) 对于排查中确认的地质灾害隐患点,可按照1:50000正测的要求进行实地调查和危险评估。

3）调查方法

（1）资料收集

① 收集地质灾害形成条件与诱发因素资料，包括：气象、水文、地形地貌、地质构造、地震、水文地质、工程地质和人类工程经济活动等。

② 收集地质灾害现状与防治资料，包括：历史上所发生的各类地质灾害的时间、类型、规模、灾情和其调查、勘查、监测、治理及抢险、救灾等工作的资料。

③ 收集有关社会、经济资料，包括：人口与经济现状、发展等基本数据，城镇、水利水电、交通、矿山、耕地等工农业建设工程分布状况和国民经济建设规划、生态环境建设规划，各类自然、人文资源及其开发状况与规划等。

④ 收集各级政府和有关部门制定的地质灾害防治法规规划和群测群防体系等减灾防灾资料。

（2）遥感调查

① 根据调查对象和调查精度，选用中、高分辨率卫星、航空遥感以及无人机遥感等信息源。

② 采用国家控制点、地形图采集、GPS现场实测点等，对遥感图像消除畸变，与地理坐标配准，对卫星遥感影像进行几何校正。

③ 在建立控制点网基础上宜用地形图、航片立体像对、卫星图像对或雷达数据产生数字高程模型（DEM）。

④ 无人机遥感外业宜按如下要求布置：

a）结合工作区具体地形气象条件，以及最终成图要求，确定航线并结合任务载荷性能指标进行航线精确设计。

b）针对不同工作区实际条件，选用国家统一坐标系或采用相对坐标系进行地面控制，控制点指标应满足测图需求。

c）航摄实施阶段应满足航空管制要求，制定详细的飞行计划并制定应急预案，必要时应准备多处备降场地。在具体实施过程中应注意监测风力变化，采用固定翼和直升机工作时风力不得大于4级，飞艇应不大于3级。

⑤ 无人机遥感内业处理包括：

a）内业产品应为满足工作需求的大比例尺航空数字正射影像图和数字高程模型，且产品生产过程中应进行外业地面控制点测量和以此为基础的空三加密处理。

b）空间坐标系可针对不同工作区不同的任务类型，采用国家统一坐标系或采用相对坐标系。

c）根据具体工作区及比例尺要求，数字正射影像图影像精度可参照有关要求。针对特殊困难地区（高山峡谷及黄土沟壑区等）精度可以放宽1倍。

d）数字高程模型最大误差为中误差的两倍。针对特殊困难地区（高山峡谷及黄土沟壑区等)精度可以放宽1倍。

e) 影像图地面分辨率应满足要求。

f) 设备及软件应处于检定合格使用期限之内。影像预处理应对航摄资料进行无损格式转换和图像增强处理并针对数码相机的检定资料进行畸变差校正。

g) 空中三角测量可以使用专用软件。在满足精度要求的前提下采用由姿态记录系统提供的外方位元素自动进行相对定向和绝对定向。

⑥ 遥感调查主要内容包括:

a) 地质灾害体调查,包括识别地质灾害体,确定灾害体的空间分布特征,解译地质灾害体的类型、边界、规模、形态特征,分析其位移特征、活动状态、发展趋势,评价其危害范围和程度。

b) 地质环境背景条件调查,主要调查与滑坡、崩塌、泥石流等发育有关的地貌类型、地质构造、岩(土)体类型、水文地质现象和地表覆盖等内容。

⑦ 应建立典型地质灾害类型、构成要素、地貌、地质构造、岩(土)体类型、水文地质现象和土地覆盖类型等的遥感解译标志。

⑧ 初步解译草图应在熟悉地质资料、实地踏勘、建立解译标志的基础上进行,通过基础图像识别地质灾害及其发育环境,了解地质灾害的结构特征,圈划边界,指出所有不确定及疑问点,逐一填写解译信息卡片。

⑨ 应对初步解译结果及所有的不确定及疑问点进行野外实地验证,包括:

a) 对于位于县城、集镇、重要建筑工程、交通线及其他重要场所附近的地质灾害体除可解译程度很高,前人研究程度较深者外,应该尽可能全部进行野外验证。

b) 其他地质灾害初步解译结果的野外验证率应不少于60%。

⑩ 应按1:50000国际分幅或工作区范围自由分幅编制地质灾害及其发育环境遥感解译图,其中,对于重点地质灾害体,宜表现其结构组成并附三维影像图。

⑪ 应提交专门遥感调查报告,内容包括:目的任务、完成主要工作量;进行调查质量(精度)评述;遥感图像(数据)的类型、分辨率、接收时间、图像处理和遥感解译、图件编制的方法技术;遥感解译结果及综合分析灾害形成的基本地质环境条件及触发因素;灾害发育规律,评价其影响及危害,及地质灾害危险性分区结果。

(3) 地面调查

① 野外调查工作手图:在一般调查区应采用1:50000或更大比例尺的地形图;在重点调查区宜采用1:25000或更大比例尺的地形图。

② 地面调查应采用穿越法与追索法相结合的方法。面上调查路线宜垂直岩层与构造线走向以及地貌变化显著的方向进行穿越调查;点上对危及县城、村镇、矿山、重要公共基础设施、主要居民点的地质灾害点和人类工程活动强烈的公路、铁路、水库、输油(气)管线等应采用追索法调查。

③ 观测路线与观测点的密度应根据地质条件的复杂程度、危害对象的重要性以及地质灾害点的密度合理布置。重点调查区观测路线间距宜为500～1000 m，调查点数不应少于5点/km^2。一般调查区在遥感调查基础上进行野外核查，核查点数不应少于遥感解译总数的80%。

④ 对于危害较大或典型的地质灾害点应进行大比例尺的地面测绘，测绘的点数不低于调查点总数的10%。

⑤ 对于规模不大，且危害小的滑坡、崩塌和泥石流可视具体特征和分布位置做一般调查，但应填写调查卡片，并不得遗漏主要灾害要素。

⑥ 对于地质灾害点较稀少的区段，可视具体情况做地质环境条件控制性定点调查。

⑦ 对县城、集镇、矿山，无论有无地质灾害，均应布设控制性调查点。

⑧ 在地质条件复杂区，对于一般居民点均应布设控制性调查点。

⑨ 对于同类群发地质灾害，都应一点一表，不得将相邻的灾害体合定为一个观测点。对于同一地点存在的不同类型地质灾害，以主要灾害类型为主可以只定一点，但应做好其他类型灾害的记录。

⑩ 野外调查记录应按照调查表规定的内容逐一填写，不得遗漏主要调查要素，并用野外调查记录本做沿途观察记录，附必要的示意性平面图、剖面图或素描图以及影像资料等。

⑪ 图上观测点定位应符合下列规定：

a) 凡能在图上表示出面积和形状的灾害地质体，均应在实地勾绘在手图上，不能表示实际面积、形状的，用规定的符号表示。

b) 滑坡点定在滑坡后缘中部，泥石流点定在堆积区顶部，崩塌点定在崩塌发生的前沿。

c) 所有的调查点均采用GPS和微地貌相结合的方法定位，定位误差不得大于10 m。

⑫ 工作手图上的各类观测点和地质界线，应在野外采用铅笔绘制，转绘到清图上后应及时上墨。

(4) 地球物理探测

① 应在危及县城、村镇、矿山、重要公共基础设施、主要居民点的地质灾害测绘或勘查中采用物探。

② 初步查明滑坡、崩塌、泥石流空间分布状态、地质结构及滑床埋藏情况、软弱夹层的分布、覆盖层厚度等。

③ 应根据地质灾害类型和调查需要，因地制宜地选择物探方法。对于单一方法不易明确判定的地质灾害体，可采用2种或2种以上的物探方法。

④ 物探测线的布置应根据调查要求、测区地形、地物条件，因地制宜地设计。测线长度、间距以能控制被探测对象为原则，主要测线方向应垂直于地质灾害体的长轴方向(崩塌、滑坡体纵轴方向等)，并尽可能通过钻孔或地质勘探线。

⑤ 物探成果应包括工作方法、地质灾害的地球物理特征、资料的解释推断、结论和建

议,并附相应的工作布置图、平剖面图、曲线图、解释成果图等。

(5) 山地工程

① 山地工程以探槽和浅井为主,应配合野外调查进行。

② 对危及县城、村镇、矿山、重要公共基础设施、主要居民点的地质灾害点,宜布置适量山地工程。

③ 探槽、浅井的深度应根据调查中需要解决的问题和施工安全具体确定。

④ 对探槽、浅井揭露的地质现象都应及时进行详细编录和制作大比例尺(一般为1:20~1:100)的展视图或剖面图,内容包括:地层岩性界线、结构、构造特征、水文地质与工程地质特征、取样位置等,对重要地段(滑面带等)应进行拍照或录像。

(6) 钻探

① 在严重威胁县城、集镇、矿山、重要公共基础设施、主要居民点的地质灾害体勘查中应布设钻探。

② 应初步查明滑动层面位置及要素,了解滑坡的稳定程度及深部滑动情况,为评价滑坡的稳定性提供有关参数。

③ 钻探应在地面调查和物探工作基础上进行。

④ 勘探钻孔应符合下列技术要求:

a) 一般性钻孔深度应穿过最下一层滑动面3~5 m,控制性钻孔应深入稳定地层以下5~10 m。

b) 钻孔口径110 mm,采取原状岩土样的钻孔口径130 mm。

c) 在遇滑带或软层时,宜采用无水钻进,每回次钻进不超过0.5 m,岩芯采取率应达到70%以上,钻孔斜度偏差应控制在2%之内。

⑤ 钻孔竣工后,应及时提交如下资料:钻孔施工设计书、岩芯记录表(岩芯的照片或录像)、岩芯素描图、钻孔地质柱状图、采样记录、简易水文地质观测记录、测井曲线、钻孔质量验收书、钻孔施工小结等。

4) 地质环境调查

(1) 一般规定

① 应对调查区成灾地质环境条件进行调查,并做好沿途观察与描述。

② 在调查中,应按规定要求确定地质环境条件控制点,内容包括:地形地貌、地质构造、岩(土)体工程地质、地表水和地下水、环境因素,以及人类活动等,做好野外调查记录。

(2) 地形地貌

① 以资料收集为主,并结合遥感影像,确定工作区地貌单元的成因形态类型。

② 调查与滑坡、崩塌、泥石流灾害相关的地形地貌特征,包括:斜坡形态、类型、结构、坡度,以及悬崖、沟谷、河谷、河漫滩、阶地、沟谷口冲积扇等微地貌组合特征、相对时代及其演化历史。

③ 调查人工地形地貌形态、规模及其稳定性条件，包括：人工边坡、露天采矿场、水库和大坝、堤防、弃渣堆等。

(3) 地质构造

① 以收集资料为主，并结合遥感解译，分析区域构造格架、构造优势面及组合、主要构造运动期次和性质，以及新构造运动及地貌特征。

② 应收集区域断裂活动性、活动强度和特征，以及区域地应力资料，区域地震活动、地震加速度或基本烈度，分析区域新构造运动、现今构造活动，地震活动以及区域地应力场特征。

③ 核实调查主要活动断裂规模、性质、方向、活动强度及其地貌地质证据，分析活动断裂与滑坡、崩塌、泥石流灾害的关系。

④ 调查各种构造结构面、原生结构面和风化卸荷结构面的产状、形态、规模、性质、密度及其相互切割关系，分析各种结构面与边坡几何关系及其对边坡稳定性的影响。

(4) 岩(土)体工程地质

① 区域地层以资料收集为主，收集调查区地层层序、地质时代、成因类型、岩性特征和接触关系。

② 区域工程岩组以调查为主，包括：岩体产状、结构和工程地质性质，并应划分工程岩组类型及其与滑坡、崩塌、泥石流灾害的关系，确定软弱夹层和易滑岩组，调查统计结构面产状、密度、规模，确定结构面分布与组合特征及其与滑坡、崩塌灾害的关系，并进行岩土结构分类。

③ 对于典型斜坡，应对其岩体结构和工程地质性质进行调查与测量，每个图幅应实测具代表性综合剖面。

④ 应对岩体风化特征进行调查，调查风化层分布、风化带厚度及其与岩性、地形、地质构造、水、植被和人类活动的关系，调查斜坡不同地段差异风化与滑坡、崩塌、泥石流灾害的关系。

⑤ 应对土体工程地质进行调查，包括：土体分布、成因类型、厚度及其与斜坡结构和稳定性的关系，测试分析土体颗粒组分、矿物成分、密实度、含水率及渗透性。

(5) 地表水和地下水

① 地表水和地下水调查以资料收集为主。

② 应结合遥感解译等资料，核实调查地表水入渗情况、产流条件、分布、冲刷作用和流通情况。

③ 对威胁县城、村镇、矿山、重要公共基础设施或主要居民点的泥石流沟应进行小流域面积、流量、泥位核实评估，分析可能形成的灾害。并对行洪区、沟口和堆积区建筑物灾害危险进行评估。

④ 核实调查地下水基本特征，包括地下水类型、性质、水位及动态变化、流量、水化学特

征,泉点、地下水溢出带、斜坡潮湿带等分布及动态情况。

⑤ 核实调查水文地质条件,包括含水层分布、类型、富水性、透水性、地下水位变化趋势,主要隔水层的岩性、厚度和分布。

⑥ 现场分析地下水的流向、径流、补给和排泄条件、地下水与边坡稳定性的关系。

(6) 人类活动

① 人类活动以资料收集和核实调查为主。

② 了解区域社会经济活动,包括城市、村镇、乡村、经济开发区、工矿区、自然保护区的经济发展规模、趋势及其与地质灾害的关系。

③ 了解大型工程活动及其地质环境效应,包括水电工程、矿业工程、铁路工程、公路工程、地下工程与地质灾害的关系。

(7) 气候与植被

① 气候与植被调查以资料收集为主。

② 气候因素应调查发生滑坡、泥石流时的前期和临界降水量值。

③ 植被调查应结合遥感解译,确定植被的分布、类型、覆盖率、历史变迁与原因。

④ 植被与坡耕地调查,主要包括植被种类、分布、覆盖率、风化层及饱水性、马刀树和醉汉林等斜坡变形指示植物,水田、鱼塘分布及渗水状况。

5) 滑坡灾害调查

(1) 基本要求

滑坡调查主要内容包括滑坡区调查、滑坡体调查、滑坡成因调查、滑坡危害调查及滑坡防治情况调查。

① 滑坡区主要调查内容如下:

a) 滑坡地理位置、地貌部位、斜坡形态、地面坡度、相对高度,沟谷发育、河岸冲刷、堆积物、地表水以及植被。

b) 滑坡体周边地层及地质构造。

c) 水文地质条件。

② 滑坡体调查内容包括:

a) 形态与规模:滑体的平面、剖面形状,以及长度、宽度、厚度、面积和体积。

b) 边界特征:滑坡后壁的位置、产状、高度及其壁面上擦痕方向;滑坡两侧界线的位置与性状;前缘出露位置、形态、临空面特征及剪出情况;露头上滑床的性状特征等。

c) 表部特征:微地貌形态,裂缝的分布、方向、长度、宽度、产状、力学性质及其他前兆特征。

d) 内部特征:通过野外观察和山地工程,调查滑坡体的岩体结构、岩性组成、松动破碎及含泥含水情况,滑带的数量、形状、埋深、物质成分、胶结状况,滑动面与其他结构面的关系。

e）变形活动特征：访问调查滑坡发生时间，发展特点及其变形活动阶段，滑动方向、滑距及滑速，分析滑坡滑动方式、力学机制和稳定状态。

③ 滑坡成因调查内容包括：

a）自然因素：降雨、地震、洪水、崩塌加载等。

b）人为因素：森林植被破坏、不合理开垦，矿山采掘，切坡、滑坡体下部切脚，滑坡体中上部人为加载、震动、废水随意排放、渠道渗漏、水库蓄水等。

c）综合因素：人类工程经济活动和自然因素共同作用。

④ 滑坡危害调查内容包括：

a）滑坡发生发展历史，人员伤亡、经济损失和环境破坏等现状。

b）分析与预测滑坡的稳定性和滑坡发生后可能成灾范围及灾情。

⑤ 滑坡防治情况调查：

应调查滑坡灾害勘查、监测、工程治理措施等防治现状及效果。

⑥ 滑坡稳定性划分为不稳定、较稳定和稳定3级。

⑦ 滑坡野外调查应采用点、线、面相结合，以专业调查为主的方式开展。

⑧ 滑坡灾害点调查应根据调查分级按核查、调查、测绘和勘查四个层次开展。

（2）核查

① 滑坡灾害遥感调查结果应进行野外核查，核查数不得低于解译总数的80%，并逐一填写调查卡片。

② 对一般调查区已有滑坡点资料，应根据其完整程度进行野外核查或补充调查。

③ 核查填卡记录内容，不得遗漏滑坡灾害的主要要素。

（3）调查

① 对县城、村镇、矿山、重要公共基础设施以及滑坡灾害高发区居民点应进行现场滑坡调查。

② 滑坡灾害野外调查应采用以实地量测为主的方法。

③ 滑坡调查点均应实测滑坡代表性剖面，并进行拍照、录像或绘制素描图。

④ 调查记录应按滑坡野外调查表逐一填写，不得遗漏滑坡灾害主要要素。

⑤ 应初步查明滑坡形成的地质条件、滑坡体特征和诱发因素，评价滑坡危害或成灾情况。

（4）测绘

① 对于威胁县城、集镇和重要公共基础设施且稳定性较差的滑坡，应进行大比例尺工程地质测绘。

② 地形测绘

a）滑坡区平面图测绘比例尺宜在1:2000～1:1000之间。

b）滑坡区剖面图测绘比例尺宜在1:1000～1:500之间。

③ 工程地质测绘比例尺应与测绘的地形图比例尺相同,将滑坡主要要素标记在地形图上。

④ 对于威胁县城、集镇和重要公共基础设施且稳定性较差的滑坡均应实测具代表性的纵横剖面,并进行拍照、录像或绘制素描图。基本查明滑坡形成的地质条件、滑坡体特征和诱发因素,了解滑坡危害或成灾情况。

(5) 勘查

① 对于威胁县城、集镇、重要公共基础设施,稳定性差的滑坡,应进行勘查。

② 应初步查明滑坡体结构及各层滑坡面(带)位置,了解地下水埋深、流向和性质,采取岩土试样。

③ 勘查方法应以钻探为主,并辅以物探、井探和槽探等验证与控制。

④ 工程布置可采用主—辅剖面法。沿主滑方向布置由钻探、井探与物探点构成的主勘查线,在其两侧可布置1～3条由物探、井探、槽探点构成的辅助勘查线。主勘查线上的勘查点不得少于3个。

⑤ 勘探孔的深度应穿过最下一层滑面,并进入稳定地层3～5 m。

⑥ 应采取滑体与滑带岩土试样,测试物理、水理与力学性质指标。

⑦ 滑坡稳定性验算应根据滑动面类型和物质成分,选择有代表性的分析断面和适合的计算公式计算,并可参考有限单元法、有限差分法、离散元法等进行综合考虑。

⑧ 滑坡稳定性综合评价,应根据滑坡位置、规模、影响因素、滑坡前兆、滑坡区的工程地质和水文地质条件,以及稳定性验算结果等综合判定,并应分析发展趋势和危害程度。

⑨ 滑坡勘查成果应包括:地质背景和形成条件、形态要素、性质和演化,以及平面图、剖面图、岩土工程特性指标、稳定性分析、防治建议等。

6) 崩塌灾害调查

(1) 基本要求

崩塌调查包括危岩体调查和已有崩塌堆积体调查。野外调查记录按崩塌野外调查表填写,不得遗漏崩塌主要要素。

① 崩塌稳定性划分为不稳定、较稳定和稳定3级。

② 崩塌灾害点调查应按调查和地面测绘2个层次开展。

(2) 调查

① 县城、村镇、矿山、重要公共基础设施以及崩塌灾害高发区的所有居民点应进行现场崩塌调查。

② 崩塌灾害野外调查应采用以实地量测为主的调查方法。

③ 崩塌调查点应实测代表性剖面,并进行拍照、录像或绘制素描图。

④ 调查填卡记录应逐一填写,不得遗漏崩塌灾害要素。

⑤ 应调查崩塌及崩塌堆积体造成的灾害损失,分析预测危岩体、崩塌堆积体失稳可能

造成灾害的影响范围，圈定危险区，确定受威胁对象，预测损失程度。

⑥ 崩塌灾害调查内容宜分为危岩体和崩塌堆积体调查2类。

危岩体调查内容包括：

a）危岩体位置、形态、分布高程、规模。

b）危岩体及周边的地质构造、地层岩性、地形地貌、岩（土）体结构类型、斜坡组构类型。

c）危岩体及周边的水文地质条件和地下水赋存特征。

d）危岩体周边及底界以下地质体的工程地质特征。

e）危岩体变形发育史。历史上危岩体形成的时间，危岩体发生崩塌的次数、发生时间，崩塌前兆特征、崩塌方向、崩塌运动距离、堆积场所、崩塌规模、诱发因素，变形发育史、崩塌发育史、灾情等。

f）危岩体形成因素。包括降雨、河流冲刷、地面及地下开挖、采掘等因素的强度、周期以及它们对危岩体变形破坏的作用和影响。

g）分析危岩体崩塌的可能性，初步划定危岩体崩塌可能造成的灾害范围，进行灾情的分析与预测。

h）危岩体崩塌后可能的运移斜坡，在不同崩塌体积条件下崩塌运动的最大距离。

i）在峡谷区，应评价气垫浮托效应和折射回弹效应的可能性，及由此造成潜在损失。

j）危岩体崩塌可能到达并堆积的场地的形态、坡度、分布、高程、地层岩性与产状及该场地的最大堆积容量。

k）可能引起的灾害类型（如涌浪、堰塞湖等）和规模，确定其成灾范围，进行灾情的分析与预测。

崩塌堆积体调查内容包括：

a）崩塌源的位置、高程、规模、地层岩性、岩（土）体工程地质特征及崩塌产生的时间。

b）崩塌体运移斜坡的形态、地形坡度、粗糙度、岩性、起伏差，崩塌方式、崩塌块体的运动路线和运动距离。

c）崩塌堆积体的分布范围、高程、形态、规模、物质组成、分选情况、植被生长情况、块度、结构、架空情况和密实度。

d）崩塌堆积体形态、坡度、岩性和物质组成、地层产状。

e）崩塌堆积体内地下水的分布和运移条件。

f）评价崩塌堆积体自身的稳定性和在上方崩塌体冲击荷载作用下的稳定性，分析在暴雨等条件下向泥石流、碎屑流转化的条件和可能性。

（3）测绘

威胁县城、集镇和重要公共基础设施且稳定性较差的崩塌，应进行大比例尺工程地质测绘。

崩塌灾害测绘的内容应包括崩塌区地形测绘和地质测绘，要求如下：

a) 测绘平面图比例尺宜在1:2000~1:500之间。

b) 测绘剖面图比例尺宜在1:1000~1:100之间。对主要裂缝应专门进行更大比例尺测绘和绘制素描图。

7) 泥石流灾害调查

(1) 基本要求

泥石流野外调查记录按泥石流野外调查表逐一填写,不得遗漏泥石流主要要素。调查的主要内容包括地质条件、泥石流特征、诱发因素、危害性、泥石流防治情况等。

① 应对县城、集镇、矿山、重要公共基础设施进行泥石流调查。

② 泥石流灾害野外调查应采用遥感调查与实地量测相结合的调查方法。

③ 泥石流调查点应实测代表性剖面,并进行拍照、录像或绘制素描图。

④ 调查填卡记录应逐一填写,不得遗漏泥石流灾害要素。

⑤ 应初步查明泥石流的形成条件、动力条件和堆积条件,以及泥石流的诱发因素,了解泥石流危害或成灾情况。

⑥ 泥石流灾害点调查应按调查和测绘2个层次展开。

(2) 调查

① 地质条件调查包括:

a) 调查范围包括形成区、流通区和堆积区。

b) 地形地貌调查。确定流域内最大地形高差,上、中、下游各沟段沟谷与山脊的平均高差,山坡最大、最小及平均坡度,各种坡度级别所占的面积比率,分析地形地貌与泥石流活动之间的内在联系,确定地貌发育演变历史及泥石流活动的发育阶段。

c) 岩(土)体调查。重点对泥石流形成提供松散固体物质来源的易风化软弱层、构造破碎带,第四系的分布状况和岩性特征进行调查,并分析其主要来源区。

d) 地质构造调查。确定沟域在地质构造图上的位置,重点调查研究新构造运动对地形地貌、松散固体物质形成和分布的控制作用,阐明与泥石流活动的关系。

e) 地震分析。收集历史资料和未来地震活动趋势资料,分析研究可能对泥石流的触发作用。

f) 相关的气象水文条件。调查气温及蒸发的年际变化、年内变化以及沿垂直带的变化,降水的年内变化及随高度的变化,最大暴雨强度及年降水量等。调查历次泥石流发生时间、次数、规模大小次序,泥石流泥位标高。

g) 植被调查。调查沟域土地类型、植物组成和分布规律,了解主要树、草种及作物的生物学特性,确定各地段植被覆盖程度,圈定出植被严重破坏区。

h) 人类活动调查。主要调查各类工程建设所产生的固体废弃物(矿山尾矿、工程弃渣、弃土、垃圾)的分布、数量、堆放形式、特性,了解可能因暴雨、山洪引发泥石流的地段和参与泥石流的数量及一次性补给的可能数量。

② 泥石流特征调查包括：

a）根据水动力条件，确定泥石流的类型。

b）调查泥石流形成区的水源类型、汇水条件、山坡坡度、岩层性质及风化程度，断裂、滑坡、崩塌、岩堆等不良地质现象的发育情况及可能形成泥石流固体物质的分布范围、储量。

c）调查流通区的沟床纵横坡度、跌水、急湾等特征，沟床两侧山坡坡度、稳定程度，沟床的冲淤变化和泥石流的痕迹。

d）调查堆积区的堆积扇分布范围、表面形态、纵坡、植被、沟道变迁和冲淤情况，堆积物的性质、层次、厚度、一般和最大粒径及分布规律。判定堆积区的形成历史、堆积速度，估算一次最大堆积量。

e）调查泥石流沟谷的历史。历次泥石流的发生时间、频数、规模、形成过程、暴发前的降水情况和暴发后产生的灾害情况。

③ 泥石流诱发因素调查包括：

a）收集调查水的动力类型。包括暴雨型、冰雪融水型、水体溃决（水库、冰湖）型等。

b）收集调查当地暴雨强度、前期降雨量、一次最大降雨量等。

c）收集调查冰雪可融化的体积、融化的时间和可产生的最大流量等。

d）收集调查因水库、冰湖溃决而外泄的最大流量及地下水活动情况。

④ 泥石流危害性调查包括：

a）调查了解历次泥石流残留在沟道中的各种痕迹和堆积物特征，推断其活动历史、期次、规模，目前所处发育阶段。

b）调查了解泥石流危害的对象、危害形式（淤埋和漫流、冲刷和磨蚀、撞击和爬高、堵塞或挤压河道）；初步圈定泥石流可能危害的地区，分析预测今后一定时期内泥石流的发展趋势和可能造成的危害。

⑤ 泥石流防治情况调查。

⑥ 调查泥石流灾害勘查、监测、工程治理措施等防治现状及效果。

（3）测绘

① 对于威胁县城、集镇和重要公共基础设施且处于活跃期的泥石流，可进行大比例尺工程地质测绘。

② 测绘范围应包括全流域和可能受泥石流影响的地段。

③ 测绘的比例尺全流域宜采用1∶50000～1∶10000，物源区宜采用1∶5000～1∶1000，流通及堆积区宜采用1∶2000～1∶500。

④ 流域平面图应详细反映泥石流形成区、流通区、堆积区的分界，显示可能提供松散固体物质的不良物理地质现象的类型、性质、分布规律、位置、范围大小以及物质储备。

⑤ 测绘的方法应在遥感调查的基础上，采用实地测绘法，以沿沟向上追索的方法为主，实测沟谷剖面，并进行拍照、录像或绘制素描图。

8) 地质灾害隐患点调查

(1) 基本要求

① 对县城、村镇、矿山、基础设施、大江大河等可能构成威胁的坡体及沟谷应逐一调查，识别地质灾害隐患。

② 对山区县城、村镇所有的后山应进行调查，判断发生高速、远程滑坡，或崩塌、滑坡向泥石流、碎屑流转化的可能性。

③ 地质灾害隐患点调查分调查、测绘和勘查3个层次。对危及县城、村镇、矿山、重要公共设施等的地质灾害隐患点应进行大比例尺工程地质测绘或勘查。

④ 地质灾害隐患点野外调查记录除按野外调查表外，还应调查和记录以下内容：

a) 在图上绘制地质灾害隐患的范围，判断其变形破坏方式和斜坡失稳可能性。

b) 实地判断致灾体可能的运移路径或轨迹，并在图面上用箭头和虚线标明。

c) 推测滑移速度、最大滑距和最可能滑距，实地勾绘可能威胁的范围和对象。

d) 调查和估计受威胁的人员数量，建筑物的结构类型和经济价值及其易损性等。

e) 调查和估计流动承灾体的时空概率，如人员待在建筑物内的时间、交通工具的流量等。

f) 定性或定量进行危险评估。

g) 危险减缓措施建议等。

(2) 调查

① 围绕县城、村镇、矿山、重要公共基础设施以及地质灾害高发区的居民点进行现场调查，识别地质灾害隐患。

② 地质灾害隐患野外调查应采用以实地量测为主的调查方法。

③ 地质灾害隐患调查点应实测代表性剖面，并进行拍照、录像或绘制素描图。

④ 调查填卡记录应逐一填写，不得遗漏主要要素。

⑤ 应初步查明地质灾害隐患形成的地质条件、特征和诱发因素，了解危害或成灾情况。

(3) 测绘

① 对威胁县城、村镇和重要公共基础设施的地质灾害隐患点应进行工程地质测绘。

② 地质灾害隐患点测绘的数量应按不低于测区地质灾害隐患调查点总数的10%～20%控制。

③ 地形测绘包括：

a) 不稳定斜坡区平面图测绘比例尺应在1:2000～1:500之间。

b) 不稳定斜坡区剖面图测绘比例尺应在1:500～1:50之间。

④ 工程地质测绘比例尺应与测绘的地形图比例尺相同，将不稳定斜坡主要要素标记在地形图上，并做好详细记录。

⑤ 每个地质灾害隐患点应实测代表性纵横剖面，并进行拍照、录像或绘制素描图。基本查明地质灾害隐患形成的地质条件、不稳定斜坡体特征和诱发因素，了解不稳定斜坡危害或成灾情况。

(4) 勘查

① 威胁县城、重要村镇、重要公共基础设施的不稳定斜坡，应进行岩体结构和软弱结构面勘查。

② 应初步查明斜坡岩体结构及各层软弱结构面的位置，了解地下水的埋深、流向和性质，采取岩(土)试样。

③ 勘查方法应以钻探为主，并辅以物探、井探和槽探等验证。

④ 工程布置可采用主—辅剖面法。宜沿失稳方向布置由钻探、井探与物探点构成的主勘查线，在其两侧可布置1～3条由物探、井探、槽探点构成的辅助勘查线。主勘查线上的勘查点不得少于3个。

⑤ 勘探孔的深度应穿过最下一层软弱结构面3～5 m。

⑥ 软弱结构面应采取岩土试样，进行物理力学性质指标测试。

⑦ 不稳定斜坡稳定性验算应根据可能的滑动面类型和物质成分，选择有代表性的分析断面和合理的计算公式计算，计算方法可参照DZ/T 0218—2006的要求执行。

⑧ 不稳定斜坡稳定性综合评价，应根据不稳定斜坡在斜坡体构造格局中所处的位置、规模、主导因素、滑坡前兆、不稳定斜坡区的工程地质和水文地质条件，以及稳定性验算结果等综合判定，并应分析不稳定斜坡的发展趋势和危害程度，提出防治措施建议。

⑨ 地质灾害隐患点勘查成果应包括：地质背景和形成条件，坡体形态、性质和演化，平面图、剖面图和岩土工程特性指标，稳定性分析，危险评估及减缓措施建议等。

(五) 地质灾害风险调查

1. 1:50000风险调查

主要执行《地质灾害风险调查评价技术要求(1:50000)》，主要内容如下：

1) 范围

本技术要求规定了地质灾害风险调查评价内容、调查方法、评价方法、成果编制与验收、调查区划分及工作量定额、设计书编写与审查等基本要求。本技术要求适用于以崩塌、滑坡、泥石流为主的地质灾害风险调查评价工作，地面塌陷、地裂缝、地面沉降等地质灾害风险调查评价工作可参照执行。

2)总则

(1)目的任务

① 开展地质灾害与孕灾地质条件、承灾体调查,判识地质灾害隐患,总结调查区地质灾害发育分布规律,分析地质灾害成灾模式。

② 开展地质灾害易发性、危险性和风险评价,编制地质灾害风险调查评价相关图件。

③ 建立地质灾害风险调查空间数据库。

④ 提出地质灾害风险管控对策建议,为防灾减灾管理、国土空间规划和用途管制等提供基础依据。

(2)部署原则

① 地质灾害风险调查评价工作应按县级行政单元进行部署,优先选择地质灾害发育密集、地质环境条件复杂的城镇及重大工程建设规划、人口聚集等地区。

② 应充分利用已实施1:50000或更高精度的地质灾害、工程地质、遥感地质等调查(排查)成果,对以往的调查点部署核查工作,核实后补充相应调查工作量。

③ 调查区划分为一般调查区和重点调查区。一般调查区按照1:50000比例尺开展调查,对县域面积大、地质灾害发育密度低、人口与工程活动少的县级行政单元根据实际情况确定地质灾害风险调查评价范围。重点调查区针对地质灾害威胁严重的集镇、迁建区、集中安置点等人口聚集区部署1:10000调查工作,重点调查区面积原则上应按不低于10 km^2/100 km^2计算。工作量表见表4-1-1。

表4-1-1 每百平方千米基本工作量表

工作内容		实测剖面(km)	钻探(m)	岩土样(组)
工作量	一般调查区	不少于2	不少于30	不少于5
	重点调查区	不少于5	不少于100	不少于10

④ 工作量采取不平均布设网格方法,应结合承灾体分布特征开展目标地质体调查。

(3)总体要求

① 应充分收集利用调查区及周边地质灾害、工程地质、水文地质、环境地质、岩土工程勘察等已有成果资料,结合遥感解译成果,初步分析总结地质灾害发育分布规律和成灾模式,在此基础上开展野外踏勘。

② 遥感解译应编制地质环境条件解译图和地质灾害遥感解译图;在精度满足要求的前提下,可用遥感调查等手段代替部分地面调查工作量。

③ 野外调查工作应采用数字化填图方式。加强高分辨率光学影像、无人机遥感、合成孔径雷达干涉测量(InSAR)、激光雷达测量(LiDAR)、地球物理勘探等技术综合应用。

④ 地质灾害调查应以1:50000区域地质调查成果为基础,对缺少1:50000区域地质调查成果的地区,可采用1:200000区域地质调查成果,在控制孕灾地质条件的重点区域应进

行补测。

⑤ 一般调查区应采用1:50000或更大比例尺地形图作为工作底图。重点调查区应采用1:10000或更大比例尺地形图作为工作底图,按斜坡单元开展地质灾害风险调查评价。斜坡单元采用汇水盆地与河网沟谷结合的方法进行剖分,单元尺寸根据地形切割和地质灾害发育程度确定。单体地质灾害调查点和勘查点应分别开展定性和定量风险评价。

⑥ 野外调查定位上图精度误差应小于2 mm,应勾绘出图斑面积大于4 mm^2的地质灾害和长度大于2 mm的线状地物;小于最小上图精度的用规定符号表示。规定符号等内容应按规定执行。

⑦ 建立地质灾害风险调查空间数据库,按照不同调查比例尺编制图件,提交风险调查评价成果。

⑧ 工作流程见图4-1-1。

3) 调查内容

(1) 基本规定

应根据调查区实际情况确定具体调查内容,重点对主要孕灾地质条件和承灾体开展调查,在满足调查精度要求的条件下兼顾其他调查内容。调查内容应按统一的标准进行分类。

(2) 孕灾地质条件调查

① 地形地貌

应结合数字高程模型(DEM)、遥感影像及地形条件,确定调查区地貌单元的形态、成因、类型,分析斜坡的高度、坡度、坡向等特征。

应调查易形成地质灾害的断层崖、背斜山(谷)、向斜山(谷)、风蚀和岩溶洼地、阶地、崩积堆、残峰、侵蚀平台、冰川槽谷、土丘、鼓丘、方山等地貌特征。

② 地质构造

应系统梳理区域地质资料,分析区域地质构造格架及构造应力应变场背景特征,结合高精度遥感数据,初步解译调查区内主要断裂、褶皱、大型节理等,分析其对地质灾害的控制性作用。

应加强地质构造、地震活动、地球物理等资料分析,调查评价区域性活动断裂的位置、规模、活动性、活动方式、强度等特征及其与地质灾害的关系,评估活动断裂引发地震滑坡的作用。

应选择断裂破碎带、断裂交汇带、褶皱转折端等对地质灾害控制性较强的构造部位开展成灾模式研究。

③ 工程地质岩组

对土体工程地质调查应包括:土体分布、成因类型、厚度及其与斜坡结构和稳定性的关系,测试分析土体颗粒组成、矿物成分、密实度、含水率及渗透性等。

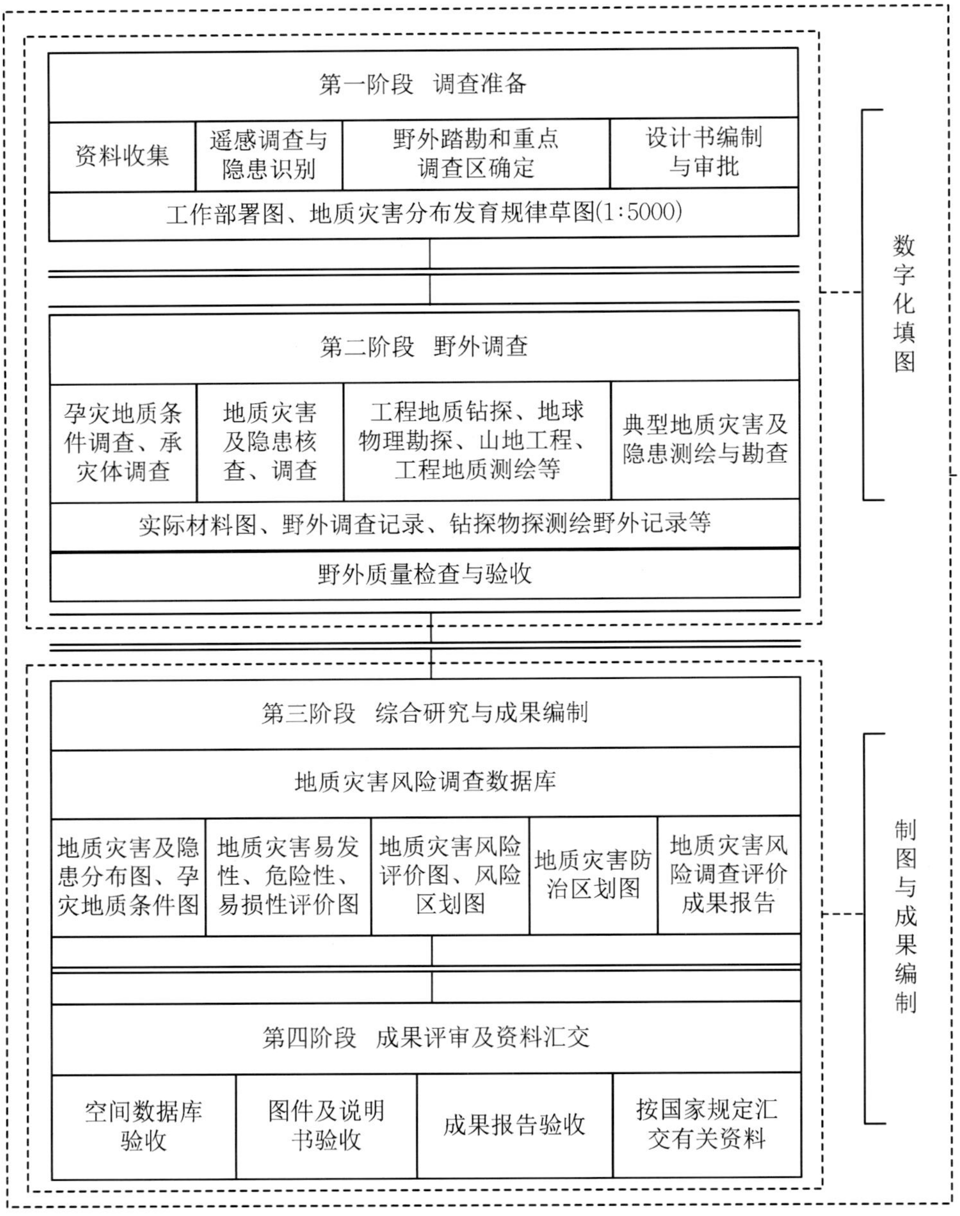

图 4-1-1　地质灾害风险调查评价流程图

对岩体工程地质调查应包括:地层岩性、岩层产状、岩性组合、节理裂隙、岩组界线、强度特性、岩体结构等内容。

应划分区域工程地质岩组类型,分析其与地质灾害的关系。

④ 地表水与地下水

以资料收集为主,核查地表水流量、历史最高洪水位、水位波动幅度、入渗条件、冲刷强度及流通情况,分析水流作用对形成地质灾害的效应。

应核查调查区地下水基本特征和水文地质结构，包括地下水类型、水位、流量、泉点、地下水溢出带、斜坡潮湿带、含水层、隔水层等，分析地下水与斜坡稳定性的关系。

⑤ 气象、植被与土地利用状况

应收集调查区历史降雨记录、多年平均降雨量、历史最大降雨量等资料，核查已发生地质灾害的降雨强度、前期降雨量值和临界降雨量值。

植被调查应结合遥感解译，确定植被类型、覆盖率。地面重点调查马刀树和醉汉林等现象，分析其与地质灾害的关系。

土地利用状况可以收集资料为主，分析主要土地利用类型及其与地质灾害的互馈作用。

⑥ 人类工程活动

应调查切坡、加载、开挖、振动、灌溉、排污、抽排地下水等人类工程活动对斜坡的扰动情况。

应调查矿山开采、水利水电工程建设、交通基础设施建设等对形成地质灾害的影响。

应调查已有地质灾害治理工程的类型、数量、修建年份、主要作用、运维情况及防治效果等。

⑦ 易崩易滑地层

应在工程地质测绘和工程地质类比的基础上确定调查区易崩易滑地层。

应调查易崩易滑地层的分布区域、范围、规模及发育规律，获取物理力学参数。

应调查分析易崩易滑地层可能形成地质灾害的类型、规模、稳定性、影响范围等。

⑧ 软弱层

应调查工程地质岩组易软化、易压缩、易流变、易碎裂、易崩解等特性，对形成地质灾害具有控制性作用的特殊岩土体。

应通过钻探、槽探等获取软弱层样品，土样主要测试黏聚力、内摩擦角、压缩系数、含水量、液限、塑限等。岩样主要测试抗剪强度、抗拉强度、抗压强度、膨胀率、耐崩解性指数、块体密度、吸水率等。

应评价受软弱层控制的斜坡稳定性，分析易发生的地质灾害类型、规模及影响范围等。

⑨ 岩体结构

应调查岩体结构面类型、产状、密度、延展性、张开度、粗糙度、充填物、交切关系、软弱夹层等特征。

应划分岩体结构类型，确定优势结构面，分析岩体稳定性及发展趋势，评价发生崩塌、滑坡等地质灾害的可能性。

⑩ 斜坡结构

应以划分的斜坡单元开展调查工作，包含可能形成崩塌、滑坡的源区和影响区域，初步划分易产生地质灾害的斜坡区段。

调查应以实地测量为主，选择具有代表性的地质灾害隐患区段按照1:2000比例尺开展工程地质测绘,适当配合钻探、槽探、物探等手段,编制斜坡工程地质剖面图。

应编制调查区斜坡结构类型分区图。

⑪ 风化程度

应选择典型剖面划分调查区岩体风化程度,以统一的判识依据开展岩体风化程度调查。

应调查风化层的分布、风化带厚度、差异风化特征及风化裂隙的长度、宽度、填充、密度、交切关系等,分析岩体风化程度与地质灾害的关系。

⑫ 沟谷特征

应调查沟谷形态(纵横断面特征)、规模、松散堆积物、沟谷内地层岩性、地质构造、岩石风化、水文现象、发育阶段等,分析形成泥石流物源及水动力特征。

应调查沟底及沟口中堆积物的岩性、厚度、分布范围、形态特征及不同时期堆积物的组合关系,判断泥石流等地质灾害的活动性。

⑬ 特殊地区孕灾地质条件调查

a) 红层地区:

应调查红层的岩性、风化程度、软弱层、结构面、成岩程度、溶蚀等特征,进行岩体分类、风化带划分,确定调查区易崩易滑地层,分析孕育地质灾害的基本规律。

应调查红层区斜坡结构,划分土岩界面,分析判定滑面(带)的位置、形状等特征;重点对受软弱层控制的顺向基岩斜坡稳定性进行综合判断。

b) 黄土地区:

应调查黄土时代、厚度、节理裂隙、落水洞等特征,评价黄土湿陷性等,分析斜坡变形方式、扩展形式及成灾规律。

应调查斜坡结构类型、下伏地层的工程地质特征、地下水、人类工程活动等,总结地质灾害成灾模式。

c) 岩溶地区:

应调查溶隙、岩溶堆积体、溶洞、岩溶塌陷坑、土洞、溶蚀凹槽、地下水、泉、溢出带、斜坡潮湿带等分布发育特征,分析产生地质灾害的类型、规模、变形方式、稳定性和影响范围等。

应调查斜坡结构类型,重点调查由上部为碳酸盐岩和下部为煤系地层、泥页岩、石膏、泥灰岩等软弱地层构成的斜坡,分析采矿、切坡、蓄水等工程活动的致灾作用。

d) 红黏土地区:

应调查红黏土的厚度变化、胶结程度、成层特性、孔隙及裂隙、差异风化程度等特征,分析胀缩性、崩解性和软化性等。调查斜坡中软化层的埋藏和分布情况,分析斜坡稳定性。

应调查地下水分布、水位变化和地表水渗漏情况、土洞、塌陷、基岩面起伏状况、地表或建筑物开裂变形等特征,分析红黏土地区形成滑坡、崩塌、地面塌陷、地面沉降等地质灾害的条件和规律,评价地质灾害的发育程度和发展趋势。

e) 膨胀土地区:

应调查膨胀土的厚度、裂隙发育状况及分布规律等，测试矿物成分、膨胀土膨胀、收缩等性质，判定膨胀潜势，按强、中、弱三个等级对膨胀土进行分类分区，分析膨胀土胀缩作用对形成地质灾害的影响。膨胀潜势分类可按GB 50112—2013中有关要求执行。

应调查分析地表水和地下水对膨胀土的软化作用，重点评价斜坡中发育膨胀土软弱层的致灾效应。

f) 软土地区：

应调查软土的物质组成、厚度、结构特征和分布规律等，测试压缩性、渗透性与流变性等特征，分析软土的压缩变形、侧向扩展变形等对形成地面沉降、地裂缝等地质灾害的作用。

应调查软土地区水文地质条件和淤泥、泥炭、硬壳等特殊土层的分布发育规律，分析地下水特征及排水条件，总结地质灾害形成机理。

(3) 地质灾害调查

① 滑坡调查

应调查滑坡的类型、规模、形态、活动状态、运动形式、边界条件、活动历史等基本特征，调查滑坡所在斜坡的地层岩性、地质构造、斜坡结构类型、水文地质条件等。

应调查分析滑坡的诱发因素、分布规律、形成机理和成灾模式等，评价滑坡的稳定性、危险性和危害性，稳定性野外判别依据评价可按DZ/T 0261—2014有关要求执行。

滑坡核查、调查、测绘相关内容应按DZ/T 0261—2014有关要求执行。滑坡勘查应按GBT 32864—2016执行。

② 崩塌调查

应调查崩塌的类型、分布高程、规模、活动状态、变形历史、堆积体等；调查崩塌发生斜坡的地层岩性、岩体结构、软弱层、节理裂隙、风化程度、地下水基本特征等。

应调查崩塌诱发因素、形成机理、成灾模式、致灾范围等，圈定崩塌源和崩塌堆积区，分析崩落路径，评价崩塌的稳定性、危险性和危害性。稳定性评价可按DZ/T 0261—2014的有关要求执行。

崩塌调查、测绘其他相关要求应按DZ/T 0261—2014的有关要求执行。

③ 泥石流调查

调查泥石流的类型、地形地貌特征、松散物储量、沟口扇形地特征、水动力条件、活动状态、活动历史、堵塞程度等，调查分析泥石流物源区、流通区和堆积区的基本特征。

调查泥石流的物源补给途径、一次冲出方量、防治情况、致灾对象等，评价泥石流的易发性、危险性和危害性。

泥石流调查、测绘其他相关内容可按DZ/T 0261—2014的有关要求执行，勘查要求可按DZ/T 0220—2006有关要求执行。

④ 地面塌陷调查

在岩溶区，应调查岩溶塌陷区地层岩性、岩体结构、岩溶发育特征等；应调查岩溶含水层组特征、含水介质类型、富水性、埋藏和分布状况等;应调查地下水开采井井深、结构、开采量、开采层位、水位变化等。

在采空区,应调查采空塌陷区地层岩性、地质构造、岩体结构、水文地质条件、软弱层等;调查地下工程的性质、规模、开采方式、开采规划、地下水疏干情况和降落漏斗分布特征等。

应调查地面塌陷发生的时间、地点、规模、形态特征、影响范围、危害对象、致灾程度、处置情况等;应分析地面塌陷易发性、危险性和危害性。

⑤ 地裂缝调查

应调查地裂缝发育区的地层岩性、地质构造、水文地质、工程地质特征、地下水开采情况等,分析地裂缝灾害的成因机理、形成条件及其影响因素。

应调查地裂缝的几何特征、产状、规模、变形迹象及变形历史、成因类型、发育强度、分布规律、危害程度等。

⑥ 地面沉降调查

应调查地面沉降区第四纪覆盖层土质及厚度、地下水基本特征及水位变化、水文地质结构等。

应调查分析地面沉降区面积、累计沉降量、沉降速率、地下水开采情况、地表开裂、诱发因素、危害程度及发展趋势等。

其他相关内容可按DZ/T 0283有关要求执行。

(4) 地质灾害隐患调查

① 应在调查分析孕灾地质条件的基础上,确定形成地质灾害的主控因素,应用遥感、工程地质类比、测绘、勘查和测试等手段,综合分析圈定地质灾害隐患位置或范围。

② 应重点调查地质灾害隐患所处区域微地貌、易崩易滑地层、软弱层、风化程度、岩体结构、节理裂隙、地下水、变形特征、形成因素、威胁范围等,分析地质灾害隐患的稳定性。

③ 应重点调查泥石流隐患区域松散堆积物储量、沟道特征、水动力条件、堵塞程度、堆积扇特征、一次冲出方量和致灾对象等,分析泥石流隐患的活动性。

④ 地质灾害隐患调查和记录内容可按DZ/T 0261—2014有关要求执行。重要、典型地质灾害隐患测绘、勘查应按DZ/T 0261—2014的有关要求执行。

⑤ 应加强高位远程地质灾害隐患和灾害链调查,重点调查微地貌特征、历史变形破坏迹象、控制性边界条件、威胁对象等,分析灾害体变形特征及链生效应、可能的运动路径、潜在影响范围及危害程度等。

(5) 承灾体调查

① 在一般调查区和重点调查区内应调查地质灾害影响范围内危害对象,调查内容参见表4-1-2。针对调查区内的大规模工程活动,应开展专题地质灾害风险调查评价。

② 单体地质灾害承灾体调查应补充调查承灾体的特征属性信息,如人员的结构特征、房屋的建筑类型等。

表4-1-2　承灾体调查内容

序号	承灾体	调查内容
1	人员	居住、工作或旅游等人口数量和人员结构
2	基础设施	工业与民用建筑，道路交通，水利设施、生活设施、通信设施等财产
3	大规模工程活动	大规模切坡、加载、开挖，矿产资源开发利用、水利水电开发、交通建设等工程活动

4）基本调查方法

（1）资料收集与分析

应收集地质灾害调查、监测、防治及与地质灾害相关的气象、水文、地质、规划等资料。充分利用已有成果，初步分析调查区地质灾害发育分布状况、形成条件与诱发因素。通过综合分析，结合遥感解译，进行预编图。

（2）遥感调查

① 宜根据调查区实际情况选择遥感技术方法，分析地质灾害类型、边界条件、变形特征、分布发育规律等，初步圈定地表变形区和地质灾害隐患。

② 在一般调查区开展地质灾害调查时应选用空间分辨率优于2 m的多光谱遥感数据。在重点调查区应选用空间分辨率优于1 m的多光谱或无人机遥感数据。

③ 最新影像数据时效性不宜超过2年，云、雪等覆盖率不宜大于5%，应选择地震、强降雨等对地质环境有较大影响事件之后的影像数据。

④ 应解译出影像图中图斑面积大于4 mm^2的地质灾害和长度大于2 mm的线状地物，小于解译精度的应用规定符号表示。解译的界线与影像误差不应大于2 mm。

⑤ 应对识别出的地质灾害隐患进行野外核查，确认后统一纳入地质灾害风险调查数据库。

（3）地面调查

① 孕灾地质条件调查宜采用追索法及穿越法，应按照调查精度要求布设调查线路和控制点，查明调查区孕灾地质条件和地质灾害特征。

② 对重大、典型的滑坡、崩塌、地面塌陷、地裂缝应开展不小于1∶2000比例尺的工程地质测绘，对泥石流、地面沉降严重区应开展不小于1∶10000比例尺的工程地质测绘。调查的灾害点应填写调查表格。

③ 在野外调查过程中，原则上滑坡调查点定在滑坡后缘中部，泥石流调查点定在堆积扇扇顶，崩塌调查点定在崩塌（危岩体）前缘，地面塌陷调查点定在塌陷坑的周缘，地面沉降调查点定在地面沉降中心，地裂缝调查点定在裂缝位移最大区段。

（4）物探

① 应重点布设在典型斜坡区段、地质灾害隐患点、崩塌（危岩体）源区、地面塌陷区、泥

石流堆积扇、采空区等位置，结合测区地形地物条件，合理布置物探测线，重点探测工程地质岩组界线、斜坡结构类型、基覆界面、软弱层、风化程度、塌陷坑、地下空洞、地下水位、节理裂隙、滑面（带）等。

② 物探剖面方向应按垂直探测对象的总体走向或沿着地质灾害条件变化大的方向布设。

③ 测线长度、间距应控制被探测对象。

④ 物探的探测深度应大于地质灾害厚度、基覆界面深度、裂缝深度、塌陷坑深度、地下水埋深、软弱层深度及钻孔深度等。

⑤ 物探工作应在工程地质钻探之前进行，成果应结合钻探成果进行验证和二次解释，提高物探成果的准确性。

⑥ 物探成果报告应论述工作方法、地质体的地球物理特征、资料的解释推断、结论和建议，并附相应的工作布置图、平剖面图、曲线图、解释成果图等。

⑦ 物探方法的选择可按DZ/T 0261—2014的有关要求执行。

(5) 钻探

① 钻探工作量应重点布设在具有代表性的斜坡体、工程地质区段及地质灾害隐患点上。

② 钻探应以揭露地质结构为目的，重点揭露控制性结构面、软弱层、潜在滑面（带）、覆盖层、风化带、地下水等特征。

③ 钻孔编录应按钻进回次逐次记录，钻孔地质编录应按统一表格记录。

④ 岩心采取率不应低于80%，钻孔深度应穿过目标层位3～5 m。

⑤ 岩心的地质编录应重点描述滑带、软弱层、风化程度、裂缝、岩溶等内容；应记录地下水变化情况、取样信息和钻进异常现象等。

⑥ 钻孔竣工后，应及时提交钻孔柱状图和剖面图、钻孔施工设计书、钻探班报表、岩心记录表、岩心照片集、采样记录、简易水文地质观测记录、钻孔施工小结等资料。

⑦ 钻孔验收后，对不需保留的钻孔宜进行封孔处理。

⑧ 野外成果验收前，宜保留各孔岩心。

⑨ 钻探其他要求可按GB 50021—2001（2009年版）规定执行。

(6) 山地工程

① 山地工程应以探槽和浅井为主，调查探测对象的规模、边界、物质组成、形成条件等，获取现场试验参数等。

② 山地工程应布置在重要的地质灾害（隐患）点、勘查点及重点测绘区段等。

③ 探槽、浅井的深度应根据调查需要和施工安全具体确定，对探槽、浅井应及时进行详细编录，制作比例尺为1:20～1:100的展示图或剖面图。

④ 应提交地质编录图表、施工小结、照片集等；宜提交重要地段施工记录（支护、变形情

况、地下水排水措施等)、取样记录等。

⑤ 槽探、浅井等山地工程竣工后应及时回填,必要时进行保护与封闭。

(7) 测试与试验

① 测试与试验应以原位测试与室内试验相结合的方式进行。

② 采用原位测试获取岩土体物理力学参数时,宜选择现场直剪试验、大重度试验、孔内波速测试、岩石声波测试、点荷载试验、渗透试验等方法。

③ 室内试验可用于测试岩土体物质成分及物理力学性质等。

④ 岩土体原位测试和室内试验应按 GB/T 50123—2019、GB/T 50266—2013 规定执行。

5) 地质灾害风险评价

(1) 总体要求

① 应采用定性与定量相结合的方法开展地质灾害风险评价。

② 地质灾害风险应在易发性、危险性、易损性评价基础上,划分为极高、高、中、低四个等级。

③ 一般调查区和重点调查区承灾体易损性宜按半定量的方法确定,单体地质灾害勘查点承灾体易损性宜按定量方法确定,人员易损性应取易损性区间值的高值。

④ 应按照滑坡和崩塌、泥石流、地面塌陷、地裂缝、地面沉降分类型评价地质灾害风险,根据实际情况综合叠加确定风险等级,据此开展风险区划。

⑤ 地质灾害风险区划结果应实地核查,对区划边界、风险等级、异常区等进行复核,必要时补充相应调查工作量,并对区划结果进行局限性评述。

(2) 一般调查区地质灾害风险评价

① 地质灾害易发性应采用统计模型方法(信息量、证据权等)进行评价,以孕灾地质条件为基础选取评价指标,阈值的选取应与野外调查确定的地质灾害发育程度相匹配。

② 应在易发性评价的基础上,宜采用历史月累积降雨量(大于5年)或地震动峰值加速度开展地质灾害危险性评价。

③ 应分别评估人员和基础设施易损性,设定权重综合确定承灾体易损性。

④ 将危险性和易损性评价结果叠加运算,形成风险评价与区划结果。

(3) 重点调查区地质灾害风险评价

① 采用统计模型方法(信息量、证据权等)以栅格单元开展地质灾害易发性评价,其中对集镇、迁建区、集中安置点等人口聚集区采用无限斜坡模型等方法以斜坡单元进行易发性划分。

② 应在易发性评价的基础上,结合10年一遇、20年一遇、50年一遇、100年一遇的降雨工况或基本地震、多遇地震、罕遇地震工况,分别进行地质灾害危险性评价。地震动峰值加速度取值应按GB 18306执行。

③ 人口聚集区承灾体易损性应在承灾体调查基础上,分别评估人员、基础设施等承灾体的易损性,叠加确定承灾体的综合易损性。

④ 将危险性和易损性评价结果叠加运算,形成风险评价结果,划分地质灾害风险区段。

(4) 单体地质灾害风险评价

① 应对单体地质灾害调查点进行定性评价,确定风险等级。

② 应对单体地质灾害勘查点进行稳定性评价,分析地质灾害发生概率,结合现场调查、历史统计、经验公式和数值模拟等方法划分灾害体潜在影响范围。

③ 在单体承灾体调查的基础上,结合灾害体潜在影响范围,评价承灾体易损性。

④ 将危险性和易损性评价结果叠加运算,确定单体地质灾害勘查点风险等级。

6) 地质灾害风险管控

① 一般调查区风险区划结果应作为国土空间规划的基础依据,原则上极高风险区不应开展大规模城镇和工程建设,有序引导人口、经济向低风险区聚集。

② 重点调查区应编制地质灾害防治区划图件,对风险等级为极高和高的区段,提出工程治理、避险搬迁、排危除险、监测预警等一种或多种风险管控建议。

③ 针对极高和高风险单体地质灾害应提出不同工况条件下工程治理措施、安全避让距离、避险搬迁范围、监测预警手段等综合风险管控对策。

④ 地质灾害中和低风险区开发利用时应参照承灾体调查项执行,并提出相应的风险管控措施。

2. 1:10000风险调查

根据部分省份已开展1:10000调查的技术标准,结合我省实际,给出重点乡镇1:10000地质灾害风险调查技术要求:

1) 总则

(1) 目的

采用新技术、新方法识别地质灾害隐患,调查孕灾地质环境条件,总结地质灾害发育分布规律及发展趋势;分析地质灾害形成机理和成灾模式,评价地质灾害的易发性及危险性,识别承灾体及易损性,划定和评价地质灾害风险区和等级,提出风险管控对策措施。

(2) 任务

① 开展地质灾害隐患识别。

② 地质灾害孕灾地质环境条件调查。调查地形地貌、地质构造、岩(土)体工程地质特征、斜坡结构、残坡积层和风化层厚度、地下水活动等孕灾地质条件和气象、水文、人类工程活动等诱发因素。

③ 地质灾害及隐患调查。调查崩塌、滑坡、泥石流、地面塌陷、地面沉降的形成发育特征及危害情况,分析其时空分布规律、影响因素及成因机理,评价突发性地质灾害稳定性,预

测地面沉降发展趋势，提出监测预警、工程治理、避让搬迁、控采地下水等科学合理的处置建议，为地灾防治提供科学依据。

④ 承灾体调查。调查可能受地质灾害威胁的人员、财产、构筑物、基础设施、经济活动、土地、资源、环境等基本信息。

⑤ 地质灾害风险评价。开展地质灾害易发性、危险性、易损性和风险评价，进行地质灾害风险区划，编制地质灾害风险调查评价相关图件。对于突发性地质灾害危险性和风险评价需要考虑大雨、暴雨、大暴雨及特大暴雨等不同工况。

⑥ 开展突发性地质灾害降雨阈值研究，提出1小时、3小时、6小时、12小时、24小时降雨阈值建议。

⑦ 划定地质灾害风险区，提出地质灾害防治与风险管控对策建议。

⑧ 建立地质灾害风险调查与评价数据库。

2）总体要求

（1）应充分收集利用调查区及周边地质灾害、工程地质、水文地质、环境地质、岩土工程勘查等已有成果资料，结合遥感解译成果及监测资料，初步分析总结地质灾害发育分布规律和成灾模式，在此基础上开展野外调查。

（2）调查宜采用遥感调查（含无人机调查）、地面调查、测绘和勘查等技术相结合的方法综合开展。在精度满足要求的前提下，可用遥感调查等手段代替部分地面调查工作量。在地面沉降资料空白区或资料较少时，宜优先选用InSAR等先进技术调查灾害发育现状。

（3）地质灾害调查采用点、线、面相结合的调查方法。调查评价工作根据调查目的和区域的不同分不同精度进行。对于山地区域，一般调查区工作精度为1:10000比例尺；重点调查区工作精度为1:2000比例尺；重要地质灾害隐患点、重要斜坡和小流域沟谷等区域（以下简称“重要地段”）工作精度为1:1000～1:500比例尺；对于平原区，一般调查区工作精度不低于1:50000比例尺，重点调查区工作精度不低于1:10000比例尺，重要地段（居民点和工程建设区的地裂缝）工作精度为1:1000～1:500比例尺。

（4）在重要地段，应布设适当的测绘、物探、钻探和山地工程等工作量，采集必要的岩土、水样，了解岩土体结构，获取必要的物理力学参数；重要地段以外的重点调查区、一般调查区，视实际情况可布设适量的测绘、物探、钻探、山地工程和岩土、水样测试等工作量。

3）调查区划分

（1）调查区范围根据调查目的确定。对于乡镇（街道）、村庄及规划区等调查应包括完整的乡镇（街道）、村庄、规划区范围，建设工程项目区等范围。

（2）根据滑坡、崩塌、泥石流、地面塌陷等地质灾害所危及的对象、范围及等级，将调查区划分为重点调查区和一般调查区。

（3）具有孕灾和成灾条件，可能危及村庄、居民区、学校、厂矿企业、重要建构筑物、重要基础设施、重要社会经济发展规划区等区域的,划定为重点调查区。对于山地区域,重点调查区以分水岭为界,属于沟谷泥石流危害区域,应包括整个流域范围,重点调查区内的重要地质灾害隐患、重要斜坡、重点泥石流沟谷等区域划定为重要地段;对于平原区域,重点调查区主要为地面沉降严重区,居民点和工程建设区的地裂缝区域划为重要地段;重点调查区以外的其他区域划为一般调查区。

(4) 调查区应在收集资料和遥感解译基础上,结合野外踏勘划定。

4) 工作量基本定额

突发性地质灾害调查工作量基本定额见表4-1-3。

表4-1-3 每百平方千米调查区基本工作量定额表

工作内容		单位	工作量	
			一般调查区	重点调查区
遥感调查	1:10000遥感调查	km^2	100	/
	1:2000遥感调查	km^2	0～10	100
	1:500～1:1000	km^2	/	>5
地质灾害测量	1:10000地质灾害测量	km^2	100	/
	1:2000地质灾害测量	km^2	0～10	100
	1:1000地质剖面测量	km^2	>5	>10
钻探	取芯钻探	m	>100	>300
岩土样	岩样、土样、水样	组	>10	>20

5) 一般调查区基本工作内容与工作精度要求

(1) 采用点、线、面相结合,以遥感调查为先导,以野外实地调查或线路核查为主的方法进行,必要时布设物探、钻探、山地工程和岩土样测试等工作量。

(2) 突发性地质灾害野外调查按1:10000地质灾害测量(包括正测、简测,具体精度视情况而定)要求开展,地面沉降野外调查按1:50000要求开展。

(3) 对地质环境条件简单,地质灾害不发育或人口稀疏的区域,可按草测(点密度及数量按正测要求的50%控制)要求开展地质灾害和地质环境条件核查。

(4) 对于基本具备成灾条件的地质灾害隐患点(斜坡、地段或区域)逐一排查,圈划地质灾害隐患的范围和影响区范围。

(5) 对于排查确认的地质灾害隐患点(斜坡、地段或区域),评价其稳定性,并对每一处地质灾害隐患点(斜坡、地段或区域)给出科学合理的处置(工程治理或避让搬迁等)建议措施。

(6) 按相应精度开展地质灾害易发性、不同工况下的危险性、易损性和风险评价，编制地质灾害易发区、危险区和风险区划分图。

6) 重点调查区基本工作内容与工作精度要求

(1) 采用点、线、面相结合，以遥感调查为先导，以野外实地调查或线路核查为主的方法进行，并布设物探、钻探、山地工程和岩土样测试等工作量。

(2) 突发性地质灾害野外调查按1:2000地质灾害测量要求开展，建议采用无人机倾斜摄影测量或机载激光雷达(LiDar)等对重要地段进行大比例尺测绘；地面沉降按不低于1:10000要求开展。

(3) 对于具备成灾条件的斜坡、地段或区域逐一排查，圈划地质灾害隐患的范围，确定其威胁对象(承灾体)，评估其稳定性，并对每一处地质灾害隐患点(斜坡、地段或区域)给出科学合理的处置(专业监测、工程治理或避让搬迁等)建议措施。

(4) 按相应精度，对重点调查区进行地质灾害易发性、不同工况下的危险性、易损性和风险评价，编制地质灾害易发区、危险区和风险区划分图和图册。

(5) 对重要地段，按照1:1000～1:500精度开展初步勘查，布设测绘、钻探、物探、山地工程和取样测试等手段，确定突发性地质灾害威胁范围和威胁对象(承灾体)，查明其主要致灾因素和失稳成灾模式，构建评价模型，评价地质灾害稳定性和单体风险；查明地裂缝几何特征、产状、规模、变形迹象及变形历史、成因类型、发育强度、分布规律、危害程度、成因机理、形成条件及影响因素。乡镇级调查原则上实施勘查的重要地段不少于3处，其他类别的调查，按调查区面积和地质灾害隐患发育程度确定。

7) 孕灾地质条件调查

(1) 基本要求

① 应对调查区成灾地质环境条件进行调查，并做好沿途观察和描述。

② 一般调查区，山区开展1:10000精度调查(简测为主，草测为辅)，平原区开展1:50000精度调查；重点调查区，山区开展以斜坡、小流域沟谷为调查单元的1:2000精度调查，平原区开展1:10000精度调查。

③ 应布设地质环境条件控制点，包括：地形地貌、地质构造、岩(土)体工程地质、斜坡结构、地表水和地下水、环境因素，以及社会经济活动等。

④ 应做好地质环境条件控制点的野外调查记录，做到一点一表。

(2) 地形地貌调查

① 以资料收集为主，并结合遥感影像及DEM，确定工作区地貌单元及类型，划分微地貌、坡度等。

② 调查与滑坡、崩塌、泥石流、地面塌陷相关的地形地貌特征，包括：斜坡形态、类型、结构、坡度、坡向，以及悬崖、沟谷、河谷、河漫滩、阶地、沟谷口冲积扇等，重点关注微地貌组合

特征(负地形、凹型坡、台坎等)、相对时代及其演化历史。分析不同地形地貌单元的孕灾规律,建立地质灾害地形地貌方面的早期识别标识。

③ 调查与地面沉降、地裂缝相关的构造地貌特征、微地貌组合特征,灾害所处地貌单元的部位及其与地貌走向的关系等。

④ 调查人工地形地貌形态、规模及其稳定性条件,包括:人工边坡、露天采矿场、采空区、水库和大坝、弃渣堆等。

⑤ 调查水网分布与水文特征,地形地貌与地下水的形成、埋藏、富集、补给、径流、排泄的关系。

(3) 基础地质与地质构造调查

① 以资料收集为主,并结合遥感解译和野外核查,主要内容包括:区域基岩埋深、岩性、成因类型、形成时代、分布特征等;第四纪地层分布、厚度、岩性、成因类型、形成时代、沉积环境、演化规律等。

② 调查各种构造结构面、原生结构面和风化卸荷裂隙的产状、形态规模、性质、密度、延伸、充填及其相互切割关系。

③ 调查断裂(包括隐伏断裂和活动断裂)、活动时代和主要构造线的展布方向等;调查不同构造单元和主要断裂构造带在晚近地质时期以来的活动情况,以及全新世以来活动性断裂的规模、性质等,分析断裂的现今活动特征和规律。

④ 在地裂缝分布区,尚应调查区内各种构造节理面的产状、形态、规模、性质、密度及其相互切割关系等。

⑤ 在调查的基础上分析地质构造与地质灾害的关系。包括:区域主要构造的规模、构造优势面及组合、性质、方向、活动强度、特征及其地貌特征。各种结构面与斜(边)坡及临空面的几何关系及其对斜(边)坡稳定性的影响。

(4) 岩(土)体工程地质调查

① 区域地层以资料收集为主,山区工程地质岩组以调查为主,平原区根据搜集的钻孔等资料对调查区内工程地质进行测绘,一般调查区勘探孔总数每100 km^2不宜少于4～6个,重点调查区勘探孔总数每100 km^2不宜少于8～10个。

② 工程地质调查应包括以下内容:

a) 岩土体的成因、类型、地质时代、埋藏分布和物理力学性质,并宜根据岩土体分布和地层组合特征,进行工程地质结构分区、工程地质岩组划分。

b) 软土、膨胀土、吹填土等特殊性土及不良地质现象的分布和工程地质性质;确定区域易崩、易滑地层,或具有连续软弱结构面、易软化地层、层间剪切面的易致灾地层;圈定区域风化层、松散残坡积层,确定风化层、残坡积层的厚度。

③ 在重要的斜坡、地段或区域(地质灾害及隐患点),应进行1:1000或以上精度的工程地质剖面调查与测量,实测具代表性的综合剖面。

(5) 斜坡结构调查

① 以野外调查为主。应以划定的斜坡单元开展调查工作，包含可能形成崩塌、滑坡的源区和影响区域。重点调查区应逐坡进行调查。

② 斜坡结构调查应调查斜坡的地质环境条件、斜坡体特征、灾害发育情况以及不同类型斜坡分布范围，初步判别斜坡稳定性，内容包括：

a) 地形地貌特征，包括地形特征、与地层产状关系、临空面特征、斜坡转折端形态。

b) 斜坡形态特征与结构特征，包括平、剖面形态、结构类型、规模、组合关系等。

c) 地层岩性及工程地质岩组特征，包括风化层、残坡积层厚度及分布范围，松散层与基岩面接触过渡关系等。

d) 地质构造发育情况，包括所处构造部位、褶皱、断裂、裂隙特征及其切割关系。

e) 斜坡水文特征，包括斜坡汇水条件、地下水类型、简要水文地质条件。

f) 植被类型、覆盖率、土地利用类型。

g) 切坡、采矿、土地整理等人类活动情况。

h) 现今斜坡变形破坏迹象、变形位置及微地貌特征。

③ 斜坡演化过程。

④ 根据斜坡稳定性，判定影响范围，调查影响范围内的建(构)筑物、人员、重要基础设施等承灾体情况。

⑤ 综合考虑地质环境特征及地质灾害发育内因和外因，确定斜坡结构类型，初步划分易产生地质灾害的斜坡区段。

(6) 地表水与地下水调查

① 以资料收集为主，平原区根据搜集的钻孔等资料对调查区内水文地质进行测绘，一般调查区水文地质钻孔总数每100 km^2不宜低于3～4个，重点调查区水文地质钻孔总数每100 km^2不宜低于6～8个。

调查内容包括：

a) 核实调查水文地质结构和地下水基本特征，包括地下水赋存类型、性质、主要含水层系统空间分布特征、水化学特征、水位及动态变化等，以及泉点、地下水溢出带、斜坡潮湿带等分布及动态情况。

b) 核实调查水文地质条件，包括含水层分布、类型、富水性、透水性、地下水位变化趋势，主要隔水层的岩性、厚度和分布，及补给、径流、排泄条件。

c) 地下水开发利用情况和地下水位动态特征，包括开采井及回灌井的分布、开采及回灌的层位与深度、抽水量和回灌量等。

d) 结合遥感解译等资料，核实调查地表水入渗情况、产流条件、分布、冲刷作用和流通情况。

② 对威胁县城、村镇、矿山、重要公共基础设施或主要居民点的泥石流沟应进行小流域

面积、流量、泥位核实评估,分析可能形成的灾害。并对行洪区、沟口和堆积区建筑物灾害危险进行评估。

③ 现场分析地下水的流向、径流、补给和排泄条件、地下水与边坡稳定性的关系。

(7) 气候、植被与土地利用状况调查

① 以资料收集为主。

② 气候资料应收集调查区历史降雨记录资料、多年平均降雨量、历史最大1 h、3 h、6 h、12 h和24 h降雨量,重大降雨事件(如台风暴雨、梅雨等)记录及10年、20年、50年、100年重现期降雨资料等。

③ 植被与土地利用状况资料应收集不动产登记数据、国情地理普查数据、土地利用规划资料等。

④ 气候、植被与土地利用状况调查的具体技术要求及注意事项,参照《滑坡崩塌泥石流灾害调查规范(1:50000)》(DZ/T 0261—2014)中"气候与植被"的相关要求。

(8) 社会经济活动调查

① 以资料收集为主,野外核查为辅的方法开展调查。

② 了解区域社会经济活动,包括:区内社会经济发展环境、区域总体规划、建设交通发展规划等情况,经济发展规模、趋势及其与地质灾害的关系。

③ 了解人类工程活动与地面沉降、地裂缝之间的关系,如抽排地下水、重大工程建设对地下水扰动等。

④ 了解目前人类工程活动对斜坡的扰动情况,如加载、切坡、改变水环境、震动等对斜坡的影响及诱发灾害情况。

⑤ 了解调查区地质灾害防治工程措施及其作用,包括:地面沉降、地裂缝的监测与防治设施建设和应用情况,地质灾害治理工程的类型、布局、修建年份、主要作用及其防治效果等。

⑥ 了解大型工程活动及其地质环境效应,包括:水电工程等引起地质环境的应力、水动态和岩、土性质等方面的变化,分析地质环境现象的分布、形态、性质、规模、强度、成因和发展速度以及与人类工程活动的因果关系。

8) 地质灾害及隐患调查

(1) 基本要求

① 应采用遥感调查与地面调查相结合的方法进行;对于重要地段,应采用遥感调查、地面调查与测绘、物探、钻探、山地工程及取样测试等相结合的方法进行。

② 一般调查区,应对每一处地质灾害及隐患点进行调查;重点调查区,应对每一处地质灾害及隐患点以及每一个斜坡单元进行调查。

③ 调查内容包括地质灾害特征、地质环境条件、造成灾害及威胁情况等;对于重大降雨事件(如台风暴雨、梅雨等)主要诱发的地质灾害及隐患,应对灾害的活动性、发生位置、发生

日期、类型、形态特征、规模和危害等进行详细登记和编目，并在调查表“基本特征”栏注明所属降雨事件。

④ 应做好野外调查记录，做到一点一表。

⑤ 凡能在图上表示出范围和形状的地质灾害及隐患点（斜坡）（即图面长或宽大于2 mm），除需在图上用规定的点状符号标示定点外，还须在图上勾绘其边界。

⑥ 应根据调查结果，现场判定地质灾害及隐患点的稳定性，分析并现场圈定其可能的致灾范围，判定受威胁对象及可能造成的危害程度。

(2) 滑坡及隐患调查

① 一般要求

滑坡调查内容主要包括斜坡区调查、滑坡体调查、滑坡成因调查、滑坡危害调查、滑坡防治情况调查、承灾体调查等。

② 滑坡及隐患调查

滑坡及隐患调查应根据调查分级和工作精度按调查、测绘和勘查3个层次开展。

滑坡及隐患调查的具体技术要求及注意事项，参照《滑坡崩塌泥石流灾害调查规范（1∶50000）》（DZ/T 0261—2014）中“滑坡灾害调查”的要求。根据现场调查，初步圈定滑坡发生后的最大可能威胁范围。对于受滑坡影响的承灾体的调查，按照“承灾体调查”要求执行。

滑坡及隐患测绘应采用无人机调查、地面调查、剖面测量、物探、浅井、探槽等相结合的方法进行。测绘精度应符合下列要求：

a) 滑坡区平面图测绘比例尺宜在1∶1000～1∶500之间。

b) 滑坡区剖面图测绘比例尺宜在1∶500～1∶250之间。测绘范围应包括滑坡体及其邻区，后部应包括滑坡后壁以上一定范围的稳定斜坡或汇水洼地，前部应包括剪出口以下的稳定地段，两侧应到达滑体以外一定距离或邻近沟谷，一般控制在滑坡边界外50～100 m。应将滑坡范围、形态特征、变形迹象、威胁范围以及承灾体信息等要素详细标记在地形图上，其比例尺应与测绘地形图的比例尺一致，并做好详细记录。应实测具代表性的纵横剖面，并进行拍照、录像或绘制素描图。

滑坡及隐患勘查的具体技术要求及注意事项，参照《滑坡崩塌泥石流灾害调查规范（1∶50000）》（DZ/T0 261—2014）中的要求和《滑坡防治工程勘查规范》（GB/T 32864—2016）要求执行。勘查成果应包括：地质背景和形成条件，形态要素、性质和演化，平面图、剖面图、岩土工程特性指标、稳定性分区，以及影响范围、威胁对象和防治建议等。

(3) 崩塌及隐患调查

① 一般要求

崩塌及隐患调查内容主要包括危岩体调查、崩塌堆积体调查和承灾体调查等。

② 崩塌及隐患调查

崩塌及隐患调查的具体技术要求及注意事项,参照《滑坡崩塌泥石流灾害调查规范(1:50000)》(DZ/T 0261—2014)中“崩塌灾害调查”的要求。根据现场调查,初步圈定崩塌发生后的最大可能威胁范围。对崩塌及隐患的承灾体调查,按照“承灾体调查”要求执行。

(4) 泥石流及隐患调查

① 一般要求

泥石流调查内容主要包括地质环境条件调查、泥石流特征调查、泥石流诱发因素调查、泥石流危害调查、泥石流防治情况调查、承灾体调查等。在图上除需要用规定的点状符号标示外,还应在图上用线、面表征泥石流,并标示其流动方向。

泥石流及隐患调查应根据调查分级和工作精度按调查、测绘和勘查3个层次开展。

② 泥石流及隐患调查

调查范围应包括可能发生泥石流的斜坡、沟谷、自沟口至分水岭的全流域、以及出沟口后可能受泥石流影响的地段。

泥石流及隐患调查的具体技术要求及注意事项,参照《滑坡崩塌泥石流灾害调查规范(1:50000)》(DZ/T 0261—2014)中“泥石流灾害调查”的要求。根据现场调查,初步圈定泥石流发生后的最大可能威胁范围。承灾体调查,按照“承灾体调查”要求执行。

③ 泥石流及隐患测绘

测绘应采用地面调查、无人机调查、剖面测制、物探、浅井、探槽等相结合的方法进行。

测绘精度应符合下列要求:

a) 全流域测绘,比例尺宜采用1:10000~1:2000。

b) 物源区、流通区测绘,比例尺宜采用1:1000~1:500。

c) 堆积区测绘,比例尺宜采用1:500~1:250。

泥石流及隐患测绘的具体技术要求及注意事项,可参照《滑坡崩塌泥石流灾害调查规范(1:50000)》(DZ/T 0261—2014)中测绘的相关要求执行。

④ 泥石流及隐患的勘查

泥石流及隐患的勘查要求,可参照《泥石流灾害防治工程勘查规范》(DZ/T 0220—2006)相关要求执行。

(5) 地面塌陷调查

① 地面塌陷调查主要开展岩溶地面塌陷调查。

② 调查岩溶塌陷区地层岩性、岩体结构、岩溶发育特征等;应调查岩溶含水层组特征、含水介质类型、富水性、埋藏和分布状况等;应调查地下水开采井井深、结构、开采量、开采层位、水位变化等。

③ 应调查地面塌陷发生的时间、地点、规模、形态特征、影响范围、危害对象、致灾程度、处置情况等;应分析地面塌陷易发性、危险性和危害性。

9）承灾体调查

（1）基本要求

应以资料收集为主，遥感调查、补充地面调查与野外核查为辅的方法进行调查。

应重点收集国情地理普查数据、不动产登记数据、农村住房信息数据、国民经济和社会发展统计公报、城市发展规划等资料。

（2）调查对象包括：

① 受地质灾害威胁的人员数量，建筑物经济价值，重要线性工程，公共设施等。

② 重要斜坡、地段或区域、地质灾害及隐患点威胁的人员数量及分布，建筑物价值及结构类型。

（3）对于重要斜坡、地段或区域、地质灾害及隐患点承灾体调查应做好调查记录，做到一个承灾体一表。调查结果应与当地村委会、乡镇人民政府等进行核实，确保调查结果的准确。

（4）人员调查

人员调查应根据遥感影像图、地理国情普查数据、不动产登记数据、农村住房信息数据、国民经济和社会发展统计公报等，结合野外核查展开。

应以独立的构筑物为单元，调查每一处构筑物内的人员情况。

人员调查内容包括构筑物内的家庭常住人口和户籍人口情况，以及学校、工矿企业、集市等人员聚集区的每一处构筑物内经常驻留的人员情况等。

（5）经济类承灾体调查

应根据承灾体的空间分布特征，宜以每一个独立承灾体为单元进行调查。

经济类承灾体调查对象包括受地质灾害威胁的构筑物、重要线性工程、公共设施等。经济类承灾体的分类见表4-1-4。

表4-1-4　经济类承灾体分类表

序号	经济类承灾体	
1	构筑物	住宅、宾馆、商厦、学校、医院、厂房等工业与民用建筑
2	线性工程	公路、铁路、河堤、油气管线、输送水管道
3	公共设施	桥梁、大坝；供水排水系统、供电系统、通信系统、供气系统；水库等

经济类承灾体调查，主要调查承灾体本身的经济价值，即直接经济价值。对与该承灾体相关联或受该承灾体影响的其他对象（活动）的经济价值，即间接经济价值，不作调查。

经济类承灾体的经济价值应为当前时期的经济价值。调查内容为：

构筑物调查内容：构筑物坐落位置、结构类型、用途、建筑面积、楼层数、修建时间、构筑物使用情况、变形情况，及重要经济价值等。

线性工程调查内容：线性工程类型、级别、建造时间、单位造价、受威胁长度、工程变形情况等。

公共设施调查内容:设施用途、建造时间、使用情况、受威胁经济价值、设施变形情况等。

收集当地经济价值的相关价格标准。

除经济类调查承灾体本身价值属性以外,还应调查清楚该承灾体与其致灾体的空间位置关系,并结合承灾体本身的结构特征,评估承灾体可能受周边地质灾害的威胁情况。

经济类承灾体的易损性,应根据承灾体本身的结构特征,及其与地质灾害的空间位置关系等因素确定。

10) 风险管控

(1) 突发性地质灾害降雨阈值研究

① 降雨阈值宜选择包括但不限于基于过程降雨的统计学方法、基于前期降雨的统计学方法和基于水文和力学模型的方法等进行分析计算。

② 降雨阈值宜分别按照1 h、3 h、6 h、12 h和24 h降雨量提出。为提高降雨阈值分析精度,地质灾害统计样本不限于研究的乡(镇、街道),宜结合县域或更大区域的尺度进行数据收集统计。应说明降雨阈值的精度、时效性及局限性。

(2) 地质灾害风险区划定

① 突发性地质灾害应根据特大雨、暴雨工况下(最不利工况)地质灾害风险评价结果,将中风险区及以上的区域划定为风险区,进一步圈定潜在致灾体和承灾体范围,划定为风险防范区,进行地质灾害风险管控。地面沉降按风险等级划定不同的风险防控区域。

② 编制地质灾害风险管控方案和图册,提出有针对性的风险管控措施。

(3) 地质灾害风险管控措施

① 建立降雨阈值与地质灾害气象风险预警等级矩阵关系表,明确不同地质灾害气象风险预警等级下风险管控区人员应急避险标准。

② 根据突发性地质灾害风险评价结论,结合工作区防灾减灾工作的实际情况,从降低致灾体发生概率、降低承灾体易损性、有效规避风险等角度提出避让搬迁、工程治理、监测网点布设方案和监测预警等综合地质灾害风险管制和降低风险措施建议。

③ 根据地面沉降风险评估分区,提出建设优化地面沉降监测预警网、禁止或限制地下水开采、实施地下水回灌、提出年均地面沉降量和最大允许沉降量控制指标等地面沉降风险防控对策与建议。

(六) 岩溶塌陷调查

主要执行《岩溶塌陷调查规范(1:50000)》(征求意见稿),主要内容如下:

1) 范围

(1) 标准规定了1:50000岩溶塌陷调查的目的任务、设计书编审、调查区分级与基本工作量调查内容、调查方法及要求、综合评价、成果编制、成果审查验收与资料归档等方面的要求。

(2) 本标准是1:50000岩溶塌陷调查设计编写、调查实施、成果编制、质量监控、成果提交、验收与评审的主要依据。

(3) 本标准适用于1:50000岩溶塌陷调查,其他比例尺的岩溶塌陷调查也可参照使用。

2) 总则

(1) 目的

通过开展1:50000岩溶塌陷调查,查明岩溶塌陷发育的现状、特征及其水文地质工程地质条件,进行岩溶塌陷易发性区划,为国家与地方政府防灾减灾提供基础支撑。

(2) 任务

① 开展岩溶塌陷现状调查,查明岩溶塌陷的数量、类型、发育特征和分布规律。

② 开展岩溶塌陷发育的地质环境背景和水文地质工程地质条件调查,查明可溶岩分布、第四系覆盖层特征、岩溶地下水动力条件和诱发岩溶塌陷的人类工程活动等。

③ 开展典型岩溶塌陷勘查,查明岩溶塌陷地质结构和动力条件,分析岩溶塌陷形成演化模式。

④ 开展岩溶塌陷易发性区划,建立岩溶塌陷调查评价数据库。

⑤ 提出岩溶塌陷灾害防治对策建议。

(3) 基本要求

① 1:50000岩溶塌陷调查应在1:50000水文地质调查基础上进行,在未开展1:50000水文地质调查的地区,要求有针对地补充水文地质调查工作,相关工作部署和技术要求参照水文地质调查规范。

② 野外调查工作宜以1:25000比例尺地形图为底图,典型调查区应以1:5000或更大比例尺地形图为底图。

③ 调查方式采用点、线、面相结合。

a) 点:对岩溶塌陷点进行调查。

b) 线:沿岩溶塌陷易发生的岩溶发育带、地下河发育带、构造发育带和人类工程活动强烈的线状工程等进行追索调查。

c) 面:采用网格控制调查,掌握岩溶塌陷发育的区域水文地质工程地质条件。

④ 野外调查应以野外记录本记录为主,并填写相应的野外调查表格,按照统一格式建立数据库。

⑤ 对典型塌陷点,或危及重要公共基础设施安全的岩溶塌陷隐患区应进行大比例尺调

查,可辅以钻探、山地工程、物探、动态监测等手段开展工作。

⑥ 充分利用遥感、示踪、自动监测等技术手段。

⑦ 应向地方政府有关部门提交岩溶塌陷易发区划图及防治对策建议。

3) 调查区分级与基本工作量

(1) 岩溶出露条件分类

按可溶岩地层的出露条件,将岩溶区划分为覆盖型岩溶区、裸露型岩溶区和埋藏型岩溶区。

(2) 调查区分级

① 调查区分为一般调查区、重点调查区和典型调查区。

② 一般调查区主要部署在裸露型岩溶区、厚覆盖型岩溶区、埋藏型岩溶区及非岩溶区。

③ 重点调查区主要部署在浅覆盖型岩溶区。

④ 典型调查区主要部署在发生过严重塌陷事件的浅覆盖型岩溶区。

(3) 调查基本工作量

① 一般调查区

a) 对于裸露型和厚覆盖型岩溶区,开展1:50000地质灾害调查(简测),观测路线间距小于3千米,每百平方千米应布置观测控制点不少于10个。

b) 对于埋藏型岩溶区和非岩溶区,开展1:50000地质灾害调查(草测),观测路线间距小于5千米,每百平方千米应布置观测控制点不少于4个。

② 重点调查区

a) 开展1:50000地质灾害调查(正测),观测路线间距小于1千米,每百平方千米布置观测控制点不少于100个。

b) 根据具体情况选择适宜的物探方法,综合物探点每百平方千米不少于1500点。

c) 水文地质钻孔每标准图幅不少于1个,工程地质钻孔每百平方千米不少于20个,岩、土、水样采集与测试每百平方千米不少于60件。

d) 开展岩溶塌陷动力条件监测,了解岩溶塌陷动力变化特征,监测期不少于1个水文年。

e) 在枯、丰季节分别对调查区主要水点进行水位、水温统测。

③ 典型调查区

a) 典型调查区面积不小于0.1 km^2。

b) 开展1:5000或更大比例尺地质灾害调查(正测),观测路线间距小于100 m,每平方千米布置观测控制点不少于100个。

c) 根据具体情况选择适宜的物探方法,每平方千米不少于300点。

d) 工程地质钻孔每平方千米不少于50个。

4) 调查内容

(1) 已有成果资料

① 调查区的社会经济现状、发展规划等资料。

② 最近一个水文年的逐日降雨量、工作区发生塌陷前后1个月的雨强资料(每小时降雨量),工作区主要地表水体水位、流量等资料。

③ 地形地貌、地层岩性、地质构造等区域地质资料。

④ 岩土工程勘察与地质灾害调查评价资料。

⑤ 水文地质调查成果、水源地勘查成果、地下水开发历史与现状等资料。

⑥ 控制性地质钻孔、工程地质钻孔、水文地质钻孔、供水井资料以及抽水试验、物探测井、地下水动态监测、地下水均衡试验资料。

⑦ 不同时期的航片与卫片及其解译成果。

⑧ 电法、地震等物探方法所获得的相关地球物理参数及其解释成果资料。

⑨ 其他有关资料。

(2) 区域地质环境条件

① 地貌类型与形态组合特征,微地貌形态、分布、组成物质、形成时代;地形切割起伏特征;阶地形态特征、结构与类型,古河床的分布特征。

② 可溶岩区岩溶形态(岩溶洼地、竖井、漏斗、落水洞、出水洞等)、所处地貌单元及形态组合类型。

③ 可溶岩地层岩性成分、结构构造、层组组合及岩溶发育特征;非可溶岩地层岩性、结构构造与分布。

④ 调查区区域构造格架与构造线方向,主要构造的形态特征、产状、性质、规模与密度分布;断裂构造的规模、产状、力学性质、组合与交切关系,以及破碎带的性状与特征;裂隙密集带在不同构造部位、不同岩性中的发育特征与发育方向;新构造运动的性质与特征及地震活动情况。

⑤ 对第四系松散堆积物,调查土的成因类型、颗粒组成、土层结构及其厚度与分布;第四系底部土层的类型和性质。

⑥ 岩溶堆积物成因类型、成分与结构,分布与产状。

(3) 岩溶塌陷动力条件

① 地表水文网的配置格局、发育特征及其与岩溶发育的关系,地表水汇流面积、径流特征;地表水与岩溶地下水之间的转化关系。

② 岩溶含水层组的层位、岩性、含水介质类型、富水性及水化学特征,埋藏和分布状况,岩溶含水层组间的水力联系及与第四系孔隙水和地表水体的关系。

③ 岩溶泉和地下河发育的基础地质条件,位置、规模、流量、补给条件和开发利用状况。

④ 第四系含水层的分布与富水性,可溶岩上覆地层的透水性。

⑤ 岩溶地下水流场特征和水位(水头)埋深与基岩面的关系及其动态变化,岩溶地下水主径流带的分布与水动力特征;近河(湖)地段岩溶地下水、上覆土层孔隙水与地表水之间的补排关系,洪水涨落过程所引起的水位(水头)差及水力坡度的变化,以及洪水倒灌的影响范围。

⑥ 地下水开采井井深、结构、开采量、开采层位、抽水时长及水位变化等。

⑦ 地下矿山工程的性质、规模、矿界、开采方式、地下水疏干情况,矿区地下水降落漏斗形成情况等。

⑧ 可能对岩溶地下水造成强烈影响的基础工程施工情况及水库、水渠等水利工程运行情况,隧道及矿坑突水突泥事件发生情况。

(4) 岩溶塌陷现状

① 岩溶塌陷基本特征

a) 岩溶塌陷的地理位置、发生与持续时间;塌陷坑数量、影响范围、灾情及处置情况。

b) 塌陷坑的平面形态、剖面形态、规模、空间位置、展布方向及内部特征。

c) 塌陷坑周边地裂缝的位置、长度、宽度、深度、数量、组合特征、延伸范围和展布方向等。

d) 塌陷坑群单坑数量、成生关系、展布方向、延展范围,以及各单坑之间的相对位置。

② 岩溶塌陷演化过程与成因

a) 岩溶塌陷发生过程中的异常现象,水井水位和水浑浊度变化、隧道与坑道出水特征、地表水体漏失情况、喷水冒砂与地面裂缝情况、地下振动与异常响动情况。

b) 岩溶塌陷的诱发因素,旱涝交替、暴雨、地震等自然因素,爆破、工程施工、采矿排水、地下水抽采等人类工程活动。

③ 岩溶塌陷危害与防治

a) 岩溶塌陷直接损失,地面工程设施、耕地的破坏和人员伤亡等情况。

b) 岩溶塌陷间接损失,塌陷影响范围内停工停产、人员财物应急转移等情况。

c) 岩溶塌陷对地质环境,特别是对含水层的影响,是否成为地表污水入渗渠道。

d) 岩溶塌陷灾害监测、工程治理等防治现状。

5) 调查技术方法及要求

(1) 资料收集与整理

① 全面收集工作区已有成果资料,进行系统分析整理,了解工作区的基础地质与岩溶塌陷情况,筛选、甄别钻孔资料。

② 购置工作区最新版本的数字地形图与纸质地形图。

(2) 遥感解译

① 遥感影像解译主要获取调查区地貌形态、岩溶塌陷分布状况、人类工程活动特征。

② 遥感解译工作应先于岩溶塌陷地面调查,并贯穿于调查的全过程。使其成为设计编

制、野外工作布置、室内资料整理和报告编制的一个组成部分。

③ 遥感解译工作程序一般为：前期技术准备阶段→初步解译阶段→建立野外解译标志阶段→详细解译阶段→野外验证与同步解译阶段→再解译再认识阶段。

④ 解译结果校验应与岩溶塌陷地面调查紧密结合，可用以布置观测路线和观测点，进行地质、地貌界线和各种线性体的追索，并结合野外验证，提高解译成果质量。

⑤ 遥感影像数据、空间分辨率不低于2.5 m，推荐使用高分辨率(SPOT－5、IKONOS、QuickBird等)影像资料。

⑥ 典型区岩溶塌陷和塌陷坑群调查，推荐使用无人机遥感数据资料作为遥感信息源，获取现状信息。

⑦ 其他技术要求按照遥感解译有关技术规定执行。

(3) 地质测量

① 野外工作底图宜采用1∶25000比例尺的最新地形图，典型调查区和塌陷坑群宜采用不小于1∶5000的地形图或高分辨率遥感图像。

② 在测量之前，应先实测代表性地层岩性剖面，编制地层岩性柱状图和综合剖面图；或对已有的地层岩性柱状图进行现场校核，并根据填图单位划分的实际需要进行细分。

③ 调查路线应采用“穿越法与追索法”相结合、“走访与实测”相结合原则布设，宜垂直岩层与构造线走向以及地貌变化显著的方向进行穿越调查，调查路线沿线的各类地质、地貌界线及水点均要有观测点控制，沿途做连续观察，详细记录。

④ 调查点应重点布设在岩溶塌陷点、地貌分界线、地层界线、构造线、标志层、岩性岩相变化带、井泉、地表水体和重要工程活动点及其他典型露头。

⑤ 实测地质体的最小宽度一般为相应比例尺图上的2 mm。对于重要的地质现象可放大表示；不能表示实际面积、形状的，用规定的符号表示；各种界线应在实地勾绘，其误差在图上不应大于2 mm。

⑥ 对于比例尺大于1∶5000的全部测量点位置，均应以仪器测量坐标；对于比例尺小于1∶5000的重要地质现象，如岩溶塌陷点、岩溶泉、地下河出口、抽水井、排水坑道、地下水位统测点等位置，亦宜以仪器测量其坐标，图上标绘误差不得大于1 mm；一般观测点可以手持式GPS定位。

⑦ 观测路线与观测点的密度按本规范执行。

(4) 物探

① 根据调查区待查地下岩溶分布、发育程度、埋藏条件和覆盖层结构等确定物探方法和布设区域，主要部署在重点调查区和典型调查区。

② 物探应与钻探密切配合，物探一般在钻探之前进行，实现面上控制，并据以布置勘探线和钻孔孔位；在钻探过程中，又可根据实际需要，结合钻探进行物探，对异常点进行控制和圈定；物探成果需以钻探验证，以保证钻探成果的质量。

③ 结合测区地形、地物条件、物性差异、噪音水平,因地制宜,合理选择综合物探方法。城市地区宜使用地质雷达、井中物探、浅层地震、高精度重力和微动测量等;乡村地区宜使用地质雷达、高密度电法、浅层地震、瞬变电磁法、井中物探、音频或可控源音频大地电磁法等。

④ 地面物探工作开展前应进行物探方法试验和物性测试,获取地球物理工作参数。

⑤ 测线应垂直构造线、地下水流向、岩溶发育方向等沿地质特性变化最大的方向。

⑥ 对覆盖层探测,点距不大于5 m;对基岩探测,电磁法点距不大于25 m,其他地面物探点距一般不大于10 m;井中物探探测溶洞、裂隙等点距不大于1 m。发现异常应加密探测点,以确定异常性质或异常区范围。

⑦ 结合地面调查和钻探资料,进行综合物探成果解译,编写物探报告,附物探成果图件。

⑧ 野外作业中参数选择、检查点数量、观测精度、操作和记录要求应符合相关规程规范。

(5) 钻探

① 在充分利用已有钻孔资料基础上,根据调查区第四系覆盖层地层岩性、结构、厚度和隐伏岩溶发育特征,以及岩土试验测试与监测要求等部署钻孔位置和钻探进尺,同时考虑井中物探、监测等需要,做到一孔多用,满足多种需要。

② 钻孔一般按勘探线布置,勘探线应垂直于地形地貌和构造线的方向,并控制不同的地貌单元,岩土体类型及岩溶发育区(段)。岩溶塌陷密集段的勘探剖面应沿着塌陷的延伸方向布置,如抽排水降落漏斗的延伸方向、河湖近岸地带垂直岸线的方向等,必要时可增加若干横向短剖面,以提高控制程度。

③ 水文地质钻探应综合考虑查证水文地质结构、获取水文地质参数、验证物探解译结果的需要,孔深一般应揭露岩溶发育带或主要含水层(组),最大深度不宜超过200 m。

④ 工程地质钻探应重点部署在岩溶塌陷发育区,同时控制重点调查区不同岩溶单元和不同类型的岩、土体,每5平方千米不少于1个钻孔。

⑤ 工程地质钻探主要以查明第四系覆盖层岩土工程性质为重点,当覆盖层厚度小于30 m时,孔深应达到基岩面以下5~20 m;当覆盖层厚度大于30 m时,孔深一般不超过50 m。

⑥ 当钻孔揭露规模较大的溶洞或地下河管道,且上述孔深不能满足时,钻孔应加深进入洞底完整基岩3 m。

⑦ 为充分获取浅部覆盖层土体性质及工程地质参数,可使用轻便钻机进行钻探。

⑧ 水文地质钻孔终孔孔径不小于110 mm;工程地质钻孔孔径在土层中不小于110 mm,在岩石中不小于91 mm。

⑨ 在土层中应干钻,全孔连续取芯;黏性土和完整岩石岩芯采取率不低于80%,砂类土岩芯采取率不低于60%,软土、砾类土、溶洞充填物和破碎带岩芯采取率不低于50%;无芯

间隔不得超过2 m，其中黏性土不得超过1 m。

⑩ 钻孔编录工作应在现场随钻进行，加强岩溶、裂隙和岩芯采取率统计，详细记录钻具自然下落和自然减压的起止深度，测定被揭露溶洞、土洞的起止埋深和充填程度，进行简易水文地质观测，记录初见水位、静止水位、水温、涌水和漏水及水色变化的起止深度。

⑪ 钻孔竣工后，须及时提交各种资料，包括钻孔施工设计书、钻探班报表、岩芯记录表（岩芯的照片或录像）、钻孔柱状图、采样记录、简易水文地质观测记录、钻孔质量验收表、钻孔施工小结等。

⑫ 为满足统测地下水位和监测的需要，每个钻孔宜放置PVC花管并做好孔口保护。

⑬ 岩芯保管应按地质调查项目实物资料相关规定执行。

(6) 山地工程

① 山地工程以槽探、浅井为主，配合野外调查进行。

② 对发生过严重塌陷事件的典型岩溶塌陷点或危及人民群众生命财产安全的岩溶塌陷隐患点，应布置适量山地工程工作量。

③ 槽探、浅井的深度应根据调查中需要解决的问题和施工安全具体确定。

④ 对槽探、浅井揭露的地质现象应及时进行详细编录、拍照或录像，并绘制大比例尺(1:20～1:100)的展视图或剖面图，内容包括：地层岩性界线、结构、构造特征、岩溶（溶沟、溶槽、溶蚀裂隙、土洞）特征、水文地质与工程地质特征、取样位置等。

(7) 测试与试验

① 原位测试

对一般土体，常用的原位测试方法有静力触探、动力触探和标准贯入试验，一般结合钻探进行，每一主要土层原位测试数据不应少于6个。

② 示踪试验

为查明岩溶水系统的展布及其流速、流向和塌陷下方的洞穴通道系统，可根据需要布置示踪试验，常用方法有化学示踪法、染色示踪法、同位素示踪法等，具体要求参考有关规定。

③ 抽水试验

为查明含水层的渗透性和富水性，取得有关的水文地质参数，根据需要进行抽水试验，具体要求参考有关规定。

抽水试验应避免在人口密集区、重大工程区开展，同时，应做好地下水位的实时监控，减少诱发岩溶塌陷的风险。

④ 室内试验

a) 土工试验

取样孔数占总孔数1/3以上，分层采取，每一主要土层取样数量不应少于6件；常规物理力学参数按《岩土工程勘察规范》相关要求进行。

b) 渗透变形试验

测定土体在地下水作用下发生渗透变形(潜蚀)的临界水力坡度,确定地下水作用下岩溶塌陷发育判据;典型调查区每个钻孔都应对第四系底部土层取样,每孔取样个数不少于3件;在大型基坑取样时,每个基坑取样个数不少于6件。

c) 岩石试验

碳酸盐岩等可溶岩应作化学分析,测定CaO、MgO、SiO_2和R_2O_3等含量,并进行比溶解度、比溶蚀度试验;取样孔数占总孔数1/3以上,每种主要类型岩石取样数量不应少于6件;常规物理力学参数按《岩土工程勘察规范》相关要求进行。

d) 水化学分析

进行水质分析,测定岩溶地下水的水化学性质、水类型及其溶蚀能力;工作区每一主要岩溶水文地质单元取样数量不应少于6件;对地下水统测点,应在统测水位的同时,采用便携式水化学测试仪测量地下水水温、电导、pH值。

(8) 岩溶塌陷动力条件监测

① 调查工作期间,应对导致岩溶塌陷的动力因素进行监测。

② 监测点应布设在重点调查区的岩溶塌陷发育区、地下水强径流带或人类工程活动强烈的地区。每个监测点应包含第四系孔隙水水位监测(如果有)和下伏岩溶裂隙系统水、气压力监测。

③ 岩溶塌陷动力条件监测应结合勘探钻孔进行,护管采用PVC塑料管,在安装岩溶管道裂隙系统水、气压力监测传感器时,应进行孔口密封。

④ 连续监测时间不小于1个水文年,读数间隔不超过20分钟;统测调查区主要水点,枯季、雨季各1次。

⑤ 监测内容包括气温、水位和水温,有条件的应同时测量电导率和pH。

⑥ 统测应采用直读式高精度水位计,读数精度1 mm以上。

6) 岩溶塌陷评价

(1) 基本要求

① 岩溶塌陷评价与区划采用定性为主、定量为辅的方法进行。

② 岩溶塌陷评价的类型包括按图幅评价、按重点调查区评价、按典型调查区评价、按行政区评价等。

③ 岩溶塌陷评价与区划应区分不同比例尺进行,按比例尺大小可划分为特大比例尺(≥1:5000)、大比例尺(1:5000~1:25000)、中比例尺(1:25000~1:100000)和小比例尺(≤1:100000)4种类型。典型调查区应按特大比例尺或大比例尺进行评价,重点调查区一般按大比例尺进行。岩溶塌陷部署单元(联测图幅)或以行政区为单元的评价一般按中比例尺或小比例尺进行。

(2) 岩溶塌陷评价与区划

① 对调查区已发生岩溶塌陷的类型、分布、规模、历史过程及其危害性进行分析。

② 根据岩溶塌陷的微地貌特征、堆积物的性状及地下水埋藏与活动情况等因素对塌陷坑稳定性进行评价(表4-1-5);分析论述地面下沉、地面开裂、塌陷地震等岩溶塌陷的伴生现象。

表4-1-5　塌陷坑稳定性定性评价

稳定性分级	塌陷微地貌	堆积物性状	地下水埋藏及流动性	说明
不稳定	塌陷尚未或已受到轻微充填改造,塌陷周围有开裂痕迹,坑底有下沉开裂迹象	输送,呈软塑至流塑状	地表水汇集入渗,有时可见地下水位;地下水流动性强烈	正在活动的塌陷,或呈间歇缓慢活动的塌陷
基本稳定	塌陷已部分充填改造,植被较为发育	疏松或稍密,呈软塑至可塑状	有地下水流通道,有地下水流动迹象	接近或达到休止状态的塌陷,当环境条件改变时可能复活
稳定	已被完全充填改造的塌陷,植被发育良好	较密实,主要呈可塑状	无地下水流动迹象	进入消亡状态的塌陷,一般不会复活

③ 根据可溶岩埋深、上覆土层岩性结构与性状和地下水位埋深等因素对岩溶洞隙稳定性进行评价(表4-1-6)。

表4-1-6　岩溶洞隙稳定性定性评价

因素	对稳定有利	对稳定不利
岩性及地层厚度	厚层块状碳酸盐,胶结好的碎屑岩	薄层状泥质碳酸盐岩,薄层状胶结软弱或泥质碎屑岩
溶蚀及裂隙状况	溶蚀轻微,无断裂,裂隙不发育或充填胶结好	岩体被二组以上裂隙切割,裂缝张开,溶蚀破碎的碳酸盐岩,断层裂隙发育的岩体呈干砌状
岩层产状	岩层走向与溶洞洞轴正交或斜交,倾角平缓	岩层走向与溶洞洞轴平行,陡倾角
洞隙形态与埋藏条件	洞体小,呈竖向延伸的井状,单体分布,埋藏深,覆土厚	洞径大,呈扁平状,复体相连,埋藏浅
顶板情况	顶板地层厚度与洞径比值大,顶板钙质沉积丰富	顶板地层厚度与洞径比值小,有悬挂岩石块体,裂隙切割未胶结
充填情况	为密实沉积物填满且无被水冲蚀的可能	未充填或半充填,水流冲蚀着填充物,洞底见有近期塌落物
地下水活动性	无或地下水流活动微弱	有活动强烈的水流或间歇性水流,流速大,有承压性

④ 分析岩溶塌陷的形态特征和散布特征,确定岩溶塌陷的发育阶段;评价岩溶塌陷的强度、发育速度及频度。

⑤ 确定岩溶塌陷的形成条件及主要控制因素,评价岩溶塌陷的诱发因素及其动态变化

特征,以及它们与岩溶塌陷之间的因果关系。

⑥ 分析岩溶水系统的组成和分布特征,补给、径流、排泄水动力条件和水位、流量的动态变化特征。

⑦ 对调查区岩溶塌陷的易发程度进行分析评价与区划。

a) 定性与定量相结合,开展岩溶塌陷易发性区划。

b) 从影响岩溶塌陷的“岩—土—水”相互作用分析,确定单因素对易发性的影响程度(表4-1-7)。

表4-1-7　岩溶塌陷影响因素一览表

评估指标		对岩溶塌陷的影响			说明
大类	细类	强	中	弱	
基岩	岩溶发育程度	发育	中等	不发育	
土层	土层厚度(m)	<15	15~30	>30	就高原则,各级只要有一个满足即定为该级别
	土层结构	多层结构	双层结构	单层结构	
	第四系底部土层岩性	砂土	粉土	碎石土、粉质黏土、黏土	
	第四系底部土层液性指数	流塑、软塑	可塑	硬塑、坚硬	
评估指标		对岩溶塌陷的影响			说明
地下水	变化幅度(m/年)	>10	5~10	<5	
	岩溶水承压性	在基岩面上下反复波动	在基岩面以下波动	在基岩面以上波动	
已有塌陷	塌陷坑密度(个/10 km^2)	>2	0~2	0	

注:评价中,应包括但不限于本表所列因素。

c) 根据基岩岩溶发育程度和第四系覆盖层特性,评估地质结构对岩溶塌陷易发性的影响程度(表4-1-8)。

表4-1-8　地质结构对易发性的影响

		第四系覆盖层的影响程度		
		强	中	弱
基岩影响程度	强	强	强	中
	中	强	中	中
	弱	中	中	弱

d) 根据地质结构和地下水对易发性的影响程度,进行岩溶塌陷易发性定性评价(表4-1-9);岩溶塌陷易发性分为高易发性、中易发性、低易发性三个等级。

表 4-1-9　岩溶塌陷易发性评价表

		地下水影响		
		强	中	弱
地质结构影响	强	高	高	中
	中	高	中	中
	弱	中	中	低

e) 进行岩溶塌陷易发性区划,编制岩溶塌陷易发程度分区图。

⑧ 根据调查区岩溶塌陷现状、易发性程度、岩溶塌陷形成条件差异性和各影响因素与塌陷现状之间的关系、影响塌陷的控制因素及诱发因素等,对岩溶塌陷的可能性、塌陷强度及影响范围等进行预测评价。

7) 报告编写

(1) 报告编写应充分利用已有资料、全面反映调查和勘查所取得的成果。

(2) 应对工作区岩溶塌陷发育的地质环境条件、发育与分布现状、类型及其危害性、形成的地质模式、易发程度、防治对策等进行详细的论述。

(3) 单幅图调查完成后,应编制相关图件及说明书。

(4) 整个岩溶单元所有图幅调查完成后,应编制综合成果报告。

(七) 地面沉降调查

主要执行《地面沉降调查与监测规范》(DZ/T 0283—2015),主要内容如下:

1) 范围

本标准规定了地面沉降的调查与监测及评价等技术方法和工作要求,并规定了成果编制、数据库建设和资料汇交等内容。本标准适用于地面沉降的调查与监测及评价。

2) 总则

(1) 目的任务

调查地面沉降及伴生地裂缝现象的基本情况,监测其变化情况,并开展评价工作,为地面沉降防治提供科学依据,为城市安全和经济社会可持续发展提供基础支撑。

(2) 工作内容

① 采用遥感解译、野外调查、地球物理勘探、钻探、分析测试等方法,系统调查地面沉降及伴生地裂缝的地质背景、灾害现象、人类工程活动及灾害防治情况等。

② 通过精密水准、GPS、InSAR、土体分层沉降标组等技术手段,监测地面沉降及地下水动态变化。

③ 依据地面沉降调查与监测成果，对地面沉降发育、发展、危害程度及经济损失情况进行评价。

④ 通过综合分析调查和监测成果，编制地面沉降、监测工作的成果报告，建立数据库，并汇交归档。

3）地面沉降调查

（1）一般规定

① 调查范围和深度应在充分收集基础资料和分析区域地质背景的基础上，依据区域地质环境条件、地下流体开发利用现状与规划、灾害发育程度、人类工程活动及社会经济发展重要程度等综合因素确定。

② 野外调查宜采用点、线、面相结合的方式进行，应开展各类灾害现象的实地调查和访问。

③ 对各类灾害现象应记录卡片、绘制手图、拍摄照片或影像等，并填写地面沉降调查表、地裂缝调查表。详细调查工作区内存在的地面沉降及其伴生地裂缝现象的基本情况。

④ 在调查区内进行水文地质、工程地质测绘时，宜在比例尺大于或等于测绘比例尺地形地质图基础上进行；无地质图时，应同时进行第四纪地质测绘。测绘比例尺宜符合下列要求：

a）区域性大范围灾害普查，平面测绘比例尺可大于1∶100000。

b）区（县）、市范围内的调查，平面测绘比例尺宜在1∶50000～1∶100000。

c）重要规划区、重大线性工程等相对较大范围的调查，平面测绘比例尺宜在1∶10000～1∶50000。

d）居民点和工程建设区的地裂缝调查，平面测绘比例尺宜在1∶1000～1∶10000，剖面测绘比例尺宜在1∶100～1∶1000。

⑤ 在地面沉降资料空白区或资料较少时，若有卫星观测数据宜优先选用InSAR等先进技术调查灾害发育现状；若无卫星观测数据，应以收集和分析该地区地质资料为主要手段调查灾害发育现状。

⑥ 对已造成城镇、重要公共基础设施破坏且活动性较强的地面沉降及伴生地裂缝，应进行专门的勘察工作。

（2）技术设计

① 收集工作区内已有地形地貌、气象水文、基础地质、水文地质、工程地质等地质背景资料；水准点分布、高程测量资料；地下水开采利用资料；地面沉降、地裂缝、地下水监测资料；地裂缝的调查与勘探资料；地面沉降、地裂缝防治成果资料；地面沉降、地裂缝经济损失评估等资料；以及国民经济与社会发展规划、重大工程建设项目资料等。

② 系统分析整理已收集的地质背景资料，掌握工作区的区域地质环境条件和地面沉降、地裂缝发育的地质条件；对比分析高程测量成果和地下水动态特征，当有监测资料时，可

相互印证，获得地面沉降及地裂缝的基本特征；分析评估地面沉降、地裂缝防治效果。

③ 在收集、整理和分析资料的基础上，编制技术设计书。当基础资料不足时，应按相关规范要求对工作区进行现场踏勘和补充调查。

④ 地面沉降调查技术设计书应做到目的任务明确、依据充分、工作部署得当、技术方法合理、保障措施完备。

(3) 调查内容

① 地质背景调查

a) 地形地貌调查应包括下列内容：

ⅰ) 自然地貌和人工地貌类型及其分布、高程、形态、成因时代、物质组成和地貌单元间的接触关系。

ⅱ) 水网分布与水文特征。

ⅲ) 地形地貌与地下水的形成、埋藏、富集、补给、径流、排泄的关系。

ⅳ) 与地面沉降、地裂缝相关的构造地貌特征、微地貌组合特征，灾害所处地貌单元的部位及其与地貌走向的关系等。

b) 基础地质调查应包括下列内容：

ⅰ) 基岩埋深、岩性、成因类型、形成时代、分布特征等。

ⅱ) 第四纪地层分布、厚度、岩性、成因类型、形成时代、沉积环境、演化规律等。

ⅲ) 断裂(包括隐伏断裂和活动断裂)、活动时代和主要构造线的展布方向等；调查不同构造单元和主要断裂构造带在晚近地质时期以来的活动情况，以及全新世以来活动性断裂的规模、性质等，分析断裂的现今活动特征和规律。

ⅳ) 在地裂缝分布区，尚应调查区内各种构造节理面的产状、形态、规模、性质、密度及其相互切割关系等。

c) 水文地质调查应包括下列内容：

ⅰ) 水文地质结构和地下水基本特征，包括地下水赋存类型、主要含水层系统空间分布特征、水化学特征、水位变化等。

ⅱ) 地下水开发利用情况和地下水位动态特征，包括开采井及回灌井的分布、开采及回灌的层位与深度、抽水量和回灌量等。

d) 工程地质调查应包括下列内容：

ⅰ) 岩土体的成因、类型、地质时代、埋藏分布和物理力学性质，并宜根据岩土体分布和地层组合特征，进行工程地质结构分区。

ⅱ) 软土、湿陷性土、膨胀土、吹填土等特殊性土及不良地质现象的分布和工程地质性质。

② 灾害现象调查

a) 建(构)筑物破坏调查应包括下列内容：

ⅰ)建(构)筑物破坏状况,包括墙体开裂、墙体裂缝的特征,开裂时间及变化情况。

ⅱ)建(构)筑物基本性质和使用年限。

ⅲ)周围地下水开采或其他工程活动对建(构)筑物的影响等。

b)地面开裂调查应包括下列内容:

ⅰ)地面裂缝宽度、深度、走向、延展长度,以及高差、形成时间和活动速率等。

ⅱ)是否有群裂缝;调查地裂缝两侧地面的变形情况等。

c)井口抬升调查应包括下列内容:

ⅰ)井管相对地面抬升情况。

ⅱ)井管所处地段地基条件,有无松散填土分布。

ⅲ)井管周围建筑物有无破坏情况。

d)桥洞净空及结构调查应包括下列内容:

ⅰ)桥梁涵洞相对抬升情况。

ⅱ)桥梁采用的基础型式。

ⅲ)桥梁结构错动情况。

ⅳ)河道通航变化情况等。

e)市政设施破坏调查内容主要调查地下电力、燃气、电信、输水、输油、排水、供热等管线和地铁等地下隧道的变化、破坏情况。

f)洪涝调查应包括下列内容:

ⅰ)防汛设施能力减弱或失效的变化情况。

ⅱ)洪涝灾害发生的时间、次数、淹没范围、当时大气降水情况等。

ⅲ)与水患有关的地面下沉、堤防管涌等环境地质问题特征与危害。

③ 人类工程活动调查

人类工程活动调查应包括下列内容:

a)基本掌握区内社会经济发展环境、区域总体规划和建设交通发展规划等情况。

b)主要工程建设活动的基本情况及其对地质环境的可能影响。

c)人类工程活动与地面沉降、地裂缝之间的关系。

④ 地质灾害防治情况调查

地质灾害防治情况调查应包括下列内容:

a)地面沉降、地裂缝的监测与防治设施建设和应用情况。

b)灾害发育区工程防护与防治措施等现状及其效果。

(4)调查方法

① 遥感解译

a)应充分采用多分辨、多时相遥感技术,遥感信息源宜选用卫星、航空遥感影像资料。遥感解译范围应大于调查区范围。

b）解译时宜选用具有代表性的3个及以上不同时期遥感影像进行对比分析。解译工作可参见DZ/T 0190及DZ/T 0151的有关规定执行。

c）在地面沉降发育地区的前期调查中，宜优先利用InSAR技术进行区域性地面沉降及伴生地裂缝的宏观调查。

d）对一般调查区地面沉降遥感调查结果应进行野外核查，核查数不应低于解译总数的80%，并逐一填写调查卡片；对收集的已有灾害点资料，应根据其完备程度进行野外核查与完善，重点调查地面沉降及伴生地裂缝是否发生变化及其变化程度。

② 地球物理勘探

a）在钻探及槽探工程进行之前，根据调查需要和工作区地质条件，选择有效的物探方法，包括电法、浅层地震、三维地震、重力、磁法及放射性、测井等方法。

b）根据工作需要选择钻孔进行地球物理测井，工作要求宜参照DZ/T 0181的相关规定执行。

c）在地裂缝勘察时，可采用人工浅层地震反射波法、高密度电法等手段探查地裂缝的位置。

③ 钻探

a）宜根据地面沉降发育现状、岩土体和含水层系统特征，合理布置钻探勘探线和勘探网，勘探线宜通过地面沉降中心。

b）钻探工作应与土工试验结合进行，可与综合物探勘查资料相互验证；钻孔布置宜一孔多用。

c）钻孔孔深应根据钻探目的和具体要求确定，还应结合相关的测试要求设计孔深。水文地质钻孔孔深应揭露主要含水层（组），并应进行抽水试验求取水文地质参数。抽水试验的技术要求，应参见GB 50027的有关规定执行。

d）对于威胁城镇、重要公共基础设施且活动性较强的地裂缝，应采用钻探、槽探、硐探、井探等进行地裂缝勘探。具体的勘探工程布设应结合地裂缝的成因、发育特征等来确定。

④ 测试与试验

a）岩土体样品的采集、保存、测试等技术要求，应按GB 50021和GB/T 50123的有关规定执行。

b）水体样品的采集、保存、测试等技术要求，应按DZ/T 0064及其他有关规范执行。

c）在地裂缝勘察区，10 m深度内采样间距不宜大于1 m。

d）在软土、黄土等特殊性土分布地区，宜进行黄土湿陷性、软土流变等相关特殊试验。

e）为掌握地面沉降及伴生地裂缝发育机理或影响规律，可进行相关物理模型试验，模拟其应力—应变过程等。

4）地面沉降评价

（1）一般规定

① 应以地面沉降调查、监测成果为依据,以地面沉降及伴生地裂缝历史强度、现状特征、变化趋势及影响规律等分析为基础,开展地面沉降评价,包括易发性评价、预测评价、危险性评价和经济损失评估等。

② 应对地面沉降调查、监测成果进行下列综合分析:

a) 掌握地面沉降区的影响范围及形态、沉降中心的地理位置、各压缩层的地层结构及相对压缩量、主要压缩层位等,综合分析地面沉降的诱发因素,并结合区域水文地质、工程地质条件及人类工程活动,分析总结地面沉降的发育特征、影响规律和成因机理。

b) 分析地裂缝群体的总体分布范围、平面组合形态、展布方向、裂缝带宽度,地裂缝单体的分布位置、延伸方向、平面形态、长度、裂缝宽度、地表影响带宽度、地裂缝两盘高差,倾向及倾角、裂缝数量、裂缝的主次关系及剖面组合形态、发育深度(包括可测深度、推断深度)、裂隙面及裂缝充填物特征、裂缝的切割关系、地层错断情况、主变形带和微变形带宽度等发育和分布特征,综合研究地裂缝发育的基本特征和影响规律。

c) 分析地裂缝力学性质与可能的运动方式、不同方向的运动量、地裂缝的活动强弱及分段活动性、地裂缝发生的期次、周期性、裂开过程及伴生现象等特征,并结合区域地质构造、水文地质、工程地质条件及人类工程活动,综合研究地裂缝的诱发因素和致灾机理。

d) 综合分析评价地面沉降与地裂缝的伴生关系。

(2) 易发性评价

① 地面沉降易发性评价的主要判别要素有地形地貌、松散沉积层厚度、软土层厚度、地下水主采数量等。

② 地裂缝易发性评价应将地面沉降影响范围内的地貌环境、第四系黏性土层厚度差异、基岩面埋深、基岩起伏程度或坡度、地面沉降及其影响范围、主采层水位及活动断裂等作为主要判别要素。

(3) 预测评价

① 地面沉降、地裂缝发育宜分为发生、发展、趋于稳定三个阶段。

② 预测评价应根据区域地面沉降资料和历史地裂缝活动资料及研究程度,可选用历史演变趋势分析法、工程地质类比法、统计分析法、数值模型法等评价方法。

a) 历史演变趋势分析法是根据区域地质构造和地层结构以及水文地质条件,结合人类工程活动特征,应用岩土体变形破坏机理及基本规律,通过地面沉降和地裂缝调查研究,追溯其演变的全过程,对地面沉降和地裂缝发展趋势和区域特征进行预测评价。

b) 工程地质类比法应用时应类比的内容如下:

ⅰ) 地面沉降区(段)工程地质条件及水文地质条件;地面沉降主导因素及其发展趋势;地面沉降防治工程措施。

ⅱ) 区域地质构造背景;地层结构及水文地质条件;地裂缝诱发因素;地裂缝分布特征及发展趋势。

c）统计分析法应用要求如下：

ⅰ）动态监测资料时间序列长度不宜少于10年。

ⅱ）分析动态监测资料的内在联系，选择合适的参数，建立多元回归分析模型、时间序列分析模型、随机模型或双曲线模型、指数模型等统计分析模型。

ⅲ）通过对模型输入和输出结果的分析，校正已建立模型的正确性，对模型的参数进行识别，使计算所得数据与实际监测资料有最好的拟合。

ⅳ）采用已校正参数的模型，选择合适的地下水开采方案进行地面沉降预测评价；或对未来不同时间段内的地裂缝活动量进行预测评价。

d）数值模型法应用要求如下：

ⅰ）对复杂的水文地质、工程地质条件进行概化，划分出若干评价层，确定压缩层，建立概念模型；根据工作区具体条件对边界条件进行概化和假设，地下水渗流选择一类或二类边界条件，地面沉降选择一类边界条件。

ⅱ）利用地面沉降调查成果、地下水及分层监测成果、室内外试验资料、易发性评价成果等进行参数分区，选择合适的初始地质参数。

ⅲ）依据地下水渗流和土层变形机理建立地面沉降数值模型，地下水流模型可采用准三维或三维，土层变形模型可利用地面沉降机理研究成果采用一维固结模型。

ⅳ）对建立的概念模型、边界条件和数学模型的可靠性进行识别验证，并对模型地质参数进行识别，使计算所得地下水位、地下水流场、土层分层变形、地面沉降分布、地面沉降趋势等数据与以往实际监测资料和调查成果有最好的拟合，拟合精度应符合GB/T 14497中的有关规定。

ⅴ）选择合适的地下水开采方案，利用校正检验过的地面沉降数学模型进行预测评价。

③ 地面沉降预测评价应具备地下水开发规划面积、使用年限、地下水开采量及水位动态、地面沉降等方面的资料，制定一个或多个可供选择的地下水开采方案。

④ 地面沉降预测评价成果应包括在设定不同地下水开采方案基础上的地面沉降和地下水变化速率和总量，编制历年地面沉降量等值线图、相应的地下水位等值线图、重点地段沉降量历时曲线图等，对可能发生地面沉降的层位作分析和划分，并根据地裂缝易发程度的判别因素圈定可能发生地裂缝的位置或区域，提出地面沉降及地裂缝预防和控制措施。

（4）危险性评价

地面沉降危险性分区宜划分为危险性大、危险性中等和危险性小。

（八）地质灾害治理工程勘查

1. 滑坡治理工程勘查

主要执行《滑坡防治工程勘查规范》（GB/T 32864—2016），主要内容如下：

1）范围

本标准规定了滑坡防治工程分级、滑坡调查、可行性论证阶段初步勘查、设计阶段详细勘查以及施工阶段补充勘查要求、主要勘查方法、物理力学试验与稳定状态分析等内容。

本标准适用于滑坡防治工程的勘查。

2）总则

（1）滑坡防治工程勘查应在地面调查基础上，充分利用已有资料，及时分析掌握信息。

（2）滑坡防治工程勘查内容和工作量应根据拟治理的滑坡区的地质条件、工作阶段和工程治理需求来确定。

（3）滑坡防治工程勘查分为滑坡调查、可行性论证初步勘查阶段、初步设计和施工图设计详细勘查阶段及施工补充勘查阶段。各阶段的勘查任务应依据本阶段的勘查目的、任务要求等相关文件综合确定。

（4）滑坡防治工程勘查应采用安全可靠的技术手段，不应加剧滑坡变形。

（5）滑坡防治工程勘查中发现重大地质结论变化时，应及时通知业主单位。

3）勘查基本规定

（1）在开展勘查之前，应充分收集和分析滑坡区的地质资料，开展野外踏勘，了解滑坡体性状和勘查工作条件，编制相应的勘查设计书，经技术评审合格后方可实施。

（2）对于小型滑坡，或勘查地质条件简单、治理工期短的滑坡，可根据实际情况合并勘查阶段，简化勘查程序。

（3）监测作为勘查的重要组成内容，应采用信息法进行全过程动态监测，及时向业主单位提供滑坡变形等地质信息，并可分阶段提出勘查报告。

（4）应根据滑坡体分布和结构特征，有针对性地布置勘查点线，不宜盲目采用等间距方式网格状布置勘查点线。

（5）各阶段滑坡防治工程勘查应进行工程地质测绘。

（6）滑坡防治工程勘查的各项野外工作应进行现场验收。

4）滑坡分类及防治工程分级

（1）勘查地质条件复杂程度划分

滑坡防治工程勘查的地质条件复杂程度根据地形地貌、地层岩性、地质构造、岩（土）体地质结构或水文地质因素，采用就高不就低原则，按表4-1-10进行分类。

（2）滑坡防治工程等级

滑坡防治工程等级根据滑坡灾害造成的潜在经济损失和威胁对象等因素，按表4-1-11进行划分，其中，工矿交通设施等重要性根据表4-1-12确定。

表4-1-10　滑坡防治工程勘查地质条件复杂程度分类

地质条件复杂程度	特征				
	地形地貌	地层岩性	地质构造	岩(土)体地质结构	水文地质
简单	地形起伏小；冲沟不发育；地貌类型单一	岩性变化不大，地质界线清楚；第四系阶地结构清楚	单斜地层；岩层平缓；节理不发育	围岩露头良好，岩体结构单一完整；风化卸荷裂隙不发育，风化层厚度薄	水文地质结构单一；地下水补给、径流、排泄条件清楚
复杂	地形起伏大；冲沟发育；地貌类型多变	岩性变化大，地质界线不清楚；覆盖层厚，地质露头出露差	褶皱强烈；断层规模大；岩溶强烈；节理发育	卸荷裂隙发育，风化层厚度大，岩体结构复杂；堆积层厚度大	水文地质结构变化大；地下水补给、径流、排泄条件复杂

表4-1-11　滑坡防治工程分级

滑坡防治工程等级		一级	二级	三级
潜在经济损失/万元		≥5000	5000＞且≥500	＜500
威胁对象	威胁人数/人	≥500	500＞且≥100	＜100
	工矿交通设施等	重要	较重要	一般

注：满足潜在经济损失或威胁对象中的其中之一条，即划定为相对应的防治工程等级。

表4-1-12　工矿交通设施重要性分类表

重要性	项目类别
重要	城市和村镇规划区、放射性设施、军事设施、核电、二级(含)以上公路、铁路、机场，大型水利工程、电力工程、港口码头、矿山、集中供水水源地、工业建筑、民用建筑、垃圾处理场、水处理厂、油(气)管道和储油(气)库等
较重要	新建村镇、三级(含)以下公路，中型水利工程、电力工程、港口码头、矿山、集中供水水源地、工业建筑、民用建筑、垃圾处理场、水处理厂等
一般	小型水利工程、电力工程、港口码头、矿山、集中供水水源地、工业建筑、民用建筑、垃圾处理场、水处理厂等

5) 滑坡调查

(1) 一般规定

① 滑坡调查应在勘查的前期准备阶段进行，作为滑坡防治工程勘查项目立项和布置勘探工作的依据。

② 滑坡调查应以资料收集、区域环境地质踏勘、地面调查为主。

(2) 区域环境地质踏勘

在收集有关资料基础上,对滑坡区地形地貌、滑坡类型、规模进行野外踏勘,分析滑坡所在区域地质基本情况。

(3) 地面调查

地面调查内容主要包括:

a) 滑坡区地形地貌、地质构造、地层特征。

b) 滑坡边界特征、表部特征与变形活动特征。

c) 滑坡类型、形态与规模、运动形式、形成年代、稳定程度。

d) 滑坡及周边地下水特征及地表降雨产流特征。

e) 滑坡及周边地区人类工程经济活动。

f) 滑坡灾害影响范围,承灾体类型、数量及危险性。

g) 既有防治工程的结构、现状,评估其功效。

6) 初步勘查阶段

(1) 一般规定

① 初步勘查在可行性论证阶段进行,应提交满足防治方案论证要求的勘查报告。

② 应初步查明滑坡的岩(土)体结构、空间几何特征和体积、水文地质条件,滑动方向,分析滑坡成因。

③ 应结合防治方案可行性论证进行,根据试验,结合已有工程经验反演计算,合理确定滑坡滑面物理力学指标,判定稳定状态,提出防治工程方案建议。

(2) 地质环境条件调查

地质环境条件调查内容包括:

a) 滑坡活动历史与宏观变形破坏迹象。

b) 工作区地貌单元、地层、区域断裂,核实主要活动断裂分布特征,及其与滑坡的关系。

c) 分析各种结构面与斜坡几何关系及其对滑坡稳定性的影响。

d) 分析工程岩组,确定软弱夹层和易滑岩组。

e) 滑坡体及周边地区社会经济、人类工程活动及植被特征,分析其与滑坡灾害的关系。

f) 充分收集水文、气象等资料。

(3) 工程地质测绘

① 测绘范围应包括后缘壁至前缘剪出口及两侧缘壁之间的整个滑坡,并外延到滑坡可能影响的一定范围。

② 测绘内容应包括滑坡及周边地形地貌测绘、岩(土)体工程地质结构特征测绘、裂缝测绘等。

③ 当拟采用排水工程方案时,应对滑坡外围拟设置的地面排水沟或地下廊道洞口等防治工程所在的地区进行工程地质测绘。

④ 当滑坡危及剪出口下部建筑物或可能堵塞下部河流时,应测绘包括潜在危险区的纵

向控制性剖面。

⑤ 测绘应开展滑坡体及周边相关植被特性、人类工程活动和水文地质调查。

(4) 勘探和测试

① 应初步查明滑坡体结构及各层滑动面的位置，了解地下水水位、流向和动态，采取岩(土)试样。

② 勘探可采用主—辅勘探线(剖面)法，不少于一条主纵剖面和一条主横剖面。

③ 勘探线(剖面)应由钻探、井探、槽探及物探等勘探点构成。

④ 纵向勘探线的布置应结合滑坡分区进行，不同滑坡单元均应有主勘探线控制，其方向应与该单元的滑动方向一致，在其两侧可布置辅助勘探线。

⑤ 横向主勘探线宜布置在滑坡中部至前缘剪出口之间。

⑥ 勘探点线间距应根据滑坡防治工程勘查地质条件复杂程度，结合滑坡规模确定。

⑦ 勘探方法应采用钻探、井探或槽探相结合，必要时可用物探方法沿勘探线进行补充探测验证。

⑧ 勘探孔深度应穿过最下一层滑面，并进入滑床3～5 m，拟布设抗滑桩或锚索部位的控制性钻孔进入滑床的深度宜大于滑体厚度的1/2，并不小于5 m。

⑨ 对地质条件复杂的大型或大型以上滑坡，可采用探硐进行勘探，绘制大比例尺展示图，进行照(录)像，并应采取滑带与滑体岩(土)试样，测试其物理、水理与力学性质指标。

⑩ 应初步查明地下水基本特征，结合钻孔和探井进行地下水位动态观测，分析地下水的补给、径流和排泄条件，分析地下水渗透性等。

(5) 施工条件调查

① 结合拟实施的滑坡防治工程措施，有针对性开展施工场地条件调查。

② 对防治工程所需天然建筑材料分布、质量和储量进行踏勘和评估。

③ 了解滑坡周围水源分布，评价防治工程及生活用水水量和水质，提出供水建议。

(6) 监测

① 初步勘查阶段监测应了解滑坡变形特征。

② 监测内容以地面变形和位错为主，并包括建(构)筑物变形与开裂。

③ 可根据工程地质条件，沿滑坡纵横轴线分别布置一条监测断面，每断面监测点不少于3个。

④ 在勘查区内存在两处以上滑坡变形区情况下，可统一布置监测网。

⑤ 对于明显受地下水动态控制的滑坡，应开展地下水位监测，并同时进行降雨量和地表水监测。

⑥ 对防治工程等级为一级或底滑面位置不清楚且地面变形明显的滑坡，应沿主滑方向布置不少于一条的深部位移监测剖面，并与主勘探剖面方向相重合。

⑦ 监测网应考虑滑坡实际变形特征及分区情况，并结合钻探、井(槽)探点布设，主要监

测点应满足设计阶段使用要求。

⑧ 监测周期应根据变形速率大小和危险性来确定,不宜大于15天。

⑨ 监测资料分析应配合其他勘查成果,相互校核。

⑩ 应定期、不定期提供监测报告及附图。

(7) 勘查成果

初步勘查成果应包括初步勘查报告、原始测试报告等附件和可供可行性方案论证使用的工程地质图册。

7) 详细勘查阶段

(1) 一般规定

① 详细勘查在初步设计和施工图设计阶段进行。

② 应结合防治工程部署,充分利用初步勘查成果,进行重点勘查。

③ 根据可行性论证推荐的滑坡防治工程治理方案,补充或专门开展勘查、现场试验和测试等。

(2) 工程地质测绘

① 根据可行性论证推荐的防治工程治理方案,开展工程布置区大比例尺测绘。

② 地面排水工程的测绘应沿排水沟工程轴线追索进行,以纵剖面图测绘为主,比例尺宜为1:500~1:100,并在沿线不同单元处测绘横剖面图。

③ 地下排水工程的测绘应沿廊道工程轴线追索进行,结合钻探、井探、物探等,测绘纵向剖面图,比例尺宜为1:500~1:100。

④ 对地下排水工程廊道口应提交进硐工程地质立面图,比例尺宜为1:100~1:20。

⑤ 抗滑桩和锚固工程的测绘沿工程布置轴线进行,结合钻探、井探和物探等,提交沿工程布置方向的地质剖面图,比例尺宜为1:500~1:200。

⑥ 挡墙工程的测绘应沿工程布置轴线进行,比例尺宜为1:500~1:200。

⑦ 削方减载和回填压脚工程的测绘应提供工程区纵、横剖面图,剖面间距20~100 m。

(3) 勘探和测试

① 应根据地质条件复杂程度,结合防治工程方案,对初步勘查阶段的勘探线进行加密勘探。

② 纵向主勘探线勘探点间距宜加密为20~60 m,并对纵向辅勘探线适度加密,勘探点间距宜为40~120 m。

③ 横向勘探线重点布置在防治工程实施部位,勘探点间距宜为20~120 m。

④ 勘探方法应采用钻探和井探相结合。

⑤ 应在加密勘探点上采取滑体、滑带试样,补充开展滑带与滑体岩(土)物理、水理与力学性质指标测试。

⑥ 应利用主勘探线的勘探孔进行注(抽)水试验,并宜作为地下水位动态观测孔,延续

至工程竣工后。

⑦ 当采用锚固工程进行滑坡防治，但锚固段地质条件复杂，应进行现场锚固拉拔试验，获取相关参数。

⑧ 当滑坡体结构破碎松散，宜进行现场注浆试验，提供可靠的注浆参数。

(4) 监测

① 应根据详细勘查需要查清的问题，有针对性地加密地表监测，补充深部位移和地下水位监测内容。

② 对一级滑坡防治工程，应根据实际情况进行包括地表变形、裂缝，深部位移，地下水位和孔隙水压力变化的立体监测，监控滑坡整体变形。

③ 对二、三级滑坡防治工程，宜根据实际情况进行以地表变形、裂缝和地下水位变化为主的监测，监控滑坡沿主滑方向的变形。

④ 变形监测可以地表位移监测为主，地下深部位移监测为辅：

a) 地表位移监测包括绝对位移监测和相对位移监测。

b) 地下深部位移监测包括利用钻孔测定不同深度的变形特征，以及在探硐内对裂缝、滑带或特征地层位移的监测。

⑤ 应开展滑坡区地表水和地下水监测。

⑥ 应充分采用钻孔、探井、探槽布设监测点，并可用于施工阶段监测，可在地表或地下(钻孔、平斜硐内)埋设地应力计，测量滑坡体内地应力状态及其变化。

⑦ 根据工程地质情况，在滑坡区内沿滑坡纵横轴线分别布置2～3条监测断面，每断面监测点不少于3个。

⑧ 应根据勘查情况，及时调整监测网的布置，主要监测点可用作施工阶段监测。

⑨ 监测周期分为正常监测周期和特殊监测周期。正常监测周期不宜大于3天，特殊监测周期应加密，其测次视具体情况而定。

(5) 勘查成果

详细勘查成果应包括详细勘查报告和原始测试报告等附件，以及可供设计图使用的工程地质图册。

8) 补充勘查阶段

(1) 一般规定

① 补充勘查在施工阶段进行，是详细勘查工作的延续补充。

② 包括防治工程实施期间，开挖或钻探所揭示地质露头的地质编录、重大地质结论变化的补充勘探和竣工后地形地质状况测绘，编制施工前后地质变化对比图，并对其作出评价结论。

③ 施工期间发现滑坡重大地质结论变化，应进行补充地质勘查，提交补充地质勘查报告。

④ 应采用信息法,结合防治工程实施,及时编录分析地质资料,将重大地质结论变化及时通知业主单位,情况紧急时应及时通知施工和设计单位,采取必要的应急处置措施。

⑤ 应针对现场地质情况,及时提出改进施工方法的意见及处理措施,保障防治工程的施工适应实际工程地质条件。

(2) 开挖露头测绘与工程钻孔编录

① 补充勘查应充分利用施工期间开挖揭露的典型地质露头和钻孔探测的深部地质信息,及时进行地质编录。

② 应在防治工程封闭前对开挖最终形成的地质露头进行地质测绘,提交平面图、剖面图、断面图或展示图,并进行照(摄)像。

③ 开挖过程中揭露的滑带土、擦痕等典型滑坡地质形迹应及时加以编录、照(摄)像,取样。

④ 在抗滑桩的竖井开挖过程中,应及时进行工程地质编录、照(摄)像,特别应注意主滑带和滑坡体内各种软弱带的地质特征。

⑤ 对于一级滑坡防治工程,在锚索造孔过程中,宜抽取锚杆(索)设计钻孔总数的5%,且不宜少于三孔进行井内勘探。

⑥ 锚杆(索)钻孔和抗滑桩竖井等探测的滑带位置与原地质资料误差较大时,应及时修正滑坡地质剖面图和工程布置图,并指导工程设计变更。

⑦ 在实施喷锚网工程和砌石工程前,应进行地质露头工程地质测绘,并进行照(摄)像。

⑧ 采用注浆等方法改性加固滑坡体后,应沿主勘探线进行钻探取样,提供改性后的滑坡体物理力学参数。

⑨ 对于回填形成的堆积体,应沿主勘探线进行钻探取样,提供物理力学参数。

(3) 监测

① 在详细勘查阶段监测基础上,针对防治工程,增设监测网点,掌握滑坡体变形破坏过程和治理工程实施效果。

② 应沿主滑方向监测钻孔地下水位和孔隙水压力变化,对地下排水工程应增加辅助剖面,监测地下水动态,提供排水效果数据。

③ 宜采用测力计和多点位移计等进行预应力锚索监测,掌握预应力施加期间和施加后锚索预应力和滑坡变形过程。监测点数不宜少于锚索总数的5%,且不宜少于两处。

④ 宜采用压力盒等测定抗滑桩工程实施后桩体承受的滑坡推力或土压力变化。压力盒主要沿滑坡主滑方向布置。

(4) 专门地质勘查

① 专门地质勘查主要针对重大地质结论变化区进行,采用地质测绘、地球物理探测、山地工程等查明地质体的空间形态、物质组成、结构特征、成因和稳定性,地下水赋存状态与运动形式,岩(土)体的物理力学性质;应评估由于变化对滑坡整体稳定和局部稳定的影响。

② 勘查方法、工作量和进度应根据地质问题的复杂性、施工图设计阶段查明深度和场地条件等因素确定。应利用各种施工开挖工作面观察和搜集地质情况。

③ 当滑坡出现重大地质结论变化，应进行弱面抗剪强度校核，重新进行整体稳定性评价和推力计算。对防治工程设计方案和施工方案的变更提出建议。

(5) 勘查成果

补充勘查应提交专门的勘查报告、图件及相关附件。

9) 主要勘查方法

(1) 一般规定

① 应充分利用前期已有地质资料，加强综合分析，合理布置勘探工作。

② 勘查方法的选用应论证其对滑坡的扰动程度。

③ 初步勘查以地表地质测绘和主剖面勘查为主要勘查方法。

④ 详细勘查应在初步勘查成果上，以补充钻探、物探、井硐探等勘查方法为主，以地质修测为辅。

⑤ 补充勘查应以工程揭露地质验证、编录、修测为主，需工程变更设计的部位可补充钻探、井探。

(2) 地质测绘

① 应充分收集已有资料，了解前人工作程度，并进行现场踏勘。

② 测绘应将滑坡区及周边主要的地质现象和地物要素等表达在地形图上。地形图成图规格应根据滑坡区范围、比例尺的要求，选择合适的图幅尺寸，以完整地将滑坡区范围表达在一个分幅内为宜。

③ 滑坡区测量坐标和高程系统宜按GB 50026条款执行，但对联测困难的山区也可采用独立坐标系和假设高程。

④ 地形图精度，要求图上具有定位意义的独立地物点相对于邻近图根点的点位中误差应小于图上0.5 mm，邻近地物点间距中误差不大于图上0.4 mm。

⑤ 地质测绘应采用定点法进行测绘。对于反映滑坡特征测绘点，应进行追索并沿线合理定点测绘。

⑥ 根据观测点之间的联系，应在野外实地勾绘连接观测点之间的地质界线草图。

⑦ 滑坡区内地质观测点的布置与测量点密度至少图上达到1 cm×1 cm布置一点，滑坡区外可适当增大，以达到最佳调查测绘效果为准。

⑧ 对于与滑坡有关的重要地质现象，应有足够的调查点控制。

⑨ 对重要观测点的定位应采用仪器测量，一般观测点可采用半仪器定位。

⑩ 滑坡平面图测绘精度应满足如下要求：

a) 宏观地形地貌在图上宽度大于2 mm的现象应按比例描绘。

b) 滑坡微观地形地貌在图上宽度不足2 mm时，宜按特定图例标注，且应进行更大比例尺的专门测绘,作为附图一并提交。

c) 地质界线图上误差不应超过2 mm;其他地段不应超过5 mm。

⑪ 滑坡剖面图宜与滑坡勘探线一致,采用与平面图等同或更大的比例尺。滑坡剖面的两端点、剖面控制点应设立显著标志,每一条剖面至少应有两个标志点。

⑫ 与滑坡有关的水文点、微地貌、地形变点等应测在剖面图上,图上地形和地质测绘内容误差不得超过1 mm。

⑬ 受表土覆盖影响的重要地质观测点宜采用剥土、槽探等手段进行人工揭露。

⑭ 地质调查与测绘野外记录应分类采用统一的专门卡片记录观测点。

⑮ 地质测绘应提交地形测量、地质调查和测绘正式成果,图册及相关原始附件。

(3) 勘探线(剖面)布设

① 主勘探线布设应纵贯整个滑坡体,宜与初步认定的滑动方向平行,其起点应在滑坡后缘以上稳定岩(土)体范围内20~50 m。

② 主勘探线上所投入的工程量及点位布设应满足主剖面图绘制、试验及稳定性评价的要求,并兼顾地下水观测和变形长期监测的需要。

③ 对于分布有多个次级滑体,或后缘出现两个以上弧顶的中型及以上规模的滑坡,主勘探线不宜少于两条。

④ 主勘探线(剖面)不宜少于3个勘探点,且对于地质条件复杂、后缘边界不确定的滑坡,宜有勘探点控制。

⑤ 对于大型规模以上的滑坡,纵向勘探剖面应反映每一个滑坡地貌要素。

⑥ 滑坡横向勘查剖面钻孔布设宜控制滑面横断面形态,可依据地质、地貌或地球物理资料从滑坡中轴线向两侧进行布设。

⑦ 辅助勘探线分布在主勘探线两侧,线间距据勘查阶段要求而定。

⑧ 辅助勘探线上的勘探点宜与主勘探线上的勘探点位置相对应(或隔一个勘探点相对应),使横向上构成垂直于勘探线的横勘探剖面,形成控制整个滑坡体的勘探网。

⑨ 工程轴线勘探线应按防治工程方案,有针对性地布设。

⑩ 勘探点的布设原则:

a) 勘探点应布设在重点勘查和设计的治理工程部位,除反映地质情况外,应兼顾采样、现场试验和监测。

b) 勘探点的布设应限制在勘探线的范围内。若由于地质或其他重要原因必须偏离勘探线时,宜控制在10 m范围之内。对于应查明的重大地质问题,可以单独投入勘探点而不受勘探线的限制。

(4) 钻探

① 钻探孔位的布置应在地质调查或测绘的基础上,沿确定的纵向或横向勘探线布置,针对需查明的滑坡地质结构或问题确定具体孔位。

② 滑体内地下水位以上的黏性土、粉土、人工填土和不易塌孔的砂土内应采用干法钻进。

③ 滑体内地下水位以下的岩(土)层内,以及在滑带及其上下5 m范围内应采用单管双动钻进技术,或双管双动钻进技术或无泵反循环技术等对滑坡岩土扰动小的钻进技术钻进。

④ 勘探孔终孔孔径不宜小于110 mm。

⑤ 在滑带及其上下5 m范围内,采用干法钻进方法时,回次进尺不得大于0.3 m,应及时编录岩心,确定滑动面位置。

⑥ 孔深误差及分层精度应符合下列规定:

a) 下列情况均需校正孔深:主要裂缝、软弱夹层、滑带、溶洞、断层、涌水处、漏浆处、换径处、下管前和终孔时。

b) 终孔后按班报表校核孔深,孔深最大允许误差不宜大于1‰。

c) 钻进深度和岩(土)分层深度的量测精度,不应低于±5 cm。

⑦ 孔斜误差应符合:

a) 每钻进50 m后,换径后3~5 m,出现孔斜征兆或终孔,应测量孔斜。

b) 顶角最大允许弯曲度应小于2%。

⑧ 钻孔岩心采取应符合:

a) 不应超管钻进。重点取心地段应限制回次进尺,且不应超过0.3 m。

b) 在砂层、卵砾石层、硬脆碎地层和松散地层中以及滑带、破碎带等,应采用岩心采取率高的钻进及取心工艺。

c) 残留岩心长度超过35 cm时,应进行打捞。

d) 滑体、滑床和滑带的岩心采取率应分别大于80%、85%和90%。

⑨ 钻孔简易水文地质观测应符合:

a) 开孔应采用无冲洗液钻进。

b) 孔中一旦发现水位,应立即停钻,并进行初见水位和稳定水位的测定。

c) 清水钻进时,提钻后、下钻前各测水位,间隔时间不小于5 min;长时间停钻每4 h测一次水位。

d) 准确记录漏水、涌水位置并测量漏水量、涌水量及水头高度。

e) 接近滑带时,应停钻测定滑坡体的稳定水位;终孔时应测定全孔稳定水位;对设计要求分层观测水位的钻孔,应严格进行分层水位观测。

f) 观测记录钻进过程中的其他异常情况,如破碎、裂隙、裂缝、溶洞、缩径、漏气、涌砂和水色改变等。

⑩ 钻孔验收后对不需保留的钻孔应进行封孔处理。

⑪ 勘查报告验收前,各孔全部岩心均要妥善保留。

⑫ 钻孔地质编录应符合:

a) 在现场随钻进进行,按照回次编录。

b) 在完整或较完整地段,可分层计算岩心采取率;对软弱地段应单独计算岩心采取率。

⑬ 钻孔施工记录:

a) 每班应记录各工序及生产情况。

b) 每孔施工结束后原始报表应及时整理成册,存档备查。

⑭ 钻孔验收要求:

a) 钻孔完工后勘查单位应及时组织自验,且自验合格后报监理单位现场验收,监理单位应出具钻孔验收意见书。

b) 未能取到滑带岩心或水文地质观测未能满足要求的钻孔,应定为不合格,并补做未达到要求的部分或者予以报废重新施工。

⑮ 钻探成果应符合:

a) 钻孔终孔后应及时进行钻孔资料整理并提交该孔钻探成果。

b) 钻孔综合柱状图以能清楚表示该孔的主要地质现象为标准来确定,比例尺宜为1:200~1:100。

c) 提交钻孔地质小结。

(5) 井探、硐探和槽探

① 对二级及以上滑坡防治工程,且地质条件复杂时,宜沿主剖面采用钻探与井探相结合的方法进行勘探。

② 井探前,应根据地质测绘和露头剖面,推测地质条件,编制探井工程设计书,并建立探井结构理想柱状图。

③ 矩型探井断面短边长宜大于1.5 m,圆断面探井直径宜大于1 m。

④ 对地质结构复杂难以定论,且等级为一级的滑坡防治工程宜用探硐进行勘探。

⑤ 硐探工程轴线上应布置一定数量的钻孔或探井,并安排先施工。

⑥ 探硐净断面高×宽宜大于1.8 m×1.8 m。

⑦ 探硐宜进行支护,并综合利用,且探洞护壁应预留足够的观测窗,面积不小于20 cm×20 cm。

⑧ 硐探工程应编制专门的设计书,或在滑坡总体勘查设计中编写专门章节论证其必要性和可行性内容。

⑨ 开挖掘进过程中及时记录掘进中遇到的地质现象,每5 m宜作一张掌子面素描图。

⑩ 对于围岩失稳而必须支护的地段,应及早进行素描、拍照、录像、采样及埋设监测仪器,可在支护段预留窗口。

⑪ 在滑坡体前缘、后缘、侧缘部位及勘探线上地质露头不清时,应布置必要的槽探。

⑫ 应及时进行探井、探硐或探槽展示图和地质编录,展示图比例尺宜为1:100~1:50。

⑬ 需按要求配合进行滑动面(带)力学抗剪强度的原位试验,同时在预定层位按要求采

取岩、土、水样。

⑭ 勘探完成后的探井不得裸露或直接废弃，可作为滑坡监测井或浇筑钢筋砼形成抗滑桩。

(6) 地球物理勘探

① 地球物理勘探可作为辅助勘查手段，不宜单独以物探结果直接作为防治工程设计依据。

② 地球物理勘探线的布设应与滑坡主要勘探线相叠合。

③ 当物探反映有重大异常时，应补充钻探、井探、硐探和槽探等予以验证。

④ 进行地球物理勘探前，应通过现场试验，研究方法有效性，确定合适的野外观测系统和仪器工作参数。

(7) 监测

① 滑坡防治工程监测包括长期监测、施工安全监测和工程效果监测。

② 监测内容一般包括：地表变形监测、地表裂缝位移监测、地面倾斜监测、建(构)筑物变形监测、滑坡裂缝多点位移监测、滑坡深部位移监测、地下水监测、孔隙水压力监测、滑坡地应力监测等。

③ 对于一级滑坡防治工程，应实施长期监测。

④ 对于二级滑坡防治工程，在施工期间应建立安全监测和防治效果监测点，同时，宜建立以简易监测为主的长期监测点。

⑤ 对于三级滑坡防治工程，宜建立简易长期监测点。

⑥ 施工安全监测应对滑坡体进行实时监控，了解由于工程扰动等因素对滑坡体的影响，及时地指导工程实施、调整工程部署、安排施工进度等。

⑦ 施工安全监测点应布置在滑坡体稳定性差，或工程扰动大的部位，力求形成完整的剖面，采用多种手段互相验证和补充。

⑧ 防治效果监测应结合施工安全和长期监测进行，了解工程实施后滑坡体的变化特征，为工程的竣工验收提供科学依据。

⑨ 防治效果监测时间长度不应小于一个水文年，数据采集时间间隔不应大于30 d。

⑩ 监测报告应以时报、日报、旬报、月报、季报或年报等形式提交。

2. 崩塌治理工程勘查

主要执行《崩塌防治工程勘查规范(试行)》(T/CAGHP 011—2018)，主要内容如下：

1) 范围

本标准规定了崩塌防治工程勘查工作的技术要求。

本标准适用于针对潜在崩塌(危岩)和崩塌堆积体的防治工程的勘查，对崩塌(危岩)进行应急抢险勘查也可参照(参考)使用。

2) 总则

(1) 目的与内容

① 崩塌防治工程勘查应在充分了解勘查区周边致灾地质环境背景的基础上,开展崩塌地质灾害隐患勘查与评价,为有效减轻和防止突发性崩塌地质灾害危害提供地质依据。

② 崩塌防治工程勘查应包括地质测绘与调查、勘探、岩土测试、监测、稳定性评价及防治工程措施建议等内容。

(2) 崩塌防治工程等级

① 崩塌防治工程等级可根据崩塌灾害威胁对象及其重要性等因素,按表4-1-13进行划分。

表4-1-13　崩塌防治工程等级划分

崩塌防治工程等级		特级	Ⅰ级	Ⅱ级	Ⅲ级
威胁对象	威胁人数/人	≥5000	≥500且＜5000	≥100且＜500	＜100
	威胁设施的重要性	非常重要	重要	较重要	一般

注:表中只要满足1项即可按就高原则划为对应等级。

② 受崩塌威胁设施的重要性分类按表4-1-14确定。

表4-1-14　受崩塌威胁设施重要性分类

重要性	设施类别
非常重要	放射性设施、核电站、大型地面油库、危险品生产仓储、政治设施、军事设施等
重要	城市和城镇重要建筑(含30层以上的高层建筑)、国家级风景名胜区、列入全国重点文物保护单位的寺庙、高等级公路、铁路、机场、学校、大型水利水电工程、电力工程、大型港口码头、大型矿山、油(气)管道和储油(气)库等
较重要	城市和城镇一般建筑、居民聚居区、省级风景名胜区、列入省级文物保护单位的寺庙、边境口岸、普通二级(含)以下公路、中型水利工程、电力工程、通信工程、港口码头、矿山、城市集中供水水源地等
一般	居民点、小型水利工程、电力工程、通信工程、港口码头、矿山、乡镇集中供水水源地、村道等

注:表中未列项目可根据有关技术标准和规定按大、中、小型分别确定其重要性等级。大型为重要,中型为较重要,小型为一般。

(3) 崩塌的分类

① 崩塌按其所涉及的岩性可分为岩质崩塌和土质崩塌。

② 崩塌按破坏模式可分为滑移式崩塌、倾倒式崩塌和坠落式崩塌。

③ 单块危岩块体按其体积可分为小型危岩、中型危岩、大型危岩和特大型危岩。

④ 危岩按所处相对崖底高度可分为低位危岩、中位危岩、高位危岩、特高位危岩。

(4) 崩塌防治工程勘查基本要求

① 对于规模大、难以查清的崩塌宜分为初步勘查和详细勘查两个阶段，对其他情况的崩塌可直接进行详细勘查。施工过程中，地质条件与原勘查资料不符并有可能影响防治工程质量时可进行施工勘查。长度较大、地质环境复杂程度差异较大的崩塌，应根据危岩体分布特征、可能的破坏模式和运动方向，以分区、分段、分块或分组的形式布置勘查工作。

② 勘查工作方法和手段应以地质测绘与调查为主，以勘探为辅，宜采用三维激光扫描、陆地摄影测量（无人机）、干涉雷达（InSAR）或孔内成像、孔间CT探测等新技术新方法。

③ 崩塌防治工程初步勘查应在充分收集分析以往地质资料的基础上，进行调查测绘、勘探和测试等工作，初步查明崩塌的基本特征、成因、形成机制，并对危岩在现状和规划状态下的稳定性做出初步分析评价。

④ 崩塌防治工程详细勘查应考虑现有和规划中的保护对象的需要，依据初步勘查的结果，结合可能采取的治理方案部署勘查工作，分析评价危岩在现状和规划状态下的稳定性和发生灾害的可能性，并提出防治方案建议。

⑤ 崩塌勘查应查明以下内容：

a) 勘查区自然地理条件，包括位置与交通状况、气象、水文、植被、社会经济概况等。

b) 地质环境条件，包括地形地貌、地层、岩性、地震、水文地质特征、地质构造特征等。

c) 陡崖或陡坡基本特征，包括危岩风化程度、裂隙发育程度、人类工程活动及分布特征，陡崖卸荷带分布范围。

d) 危岩的位置、分布高程、空间几何形态、控制性结构面特征、危岩变形特征等。

e) 崩塌体的运动特征，包括危岩破坏模式、危岩崩落的方向和影响范围等。

f) 崩塌堆积体情况。

g) 分析崩塌产生原因，评价危岩在可能的最不利条件下的稳定性、失稳的特征、规模及危害程度。

h) 提供防治工程设计所需要的地质资料、参数及防治建议等。

⑥ 经调查初步判定崩塌堆积体未达到稳定时，宜根据成灾类型，按相应规范的要求进行勘查。

(5) 崩塌防治工程勘查设计

① 崩塌防治工程初步勘查和详细勘查实施前均应编制勘查设计书。

② 崩塌防治工程初步勘查设计书应在充分收集现状地形图及其他有关资料，认真进行现场踏勘的基础上进行；崩塌防治工程详细勘查设计应在初步勘查成果的基础上编制，勘查工作的布置应充分利用初步勘查阶段工作量并结合可能的防治措施。

③ 崩塌防治工程勘查工作应按勘查设计书实施。当勘查过程发现勘查设计书预估的地质情况与实际地质情况有较大出入时,应根据实际地质情况对工作量作适当调整。

④ 崩塌勘查设计书的基本内容应包括:

目的任务;基础地质、气象、水文资料及当地崩塌防治的经验;确定勘查阶段;勘查区地质环境;崩塌(含危岩、陡崖及崩塌堆积体)的基本特征及稳定性初步评判;勘查工作方法及部署(包括工作布置平面图);勘查工作技术要求;勘查工作进度安排;勘查工作保障措施;勘查工作经费预算;预期勘查成果。

3) 崩塌地质调查测绘与勘探

(1) 一般规定

① 崩塌地质调查对象应包括危岩、陡崖和崩塌堆积体调查。

② 崩塌调查范围应包括陡崖和相邻的地段,坡顶应达到陡崖岩体卸荷带之外的稳定区域,坡底应达到崩塌堆积区外及崩塌堆积体可能转化为滑坡或泥石流的影响范围外。如存在对危岩起控制作用的区域性结构面时,可扩大调查范围或进行专题地质调查。

③ 地质测绘与调查应在勘探工程实施之前进行。

④ 地质测绘与调查精度、工作量及工作方法应根据勘查阶段以及地质环境复杂程度确定。

(2) 崩塌地质测绘与调查

① 应搜集已有地形图、遥感图像、地震、气象、水文、植被、人类工程活动资料及崩塌史料,了解前人工作程度,并访问调查和踏勘。

② 崩塌区坐标系统宜采用1980年西安坐标系,高程系统宜采用1956年黄海高程系。对联测困难的山区也可采用独立坐标系统和假设高程。

③ 崩塌地质测绘与调查采用的比例尺及精度应符合下列要求:

a) 崩塌勘查野外工作的测绘精度在初勘阶段不宜小于1:1000,详勘阶段不宜小于1:500,其中复杂场地勘查宜取较大值。危岩崩塌地质测绘与调查采用的比例尺及精度宜能够清楚表达危岩的形态特征、结构面特征等。危岩的剖面测绘比例尺不宜小于1:200。

b) 图上观测点,在初步勘查阶段,每10 cm×10 cm范围不少于1个;在详细勘查阶段,每10 cm×10 cm范围不少于3个。每个危岩及主控裂隙的观测点不少于2个。观测点经分类编号后,标注在工作图上,并详细记录。对重要观测点用油漆或木桩在实地标识。

c) 重要观测点的定位采用仪器测量,一般观测点采用半仪器定位。

④ 崩塌地质测绘与调查的内容应符合下列要求:

a) 调查崩塌所在区域的地形地貌、地质构造、地层岩性、水文地质条件、不良地质现象,了解与崩塌有关的地质环境。

b) 在分析已有资料的基础上,调查崩塌所处陡崖(带)岩性、结构面产状、力学属性、延展及贯穿情况、闭合程度、深度、宽度、间距、充填物、充水情况、结构面或软弱层及其与斜坡临空面的空间组合关系,陡崖卸荷带范围及特征,基座地层岩性、风化剥蚀情况、岩腔与洞穴状况、变形及人类工程活动情况等。同一区域,陡崖地质环境条件变化大时,应进行分段调查评价。

c) 对危岩,应调查下列内容,并进行拍照,勾绘侧立面、正立面素描图:

危岩位置、形态、规模、分布高程;危岩、基座及周边的地质构造、地层岩性、岩土体结构类型及其对危岩稳定性的影响;危岩及周边裂隙充水条件、高度及特征,泉水出露,湿地分布,落水洞情况等;危岩变形发育史及崩塌影响范围。

d) 卸荷裂隙进行专门的调查,并编号,标注在图上。调查裂隙的性质、几何特征、充填物特性、充水条件及高度;对裂隙进行分带统计,划出卸荷带范围。

e) 土质崩塌地区调查土体组成和结构、垂直节理、古土壤层、落水洞的分布及稳定坡角,并进行裂隙分带统计,划出可能崩塌的范围。

f) 对崩塌堆积体,调查下列内容:

崩塌源的位置、高程、规模、地层岩性、岩土体工程地质特征及崩塌产生的时间;

崩塌体运移斜坡的形态、地形坡度、粗糙度、岩性、起伏差、运动方式,崩塌块体的运动路线和运动距离;

崩塌堆积体的分布范围、高程、形态、规模、物质组成、分选情况,植被生长情况,崩塌堆积体块度(必要时需进行块度统计和分区)、结构、架空情况和密实度;

崩塌堆积体形态、坡度、岩性和物质组成、地层产状;

崩塌堆积体内地下水的分布和运移条件;

崩塌堆积体中大块孤石的大小、岩性,所处位置的坡度、下伏岩土体的类型,水文地质条件,变形情况。

g) 调查崩塌影响范围内的人口及实物指标。

⑤ 工程地质调查与测绘成果包括野外测绘实际材料图、野外地质草图、实测地质剖面图、各类观测点的记录卡片、立面图、地质照片集等。

(3) 崩塌勘探

① 崩塌勘探应满足确定危岩形态,评价危岩、陡崖及崩塌堆积体稳定性,布设治理工程的要求。崩塌堆积体的勘探参照《滑坡防治工程勘查规范》(GB/T 32864)执行。

② 崩塌勘探可采用槽探、钻探或物探等勘探方法。物探方法宜采用孔内弹性波、井下电视、孔间TC物探、高密度电法或地质雷达测试等手段;对土质崩塌,必要时可采用坑探或井探;对地质环境特别复杂、危害大的崩塌,必要时可布置硐探工程。勘查方法应根据勘查阶段及地质环境复杂程度等确定。当选用钻探和物探时,除孔内物探工作外,宜先地面物探后钻探。

③ 卸荷带特征、控制性裂隙分布及充填情况勘探宜采用槽探或物探;软弱基座分布范围勘探宜采用槽探和井探;当可能采取支撑方式时,在危岩软弱基座处布置钻孔或浅井;控

制性结构面深部的特征勘探应采用水平或倾斜钻孔。

④ 崩塌勘探线的布设应满足下列要求:

a) 初步勘查阶段主要布置控制性勘探线;详细勘查阶段控制性勘探线与一般勘探线相结合;取样及现场测试应布置在控制性勘探线上。

b) 对陡崖初勘阶段勘探线间距不应大于200 m,且每个陡崖至少有1条勘探线;详勘阶段勘探线间距不应该大于100 m,且每个陡崖至少有2条勘探线。

c) 危岩均应布设勘探线,对大型以上的危岩和有重要保护对象的中小型危岩,布置控制性勘探线;对其他危岩,布置一般勘探线。

d) 控制性勘探线沿危岩可能崩塌方向布置,从危岩后缘稳定区域一定范围到崩塌可能影响范围,且尽量通过危岩的重心。

e) 一般勘探线布设在危岩的代表性部位,尽量通过其重心,勘探线长度以能准确反映危岩形态、母岩及基座特征为原则。

f) 变形强烈带应有剖面控制。

g) 土质崩塌勘探线不少于2条。

⑤ 崩塌勘探点的布设应满足下列要求:

a) 危岩后缘、临空面及软弱基座等部位均有勘探点。

b) 危岩厚度较大时,在被裂缝切割形成的规模较大的岩体上布置1个垂直钻孔控制危岩、软弱夹层及基座。

c) 当危岩形态在竖向接近板状时,在危岩的临空面布置水平或倾斜钻孔勘探控制危岩的控制性结构面;水平或倾斜钻孔位置从危岩底面起算的高度不宜低于危岩高度的1/2。

d) 能满足对危岩、母岩、基座取样需要。

e) 对地质环境特别复杂、危害大、常规勘探方法不能查明其特征的危岩,在控制勘探线下部危岩底部布设1条平硐,探查危岩底部控制面。

f) 对土质崩塌布置一定数量的控制性钻孔或探井穿透可能崩滑控制面。

g) 对密集的形态近似的危岩陡崖带,勘探点可适当减少,每个陡崖的勘探点不宜少于1个。

⑥ 崩塌勘探工作布置时,每条控制性勘探线的勘探点不应少于1个;物探、槽探、井探工作量应根据地面测绘遗留问题和地表采样需要确定。特定条件下,勘探孔可采用斜孔、水平孔。

⑦ 崩塌勘探深度应满足下列要求:

a) 初步勘查阶段控制性钻孔深度的确定以探明危岩深部崩滑面或潜在崩滑面为原则。

b) 详细勘查阶段控制性钻孔深度的确定以探明危岩基座和周边岩土体作为工程持力岩体地质情况为原则,其中,水平(倾斜)钻孔以探明锚固段地质情况为原则,垂直钻孔以探明桩、键、支撑墙(柱)持力层地质情况为原则,且进入相应地层不应小于5 m。危岩底部有空洞或采空区时，控制性勘探孔穿过空洞或采空区进入稳定基岩的深度不少于3 m。

c）一般勘探孔穿过最底层危岩崩滑面（带），进入稳定岩土体（危岩基座）的深度不少于3 m，水平（倾斜）钻孔穿过危岩后缘裂缝（或卸荷带）进入稳定岩体的深度不少于3 m。

d）平硐穿过最底层崩滑带进入稳定岩土层。

⑧ 崩塌勘查取样应符合《建筑工程地质勘探与取样技术规程》（JGJ/T 87）的规定并满足下列要求：

a）试验样品在母岩及治理工程可能涉及范围内采集。当结构面中充填土质时，采集土样。

b）优先在探槽、探井或探洞中采集原状试样；钻孔中尽可能采集土层、软弱夹层原状试样。

4）测试与统计

（1）一般规定

① 崩塌勘查中的测试应符合《工程岩体试验方法标准》（GB/T 50266）、《土工试验方法标准》（GB/T 50123）及其他有关规程的规定。

② 崩塌勘查中的测试宜现场试验与室内试验相配合。

③ 崩塌勘查中的测试对象为软弱夹层、破碎带或结构面，母岩和基座岩体，地下水和地表水。

④ 崩塌勘查中的测试项目应包括岩土的物理性质、力学性质、软弱夹层或结构面充填土的颗粒级配、物质成分试验，地下水和地表水的化学成分及其对建筑材料腐蚀性试验；力学性质试验应包括母岩及基座岩土抗压试验与变形试验；对受抗拉强度控制的倾倒式危岩，还应包括母岩岩石抗拉试验；对受抗剪强度控制的坠落式危岩及滑移式危岩，还应包括母岩和基座岩土抗剪试验；必要时应进行结构面现场抗剪试验。

（2）测试

① 崩塌勘查期间应注意观测和分析崩塌的地下水动态和裂隙水头压力。土质崩塌地区及裂隙贯通性不清楚的地段，当条件允许时可采用钻孔注水试验或试坑渗水试验。

② 进行抗剪试验的土样含水状态应与崩塌区内土体的含水状态一致。对粉土和粉质黏土，抗剪试验方法宜选择快剪或不排水剪、固结快剪或三轴固结不排水剪。

（3）测试结果统计

① 岩土性质指标测试值应根据概率理论进行统计。统计前应根据岩土的性质差异划分不同的统计单元，并根据采样方法、测试方法及其他影响因素对测试结果的可靠性和适用性做出评价。

② 每一个测试值均应参与统计，当统计的变异性系数大于0.3时，应分析原因，并删除异常值。

③ 岩土性质指标测试值统计结果应包括范围值、算术平均值、标准差、变异系数及标准

值,其计算应符合《岩土工程勘察规范》(GB 50021)的有关规定;样品只有1个,参考当地经验值;样品数多于1个但少于统计所需个数,取算术平均值。

④ 室内抗剪试验和三轴压缩试验成果可按图解法及最小二乘法进行分析整理。

(4) 岩土体性质指标

① 崩塌勘查应根据现场测试及室内试验资料提供稳定性评价及治理工程设计需要的岩土体性质指标值。

② 当无试验资料时,岩体结构面抗剪强度指标标准值可取当地的经验值确定。

③ 土的强度指标应取标准值,各种物理性指标和压缩性指标应取平均值,载荷试验承载力应取特征值。

④ 岩体内摩擦角和黏聚力可根据岩体完整程度由岩石的内摩擦角和黏聚力乘以折减系数确定。

⑤ 当岩体完整、较完整时,岩体抗拉强度可根据结构面产状和岩体完整性由岩石抗拉强度折减确定。

⑥ 岩体的变形模量和弹性模量可由岩石的变形模量和弹性模量乘以折减系数确定;岩石泊松比可视为岩体泊松比。

⑦ 岩土地基承载力可根据勘查试验成果结合地区经验确定。

5) 监测

(1) 一般规定

① 崩塌防治工程勘查期间对有明显变形迹象和稳定性差的危岩应进行监测。

② 崩塌勘查设计书应包含监测设计内容,监测设计应针对危岩的变形情况及对危岩扰动大的勘探工程(如平硐、竖井、钻孔)的具体情况进行。

③ 崩塌勘查期间的监测宜根据勘查平面图在现场踏勘基础上确定监测范围,布设监测工作量,并根据批准工作量及方法开展工作,编制的监测成果及图表提供勘查使用。

④ 崩塌勘查期间的监测应以变形(位移)监测为主。变形监测手段应采取巡视检查为主,变形明显时可采用仪器监测;对于变形明显且速率较大的大型危岩,可结合勘查施工,对裂缝开展监测。

⑤ 崩塌勘查期间,监测发现危岩变形加剧时,应及时向勘查施工人员及业主报告;达到临灾预警值时,应发出预警警报。

(2) 监测点、线布设

① 崩塌监测线应尽量与勘查纵剖面一致。大型危岩地表位移监测线宜为3条;中型危岩监测线宜为2条;小型危岩监测线可为1条;每条监测线的监测点数量不应少于3个。

② 崩塌监测点布设应符合下列要求:

a) 监测点重点布设于主控结构面或其他变形敏感位置。

b) 地表位移监测点重点布设于危岩顶部,布点困难时布设于临空面中下部。

c）裂缝监测点视主控裂缝发育情况进行布设。

d）崩塌堆积体地形较陡区及已产生变形的区域。

③ 位移观测基准点应设置在危岩以外的稳定地质体上，并构成可以进行稳定性监测的简单网型；基准点还应满足对变形点进行位移监测的各种观测条件。

④ 位移监测点应尽量布置在与主崩方向重合的纵剖面上。

（3）监测内容

① 危岩监测内容应包括位移（水平、垂直）、裂缝充水情况。

② 对可能造成重大危害的危岩，应进行系统监测，并根据监测结果，对可能发生崩塌的时间、崩塌可能的运动方向及路径、规模、造成的损失范围、威胁的人群及财产做出预判，提出危险性预警。

③ 危岩的巡视监测应对地表裂缝等各种变形迹象进行巡视检查、拍照和记录。

（4）监测周期

崩塌勘查期间的监测周期应符合下列要求：

a）绝对位移监测为 24 h/次，变形速率增大或出现异常变化时，为 2 h/次。

b）裂缝变化监测为 12 h/次。

c）人工巡视检查为 6 h/次，发现异常应随时加密巡查。

6）稳定性评价

（1）一般规定

① 崩塌评价应包括危岩稳定性评价和崩塌影响范围分析。崩塌稳定性评价的对象应包括陡崖、危岩和既有崩塌堆积体。

② 陡崖（带）稳定性可根据陡崖形态、结构面组合、岩体结构特征、变形特征等进行地质类比和赤平投影分析定性评价。危岩和崩塌堆积体稳定性应同时进行定性评价和定量评价。

③ 在进行危岩稳定性计算之前，应根据危岩范围、规模、地质条件，危岩破坏模式及已有变形破坏迹象，采用地质类比法对危岩稳定性做出定性判断。

④ 危岩稳定性评价应给出危岩在设计工况下的稳定系数和稳定状态。

⑤ 危岩稳定状态应分为稳定、基本稳定、欠稳定和不稳定。

⑥ 危岩稳定状态应根据定性分析和危岩稳定性计算结果综合判定，以定性为主、定量为辅。

⑦ 当危岩破坏模式难以确定时，对危岩的各种可能破坏模式均应进行稳定性计算，并进行稳定状态判断。

⑧ 崩塌堆积体稳定性评价应根据相关规范进行。评价时，应考虑上方崩塌冲击或加载的作用，分析在暴雨等条件下向泥石流转化的条件和可能性。

（2）危岩稳定性计算

① 危岩稳定性计算所采用的荷载可分为基本荷载(危岩自重、工程荷载)、裂隙水压力和地震力。

② 危岩稳定性计算视所采用的工况,可分为天然工况(工况1)、暴雨(融雪)工况(工况2),地震烈度为6度及以上时,尚应考虑地震工况(工况3)。其中所采用的暴雨强度应是重现期为20a的暴雨强度。

③ 危岩稳定性计算中各工况考虑的荷载组合应符合下列规定:

a) 工况1,基本荷载:危岩自重+工程荷载。

b) 工况2,基本荷载+暴雨(融雪)引起的裂隙水压力。

c) 工况3,基本荷载+暴雨(融雪)引起的裂隙水压力+地震力。

④ 考虑降雨(融雪)对危岩稳定性的影响时,除应计算暴雨(融雪)时裂隙水压力外,还应分析降雨(融雪)引起的土体物质的迁移及上覆土体的自重应力增加。

⑤ 危岩稳定性计算剖面应沿危岩失稳的最不利方向并通过其危岩重心。当危岩稳定性计算剖面未通过危岩重心且危岩断面尺寸变化较大时,危岩稳定性计算应按空间问题进行计算。

⑥ 基本地震加速度为0.2 g及以上,且位于地震断裂带15 km范围内的危岩稳定性计算,宜同时计入水平向地震荷载和竖向地震荷载。

(3) 崩塌体运动方向及影响距离预测

① 崩塌评价应给出崩塌体运动途经区域和危岩运动可能到达的最大范围,划定危岩崩塌可能造成的灾害范围,进行险情的分析与预测。

② 崩塌地质灾害影响范围确定应采用崩塌历史调查法和崩塌运动学分析法计算确定,必要时可采用现场落石试验法确定。

③ 崩塌历史调查应包括下列内容:

a) 崩塌堆积物的空间分布特征,包括崩落物的边界及不同位置崩塌堆积物的厚度、大小。

b) 崩塌堆积物的岩性、磨圆度、风化程度、溶蚀程度以及新老崩塌物的位置关系。

c) 崩塌体运动过程中遗留在地表的撞击等运动痕迹。

d) 崩塌堆积物周边环境特征。

e) 危岩下方斜坡的人工改造情况。

f) 有关崩塌的史料记载和崩塌发生地原住居民的口头传述。

④ 在峡谷区,崩塌体运动方向及影响距离预测应重视气垫浮托效应和折射回弹效应的可能性及由此造成的特殊运动特征与危害。

⑤ 崩塌体运动方向及影响距离预测应分析崩塌体可能到达并堆积的场地的地形、坡度、分布、高程、地层岩性与产状及该场地的最大堆积容积,并分析在不同堆积条件下,崩塌体越过堆积场地向下运移的可能性及最终堆积场地。分析时应考虑崩塌体解体对危害范围

的影响。

⑥ 崩塌体运动方向及影响距离预测应进行危岩崩塌后对崩坡积体的冲击力和加载计算并分析可能引起的次生灾害类型(如滑坡、泥石流、涌浪、堰塞湖等)和规模,确定其成灾范围,进行灾情的分析与预测。

3. 泥石流治理工程勘查

主要执行《泥石流灾害防治工程勘查规范(试行)》(T/CAGHP 006—2018),主要内容如下:

1) 范围

本标准规定了泥石流防治工程勘查阶段的划分、勘查基本工作量、勘查方法与手段、成果报告编制,以及泥石流物源调查、堵溃型泥石流的判定计算等技术要求。

本标准适用于自然或人为因素引发的危及城镇人口集中区、工矿企业、风景名胜区、乡村集聚地、学校等公共安全的泥石流灾害防治工程勘查工作;水利水电、公路、铁路等其他行业泥石流灾害防治工程勘查工作可参照执行。

2) 基本规定

(1) 勘查目的和任务

查明泥石流发育的地质环境、形成条件,泥石流的基本特征和危害,为泥石流防治方案的选择和防治工程设计提供基础资料。

(2) 勘查阶段划分

泥石流防治工程勘查阶段分为初步勘查、详细勘查、补充勘查。在条件简单或应急抢险治理时,可合并相关阶段进行勘查。

① 初步勘查

初步查明泥石流的形成条件、基本特征和危害。提出两个或两个以上防治工程方案,并针对所提方案拟建工程区进行工程地质条件初步勘查,精度应满足可行性研究工作需要。

② 详细勘查

在初步勘查成果基础上,针对可行性研究阶段确定的治理方案,详细查明泥石流形成、流通和堆积区地质条件、物质特征及拟建工程区工程地质条件及岩土物理力学参数,精度应满足初步设计工作需要。

③ 补充勘查

在详细勘查成果的基础上,进一步查明拟建工程区岩土工程地质特征及施工条件,精度应满足施工图设计工作需要。

在施工过程中因地质环境条件和施工条件发生变化,且不能满足设计要求时,应进行补充勘查,精度应满足施工图设计变更需要。

因极端暴雨等特殊情况,造成沟道地形、物源等条件发生重大变化,待实施的治理方案需要进行重大调整时,应进行补充勘查,勘查工作量可参照初步勘查和详细勘查工作要求合并执行。

3) 泥石流类型划分及危害性分级

(1) 泥石流类型划分

① 按水源成因分为暴雨型、冰川型和溃决型泥石流;按物源特征分为坡面侵蚀型、崩滑型、沟床冲刷型、冰碛型和弃渣型泥石流等。

② 按集水区流域形态可分为沟谷型和坡面型泥石流。

③ 按暴发频率可分为极低频、低频、中频和高频泥石流。

④ 按泥石流物质组成可分为泥流型、泥石型和水石(沙)型泥石流。

⑤ 按流体性质可分为黏性泥石流和稀性泥石流。

⑥ 按发育阶段可分为形成期泥石流、发展期泥石流、衰退期泥石流和停歇期泥石流。

(2) 泥石流规模分级

① 按泥石流暴发一次冲出固体物质量或泥石流峰值流量可分为特大型、大型、中型和小型4个等级。

② 按已发生泥石流灾害一次造成的死亡人数或直接经济损失,泥石流规模可分为特大型、大型、中型和小型4个等级。

③ 对潜在的泥石流,根据受威胁人数或可能造成的直接经济损失,可分为特大型、大型、中型和小型4个等级。

4) 泥石流治理工程勘查

(1) 初步勘查

① 基本规定

在全流域遥感解译的基础上开展工程地质测绘,对重点物源区、拟设治理工程区开展大比例尺工程地质测绘及工程地质勘探。

② 遥感解译

从卫星影像和航空相片解译泥石流的区域性宏观分布、形成条件、活动特征和危害范围等;有条件可用不同时相的影像图解译,对比泥石流发展过程、演化趋势;编制遥感图像解译图,比例尺宜为1:50000～1:10000;需采用无人机航空摄像进行遥感解译时,无人机航空摄像比例尺宜为1:10000～1:2000。

③ 地形测量

全沟域调查用图宜收集已有地形图,必要时进行修测。

针对拟建工程区和重点物源区应开展大比例尺测图。

地形图测图平面控制网的建立,可采用卫星定位测量、导线测量、三角形网测量、水准测量等方法。

坐标网宜采用国家坐标网和高程系，当泥石流治理与城镇、重大工程建设有关时，应采用相同坐标系统和高程系，特殊情况时可采用独立坐标系统和假设高程系。

④ 工程地质测绘

调查与泥石流有关的地形地貌、地层岩性、地质构造、土壤植被及人类工程活动等沟域地质环境背景条件。

a）物源调查

对全沟域物源开展调查和测绘，查明其分布范围、数量、规模。分区评价物源堆积体的稳定性和启动模式。

对泥石流形成贡献较大的重点物源应开展大比例尺的平面、剖面测绘，并有勘探工作控制，测绘剖面与勘探线布置应一致。

b）沟道条件调查

重点调查测绘沟道的纵坡、卡口、跌水、弯道、集中揭底和主支沟交汇等微地貌特征及其对泥石流运动的影响，泥石流历史淹没区范围、沟道冲淤特征、桥涵过流断面、主河输沙能力等。宜采用纵、横剖面测绘辅以适当勘探工作控制。

c）水源条件调查

ⅰ）降雨调查：

主要收集沟域及临近的雨量站建站以来的雨量观测资料，以及区域其他雨量站历史观测资料，特别对已发生泥石流期间的降雨资料应加强访问和收集，必要时可设置自动雨量站进行观测；雨量站资料重点是1 h、6 h的降雨和历史最大降雨资料的收集。根据暴雨强度指标综合判别泥石流发育程度。同时，应收集区域内历年的气象资料。

ⅱ）地表水调查：

对沟域内的溪沟、水库、山坪塘、堰塞湖、冰湖、冰川以及引、调水工程等开展调查测绘，主要查明水体的分布、蓄水量、流量及动态变化，并评价水体参与泥石流活动的可能性。高海拔沟域应调查雪线以上和雪线以下降水类型及其产流量转化关系。

ⅲ）地下水调查：

重点对沟域内地下水溢出带进行调查，分析其对斜坡松散堆积物稳定性的影响，对大泉、暗河的流量进行观测。对岩溶发育的沟道及松散堆积层较厚的沟道堆积区，应调查洪水、泥石流水体沿沟向地下渗漏情况，包括渗漏地段及渗漏量、渗透系数等。

d）拟建工程治理区

对拟设拦固工程（拦砂坝、谷坊坝等）区工程地质条件进行测绘，划分岩土体类型并描述其工程地质特性，至少布设一纵一横实测剖面，拦砂坝应有钻孔控制。

对排停工程（防护堤、排导槽、停淤堤）区工程地质条件进行测绘，划分岩土体类型并描述其工程地质特性，至少布设一条纵剖面，进口、出口、弯道、桥涵等关键节点应实测横剖面，并有钻孔或探井、探槽控制。

e) 施工条件

调查沟域内交通路网现状,评价施工可利用程度,提出施工临时道路布设、索道线路和塔基位置建议。

选择施工场地、工地临时建筑布设位置,并对选址区的地质环境条件进行调查。

调查沟域及临近的水源,评价其水量水质及利用条件,提出生产生活用水建议。

调查沟域及周边电网情况,提出施工用电下线点位置、线路布设等用电方案建议。

调查沟域内的天然建筑材料,评价其分布、质量、储量及开采利用条件;如不能满足需求时,应对临近的料场进行调查。

对拟设工程区的沟道水文条件进行调查,提出施工排水和导流措施建议。

对施工可能产生的弃渣,应选择弃渣场并对其地形地质条件进行调查,提出弃渣堆放处置建议。

施工条件测绘内容和精度应在工程地质测绘图上同精度表达。

⑤ 泥石流活动调查

a) 泥石流过流特征调查

历次泥石流活动时间、激发雨强、爆发频率、过流特征、一次冲出量、冲刷及淤积区,对应的危险区范围。

物源区重点调查历次泥石流物源启动部位、方式、规模,流通区重点调查堵溃点(段)及堵塞方式,堆积区重点调查冲刷淤积及大河堵塞情况。

泥痕调查:选择支沟汇入主沟、主沟汇入主河、拟设工程入口部位等代表性沟道断面,尽量选择弯道段沟道,测量两岸泥痕液面高度、弯道曲率半径、沟道宽度及纵坡值,用以计算流速、流量。

沟道堆积物粒度调查:沿主沟、支沟径流方向沿途全面调查和分段采样,应进行全粒度试验分析和堆积物颗粒岩性鉴别,尤其是对拟设格栅坝、缝隙坝、梳齿坝等工程上游库区粗大颗粒的分布、来源、块度、占比等进行详细调查。

堆积扇区调查:调查扇形地大小,堆积扇与主河的关系,堆积扇面冲淤变幅,扇区堆积物颗粒大小。

b) 泥石流灾情险情调查

调查统计历次泥石流造成的人员伤亡及财产损失情况,包括人口户数、房屋、耕林地、桥梁、电站、道路、通讯等设施及财产。

测绘已发生泥石流实际淹没和淤埋范围,预测泥石流危险区范围。

c) 既有防治工程调查

调查沟域内已有工程类型、分布位置、建设单位、建设时间,收集勘查、设计、评价等相关资料。

调查已有防治工程的防灾减灾效果,对受损工程应查明损坏情况及原因,评价已有工程可利用性。

对可利用的工程应调查其结构、尺寸、地基基础等情况，评价和提出修复、加固、加高等的可行性建议。

⑥ 勘探

a）一般规定

勘探工作有钻探、探井、探槽、物探等勘探方法，用于查明泥石流主要物源特征及拟设治理工程部位工程地质条件。

勘探线布置原则：重点物源可布置1条纵向勘探线，拟设拦砂坝、谷坊坝等应布置一纵一横两条勘探线，排导槽及防护堤沿中轴线布置1条勘探线，拟建或需改造的既有构筑物可布置一条横向勘探线。

勘探点布置原则：重点物源勘探宜采用探井、探槽，一条勘探线应不少于2个勘探点；拦砂坝、格栅坝宜采用钻探、探井，1条勘探线应有1～2个勘探点；拟设高坝（高度$H \geqslant 10$ m）应至少有1个钻孔控制；谷坊坝宜采用探槽、探井，1条勘探线应有1～2个勘探点；排导槽及防护堤宜采用探槽、探井，勘探点间距宜为50～100 m，并不少于2个。

勘探深度控制原则：重点物源区勘探深度应控制在潜在滑移面以下2～3 m，拟建工程区勘探深度应根据具体条件满足稳定性验算及符合地基变形计算深度，拦砂坝勘探深度根据实际条件不小于拟设坝高的1.5倍。

b）钻探

钻探应编制单孔结构设计书，对水文地质钻孔结构尚应满足水文试验要求。

对松散堆积层宜采用植物胶护壁跟管钻进，岩芯采取率不低于85%，并应满足取样试验要求。

对有地下水的钻孔均应进行提下钻、冲洗液漏失等简易水文地质观测和记录，一般钻孔终孔后应进行简易抽水试验，对拦砂坝需进行渗透变形评价的钻孔尚应进行抽（注、压）水试验，采取水样。

对需要确定承载力的坝基，钻孔应配合进行现场动力触探试验。

必要时坝肩可采用水平孔或斜孔进行勘探。

c）探井、探槽、平硐

探井、探槽位置确定后，应编制设计书以指导施工，内容包括：目的、类型、深度、结构、支护方式、施工流程、地质要求、封井要求。

揭露堆积物分层结构、土体特征、透水性、地下水位、软弱面位置及性状特征，采取土样，进行现场渗水试验、全粒度分析等。

探井宜采用小圆井，也可采用矩形，深度不宜大于5 m，不宜超过地下水位；对土层松散、有地下水渗水的应采取护壁措施，渗水较多时，应有排水措施。

探槽应沿充分揭露地质现象方向布置，深度宜小于2 m，长度宜小于5 m。

拟建大型拦砂坝工程的坝肩地质情况复杂时,可布置平硐揭露地质条件,兼顾利用洞室进行采样、抗滑、渗透等试验。

d) 工程物探

主要布置于难以采用钻探的泥石流物源区和堆积区,宜采用高密度电法、地质雷达、浅层地震、瑞雷利面波法等方法,主要查明堆积体的分层结构、厚度、基覆界面情况,应提交工程物探专项报告。

⑦ 试验

a) 现场试验

流体重度试验:泥石流流体重度可根据泥石流体样品采用称重法测定,也可根据目击者描述进行配制,采用体积比法测定。

现场颗分试验:对粒径大于20 mm的物质进行现场颗分试验,小于20 mm的取样样品进行室内筛分试验。

b) 室内试验

土样测试指标:土体重度、天然含水量、界限含水量、天然孔隙比、固体颗粒比重、颗粒级配、腐蚀性、渗透系数、压缩系数等。

岩样测试指标:天然及饱和状态的单轴抗压强度、抗剪强度,软化系数等。

水样测试指标:简分析及侵蚀性。

室内试验按照《土工试验方法标准》(GB/T 50123)执行。

⑧ 相关参数确定方法

a) 降水及洪水参数

降水参数:收集泥石流沟所在区域多年平均降雨量、最大年降雨量、最大日降水量、小时降雨量等不同频率降雨强度。

暴雨洪水:泥石流小流域一般无实测洪水资料,可根据较长的实测暴雨资料推求某一频率的设计洪峰流量。对缺乏实测暴雨资料的流域,可采用理论公式和该地区的经验公式计算不同频率的洪峰流量。有关计算公式参考各省《中小流域暴雨洪水计算手册》。

冰雪消融洪水:冰雪消融洪水可根据径流量与气温、冰雪面积的经验公式来计算;在高寒山区,一般流域均缺乏气温等资料,常采用形态调查法来测定;下游有水文观测资料的流域,可用类比法或流量分割法来确定。

b) 泥石流运动特征参数

重度:可使用两种方法确定泥石流重度,一是根据现场配浆实验来确定;二是查表法确定,填写泥石流调查表并进行易发程度评分,并根据评分结果查表确定泥石流重度和泥沙修正系数。

流速:可现场实测,也可采用经验公式进行计算。

流量:可采用形态调查法或雨洪法确定,两种方法应相互验证。

冲击力:包括泥石流整体冲击力和大块石冲击力,可采用经验公式计算。

弯道超高与冲高:泥石流流动在弯曲沟道外侧产生的超高值和泥石流正面遇阻的冲起高度,采用经验公式计算。

一次冲出量:包括一次泥石流过程水沙总量及一次泥石流固体物质冲出量,采用经验公式计算。

c) 拟建工程地基岩土参数

对拦砂坝、排导槽、停淤围堤、防护堤等工程地基岩土,进行相应的岩土试验,主要提供分层地基土的基底摩擦系数、承载力特征值、桩周侧摩阻力标准值和桩底端阻力标准值等,参照《岩土工程勘察规范》(GB 50021)确定。

针对坝较高、坝基为较厚松散堆积层且渗透变形较强烈的坝址区应进行现场水文地质试验,确定渗透系数,参照《水利水电工程地质勘察规范》(GB 50487)确定。

⑨ 勘查监测

勘查期间宜开展雨量、水位、物源启动、沟道冲淤变化等简易监测,进行泥石流防灾预警预报。

出现泥石流临灾征兆时,应及时报告有关部门进行预警,保障勘查作业人员的安全,并为下阶段勘查工作提供基础资料。

⑩ 基本工作量

遥感调查、地形测量、工程地质测绘等基本工作量按流域面积10 km^2计,具体工作布置应按照泥石流沟实际流域面积折算,并结合沟域具体情况及规范中勘查的基本要求确定。

钻探的基本工作量按照1个拟设拦砂坝、1处重点物源进行折算,探井、槽探基本工作量按1个拟建谷坊坝、1处重点物源、100 m长排导槽(堤)折算,动力触探、渗透试验基本工作量按照1个拟建拦砂坝进行折算。

室内试验基本工作量按照泥石流沟域计算。

(2) 详细勘查

① 基本规定

在初步勘查的基础上,对需进行治理的重点物源进行加密勘查,结合推荐治理方案进一步开展拟设工程治理区的工程地质测绘与工程地质勘探。

② 地形测量

拟建工程区应开展大比例尺测图,拦砂坝测量比例尺1:500~1:200,上游包含库区、下游坝址至护坦(副坝)下游50 m范围,以及两岸至回淤线以上20~50 m;拟建谷坊坝测量比例尺1:200~1:50,上游包含库区、坝址下游30 m范围,以及两岸至回淤线以上20 m;拟建排导槽、防护堤、围堤等测量比例尺1:1000~1:100,上游、下游至进出口各外扩20 m,两侧各外扩20~50 m,并包含保护对象分布区。

③ 工程地质测绘

a) 物源调查测绘

对重点物源应加密开展大比例尺剖面测绘工作,进一步核实物源静储量及动储量。

b) 拟建工程区

对拟设拦固工程(拦砂坝、谷坊坝等)区工程地质条件进行测绘,划分岩土体类型并描述其工程地质特性,增加非溢流段纵向工程地质剖面测绘2~4条,溢流坝段可增加1~2条,增加副坝或护坦实测剖面。

对排停工程(防护堤、排导槽、停淤堤)区工程地质条件进行测绘,划分岩土体类型并描述其工程地质特性,加密沟道陡缓、宽窄、地形变化段及桥涵、临近民房、进出口段工程地质剖面测绘,其他段应控制在20~50 m布置一条工程地质剖面。

c) 施工条件

调查工程永久和临时征地范围、面积、地类及附着物、林木果树,民房、坟墓等构建筑物动迁,以及施工便道走线及对周边的影响;查明施工弃渣场工程地质条件;对施工营地及临时工棚区进行地质灾害危险性评估。

④ 勘探

在初勘工作的基础上加密勘探线及勘探点的数量,进一步查明拟设治理工程部位的工程地质条件。

勘探线布置原则:拟设拦砂坝(包括格栅坝、缝隙坝、梳齿坝)应加密布置纵向勘探线,其中非溢流坝段2~4条,溢流坝段可增加1~2条;排导槽左、右防护堤的轴线应布置2条纵向勘探线;加密沟道陡缓、宽窄、地形变化段横向勘探线;需要采取固源措施的重点物源加密纵向勘探线1~2条;勘探线与增加的测绘剖面线一致。

勘探点布置原则:拦砂坝、格栅坝宜采用钻探、探井,1条勘探线应有2~3个勘探点;拟设高坝(高度$H\geqslant10$ m)应有2个以上钻孔控制;排导槽及防护堤宜采用探槽、探井,勘探点间距宜为20~50 m,并不少于2个;拟治理物源在拟设工程部位应不少于2个勘探点。

⑤ 试验

a) 现场试验

现场颗分试验:在初勘基础上,针对拟设格栅坝段增加大颗粒现场颗分试验。

黏度和静切力试验:用泥石流浆体或人工配制的泥浆样品模拟泥石流浆体,其黏度可采用标准漏斗1006型黏度计或同轴圆心旋转式黏度计测定;其静切力可采用1007型静切力计量测。

承载力试验:采用圆锥动力触探试验,可分为轻型、重型和超重型3种,其试验方法和适用条件按照《岩土工程勘察规范》(GB 50021)执行。

水文地质试验:主要有抽水试验、注水试验、压水试验、渗水试验等,其试验方法和适用条件按照《水利水电工程地质勘察规范》(GB 50487)执行。

b) 室内试验

结合新增勘探工作区，增加土样、岩样和水样试验。

⑥ 相关参数复核

本阶段充分利用初勘阶段取得的成果资料，校核泥石流的相关参数，重点复核拟建工程断面泥石流运动特征参数、地基岩土参数、渗透变形参数。

⑦ 基本工作量

详勘在初勘的基础上开展，其工作量是在初勘的基础上进行补充。

(3) 补充勘查

① 基本规定

主要针对地质条件发生变化的沟域及拟建工程区，采用地形测量、工程地质测绘、勘探等方法补充查明地质条件发生变化区域的工程地质条件。

② 地形测量

针对施工图设计的需要，对拦砂坝、防护堤、排导槽、施工便道等进行定位放线测量。

建立拦砂坝、防护堤、排导槽等拟建工程轴线的测量定位标志。

对地形条件发生变化的沟域及拟建工程区进行地形测量，测量精度应满足施工图设计调整的需要。

③ 工程地质测绘

因降雨或泥石流影响，沟道等地形条件和物源条件发生重大变化时，应开展补充工程地质测绘工作，测绘精度应满足施工图设计调整的需要。

应充分收集施工过程中基槽开挖、桩基开挖等的地质编录资料，编制与原地质报告相应的对比变化图，为施工图设计调整提供依据。

④ 勘探

在详勘工作的基础上，对地质条件发生变化的拟建工程部位补充有针对性的勘探工作，并提交补充工程地质勘查报告。

5) 勘查工作方法

(1) 资料收集

① 收集流域内地形地质图件，包括各种比例尺地形图、区域地质图、构造纲要图、遥感影像图、地震动参数图等。

② 收集社会经济发展及相关规划，包括县志、土地规划、地质灾害防治规划、社会经济发展规划等。

③ 收集气象水文资料，包括区域内及邻近气象站历年气象资料，主要包括历次暴雨的24 h、6 h、1 h、10 min雨强资料，泥石流沟及主河段历次洪水水文资料。

④ 收集泥石流调查评价及沟域内既有工程的相关资料，包括勘查、设计、竣工、监测等的报告、图件、影像等。

(2) 遥感解译

① 全沟域采用中、高分辨率卫星、航空遥感等信息源,精度达到1:25000~1:10000;必要时应采用无人机航拍影像信息源,精度达到1:5000~1:2000;在满足要求的情况下,优选我国免费提供的对地观测卫星所拍摄的高分辨率影像。

② 卫星遥感解译宜采用最新的影像资料结合泥石流发生前后的特征变化进行对照解译。

③ 解译内容主要针对沟域内物源全面解译,重点是崩塌、滑坡堆积物,堰塞湖,矿山、公路、电站等工程弃渣的分布范围、类型、数量。此外,尚需对跌水、卡口、冲淤、弯道、堆积扇等沟道条件,植被覆盖情况,村镇及道路分布等进行解译。

④ 通过野外实地踏勘,建立物源、沟道、植被覆盖等的遥感解译标志,解译成果指导开展工程地质测绘并结合进行验证。

⑤ 解译成果按流域范围成图,精度要求与工程地质测绘比例尺一致,并提交专项遥感解译报告。

⑥ 遥感解译要求按照《区域地质调查中遥感技术规定》(DD 2011—04)执行。

(3) 地形测量与工程地质测绘

① 全沟域进行地形测量与工程地质测绘采用连测法,两者范围和精度一致,地形测量按照《工程测量规范》(GB 50026)执行。

② 地质测绘应与勘探、试验工作配合实施,有序开展。

③ 全沟域地形测量以收集为主,在无同精度地形图时,以修测为主。沟域面积小于等于5 km^2,测图比例尺宜采用1:5000~1:2000;沟域面积大于5 km^2小于等于30 km^2,测图比例尺宜采用1:10000~1:5000;测图沟域面积大于30 km^2,比例尺宜采用1:25000~1:10000;重点物源与堆积扇区,比例尺宜采用1:2000~1:500;拟设工程部位,比例尺宜采用1:1000~1:50。

④ 全沟域的工程地质测绘宜在遥感解译成果的基础上开展,物源区应重点查明物源类型、分布、规模和启动方式,沟道区应重点查明沟道纵坡、堵点、跌水、卡口、弯道、冲淤段、桥涵等的分布及它们对泥石流运动的影响;堆积扇区应重点调查沟道的排泄能力、与主河的关系及主河的输沙能力,泥石流冲淤及危险区范围、威胁对象及财产。

⑤ 沟域内重点物源、典型沟道段、拟建工程位置和既有工程体应开展工程地质剖面测绘,重点物源区比例尺宜采用1:2000~1:200;沟道区纵向剖面比例尺宜采用1:1000~1:500,横向剖面比例尺宜采用1:500~1:100;堆积扇区比例尺宜采用1:1000~1:200。

⑥ 调查流域内泥石流的活动历史及危害,对近期泥石流物源启动位置、泥痕、淤积漫流范围,受灾房屋、公路、桥梁、农田等应进行测绘并统计泥石流造成的人员伤亡和财产损失情况。

⑦ 调查既有工程分布位置、类型、结构、运行效果及地基条件等,对有继续利用价值的工程宜开展纵、横剖面工程地质测绘。

⑧ 拟建拦砂坝区重点调查测绘两侧坝肩覆盖层土类及厚度，基岩类型、埋深、风化带厚度及卸荷裂隙带宽度，坝基覆盖层土类及分层厚度，地下水埋深及透水性，基覆面埋深及岩性；排导槽及防护堤重点调查测绘沿线地基岩土类型、可利用持力层、地下水位等。

⑨ 施工条件应调查测绘施工征地、临时道路、天然建筑材料、房屋、坟墓等拆迁对象、水电供应、弃土场等的位置、范围及价值，应测绘在全流域工程地质图上。对天然建筑材料还应查明储量、质量、开采条件和运输条件，对弃土场还应查明堆放场地的稳定性，评估产生二次灾害的可能性及对环境的危害等；对天然建筑材料场和弃土场不在沟域内可补充单项工程地质测绘图。

⑩ 拟建工程区应收集、访问、调查地下管线（通讯、电力、给排水等）、构筑物和其他埋设物的分布、类型、属性、权属、埋深等，提供地下设施信息图表。

⑪ 工程地质测绘控制点包含地层岩性点、构造点（断层、褶皱、节理裂隙）、水文点（井泉点、水库、山坪塘、堰塞湖、渠道、水田）、人类工程活动点（矿山、尾矿库、工业废料场、垃圾场、公路、电站、通讯线路、桥涵、居民点、农耕区）等的布置及数量按照《滑坡崩塌泥石流灾害调查规范（1∶50000）》（DZ/T 0261）执行。

（4）地质环境条件（工程地质）调查

① 一般规定

应对泥石流沟域地质环境条件进行调查，并做好沿途观察与描述。

调查内容包括地形地貌、地质构造、岩（土）体工程地质、地表水和地下水、环境因素及人类工程经济活动等，做好野外调查记录。

② 地形地貌

以资料收集为主，并结合遥感影像，确定工作区地貌单元的类型。

调查地形地貌特征，包括斜坡形态、类型、结构、坡度，以及悬崖、沟谷、河谷、河漫滩、阶地、沟谷口冲积扇等，微地貌组合特征、形成时代及其演化历史。

③ 地质构造

以收集资料为主，并结合遥感解译，分析区域构造格架、新构造运动及地貌特征。

应收集区域断裂活动性、活动强度和特征，以及区域地震活动、地震加速度、地震烈度资料，分析区域新构造运动特征及影响。

核实调查主要活动断裂性质、方向、活动强度和特征及其地貌、地质证据，分析活动断裂与泥石流等地质灾害的分布及成生关系。

调查沟域内各种构造结构面、原生结构面和风化卸荷结构面的产状、形态、规模、性质、密度及其空间组合关系。

④ 岩（土）体工程地质

收集调查沟域内地层层序、地质时代、成因类型、岩性特征和接触关系等基础地质资料。

调查工程岩组特征，包括岩体产状、结构和工程地质性质，划分工程岩组类型。

结合调查区斜坡结构特征,应对典型斜坡岩体结构和工程地质性质进行调查与测量,实测具有典型性的综合剖面。

调查岩体风化特征,包括风化层分布、风化带厚度及其与岩性、地形、地质构造、水、植被和人类活动的关系。

调查土体工程地质特征,包括土体分布、形成时代、成因类型、厚度,测试分析土体颗粒组分、拟建坝体工程区的渗透性。

⑤ 人类工程经济活动

泥石流活动范围内人类生产、生活设施状况,特别是沟口、泥石流扇上居民点及工农业相关基础设施、泥石流沟槽挤占情况。

水土流失:主要调查植被破坏、毁林开荒、陡坡垦殖、过度放牧等造成的水土流失状况。

弃土弃碴:主要调查筑路弃土和工厂、矿业弃碴及其挡碴措施。

水利工程:对可能溃决形成泥石流的病险水库、输水线路的安全性、发生原因、发生条件、危害性和溃决条件应进行详细调查。

(5) 勘探

① 钻探

钻孔设计内容应包括钻孔柱状图,并标明孔径(开孔、终孔孔径)、换径位置及深度、固壁方法;推测地层分层界线、层位深度、岩性、可钻性分级、破碎带、岩溶、软夹层、可能的地下水位、含水层、隔水层和可能的漏水情况及钻进过程中针对上述情况应采取的准备。

钻探应采用回转取芯钻进工艺,在松散土体、碎石和卵漂石中宜采用单动双管、植物胶或泥浆护壁、无泵或小水量钻进等钻探;为保证采样试验的要求,钻孔终孔直径不应小于110 mm。

钻进工艺设计应包括钻进方法、固壁办法、冲洗液、孔斜、测斜、岩芯采取率、取样及试验要求、水文地质观测、钻孔止水办法、封孔要求、终孔后钻孔处理意见(长观、监测或封孔等)。

对于岩芯采取率,松散层及风化破碎岩石不应小于85%;完整岩石不应小于90%;岩层采样段回次采取率不应小于95%;土层采样段回次采取率应为100%;重点取芯地段(如破碎带、软夹层、断层等)应限制回次进尺,每次进尺不允许超过0.3 m,并提出专门的取芯和取样要求,地质员跟班取芯、取样。

钻探钻进中,应记录钻进中遇到的塌孔、卡钻、涌水、漏水及套管变形部位,并做好简易水文观测,包括初见水位,起、下钻水位,静止水位。

钻探施工时应按规定填制相关班报表,钻孔地质编录表应包括日期、班次、回次孔深(回次编号、起始孔深、回次进尺)、岩芯(长度、残留、采取率)、岩芯编号、分层孔深及分层采取率、地质描述、取样号码位置和长度、备注等。岩芯的地质描述应客观、详细,重视岩溶、裂缝、软夹层的描述和地质编录,编录中宜多用素描及照片辅助说明。岩芯照相要垂直向下照,除特殊部位特写镜头外,每岩芯箱照一张照片,有标注孔深、岩性的标牌。

需要留存的岩芯应装箱妥善保管，其余岩芯就地挖坑掩埋；钻孔验收后，对不需保留的钻孔必须进行封孔处理，土层一般用黏土封孔，岩层宜用水泥沙浆封孔。

需要配合开展动探的钻孔，按照《岩土工程勘察规范》(GB 50021)执行。

钻孔和动探应编制综合柱状成果图。

② 井探

小圆井直径宜大于1 m，矩形探井断面短边长宜大于1.5 m。

对松散不稳定和有地下水渗水的地层，探井井壁应采取支护措施，确保施工安全，支护方式可采用钢、木模板，现浇混凝土护壁等。

开挖方法宜采用人工开挖，人力或手摇绞车提升出土，吊桶或水泵排水。

开挖过程中，地质人员应根据开挖进度及时进行编录，采取岩、土、水样品等。

施工过程中，应对井口加盖保护，防止造成人员跌落。

圆井可编制圆井柱状图，矩形井应编制浅井四壁展示图。

确定无需保留的探井，应及时进行回填、恢复原地面。

③ 槽探

探槽可采用人工开挖、机械开挖或人工开挖与机械开挖相结合的方法。

深度小于1 m的探槽，可采用矩形断面；深度大于1 m的探槽，宜采用倒梯形、阶梯形断面，底宽宜为0.6 m；两壁边坡坡率，视土(岩)体地质结构确定，两壁为含水率较高的土体时，边坡应适当放缓；探槽的长度、延伸方向，由勘查地质现象的需要确定。

开挖弃土堆放应妥善处置，避免造成危害，并用于探槽回填。

当地下水位埋深浅，探槽挖深较大，槽壁土体松散、稳定性差时，应对探槽壁进行支护，可采用支撑木或螺栓撑杆通过木板或钢板架进行支护。

开挖后及时进行地质编录，展示图应现场绘制，至少一壁一底，地质现象变化较大时，则须绘制两壁一底；比例尺宜为1:100～1:50；当覆盖层极薄，受深度限制难以显示出槽壁时，可只绘制槽底平面图。

样品应尽量在槽壁上采取，槽壁上不具备采取条件时，可在槽底采取。

6) 工程物探

(1) 物探方法选择原则

应充分收集分析工作区已有区域地质、工程地质、水文地质、物探成果资料及水文、气象等相关资料。根据工作区地质环境、物探目的和探测对象的埋深、规模及其与周围介质的物性差异，选择相应技术方法，选择原则如下：被探测对象与周围介质之间有明显的物理性质差异，被探测对象具有一定的埋藏深度和规模，且地球物理异常有足够的强度；能抑制干扰，区分有用信号和干扰信号；在有代表性地段进行方法的有效性试验。

(2) 勘查设计书中应包括物探专项设计内容，依据有关物探规范编制。

(3) 物探剖面线应沿地质勘探剖面线布置，充分利用地质测绘成果和钻探、槽探成果来解译,提高其可靠性与准确性。

(4) 物探仪器的探测深度,应大于推测的覆盖层厚度、基覆面埋深、软夹层深度、地下水位埋深和钻孔孔深。

(5) 物探原始记录应准确、齐全、清晰,物探成果判释时,应考虑其多解性,区分有用信息与干扰信号,应有已知物探参数或一定数量的钻孔验证,并编制物探专项成果报告。

(6) 物探要求按照《水利水电工程物探规程》(DL/T 5010)执行。

(九) 地质灾害治理工程设计

1. 滑坡治理工程设计

主要执行《滑坡防治工程设计与施工技术规范》(DZ/T 0219—2006),主要内容如下:

1) 引言

为提高滑坡防治技术水平,统一技术标准,确保地质依据充分、安全可靠、经济合理、技术可行,特制定本规范。本规范是在充分研究国内外有关滑坡防治技术标准和较为成熟的方法技术基础上编写而成,并以各种方式充分征求了全国有关单位和专家的意见,在三峡工程库区移民迁建,以及其他市政与工程建设,自然地质景观保护滑坡防治工程中试行并反复修改完善,最后经审查定稿。本规范对滑坡防治工程的可行性方案设计、初步设计和施工图设计,以及应急治理工程设计进行了规定。并对实施防治工程的排水、抗滑桩、预应力锚索、格构锚固、重力挡墙、注浆加固、刷方减载、回填压脚和植物防护等技术方法,以及施工技术方法提出了要求。

2) 范围

本规范规定了滑坡防治工程设计基本规定、滑坡分类及防治工程勘查、滑坡防治工程分级及设计安全系数、排水工程、抗滑桩、预应力锚索,格构锚固、重力挡墙、注浆加固、刷方减载、回填压脚、植物防护,滑坡防治监测、施工组织、质量检验及工程验收等内容。

本规范适用于指导滑坡防治工程设计。

3) 滑坡防治工程设计基本规定

(1) 一般规定

① 滑坡防治工程设计,可划分为可行性方案设计、初步设计和施工图设计三个阶段,对于规模小、地质条件清楚的滑坡,可简化设计阶段。

② 可行性方案设计:根据防治目标,在已审定的滑坡防治地质勘查报告基础上进行编制;应对多种设计方案的技术、经济、社会和环境效益等进行论证,并作出工程估算;提交可行性方案设计报告及可行性方案设计附图册,并提交滑坡工程地质勘查报告及有关试验报

告等附件;计算和估算内容可以计算书和估算书的形式作为附件提交。

③ 初步设计:对可行性方案设计推荐方案进行充分论证和试验;提出具体工程实现步骤和有关工程参数,进行结构设计,编制相应的报告及图件,进行工程概算;提交初步设计报告及设计附图册,并提交有关试验报告等附件;计算和概算内容可以计算书和概算书的形式作为附件提交。

④ 施工图设计:对初步设计确定的工程图进行细部设计;提出施工技术、施工组织和安全措施要求,并满足工程施工和工程招投标要求;编制工程施工图件及说明,进行工程预算;提交施工设计图册及施工图说明书、预算书等。

⑤ 应急治理工程设计是滑坡灾害防治工程设计中的特殊内容,可简化上述设计阶段。但应急治理应与后续的正常治理相适应,并为正常治理提供基础。

(2) 滑坡防治工程可行性方案设计

① 滑坡防治工程可行性方案设计是滑坡防治工程设计的重要阶段。根据任务书要求,从技术可行、经济合理,以及社会、环境等因素对防治工程进行两个以上方案的分析论证,进行投资估算,确定优化方案。

② 滑坡防治工程可行性方案设计,应在已审定的工程地质勘查报告的基础上编制,并依据有关文件进行。

③ 滑坡防治工程可行性方案的选定,应在遵循防治工程目标和原则的基础上,结合当地地质条件和技术经济条件等进行。

④ 滑坡防治工程可行性方案设计,应对滑坡的危害性和实施防治工程的必要性进行充分论证,应统计核实滑坡发生时可能对生命财产造成的直接损失和间接损失。

⑤ 滑坡防治工程可行性方案设计,应论证工程实施的可能性;阐明在现今技术经济条件下,实施工程的可能性,并与避让搬迁、监测预警等方案进行对比。

⑥ 滑坡防治工程可行性方案设计,应根据工程地质勘查报告,选定有关的岩土体物理力学参数,并结合防治工程要求,建立和完善地质力学模型。

⑦ 滑坡防治工程可行性方案设计,应根据滑坡防治工程的级别,选定设计安全系数标准,考虑有关工况,并结合拟布置的工程位置,专门对滑坡推力进行计算。

⑧ 滑坡防治工程可行性方案的比较,均应达到论证深度要求,具备技术经济可比性。

⑨ 滑坡防治工程可行性方案设计,应根据所在地域,明确气温、降雨、库水位、地震、附加荷载等基本设计参数,确定荷载来源及其组合特征;根据任务书要求,明确设计技术依据和定额标准,根据防治工程目标和级别确定设计标准。

⑩ 滑坡防治工程可行性方案设计,应对滑坡防治工程进行效益评估,包括工程实施后的经济效益、社会效益和环境效益。

⑪ 对于Ⅰ级滑坡防治工程,应专门编制监测设计,内容包括施工安全监测、防治工程效果和动态长期监测等。根据具体情况,确定适当的监测技术和监测频次。

⑫ 施工组织是滑坡防治工程可行性方案设计的重要内容,应结合雨季和库水位变化等特征,安排合理的施工程序和工程实施顺序,并确定切实可行的工期。

⑬ 应结合城镇规划,编制防治工程的保护和灾害风险管理措施。

⑭ 滑坡防治工程可行性方案设计,应提交相应的设计附图册,一般为A3幅面,平面布置图可采用A1、A0或更大幅面。

⑮ 滑坡防治工程可行性方案设计,应详细说明设计的计算公式、计算步骤和计算结果,也可以计算书的形式单独提交。

⑯ 滑坡防治工程可行性方案设计,应详细说明估算的编制办法、费率标准、实际工程量及定额依据等,也可以估算书的形式单独提交。

(3) 滑坡防治工程初步设计

① 滑坡防治工程初步设计,应在已审定的防治工程可行性方案设计的基础上编制;根据推荐方案,补充必要的设计参数,进行结构设计。

② 滑坡防治工程初步设计,应对推荐方案所依据参数进行充分论证,并进行现场专项试验和室内模拟分析。

③ 滑坡防治工程初步设计,应对各工程单元充分计算,进行结构设计。

④ 滑坡防治工程初步设计,应提交相应的设计附图册,一般为A3幅面,平面布置图可采用A1、A0或更大幅面。

⑤ 滑坡防治工程初步设计,应详细说明设计的计算公式、计算步骤和计算结果,也可以计算书的形式单独提交。

⑥ 滑坡防治工程初步设计,应详细说明概算的编制办法、费率标准、实际工程量及定额依据等,也可以概算书的形式单独提交。

(4) 滑坡防治工程施工图设计

① 滑坡防治工程施工图设计,应对滑坡防治工程涉及的各工程单元进行施工图设计,并编制相应的施工图设计说明书。

② 滑坡防治工程施工图设计,应详细说明设计的基本思路、施工条件、施工方法、施工机械、施工顺序、进度计划、施工管理和施工监理等。

③ 滑坡防治工程施工图设计,应提交相应的设计图册,一般为A3幅面,平面布置图可采用A1、A0或更大幅面。

④ 滑坡防治工程施工图设计,应详细说明设计的计算公式、计算步骤和计算结果,并以计算书的形式单独提交。

⑤ 滑坡防治工程施工图设计,应详细说明预算的编制办法、费率标准、实际工程量及定额依据等,并以预算书的形式单独提交。

4) 滑坡防治工程勘查

(1) 滑坡防治工程实施前,应进行专门的工程地质勘查;可采用主—辅剖面相结合的方法，随着工程的实施，不断提高勘查精度，并进行反馈设计和信息化施工。

(2) 滑坡勘查可采用主—辅剖面法进行，沿滑坡主滑方向，详细查明滑坡体的结构，根据滑坡复杂程度和工程重要性，确定1至数条主剖面，并布置辅助剖面。滑坡两主剖面之间的间距不宜大于200 m；辅助剖面之间及辅助剖面与主剖面之间的间距，一般为40～100 m。

(3) 滑坡勘查，主要用地面测绘与钻探、井探、槽探等方法结合进行；必要时，可采用硐探和地球物理方法。应重点查明滑坡体、滑带和滑床的结构特征，特别应了解滑带的基本性状和物理力学特征。

(4) 滑坡区及邻区工程地质调查与测绘，采用的比例尺为1:200～1:2000，应提供滑坡工程地质平面图、沿主滑方向的主剖面及相关剖面图及横断面图等。

(5) 在进行滑坡勘查中，应因地制宜地进行相应的滑坡地面变形、深部位移、地下水动态等监测，为防治工程设计、施工和效果评估提供充分依据。

(6) 根据滑坡的变形破坏过程和地质环境，进行相应的物理力学试验，提供滑体天然容重、饱和容重、滑带土的峰值和残余抗剪强度、滑床地基承载参数、地下水位以及孔隙水压力等参数，并结合反演法和类比法，推荐出合理的设计参数。

(7) 根据滑坡区的地貌形态、地表裂缝、建筑物和树木变形、地下水动态、人工扰动等特征，结合地表变形和深部位移监测结果，对滑坡体稳定现状和蓄水后可能的变化进行科学评价，并作出滑坡防治工程的经济、社会和环境效益评估。

(8) 在施工过程中，应实时对滑坡进行跟踪测绘编录，检验、补充及更正勘查结论，并进行反馈设计。

(9) 在滑坡防治工程的前期勘查期间、应收集大气降雨、库(江)水位动态及附加荷载等数据，以科学合理地进行滑坡稳定性评价和设计。

(10) 滑坡防治工程设计，应依据审定后的滑坡工程地质勘查报告进行。

5) 排水工程

(1) 一般规定

① 排水工程设计，应在滑坡防治总体方案基础上，结合工程地质、水文地质条件及降雨条件，制定地表排水、地下排水或二者相结合的方案。

② 地表排水工程的设计标准，应根据防护对象等级所确定的防洪标准予以确定，并依此确定排水工程建筑物的级别、安全超高及安全系数。

③ 当滑坡体上存在地表水体，且应保留时，应进行防渗处理，并与拟建排水系统相接。

④ 地下排水工程，应视滑动面状况、滑坡所在山坡汇水范围内的含水层与隔水层水文地质结构及地下水动态特征，选用隧硐排水、钻孔排水或盲沟排水等方案。

⑤ 当地质条件和水文条件复杂时，排水工程对于滑坡稳定系数的提高值可不作为设计依据，但可作为安全储备加以考虑。

(2) 排水工程设计

① 地表排水

地表排水工程,应根据滑坡的规模、范围及其重要程度,准确、合理地选定设计标准,即选定某一降雨频率作为计算流量的标准。将大于设计标准或在非常情况下使工程仍能发挥其原有作用的安全标准,作为校核标准。

地表排水工程设计的频率地表汇水流量计算,可根据中国水利科学院水文研究所提出的小汇水面积设计流量公式计算。

排水沟断面形状可为矩形、梯形、复合型及U形等。梯形、矩形断面排水沟,易于施工,维修清理方便,具有较大的水力半径和输移力,在滑坡防治排水工程设计时应优先考虑。

地表排水工程水力设计,应首先对排水系统各主、支沟段控制的汇流面积进行分割计算,并根据设计降雨强度和校核标准分别计算各主、支沟段汇流量和输水量;在此基础上,确定排水沟断面或校核已有排水沟过流能力。

外围截水排水沟应设置在滑坡体或老滑坡后缘,远离裂缝5 m以外的稳定斜坡面上。依地形而定,平面上多呈"人"字形展布。沟底比降无特殊要求,以能顺利排除拦截的地表水为原则。根据外围坡体结构,截水沟迎水面需设置泄水孔,推荐尺寸为100 mm×100 mm～300 mm×300 mm。

当排水沟通过裂缝时,应设置成叠瓦式的沟槽,可用土工合成材料或钢筋混凝土预制板制成。

有明显开裂变形的坡体,应及时用黏土或水泥浆填实裂缝,整平积水坑、洼地,使降雨能迅速沿排水沟汇集、排走。

滑坡体上若有水田,应改为旱地耕作。若有积水的池、塘、库,应停止耕作。滑坡体后缘(外围),若分布有可能影响滑坡的积水的池、塘、库时,宜停止耕作;否则其底和周边均应实施防渗工程。

排水沟进出口平面布置,宜采用喇叭口或八字形导流翼墙。导流翼墙长度可取设计水深的3～4倍。

当排水沟断面交化时,应采用渐变段衔接,其长度可取水面宽度之差的5～20倍。

排水沟的安全超高,不宜小于0.4 m,最小不应小于0.3 m;对弯曲段凹岸,应考虑水位壅高的影响。

排水沟弯曲段的弯曲半径,不应小于最小容许半径及沟底宽度的5倍。

在排水沟纵坡变化处,应避免上游产生壅水。断面变化,宜改变沟道宽度,深度保持不变。

设计排水沟的纵坡,应根据沟线、地形、地质以及与山洪沟连接条件等因素确定,并进行抗冲刷计算。当自然纵坡大于1:20或局部高差较大时,可设置陡坡或跌水。

跌水和陡坡进出口段,应设导流翼墙,与上、下游沟渠护壁连接。梯形断面沟道,多做成渐变收缩扭曲面;矩形断面沟道,多做成"八"字墙形式。

陡坡和缓坡连接剖面曲线，应根据水力学计算确定；跌水和陡坡段下游，应采用消能和防冲措施。当跌水高差在5 m以内时，宜采用单级跌水；跌水高差大于5 m时，宜采用多级跌水。

排水沟，宜用浆砌片石或块石砌成；地质条件较差，如坡体松软段，可用毛石混凝土或素混凝土修建。砌筑排水沟砂浆的标号，宜用M7.5～M10。对坚硬块片石砌筑的排水沟，可用比砌筑砂浆高1级标号的砂浆进行勾缝，且以勾阴缝为主。毛石混凝土或素混凝土的标号，宜用C10～C15。

陡坡和缓坡段沟底及边墙，应设伸缩缝，缝间距为10～15 m。伸缩缝处的沟底，应设齿前墙，伸缩缝内应设止水或反滤盲沟或同时采用。

② 地下排水

当滑坡体表层有积水湿地和泉水露头时，可将排水沟上端做成渗水盲沟，伸进湿地内，达到疏干湿地内上层滞水的目的。渗水盲沟，应采用不含泥的块石、碎石填实，两侧和顶部做反滤层。

为拦截滑坡体后山和滑坡体后部深层地下水及降低滑坡体内地下水位，应将横向拦截排水隧硐修于滑坡体后缘滑动面以下，与地下水流向基本垂直；纵向排水疏干隧硐，可建在滑坡体（或老滑坡）内，两侧设置与地下水流向基本垂直的分支截排水隧硐和仰斜排水孔。

(3) 排水工程施工

① 地表排水

地表排水工程施工，首先应按设计要求，选定位置，确定轴线。然后按设计图纸尺寸、高程量定开挖基础范围，准确放出基脚大样尺寸，进行土方开挖与沟体砌（浇）筑。宜根据土质结构进行放坡。

开挖土方基坑时，应留够稳定边坡，以防滑塌。对淤泥质土、软黏土、淤泥等松软土层，应尽量挖除。重要的大落差跌水、陡坡地基，还可夯压加固处理。

填方基础，应按规定尺寸分层夯实，达到设计要求，并做必要的土样测试检验。

石方开挖中，打炮眼、装炸药和爆破等工序，应严格按照有关爆破操作规程进行，以杜绝工伤事故。

开挖出的沟基，如地基承载力达不到设计要求时，应进行地基处理加固。如除泥换土，填砂砾石料，扰动土夯实、灰土夯实，打木桩，混凝土桩等。

排水沟底板和边墙砌筑为人工操作，质量不易均匀。砌筑工艺总的要求为：平（砌筑层面大体平整）、稳（块石大面向下，安放稳实）、紧（石块间应靠紧）、满（石缝要以砂浆填满捣实，不留空隙）。

砌砖宜用座浆法，砌片石用座浆法或灌浆法；石料或砖，使用前应洗刷干净。

砌石时，基础应敷设50～80 mm砂浆垫层。第一层宜选用较大片石，分层砌筑，每层厚约250～300 mm，由外向里，先砌面石，再灌浆塞实；铺灰座浆要牢实。

砌片石(砖)时,应注意纵、横缝互相错开,每层横缝厚度保持均匀。未凝固的砌层,避免震动。

应勾缝的砌石面,在砂浆初凝后,应将灰缝抠深30～50 mm,清净湿润,然后填浆勾阴缝。

② 地下排水

地下排水隧硐施工时,当地层比较完整、地质条件较好时,开挖、衬砌和灌浆三个施工过程可依次进行,即先将隧硐全部挖通,以后再进行衬砌和灌浆;但当岩层破碎、地质条件不良时,应边开挖边衬砌。

隧硐开挖,可依据滑坡具体地质情况,选择人工开挖方法或钻孔爆破方法进行;当使用钻孔爆破法时,应根据岩层完整程度,确定全断面开挖或导洞开挖;在地下水比较丰富的地段,宜采用下导洞开挖。

对于不稳定地层,在开挖爆破后,永久衬砌前,应采用木支撑、钢支撑或喷混凝土锚杆支护等临时支护措施。

在特别软弱或大量涌水的地层中开挖隧硐,应采用超前灌浆或管棚加固方法,先将地层预先加固,然后再进行开挖。

隧硐浇砌,应沿轴线方向分段进行。当结构设有永久缝时,按永久缝施工和设置止水。如永久缝间距过大或无永久缝时,应设临时施工缝分段浇砌,段长宜为8～15 m。为避免窝工,可采用跳仓浇砌。在横断面上,浇砌顺序应为先底拱、后边墙和顶拱;因地质条件差,也可先顶拱、后边墙,最后底拱。

支撑盲沟施工时,开挖基础应置于滑动面0.5 m以下的稳定地基上。基底纵向为台阶式,每级台阶长度不应小于4 m,放坡系数控制在0.05以内。

支撑盲沟基础砌筑,宜每隔1～3 m设一牙石凸榫,可采用100～200 mm填料片石;沟壁砂砾石反滤层厚度不应低于150 mm。

6) 抗滑桩

(1) 一般规定

① 抗滑桩是滑坡防治工程中较常采用的一种措施。采用抗滑桩对滑坡进行分段阻滑时,每段宜以单排布置为主,若弯矩过大,应采用预应力锚拉桩。

② 抗滑桩桩长宜小于35 m。对于滑带埋深大于25 m的滑坡,采用抗滑桩阻滑时,应充分论证其可行性。

③ 抗滑桩间距(中对中)宜为5～10 m。抗滑桩嵌固段应嵌入滑床中,约为桩长的1/3～2/5。为了防止滑体从桩间挤出,应在桩间设钢筋砼或浆砌块石拱形挡板。在重要建筑区,抗滑桩之同应用钢筋砼联系梁联接,以增强整体稳定性。

④ 抗滑桩截面形状以矩形为主,截面宽度一般为1.5～2.5 m,截面长度一般为2.0～4.0 m。当滑坡推力方向难以确定时,应采用圆形桩。

⑤ 抗滑桩按受弯构件设计。对于利用抗滑桩作为建筑物桩基的工程，即“承重阻滑桩”，应进行桩基竖向承载力、桩基沉降、水平位移和挠度验算，并考虑地面附加荷载对桩的影响。

(2) 抗滑桩设计

① 抗滑桩所受推力可根据滑坡的物质结构和变形滑移特性，分别按三角形、矩形或梯形分布考虑。

② 抗滑桩设计荷载包括：滑坡体自重、孔隙水压力、渗透压力、地震力等。对于跨越库水位线的滑坡，应考虑库水位变动时对滑坡体产生的渗透压力。

③ 抗滑桩推力应按滑坡滑动面类型选用相应的推力计算公式。

④ 抗滑桩桩前应进行土压力计算。若被动土压力小于滑坡剩余抗滑力时，桩的阻滑力按被动土压力考虑。

⑤ 布置于地表水体水位一带的抗滑桩可不考虑滑体前缘的抗力，即抗力为0，但应进行嵌固段侧压力验算。

⑥ 抗滑桩受荷段桩身内应力应根据滑坡推力和阻力计算，嵌固段桩身内力根据滑面处的弯矩和剪力按地基弹性的抗力地基系数(K)概念计算。

⑦ 抗滑桩嵌固段桩底支承根据滑床岩土体结构及强度，可采用自由端、铰支端或固定端。

⑧ 抗滑桩的稳定性与嵌固段长度、桩间距、桩截面宽度，以及滑床岩土体强度有关，可用围岩允许侧压力公式判定。

⑨ 抗滑桩嵌固段的极限承载能力与桩的弹性模量、截面惯性矩和地基系数相关。在进行内力计算时，应判定抗滑桩属刚性桩还是弹性桩，以选取适当的内力计算公式。

⑩ 当滑坡对抗滑桩产生的弯矩过大时，推荐采用预应力锚拉桩。其桩身可按弹性桩计算，但根据施加预应力的大小，抗滑桩配筋与上两种桩型明显不同。

⑪ 锚拉桩宜按超静定体系设计，将桩视为下端弹性嵌固于岩质滑床，上端锚索(杆)视为一弹性支座。桩在外荷载作用下，对桩锚和地基按弹性协调变形计算，求出各部分内力和位移。

⑫ 矩形抗滑桩纵向受拉钢筋配置数量应根据弯矩图分段确定。

⑬ 矩形抗滑桩应进行斜截面抗剪强度验算，以确定箍筋的配置。

7) 预应力锚索

(1) 一般规定

① 预应力锚索是对滑坡体主动抗滑的一种技术。通过预应力的施加，增强滑带的法向应力和减少滑体下滑力，有效地增强滑坡体的稳定性。

② 预应力锚索主要由内锚固段、张拉段和外锚固段三部分构成。预应力锚索材料宜采用低松弛高强钢绞线加工，应满足《预应力混凝土用钢绞线》(GB/T 5224—2003)标准。

③ 预应力锚索设置应保证达到所设计的锁定锚固力要求，避免由于钢绞线松弛而被滑坡

体剪断；同时，应保证预应力钢绞线有效防腐，避免因钢绞线锈蚀导致锚索强度降低，甚至破断。

④ 预应力锚索长度一般不超过50 m。单束锚索设计吨位宜为500～2500 kN级，不超过3000 kN级。预应力锚索布置间距宜为4～10 m。

⑤ 当滑坡体为堆积层或土质滑坡，预应力锚索应与钢筋砼梁、格构或抗滑桩组合作用。

⑥ 预应力锚索设计时应进行拉拔试验。锚索试验内容包括内锚固段长度确定、砂浆配合比、拉拔时间、造孔钻机及钻具选定等。应根据公式计算和工程类比，选取合适的内锚固段长度，进行设计锚固力和极限锚固力试验，推荐合适的内锚固段长度和砂浆配合比是试验的主要内容。

（2）预应力锚索设计

① 计算滑坡预应力锚固力前，应对未施加预应力的滑坡稳定系数进行计算，作为设计的依据。滑坡设计荷载包括：滑坡体自重、静水压力、渗透压力、孔隙水压力、地震力等。对跨越库水位线的滑坡，应考虑每年库水位变动时对滑坡体产生的渗透压力或动水压力。

② 预应力锚索极限铺固力通常由破坏性拉拔试验确定。极限拉拔力指锚索沿握裹砂浆或砂浆固结体沿孔壁滑移破坏的临界拉拔力；容许锚固力指极限锚固力除以适当的安全系数（通常为2.0～2.5），它将为设计锚固力提供依据，通常容许锚固力为设计锚固力的1.2～1.5倍；设计锚固力可根据滑坡体推力和安全系数确定。

8）格构锚固

（1）一般规定

① 格构锚固技术是利用浆砌块石、现浇钢筋砼或预制预应力砼进行坡面防护，并利用锚杆或锚索固定的一种滑坡综合防护措施。

② 格构技术应与美化环境结合，利用框格护坡，并在框格之间种植花草，达到美化环境的目的。同时，应与市政规划、建设相结合，在防护工程前沿，可规划为道路、广场或其他建设用地，在护坡工程体内，可预留管网通道。

③ 根据滑坡结构特征，选定不同的护坡材料：

a）当滑坡稳定性好，但前缘表层开挖失稳，出现坍滑时，可采用浆砌块石格构护坡，并用锚杆固定。

b）当滑坡稳定性差，且滑坡体厚度不大，宜用现浇钢筋砼格构＋锚杆（索）进行滑坡防护，应穿过滑带对滑坡阻滑。

c）当滑坡稳定性差，且滑坡体较厚，下滑力较大时，应采用砼格构＋预应力锚索进行防护，并应穿过滑带对滑坡阻滑。

（2）格构锚固设计

① 在对格构进行设计前，应对滑坡稳定系数进行计算，作为设计的依据。滑坡设计荷载包括：滑坡体自重、静水压力、渗透压力、孔隙水压力、地震力等。对于跨越库（江）水位线的滑坡应考虑每年库水位变动时对滑坡体产生的渗透压力。

② 对于整体稳定性好，并满足设计安全系数要求的滑坡，可采用浆砌块石格构进行护坡。采用经验类比法进行设计，前缘形成坡度不宜大于35°，即1:1.5。当边坡高度超过30 m时，应设马道放坡，马道宽2.0～3.0 m。

③ 对于滑坡整体稳定性好，但前缘出现溜滑或坍滑，或坡度大于35°时，可采用现浇钢筋砼格构进行护坡，并用锚杆(管)进行固定。采用经验类比和极限平衡法相结合的方法进行设计，锚杆(管)应穿过潜在滑面1.5～2.0 m，采用全粘结灌浆。

④ 对于滑坡整体稳定性差，且坡面应防护时，可采用现浇钢筋砼格构与锚杆或锚索进行防护。采用预应力锚索相同的锚固力计算公式确定锚固荷载时，宜采用单束锚杆或锚索设计吨位。采用简支梁或多跨连续梁公式计算两锚杆之间格构内力。

⑤ 对于滑坡整体稳定性差、滑坡推力过大，且前沿坡面应防护时，可采用预制预应力钢筋砼格构与锚索进行防护。采用与预应力锚索相同的锚固力计算公式确定锚固荷载，并推荐单束锚索的设计吨位。

⑥ 当格构梁承受较大滑坡推力时，宜按“倒梁法”进行设计，且预应力格构梁与滑体土的接触压应力，应小于地基承载力的特征值。

9) 重力挡墙

(1) 一般规定

① 重力挡墙适用于居民区、工业和厂矿区以及航运、道路建设涉及的规模小、厚度薄的滑坡阻滑治理工程。

② 设计挡土墙应与其他治理工程措施相配合，根据地质地形条件设计多个方案，通过技术经济分析、对比后，确定最优方案，以达到最佳工程效果。

③ 挡土墙工程应布置在滑坡主滑地段的下部区域。当滑体长度大而厚度小时宜沿滑坡倾向设置多级挡土墙。

④ 当坡面无建筑物或其他用地，且地质和地形条件有利时，挡土墙宜设置为向坡体上部凸出的弧形或折线形，以提高整体稳定性。

⑤ 挡土墙墙高不宜超过8 m，否则应采用特殊形式挡土墙，或每隔4～5 m设置厚度不小于0.5 m、配比适量构造钢筋的混凝土构造层。

⑥ 墙后填料应选透水性较强的填料，当采用黏土作为填料时，宜掺入适量的石块且夯实，密实度不小于85%。

(2) 重力挡墙设计

① 挡土墙所受压力可采用滑坡推力公式和土压力计算公式计算，取其最大值。挡土墙工程结构设计安全系数推荐如下：

基本荷载情况下，抗滑稳定性$K_s \geqslant 1.3$；抗倾覆稳定性$K_s \geqslant 1.5$；

特殊荷载情况下，抗滑稳定性$K_s \geqslant 1.2$，抗倾覆稳定性$K_s \geqslant 1.3$。

② 作用在挡土墙上的荷载力系及其组合，视挡土墙型式不同分别考虑。基本荷载应考

虑墙背承受由填料自重产生的侧压力、墙身自重的重力、墙顶上的有效荷载、基底法向反力、摩擦力及常水位时静水压力和浮力;附加荷载涉及库水位的静水压力和浮力、江水位降落时的水压力和波浪压力等;特殊荷载考虑地震力及临时荷载。

③ 墙身所受的浮力应根据地基渗水情况,按下列原则确定:位于砂类土、碎石类土和节理很发育的岩石地基,按计算水位的100%计算;位于完整岩石地基,其基础与岩石间灌注混凝土,按计算水位的50%计算;不能肯定地基土是否透水时,宜按计算水位的100%计算。

④ 土压力的计算方法及有关规定如下:

a) 作用在墙背上的主动土压力,可按库仑理论计算。

b) 挡土墙前部的被动土压力,一般可不考虑。但当基础埋置较深、地层稳定、不受水流冲刷和扰动破坏时,结合墙身位移条件,可采用1/3~1/2被动土压力值或静止土压力。被动土压力可按库仑理论计算。

衡重式挡土墙上墙土压力,当出现第二破裂面时,用第二破裂面公式计算,不出现第二破裂面时,以边缘点联线作为假想墙背按库仑公式计算,下墙土压力采用力多边形法计算,不计入墙前土的被动土压力。

⑤ 墙背后填料的内摩擦角,应根据试验资料确定。当无试验资料时可参照有关规范所给出的数值选用。

10) 其他防治工程

(1) 一般规定

① 根据滑坡体具体环境,可选用注浆加固、刷方减载、前缘回填压脚,以及植物防护等工程措施。

② 注浆加固适用于以岩石为主的滑坡、崩塌堆积体、岩溶角砾岩堆积体,以及松动岩体。注浆加固目的在于通过对崩滑堆积体、岩溶角砾岩堆积体以及松动岩体注入水泥砂浆,以固结围岩或堆积体,从而提高其地基承载力,避免不均匀沉降。

③ 刷方减载是滑坡防治工程中最为有效的工程措施,目的在于通过减少后缘滑体的体积来降低滑坡下滑力,或通过清除滑坡体表层不稳定滑体,或通过改变坡体形态降低坡角等措施来增强滑坡稳定性。

④ 前缘回填压脚是滑坡防治工程中最为有效的工程措施,目的在于通过增加前缘滑体的体积来增大滑坡抗滑力。

⑤ 植物防护主要指利用植草、植树等来防护滑坡表层并起到美化环境的目的。

(2) 注浆加固工程

① 注浆加固可作为滑坡体滑带改良的一种技术。通过对滑带压力注浆,从而提高其抗剪强度及滑体稳定性。滑带改良后,滑坡的安全系数评价应采用抗剪断标准。

② 注浆前应进行注浆试验和效果评价,注浆后应进行开挖或钻孔取样检验。

(3) 注浆设计与施工

注浆通过钻孔进行。钻孔深度取决于堆积体的厚度以及所要求的地基承载力。一般以提高地基承载力为目的的灌浆深度可小于15 m,以提高滑带抗剪强度为目的的灌浆应穿过滑带至少3 m。钻孔应呈梅花状分布,孔间距为注浆半径的2/3。注浆半径应通过现场试验确定,宜为1.0～3.0 m。

2. 崩塌治理工程设计

主要执行《崩塌防治工程设计规范(试行)》(T/CAGHP 032—2018),主要内容如下:

1) 引言

为推动地质灾害防治工程行业健康发展,国土资源部发布了《国土资源部关于编制和修订地质灾害防治行业标准工作的公告》(国土资源部公告2013年第12号),确定将《崩塌防治工程设计规范》纳入地质灾害防治行业标准,特制定本规范。本规范是在收集和研究国内外崩塌灾害防治工程成熟的技术方法基础之上,经广泛调查研究,认真总结我国崩塌地质灾害防治的经验和教训,借鉴国内外有关标准的规定,充分吸收全国勘查设计单位在崩塌灾害防治工程勘查设计中的先进经验和成功做法编写而成。

2) 范围

本规范规定了崩塌防治工程设计的一般原则、技术标准、计算方法、防治措施等。本规范适用于岩质和土质崩塌防治工程设计。本规范适用于因人身财产和环境保护及城镇规划等各种需要而进行的崩塌防治工程设计,对崩塌进行应急抢险工程设计可参照本规范执行。

3) 崩塌防治工程设计的基本规定

(1) 一般规定

① 防治工程设计应综合考虑崩塌区工程地质条件、地形地貌、破坏类型、规模、稳定性及邻近建(构)筑物的分布情况、施工设备和施工季节等条件,因地制宜,合理设计。崩塌防护结构型式应考虑场地地质和环境条件、崩塌规模大小和失稳破坏模式以及工程安全等级等因素选定。

② 崩塌防治工程设计应搜集下列基础资料:

a) 崩塌防治工程设计所依据的勘查成果及监测资料。

b) 崩塌影响区的范围大小、区内的建(构)筑物分布及规划资料。

c) 施工条件、施工技术、设备性能和施工经验等资料。

d) 相应设计阶段的有关行政批复。

③ 崩塌防治工程结构设计使用年限为50年,且不应低于被保护的建(构)筑物设计使用年限。

④ 崩塌防治工程设计划分为可行性方案设计、初步设计和施工图设计3个阶段。对于

规模小、地质条件清楚的崩塌,可简化设计阶段。

⑤ 可行性方案设计:根据灾害评估或初勘报告、防治目标,对多种方案的技术、经济、社会和环境效益等进行论证;进行防治工程估算;提交可行性方案报告及设计附图册等。

⑥ 初步设计:依据初勘或详勘报告,对推荐方案进行充分论证和试验;提出具体工程实现步骤和有关工程参数,进行结构设计;进行工程概算;提交初步设计报告及设计附图册等。

⑦ 施工图设计:依据详勘报告,对初步设计确定的工程图进行细部设计;提出施工技术、施工组织和安全措施要求,满足工程施工和招投标要求,编制工程施工图件及说明;进行工程预算;提交施工图设计报告及设计附图册等。

⑧ 应急抢险治理工程设计内容根据现场应急抢险治理需要综合确定。可采用临时刷方减载、临时排水隔水、临时支挡支撑、临时锚固、临时拦挡防护等措施。有条件时,后期崩塌综合防治工程设计应利用应急抢险治理工程措施。

⑨ 崩塌防治工程措施应与周边环境相协调,宜采用动态设计。

⑩ 对于复杂、大型的崩塌防治工程应进行专项设计方案论证。

(2) 防治工程等级

① 崩塌防治工程等级应根据崩塌威胁对象按表4-1-15进行划分。

表4-1-15　崩塌防治工程等级划分

防治工程等级		特级	Ⅰ级	Ⅱ级	Ⅲ级
崩塌威胁对象	威胁人数(人)	≥5000	≥500且<5000	≥100且<500	<100
	威胁设施的重要性	非常重要	重要	较重要	一般

注:表中只要满足1项即可按就高原则划分等级。

② 崩塌威胁设施的重要性分类可按表4-1-16确定。

表4-1-16　崩塌威胁设施重要性分类

设施重要性	设施类别
非常重要	放射性设施,核电站,大型地面油库,危险品生产仓储,政治设施,军事设施等
重要	城市和城镇重要建筑物(含30层以上的高层建筑),国家级风景名胜区,列入全国重点文物保护单位的寺庙,高等级公路,铁路,机场,学校,大型水利水电工程、电力工程,大型港口码头,大型矿山、油(气)管道和储油(气)库等
较重要	城市和城镇一般建筑物、居民聚集区、省级风景名胜区,列入省级文物保护单位的寺庙、边境口岸,普通二级(含)以下公路,中型水利工程、电力工程、通信工程、矿山,城市集中供水水源地等
一般	居民点,小型水利工程、电力工程、通信工程、矿山,乡镇集中供水水源地、村道等

注:表中未列项目可根据有关技术标准和规定按大、中、小型分别确定其重要性等级。大型为重要、中型为较重要、小型为一般。

③ 长度较大或方向差异较大的崩塌防治工程等级应根据威胁对象重要性和威胁人数多少的差异分段划分。

(3) 设计原则

① 崩塌防治工程设计应符合下列原则：

a) 崩塌防治工程设计应遵循主动治理和被动防护相结合的原则。

b) 崩塌防治工程设计应与社会、经济和环境发展相适应，与城市规划和土地利用相结合。

c) 崩塌防治工程设计应进行方案比选、技术与经济论证，使工程达到安全可靠、经济合理。

d) 崩塌防治工程设计应在保证崩塌坡体处于稳定与安全基础上，同时考虑环境保护与景观需求。

② 崩塌防治技术分类

按照防治技术分类，可分为加固、拦截与引导、遮盖。

支撑与联补、抗滑桩(键)、挡土墙、锚杆(索)、挂网喷锚、裂隙灌浆等加固措施可结合使用。

拦石墙、防护网、防护林等拦截措施，主要终止崩塌运动或改变崩塌体运动轨迹，减轻灾害。

棚洞、明洞等遮盖措施，遮盖建筑需直接承受崩塌冲击荷载，要求有一定刚度和耗能结构，耗能结构吸收撞击能后便于修复更换。

崩塌防治工程的混凝土结构耐久性设计要求应符合现行国家标准《混凝土结构耐久性设计规范》(GB/T 50476)的规定。

对于特级崩塌防治工程应进行专项方案论证。

4) 崩塌防治工程设计

(1) 一般规定

① 崩塌防治工程设计应做到安全适用、经济合理、技术先进，确保工程质量、提高工程效益，进而达到减免和防范崩塌地质灾害的目的。

② 应根据崩塌威胁区域的地形、地质、水文、气象、环境等，制定相应的安全施工技术和环境保护措施，确保施工安全和防止水土污染、流失。

③ 崩塌防治工程设计措施应根据崩塌破坏模式选择。

滑移式崩塌宜采取清除、抗滑桩(键)、挡土墙、锚杆(索)等措施。

倾倒式崩塌宜采取清除、支撑与嵌补、上部锚杆(索)加固、封闭顶部裂隙等措施。

崩塌体易产生剥落破坏后坠落的，可采取浅层加固措施，如挂网喷浆与锚固，也可采取防护网、拦石墙等措施。

崩塌体易产生错落破坏后坠落的，可采取清除、支撑与嵌补、上部锚杆(索)加固等措施。

直接产生坠落破坏的,可采取岩腔嵌补与支撑。

崩塌体清除后应进行表面加固防护处理,不得形成次生灾害。

④ 在有建(构)筑物的崩塌地区进行防治工程设计时,拟采用的工程措施不应危及建(构)筑物的安全和正常使用。其防治工程等级应不低于影响区范用内建(构)筑物的安全等级。

⑤ 位于水库区或江河岸边的崩塌防治工程设计,应考虑水位变化对崩塌的影响以及防治工程对环境的影响。

⑥ 崩塌防治工程设计应以地质勘查资料成果为依据,根据设计需要或发现勘查资料与实际不符时,应对崩塌体做稳定性复核验算。

⑦ 崩塌防治工程设计应根据施工过程反馈的地质信息及施工监测数据及时调整设计措施及施工方案,做到动态设计、指导安全施工以满足信息化施工的要求。

⑧ 滑移式崩塌应根据危岩体的完整性,可以采用抗滑桩(键)、锚杆和(或)预应力锚索等治理措施。当采用预应力锚索时,不应使它处于受剪状态。

(2) 清除

① 一般要求

当危岩体有清除条件时,可清除危岩体,但不得破坏母岩的稳定性。

土质崩塌坡体有放坡条件,且无不良地质时,宜尽量采取放缓坡率法提高崩塌体整体稳定性。

对危岩单体及孤石清除应按从上而下顺序,尽量采用人工撬除或机械破碎清除。

土质崩塌体高度大于10 m、岩质崩塌体高度大于15 m的高陡崩塌体,需分级放坡时,可参考《建筑边坡工程技术规范》(GB 50330)中的要求选取坡率。

崩塌体清除放坡后,为防止风化剥落,可采取各类护坡或防护工程进行防护。

② 施工技术要求

放缓坡率应按照设计坡率进行,避免超挖或开挖不到位,开挖施工自上而下有序进行,预先设置有效的防护处置措施,保证弃土、弃渣、滚石等不造成次生灾害。

爆破清除施工应编制专项方案,宜采用静态爆破、控制爆破等弱爆破措施,防止对整体边坡或母岩稳定造成不利影响。

危岩清除应先清除崩塌体坡面浮石、浮土后,从上至下、由外向内逐层清除。当有危及下方过往车辆与行人、建(构)筑物等安全隐患时,应事先采取防护、警示、警戒等措施,确保施工安全。

清除施工质量检验,主要内容应包括核实放坡坡率是否满足设计要求、检查是否存在产生次生灾害的软弱层、滑动面、不利结构面等。

崩塌清除过程中应有监控,并加强施工监测。

对清除开挖形成坡面应及时进行防护和排水处理。

清除后的弃渣应运至指定弃渣场，严禁乱弃乱放，影响安全和环境。

(3) 锚固

一般要求：

锚固主要指采用锚杆或锚索加固，锚杆适用于倾倒式及浅表层滑移式崩塌，锚索适用于大型滑移式崩塌。

当采用锚杆(索)时，应充分考虑锚杆(索)的特性、锚杆(索)与被锚固结构体系的稳定性、经济性以及施工可行性。

锚杆(索)设计使用年限应与所服务的工程设计使用年限相同，其防腐等级见《混凝土结构耐久性设计规范》(GB/T 50476)规范要求。

对于较破碎的岩质崩塌体及土质崩塌体，当采用锚杆(索)时，应与格构梁或肋柱配合使用；对于完整性好的岩质崩塌体，可采用单锚。

下列情况宜采用预应力锚杆(索)：

a) 崩塌体变形控制要求严格时。

b) 崩塌体在施工期稳定性差时。

c) 高度较大的土质及岩质崩塌体采用锚杆支护时。

对特殊条件下专项设计的预应力锚杆，必须在充分调查研究和必需的试验基础上进行设计。

(4) 防护网与拦石墙

一般要求：

防护网按结构形式、防护功能和作用方式不同分为主动防护网和被动防护网。主动防护网适用于崩塌体整体稳定，浅表层危岩体发育的情况；被动防护网适用于保护对象上方有小型高位崩塌危岩，且危岩、孤石分散难以清除。

拦石墙适用于坡度小于25°～35°，且地表有一定宽度平台地段的中、小型崩塌。拦石墙的布置应根据地形、地质条件、落石运动路径和施工条件综合考虑。

防护网设计选型应根据崩塌类型、规模、地质环境条件、地形因素及危岩落石分布等综合确定。

防护网按特征构成分为钢丝绳网、钢丝格栅、高强度钢丝格栅。

被动防护网是由钢丝绳网或环形网、固定系统、减压环和钢柱构成。其防护能量一般为150～2000 kJ，特殊情况能高达5000 kJ。

危岩体局部崩塌将加速母岩风化破坏的岩石边坡宜采用加固防护系统，不宜单独采用主动柔性防护系统。

危岩体整体性较差且表面无大量植被时，宜采用主动加固防护措施，不宜采用柔性防护系统。

坡面平缓顺直或坡面具有较好缓冲消能特性(如覆盖层、灌木)，宜优先采用被动防护系统。

上陡下缓边坡或者坡脚有宽平台可采用被动网或拦石墙，直立或倒悬高边坡宜采用主动加固外并结合落石弹跳特性采用被动防护网相结合。

坡脚狭窄带防护区上方有直立高陡边坡，宜设置倾斜向下的被动防护系统，形成柔性棚洞结构型式。

拦石墙主要有桩板拦石墙和重力式拦石墙两种。桩板拦石墙由桩、板、加筋土体及防护(撞)栏组成，桩间板可为预制槽型板，桩、板后部的土堤为加筋土体。拦石墙内侧应设置落石槽，槽底设置排水盲沟。

拦石墙高度一般不宜大于8 m。拦石墙受冲击侧须填筑缓冲层，应分层填筑，压实度不小于85%，并应保证自身稳定，必要时可用加筋土，表面可用片石护坡，填筑墙缓冲堤时，应保证排水畅通，墙背不得积水。

(5) 支撑与嵌补

一般要求：

支撑适应于底部悬空或空腔较大的倾倒、坠落式崩塌体；嵌补适用于底部有小空腔倾倒、坠落式崩塌体，补强和封闭空腔防止继续风化。

支撑方案应结合锚固措施进行加固处理，当崩塌体底部出现比较明显的岩腔等情况时，宜采用嵌补措施进行防治。

支撑结构、嵌补基础必须置于稳定地基上，地基承载力必须满足结构要求。

支撑结构一般可采用墙、柱、墩等形式，结构自身应稳定并满足刚度和强度要求。

当支撑、嵌补基底存在软弱层时，应进行加固处理。

(6) 抗滑桩(键)

一般要求：

抗滑桩适用于中、大型滑移式崩塌；抗滑键适用于岩体完整性较好、厚层—巨厚层状硬质岩滑移式崩塌。

抗滑桩(键)的设置应满足下列要求：

a) 保证崩塌体不从桩(键)顶和桩(键)间剪出。

b) 抗滑桩(键)自身具有足够的刚度及强度。

c) 设置抗滑桩(键)后崩滑体不产生深层滑移，不引发次生灾害。

抗滑桩(键)平面布置、桩间距、桩长、布置方式和截面形式及尺寸等应考虑崩塌体特征与推力大小综合确定。

抗滑桩(键)布设于崩塌前缘时，桩(键)与崩塌体间应设置稳定有效的支撑措施，保证桩(键)与崩塌体间连接紧密，提高桩(键)周围岩土体抗剪强度。

抗滑键可采用矩形、圆形等多种截面形式。布设方式可采用排桩式、梅花形、矩形方式布设。

(7) 棚洞

一般要求：

棚洞适用于高位发育、规模较大的危岩下部有重要线状或带状结构物(道路、管线)需要保护,且难以采用锚固、清除、拦截措施进行防治和绕避时设置。

棚洞根据其结构形式可分为墙式棚洞、钢架式棚洞、柱式棚洞、悬臂式棚洞、拱形棚洞等类型。

棚洞支撑体系结构宜采用钢筋混凝土结构,由棚洞顶板、棚洞内墙、棚洞外墙和棚洞基础组成。

棚洞结构形式应根据使用要求、崩塌落石量大小、地形、地质、地基条件和施工条件等综合考虑确定：

a) 对坡面崩塌落石量较大,地基承载力较低、抗震要求较高时宜优先采用拱形棚洞、墙式棚洞。

b) 对坡面落石量少,地基承载力高、非抗震地区时宜采用钢架式棚洞、柱式棚洞。

c) 对坡面落石量少,外侧地基不良或不宜设置基础、非抗震地区时宜采用悬臂式棚洞。

棚洞基础应置于基岩或者稳定的地基上,当地基不稳时,应对地基进行加固或采用整体式基础、桩基础等。

棚洞内边墙宜采用重力式结构,并应置于基岩或稳固的地基上;当岩层坚实完整,干燥无水或少水时,可采用锚杆式内边墙;外边墙可采用墙式、刚架式、柱式结构。

棚洞设计应加强地下水、地表水的疏排,棚洞内外应形成一个完整通畅的防排水系统。

棚洞除靠山侧外,顶板周边应设置有效挡土措施,避免缓冲层土体冲刷流失。

(8) 挡土墙

一般要求：

挡土墙适用于小型、低位滑移式崩塌体坡脚加固防护和阻滑作用。

崩塌防治工程中较常用的重力式挡墙分为俯斜式、仰斜式、直立式及其他特殊形式挡土墙等类型。

在崩塌防治中若采用桩板式挡墙、锚杆挡土墙等形式时,可参照《建筑边坡工程技术规范》(GB 50330)进行设计。

采用重力式挡墙,对土质边坡高度不宜超过10 m,对岩质边坡高度不宜大于12 m,否则应与其他防护措施结合综合治理。

墙后填料应选抗剪强度高和透水性较强的填料,填筑分层夯实,其压实系数不得小于0.90。

(9) 挂网喷锚

一般要求：

挂网喷锚防护适用于崩塌体坡面为碎裂结构的硬质岩石、层状结构的不连续硬质地层、老黄土层等岩土层,也适用于局部崩塌体,以及崩塌体经过放坡处理后的边坡防护等情况。

挂网喷锚防护不适应于膨胀性、严重腐蚀性岩土体或具有中等—严重湿陷等级的黄土地层,大面积淋水地段或严寒地区的冻胀崩塌边坡等。

(10) 截、排水工程

一般要求:

排水工程设计应在崩塌防治总体方案基础上,结合工程地质、地下水和降雨条件及本区域生态环境,制定地表排水、地下排水及其两者相结合方案。

一般情况下,地表排水工程的设计降雨标准为20年一遇。

截、排水沟一般应设置在崩塌体后缘最远处裂缝5 m以外的稳定斜坡面上;平面上依地形而定,应以有效拦截地表水并顺利排出为原则。

截、排水工程应合理布局,应与主体工程及自然环境相适应;注重各种排水设施的功能和相互之间的衔接,并与地界外排水系统和设施合理衔接,形成完整、通畅的排水系统。

崩塌体内地下水比较丰富时,宜在崩塌体中、下部或支撑体内钻设仰斜式排水孔,落石槽、拦石墙内宜采用盲沟排水。

地表排水设施地基应密实稳定,必要时应采取有效措施防止地基变形引起的排水设施破坏。

截、排水工程的断面形状、结构尺寸及间距应根据设计流量确定。

地下排水设施应采取反滤措施,防止堵塞及失效。

地表排水设置一般根据崩塌体地表周围汇水情况确定,一般采用梯形、矩形明沟排水,受地形地质条件限制时可采用复合结构。

膨胀土(岩)、黄土基底或换填底面等区域应加强封闭、隔水处理措施。

(11) 其他防护措施

其他防护措施主要为坡面防护工程和生态防护工程等。坡面护坡工程包括砌体护坡、护面墙、骨架护坡等;生态防护工程包括坡面植物护坡、复合型生态防护、防护林等。

崩塌体坡脚坡面岩土易风化、剥落或有崩塌现象,当有滑落及掉块等时,应进行坡面防护。

崩塌体坡面防护工程应在稳定的边坡上设置;对欠稳定的或存在不良地质因素的崩塌体边坡,应先治理稳定后,再开展坡面防护、生态防护等其他措施。

崩塌体坡面防护应根据工程区域气候、水文、地形、地质条件、材料来源及使用条件采取工程防护和植物防护相结合的综合处理措施,并应考虑坡面风化、雨水、河流冲刷,植物生长效果、环境效果,冻胀、干裂作用,坡面防渗、防淘刷等因素,并经技术经济比较后确定。

生态防护时应考虑由于植物根系与水的作用恶化崩塌体稳定性的可能性。

3. 泥石流治理工程设计

主要执行《泥石流防治工程设计规范》(试行)(T/CAGHP 021—2018),主要内容如下:

1) 引言

本标准旨在统一泥石流防治工程设计的标准,推动泥石流防治工程设计向规范化和科学化的方向发展,从整体上提升我国泥石流防治工程设计的技术水平,并且使泥石流防治工程经济合理、技术可行、安全可靠,实现社会经济健康、可持续发展。本标准充分收集国内外有关泥石流防治技术标准,总结我国泥石流防治工程设计经验,充分吸收了较为成熟的泥石流防治技术,特别是针对汶川地震、甘肃舟曲特大泥石流、芦山地震后呈现出的一系列新问题编制而成的,并在全国范围内广泛征求了泥石流防治相关行业的专家,经反复讨论修改完善,最后经审查定稿。

2) 范围

本标准适用于泥石流灾害的防治工程设计。本标准规定了泥石流防治工程的术语和定义、符号、基本规定、工程设计标准、设计参数确定、分项工程设计、工程监测设计、施工组织设计与施工措施说明等。凡铁路、公路、水路、水利、电力、矿山、油气管线等,对泥石流防治工程设计有特殊要求时,可作专门研究。

3) 总则

(1) 为了对泥石流归口管理,控制泥石流的发生和发展,减轻或消除其对人民生命财产的损失,使被治理流域恢复或建立新的良性生态平衡,改善环境,特制定本标准。

(2) 泥石流防治应遵循以下原则:

a) 以防为主、防治结合、避强治弱、重点治理;形成区、流通区、堆积区全面规划,综合治理;工程方案以小为主,中小结合,因地制宜,就地取材。

b) 应与当地国土整治、资源开发、城乡建设、环境保护等紧密结合,统一协调。

c) 应充分体现当地社会、经济及生态环境的效益,避免从一种灾害转换为另一种灾害。

d) 力求做到技术可靠,经济合理,适用美观。

(3) 泥石流防治工程在形成区应以抑制泥石流启动、发生为主,流通区应以拦挡、输导为主,堆积区应以排导为主,汇入主河段应加大排沙能力。

(4) 在一般条件下,防治工程应控制泥石流体,使其不造成破坏;在特殊情况下,不会对生命、财产造成重大灾害。

(5) 防治工程后期运营维护和维修工作由其主管部门负责,防治工程应根据其使用情况进行维护和维修,对损毁的治理工程主体结构进行修复,并根据泥石流的发展情况进行必要的清淤(库)工作。

(6) 泥石流生物防治工程设计应参考《地质灾害生物治理工程设计规范》相关条款。

(7) 在执行本标准时,尚应参照执行国家、行业和地方现行的有关规范、规程和标准的要求。

4) 基本规定

(1) 防治工程设计阶段划分

① 泥石流防治工程按泥石流所属项目的基本建设程序划分进行分阶段设计,一般分为可行性方案设计、初步设计和施工图设计三个阶段。对于工程投资规模小的泥石流防治工程,可将初步设计和施工图设计合并。

② 可行性方案设计应在审定的防治工程可行性阶段勘查报告的基础上,根据防治目标和治理范围,对多种设计方案进行全面的技术、经济、社会和环境效益论证,选定防治工程设计方案,并通过比选提出推荐设计方案,设计文件应包括设计报告、设计方案图纸及工程投资估算。

③ 初步设计应在审定的可行性推荐方案的基础上,对防治任务进行合理分解,确定各分项工程的设计要求与边界、实现目标的可行性、工程可靠性与实现步骤和有关工程参数,编制出初步设计图册、监测初步方案、初步设计报告、设计图纸及工程投资概算。

④ 施工图设计应在审定的初步设计的基础上,对初步设计图中结构和构造进行扩充和细部设计,提出施工技术、施工组织和安全措施,使之满足实施的要求;对监测方案应给出准确的布点位置及要求,以利于定位实施;编制施工图设计报告、施工图册及工程投资预算。

⑤ 应急治理工程可按一阶段设计,即根据现场勘察,立即进行施工图设计,视情况进行动态设计、信息化施工,并加强施工期间的监测。

(2) 防治工程设计的依据和基础资料

① 防治工程设计的依据应包括立项任务书、泥石流灾害评估报告、防治工程勘查报告、可行性研究报告等。

② 防治工程设计的基础资料应满足各设计阶段的要求。主要包括以下方面:

a) 地形资料:地形图、平面图、剖面图和高程控制点等,治理工程布置区平面图比例不小于1:500,断面图比例不小于1:200。

b) 气象水文资料:气温、降水量(记录强降雨出现的频率和发生时间)、冻结深度、暴雨、洪水流量、淹没、冲淤等。

c) 预测工程建设可能引起的新的地质灾害,以及建议预防措施。

d) 防治工程勘查资料:泥石流基本特征资料,尤其是泥石流物源条件,明确不同降雨条件下物源可能补给量;场地岩土结构、类型、年代、成因、产状、分布、相关岩土体的物理力学性质;地质构造的性质、展布及对工程的影响;自然或人为不良地质现象及对工程的影响;地下水类型、水位及埋深、动态、补给排泄条件及地层渗透系数;水与土对建筑材料的腐蚀性;地震基本烈度、地震动参数;特殊岩土的测试与评价。

e) 基于现场调查和搜集的基础数据,在室内试验和野外试验的基础上进行统计分析,给出各项参数的平均值、标准差和变异系数,确定其标准值。同时可与类似的工程进行对比,合理选定成果参数的设计值,并明确泥石流演化趋势。

f) 人类工程活动:明确泥石流沟内土地资源利用类型,包括林地、耕地、矿山开采、道路修建、水利工程修建、工程弃渣等,指出人类工程活动对泥石流沟地貌条件的影响情况。

g) 其他资料:施工场地的水、电、交通条件;排水、排污条件;对噪声、振动的限制;防治工程勘察、设计及施工的地方经验;当地材料及劳务价格、拆迁及移民补偿、青苗补偿价格;防治工程影响范围内的城镇建设发展规划图;县域历史自然灾害资料等。

(3) 规划方案的原则与要求

① 以流域为单元进行工程措施与生物措施相结合的综合治理,工程措施应重点考虑以排导为主、拦挡为辅、拦排结合。

② 在形成区以抑制泥砂产生为主,阻滞泥沙输移,常用的措施有恢复植被、建造多树种多层次的立体防护林、坡面截水沟、沟谷区的拦砂坝、导流堤、护岸工程等。

③ 在泥石流流通区段以疏导为主,保证流路通畅。主要措施有导流和护岸、护底、清障。在地形较好的地区,则采用可靠的拦挡措施,以达到减沙、减势、控制水沙下泄量、控制流量的效果。拦挡工程有拦砂坝、停淤场等。

④ 对规模巨大的泥石流,宜采取避让措施或防冲措施。如平面绕避改道、立面绕避(渡槽、隧道、桥梁等)。

⑤ 利用停淤、分流化解泥石流水、沙集中的矛盾。主要措施有停淤场、导流工程。

⑥ 汇入大河段,应加大大河排沙能力,稳定河床和沟口。采取的主要工程措施为导流堤、丁坝等。

(4) 规划方案的制定

① 防治工程等级一、二级以及工程规模大于1000万元的应同时制定两三个泥石流防治规划方案,进行全面的技术经济比较,推荐其中技术经济指标最优的一两个方案。

② 防治工程等级三、四级以及工程规模小于1000万元的应同时制定两个以上的泥石流防治规划方案,进行全面的技术经济比较,推荐其中技术经济指标最优的一个方案。

③ 对于分阶段实施的规划方案,应特别说明各阶段所采取的具体措施、所需经费、预期目标等。

④ 规划基本方案主要有以下四种:

a) 综合防治方案应在流域上游形成区采用防止泥石流形成体系、中下游采用调控泥石流运动和堆积体系、预防泥石流灾害体系、植树造林控制侵蚀的生态措施及增加泥石流能量耗散的综合方案。适用于泥石流活跃、有重要保护对象的情况。

b) 以工程为主的规划方案在泥石流的形成、流通、堆积区内,采取以相应的治理工程为主,辅以其他措施。适用于泥石流规模大,暴发频繁,中等、松散固体物源丰富,水动力条件相对集中,保护对象重要的情况。

ⅰ)以治水为主的方案利用蓄水、引水和截水等工程控制地表洪水径流,使水土分离,稳定山坡;辅以修建拦挡、排导工程和流域生态措施。适用于水力类泥石流治理。

ⅱ)以治土为主的方案利用拦挡、支护工程,拦蓄泥石流固体物质,稳定沟岸崩塌及滑坡;辅以排导、截水工程、降低地下水位和流域生态措施等。适用于土力类泥石流治理。

ⅲ)以排导为主的方案利用排导槽、渡槽等工程,排泄泥石流,控制泥石流的危害;辅以拦挡工程和流域生态措施等。适用于泥石流成灾范围有限、宜避让的泥石流治理。

c) 以生物、水保措施为主的规划方案在流域内采用植树、种草等生物措施,坡改梯、截水沟、分水沟等水保措施。适用于冲沟或坡面泥石流治理。

d) 以预警报系统为主的规划方案在泥石流流域内布设预警报网点,设置预警报装置,建立预警报信息发布系统。适用于防治难度大、投资效益比较低、保护对象一般的泥石流沟防治。

(5) 规划方案的比较

① 规划的推荐方案应通过以下指标作比较:

a) 泥石流发生与活动可控程度:局部控制、基本控制、控制。

b) 泥石流危害的控制程度:局部控制、基本控制、控制。

c) 防治措施的可行性:低、中、高。

d) 方案的投资比较:较低、一般、较高。

e) 方案的经济效益比较:较低、一般、较高。

f) 方案的社会和环境效益比较:较低、一般、较高。

② 规划防治工程的工程量大、投资多,而施工工期受限制时,可制定分期、分项、分步实施的施工方案。

5) 工程设计标准

(1) 防治工程安全等级标准

① 依照受威胁对象的险情或受灾对象的灾情,将泥石流防治工程安全等级标准分为四个级别(表4-1-17)。

② 泥石流灾害防治工程的设计使用年限根据其安全等级确定,一、二级安全等级可按50年考虑,三、四级安全等级按不低于20年考虑。当遭遇超设计标准灾害或者使用条件改变时应进行安全性鉴定,特殊工程应进行专门论证。

(2) 防治工程设计安全系数

① 泥石流防治工程应按照防治工程安全等级、降雨强度标准、荷载组合,选择对应的泥石流防治工程设计标准。

② 泥石流防治工程设计基本组合安全系数和偶然组合安全系数的确定,应进行充分的技术、经济比较,既要安全可靠,也要经济合理。

表4-1-17　泥石流灾害防治工程安全等级标准

分级标准	防治工程安全等级			
	一级	二级	三级	四级
威胁或受灾对象	省会级城市	地、市级城市	县级城市	乡、镇及重要居民点
	高速公路、一级公路及特大桥、大桥、中隧道及以上,铁道、航道	二级公路及中桥、短隧道	三级公路及其桥梁、隧道	四级公路及其桥梁、隧道
	大型的能源、水利、通信、邮电、矿山、国防工程、学校等专项设施	中型的能源、水利、通信、邮电、矿山、国防工程等专项设施	小型的能源、水利、通信、邮电、矿山、国防工程等专项设施	乡、镇级的能源、水利、通信、邮电、矿山等专项设施
	一级建筑物	二级建筑物	三级建筑物	四级建筑物及以下
受威胁人数(人)	≥1000	1000～100	100～10	<10
死亡人数(人)	≥30	30～10	10～3	<3

注:表中一级建筑物为耐久年限100年以上的重要建筑物和高层建筑物;二级建筑物为耐久年限50～100年的一般性建筑物;三级建筑物为耐久年限15～50年的次要建筑物;四级建筑物为耐久年限15年以下的临时性建筑物。满足其中一项即为相应安全等级,按最高等级确定。

③ 泥石流拦砂坝设计工况按满库、半库和空库过流三种特征结合地震因素,共有以下六种工况组合:

a) 工况Ⅰ为满库过流状态(不考虑地震),荷载组合为:坝体自重+土体重+溢流体重。

b) 工况Ⅱ为满库过流状态(考虑地震),荷载组合为:坝体自重+土体重+溢流体重+地震力。

c) 工况Ⅲ为半库容过流状态(不考虑地震),荷载组合为:坝体自重+土体重+坝前泥石流体重+溢流体重+泥石流冲击力。

d) 工况Ⅳ为半库容过流状态(考虑地震),荷载组合为:坝体自重+土体重+坝前泥石流体重+溢流体重+泥石流冲击力+地震力。

e) 工况Ⅴ为空库过流状态(不考虑地震),荷载组合为:坝体自重+坝前泥石流体重+溢流体重+泥石流冲击力。

f) 工况Ⅵ为空库过流状态(考虑地震),荷载组合为:坝体自重+坝前泥石流体重+溢流体重+泥石流冲击力+地震力。

④ 稳定性计算应考虑沿坝基础、地基内软弱夹层、缓倾角结构面等不利界面滑动的因素,选取最不利的情况作为控制设计。

⑤ 泥石流拦砂坝坝体与坝基在设计荷载下应具有足够的强度和抗变形能力,坝体内或

地基的最大压应力σ_{max}不超过建筑材料的允许值和地基的承载力,最小压应力不允许出现负值。材料强度要求:砂浆强度≥M7.5,混凝土基础强度≥C15,混凝土构件强度≥C20,应多用钢纤维耐磨水泥砂浆和混凝土。

⑥ 泥石流排导槽设计工况和荷载组合为以下两种情况:

a) 工况Ⅰ为泥石流过流状态(不考虑地震),荷载组合为:结构自重+泥石流流体静压力。

b) 工况Ⅱ为泥石流过流状态(考虑地震),荷载组合为:结构自重+泥石流流体静压力+地震力。

⑦ 泥石流排导槽的设计基本组合安全系数和偶然组合安全系数,应满足抗滑和抗倾覆安全的要求。

⑧ 泥石流停淤挡墙设计工况和荷载组合为以下两种情况:

a) 工况Ⅰ为泥石流过流状态(不考虑地震),荷载组合为:结构自重+泥石流流体静压力。

b) 工况Ⅱ为泥石流过流状态(考虑地震),荷载组合为:结构自重+泥石流流体静压力+地震力。

⑨ 泥石流停淤挡墙的设计基本组合安全系数和偶然组合安全系数,应满足抗滑和抗倾覆安全的要求。

6) 分项工程设计

(1) 拦砂坝

① 一般规定:

a) 坝址应根据防治目标、地形地质、消能防冲、施工、建坝材料供应等条件进行选择,一般选择在形成区中下游,口窄肚阔的谷地颈口,兼顾可控制上游支沟与崩滑体。

b) 坝高宜按有效使用期和地形地质条件确定,拦砂坝坝高一般为5~20 m;谷坊坝坝高一般低于5 m。

c) 拦砂坝具有以下功能:拦截泥沙,调节泥石流重度和流量,回淤后固沟稳坡,降低流速,抑制上游沟段纵、横向侵蚀,调节下泄泥石流流向等。

d) 常用泥石流拦砂坝坝型有实体重力坝和格栅坝。

e) 拦砂坝静荷载包括坝体自重、土压力、水压力;动荷载包括冲击力、渗透水压力及地震荷载等。

f) 拦砂坝稳定性验算应进行抗滑移、抗倾覆、地基承载力、坝体强度等。

g) 拦砂坝库容计算可采用等高线法、横断面法、经验公式法。

h) 坝高大于20 m的拦砂坝,应作专项勘查与设计。

② 重力坝

重力坝平面布置宜选在沟段狭窄颈口处上游侧,中心纵轴顺流向,以利于溢流段出流并稳定沟床。顺横轴中部设溢流段，两侧为非溢流段，溢流段长取下游沟床宽度或比下游沟床稍窄。

重力坝建筑材料可采用浆砌石、干砌石、混凝土、钢筋混凝土、钢筋混凝土箱体组装等，或不同材料组合。

重力坝坝体横断面一般为梯形或复式梯形，上游面坡坡比为1∶0.40～1∶0.80，下游面坡坡比为1∶0.05～1∶0.20。

重力坝坝顶宽度的确定应综合考虑坝高、运营管理、交通、应急抢险及二次加高等，一般为1.5～4.0 m。

溢流口过流能力按照宽顶堰计算，溢流口流速小于5 m/s，单宽流量应满足：坝高＜15 m，$q_c<25\ m^3/s$；坝高15～20 m，$q_c<15\ m^3/s$；坝高＞20 m，$q_c<10\ m^3/s$。溢流口深度按照最大泥深加安全超高；设计安全超高取1 m。

拦砂坝回淤纵比降一般取沟道纵比降的0.5～0.8倍。

溢流口过流面应用坚硬石料或钢板、钢轨作耐磨蚀处理。

非溢流段宜向两侧岸坡上斜，比降取0.05～0.1或按弯道超高确定并不宜小于2 m。非溢流段坝肩嵌入松散堆积层岸坡深度不应小于1.5 m，基岩岸坡深度不应小于0.5 m。

重力坝坝下消能防护工程包括副坝和护坦。坝高小于20 m，下游沟床含大漂砾密实碎石土地基时采用一级副坝消能；坝高大于20 m，下游沟床为大块石中密碎石土地基或有软弱沙泥夹层地基时采用两级副坝消能。

主、副坝间的距离按坝高、冲刷坑深度、溢流口泥深之和的1.5～2.0倍确定。

护坦的长度按坝高的1.0～2.0倍计算。

重力坝基础埋置深度按坝下冲刷深度确定，当地基承载力和抗冲刷力不足时，可采用桩基础。

重力坝的坝高大于10 m时，应进行坝基渗透变形计算，计算方法可按《水利水电工程地质勘查规范》执行。

坝基地基承载力不满足要求，可进行地基处理或采用桩基、扩大基础等。

水孔应布置在泄流坝段，按“品”字形交错排列，宽高比为0.6～0.8的矩形，纵比降一般为0.05～0.10。

在垂直荷载差别大、地形高差悬殊、基岩软硬突变处、溢流段与非溢流段应设置沉降缝，缝间距不应超过20～25 m，缝宽2～3 cm，缝内填入沥青浸渍的木板条、沥青砂浆板条或油毛毡。

坝高大于15 m的拦砂坝坝顶应设置扶手栏杆和上、下梯步，以便于通行。

为观测工程效益，应埋设相应的观测标志，不得设于溢流口过流面。

③ 格栅坝

格栅坝平面布置宜选在坚固地基段，坝址处应相对开阔而不宜选在狭窄的“V”形峡谷处,溢流段沟床平坦,地基均匀,便于格栅坝支墩布置。

格栅坝根据拦砂坝坝体开切口和布置过流格栅形式的不同,分为缝隙坝、梁式坝、网格坝等。

格栅坝的荷载组合应考虑坝体自重、坝库内淤积土重、水平侧压力、冲击力及地震力。

缝隙坝的受力及稳定性验算与重力坝相似;梁式坝为分离式结构,墩台应进行稳定性分析,横梁作强度验算、变形复核;网格坝应进行主绳和锚墩(梁)的受力计算。

缝隙一般布置在坝顶,采用窄深的矩形、梯形、三角形断面。

缝隙坝过流缝隙立面呈梯层布置,缝隙高度H取3~5 m,宽度b取0.3~1 m,宽度b按照限制泥石流中颗粒直径D_m与闭塞条件选定,一般取b/D_m为1.5~2.0。上下缝层之间的整体顶、底板厚度应为1~1.5 m。

缝隙高度一般取缝隙宽度的1~3倍。缝隙密度一般取$\sum b/B$为0.2~0.6。

梁式坝过流横缝按照限制粒径D_m为0.3~0.5 m设定,取缝宽度H为0.5~0.8 m,横梁长度L为4~8 m。

泥石流流域内从上至下梁式坝的缝隙间距应依次减小,以达到合理的拦粗排细效果。

若支墩为钢构支墩,横梁可按连续梁进行受力验算;若支墩为圬工结构,横梁可按固端梁进行受力验算。

格栅坝一般用于低黏性水石流,其孔、缝、洞过流部位应采用低形阻和摩阻,并加强耐磨防护层;窗洞顶钢筋混凝土板应能承受施工中“板上方”坍落拱荷载作用,强度满足安全性。泄流缝进、出口采用外阔的窄喇叭形,中间加速段宽度渐缩,底坡取0.03~0.05,减少阻塞。

网格坝是利用钢索编制而成的柔性网状结构物,上端通过主绳固定在沟道的两岸锚墩(梁),下部网格斜铺在沟床上。网格坝应设置在地质条件较好、两岸岸坡主绳易于固定的流通区或减速区。网格坝的坝高应大于最大龙头高度和冲起高度之和。网格坝网孔大小取拟拦截泥石流体最大粒径的1.5~2.0倍。网格坝网绳在沟道内的敷设长度应为1.5~2.0倍的坝高。

泥石流拦砂坝鼓励采用预制组装式、框架式等新型拦砂坝结构。

(2) 排导槽

一般规定:

排导槽应选择在泥石流沟道流通段或堆积区,将泥石流在控制条件下排导到指定的区域。

排导槽应保持畅通,不发生或少发生淤积现象,严禁产生累计性淤积而造成漫溢。

排导槽槽体冲刷、磨蚀应在设计允许范围之内。

排导槽应有足够的刚度(整体性)和地基承载力,不得因地下水、不均匀沉降等原因造成局部或整体滑移、变形、开裂、折断等破坏形式而危及到自身安全。

排导槽应满足设计过流要求，特殊情况下可让排导槽一侧分流，确保重点保护对象免遭超设计标准泥石流的危害。

(3) 停淤场

一般规定：

泥石流停淤场应选在沟口堆积扇两侧凹地，或沟道中、下游宽谷中的滩地。必须满足设计停淤量的要求，保证足够的场地面积和堆积高度，具有合适的流向纵坡，多按自流停淤方式做工程布置。

停淤场可分为堆积扇、沟道和跨流域三种类型。

如有清淤条件时，停淤场的设计停淤量宜按一次设计标准泥石流固体物质总量确定；否则按校核标准泥石流固体物质总量确定。

停淤场底部纵比降宜取泥石流停淤比降的0.8～1.2倍，泥石流停淤比降根据堆积扇型停淤泥石流的平均坡度确定。

(4) 渡槽

一般规定：

渡槽适用于泥石流暴发较频繁，高含沙水流、洪水或常流水交替出现，选线不能平面避绕，无较好拦排条件的坡面型泥石流或中、小型稀性泥石流，不宜用于排泄高黏度高重度泥石流体。

设置渡槽处应有足够的高差，进、出口顺畅，地基有足够的承载力并具有较高的抗冲刷能力。

对于处在急剧发展阶段的泥石流沟，或由崩塌、滑坡、阻塞溃决等成因形成的泥石流沟，只有在上游已经或有可能采取措施论证使泥石流发育得到控制时，或者有渡槽布设的立面条件时，才允许采用渡槽。

按设计标准流量计算获得的断面面积，增大30%作为验算满槽过流能力的校核依据。

槽墙顶可增设人行道、梯道，便于巡护、抢险。

(5) 沟道整治工程

一般规定：

泥石流沟道整治包括固床工程和调治工程两类。

固床工程应具有稳固沟床、减轻谷坡或谷底侵蚀、减少泥石流活动和规模的功能。

调治工程应具有调顺或限制泥石流流路，并使其顺畅排泄至预定区的功能。

(6) 岸坡防护工程

① 一般规定

坡面治理应提高边坡的稳定性，减少泥石流流体的固体物来源。

坡面治理工程主要用于泥石流沟形成区的治理，包括削坡、排水、护坡工程和水平台阶工程等。

② 工程设计

削坡工程用来修整不稳定坡面以减缓坡度,其坡比应根据岩土类型、坡高、抗剪强度等确定。新坡面应即时修建被覆工程。

排水工程的主要形式为排水沟。排水沟一般在沟谷上游形成主、支沟排水网。主沟布置应沿沟谷两侧与沟谷走向一致,排水沟应防渗、防冲。

排水沟坡降应控制在0.5%左右,不超过1%,流速控制在2 m/s以内,排水沟陡缓交界处应作消能、水跃处理。

护坡工程一般采用不低于M10的水泥砂浆砌石沿遭冲刷的坡脚附近进行表面护砌,护坡高度不低于设计最高泥位。背水面坡度一般与岸坡平行,迎水坡度略缓,护砌厚度在顶部一般不小于50 cm,底部不小于100 cm,埋入基础深度应大于冲刷深度,且不小于100 cm。

年限在10年以下的临时性护坡可采用石笼护坡。石笼应沿流向卧置,直径不小于40 cm,下部直径增至100 cm,基础埋置深度不小于冲刷深度,且不小于一个石笼的直径,石笼垒置高度一般不大于500 cm。

水平台阶工程主要为梯田。坡面3°~15°时,北方地区田面宽不小于8 m,南方地区不小于5 m,田坎高0.5~1.0 m。坡面15°~25°时,北方地区不小于4 m,南方地区不小于2 m,田坎高1.0~2.5 m,边坡比多为1.0∶0.3~1.0∶0.5。

4. 岩溶塌陷治理工程设计

主要执行《岩溶塌陷防治工程设计规范》(试行)(T/CAGHP 077—2020),主要内容如下:

1) 范围

本规范规定了岩溶塌陷防治工程设计基本要求、防治措施、工程监测等内容。本规范适用于岩溶塌陷防治工程设计。建筑工程、市政工程、桥梁和道路工程的岩溶塌陷防治工程设计可参照使用。

2) 总则

(1) 岩溶塌陷防治应充分考虑避让和工程治理相结合的原则。

(2) 防治工程设计使用年限不应低于所保护的或受其影响的建(构)筑物的设计使用年限。防治设计工作应贯穿防治工程的全过程,从接受任务起至工程竣工止。

(3) 防治工程设计应以各阶段专门的勘查报告和监测资料为依据。

(4) 岩溶塌陷防治工程设计应在室内和野外工作的基础上,结合类似工程的经验方法,合理地选取设计方法。

(5) 应定性和定量分析相结合进行设计。应在详细勘查资料的基础上,运用成熟的理论和行之有效的新技术和新方法进行充分论证,并宜提出多方案进行比较。

(6) 应注意与当地社会、经济和环境发展相适应,与市政规划、环境保护、土地管理和开发相结合。

(7) 岩溶塌陷防治工程应进行动态设计、信息化施工。

(8) 岩溶塌陷防治工程宜按三阶段设计,即可行性方案设计、初步设计和施工图设计。

(9) 可行性方案设计阶段应根据防治目标,对多种设计方案进行全面的技术与经济论证,提出优化的推荐设计方案,进行工程估算。

(10) 初步设计应在审定的可行性推荐方案的基础上,进一步确定设计参数与边界,针对实现目标的可行性、工程的实现步骤和有关工程参数,进行工程投资概算。

(11) 施工图设计应在审定的初步设计的基础上,对工程措施进一步具体化,包括工程措施的具体结构、工程图件,并进行工程投资预算。

(12) 根据防治工程的等级,二、三级可将可行性方案设计与初步设计合并,满足初步设计要求。

(13) 设计图表一般包括平面图、剖面图、结构详图、工程项目一览表、计算成果表、材料统计表以及估、概、预算表等。

(14) 设计说明书应包括下列内容:

① 工程的目的及任务来源。

② 设计依据。

③ 设计的基础资料和基础数据。

④ 防治工程设计标准。

⑤ 设计方案。

⑥ 计算。

⑦ 施工注意事项。

⑧ 检验与监测。

⑨ 估、概、预算。

⑩ 工程效益分析。

3) 岩溶塌陷防治工程设计

(1) 填充法

① 一般规定

填充法适用于已形成塌陷坑的岩溶塌陷防治。既可采用单一的填充法,也可和其他方法结合使用。

填充材料可采用黏性土、砂砾、碎石、混凝土、粉煤灰、石粉、岩屑等,亦可采用泡沫水泥轻质土或用以上材料加上添加剂配制的填充材料。

填充法的材料及施工必须符合环境保护要求。

填充法的设计参数和施工方法应通过室内和现场试验确定和验证。

② 填充法设计

填充灌注孔宜呈梅花形布设,孔间距应根据现场试验确定,且不宜大于20 m。填充孔的直径不应小于91 mm。当空洞较大时,可在填充材料中增加骨料,孔径应随之增大,且孔径不宜小于骨料最大粒径的8倍。

填充材料可采用泡沫轻质水泥土,泡沫轻质水泥土的抗压强度应通过试验确定,且不应低于1.5 MPa,泡沫轻质水泥土中的发泡剂严禁采用动物蛋白类发泡剂,泡沫轻质水泥土的性能和配比应符合本规范的规定。

填充材料的配比应通过试验确定。填充材料中黏性土、石粉、尾矿、粉煤灰的含量不宜大于50%,水泥含量不宜小于10%。

填充时,材料的水固比宜取1:1.0~1:1.6,并宜添加减水剂。

填充浆液的初、终凝时间及灌注压力由现场试验确定。填充灌注压力不应小于地下水压力,但不宜超过上覆岩土体压力,不应在填充时出现地表明显隆起。对浅部溶洞、土洞或其他需加固的情况,可采取预注浆处理。

为保证填充质量,可采用多次填充灌注和分层填充灌注,二次灌注的间隔时间应小于填充浆液初凝时间。

防治区边缘存在填充浆液流失条件时,宜在边缘外侧设置防填充浆液流失的帷幕。帷幕孔距为灌注孔距的1/3~1/2,且不宜大于10 m。防治区存在地下水时,帷幕孔部分或全部应采用透水的散体材料填充。

应先施工帷幕孔,帷幕成形后才能填充灌注。填充灌注的顺序应按设计的填充浆液扩散和地下水排出路径进行,一般沿地下水流动方向逐渐推进。当地下水流动缓慢、边界条件接近时,可由防治区中心向外围进行。

当地下水排泄条件差时,填充灌注有可能造成地下水压力明显升高,可以在防治区内设置减压孔。

填充体下部设反滤层。反滤层由块石、碎石和砂砾组成。从下至上,粒径逐渐由粗到细设置。碎石层和砂砾层均不应小于15 cm,反滤层中可设透水土工布。

(2) 注浆法

① 一般要求

注浆设计应在勘查的基础上进行,根据场区的岩溶水文地质条件、工程地质条件及环境地质条件,明确注浆目的。

施工前应进行现场注浆试验,注浆效果不能满足设计要求时,及时调整注浆设计参数。

按注浆作用,注浆分为固结注浆、充填注浆、渗控注浆等。溶洞、土洞处理可采用充填注浆;溶洞顶板破碎岩体、砂卵砾石处理可采用固结注浆;降低水力比降、控制渗流量和地下水位变幅可采用渗控注浆。

注浆范围应根据塌陷区岩溶水文地质条件与工程地质条件确定,平面范围应大于塌陷区或预测塌陷区影响范围,深度范围应消除塌陷隐患。

注浆浆液宜采用水泥浆,水泥强度等级可为32.5或以上,渗控注浆水泥细度要求通过

80 μm方孔筛的筛余量不大于5%。根据需要可加入黏土、砂、水玻璃等掺和料和外加剂。

② 固结注浆设计

注浆孔布设宜采用方格形、梅花形和六角形。孔距、排距应根据现场注浆试验成果并参照工程经验确定。孔排距可采用2.0～5.0 m,排距宜小于或等于孔距。

注浆孔应按分序加密原则实施。同一区域内应先实施周边孔,其余孔分序实施,可分二序或三序。

注浆水灰比应根据试验结果确定,宜选用2∶1、1∶1、0.8∶1、0.5∶1四个比级。

注浆压力应根据地质条件和现场试验结果确定,可采用0.1～0.4 MPa。

各注浆段的注浆结束标准应根据地质条件和工程要求确定,宜在最大设计压力下,注入率不大于2 L/s,继续灌注30 min可结束注浆。

注浆效果指标应根据岩溶水文地质条件、工程特点及要求确定。处理后的岩土体物理力学特性应得到改善,并应满足工程要求。

③ 充填注浆设计

注浆孔应根据溶洞或土洞的规模及分布、岩溶地下水情况等进行布设。宜分两序或三序孔布设,一序孔孔径不宜小于150 mm。

根据溶洞或土洞规模、岩溶地下水情况,利用一序孔向溶洞或土洞灌注流态混凝土,或先填入级配骨料,再注入水泥砂浆或水泥浆,或先膜袋注浆,再注入水泥浆。

二序或三序注浆孔的布设、注浆材料、注浆压力、注浆结束标准等可参照固结注浆执行。

④ 渗控注浆设计

注浆孔布设宜采用单排、双排或三排,分序实施。孔距、排距应根据现场注浆试验成果并参照工程经验确定,砂砾石层注浆孔距可采用2.0～4.0 m,基岩注浆孔距可采用1.5～3.0 m,排距应小于孔距。

注浆水灰比应根据试验结果确定,宜选用3∶1、2∶1、1∶1、0.8∶1、0.5∶1五个比级。

注浆压力应根据地质条件和现场试验结果确定,可采用0.2～0.8 MPa。

各注浆段的注浆结束标准应根据地质条件和工程要求确定,宜在最大设计压力下,注入率不大于1 L/s,继续灌注30 min可结束注浆。

注浆效果指标应按注浆后岩土体的透水率控制,宜小于10 Lu,并应满足工程要求。

岩溶管道宜先充填级配砂石、混凝土或膜袋注浆充填,再进行渗控注浆。

(3) 跨越法

① 一般规定

跨越法适用于规模范围不大、浅埋的开口型溶(土)洞或塌陷坑的治理。

跨越法宜采用梁板式、平板式跨越。根据现场工程地质情况、上部荷载大小、结构体系、使用要求以及施工条件等因素确定采用梁板式结构或平板式结构,或组合使用。

采用跨越法在处理洞径较大(大于8 m)的溶(土)洞时,应在洞内增设临时竖向桩柱进行支撑。

采用跨越法治理后的岩溶塌陷区域内进行高层建筑或较大荷载工程建设时，应对原跨越结构进行充分论证。

防治工程有附加荷载时应符合现行国家标准《建筑地基基础设计规范》（GB 50007）及《混凝土结构设计规范》（MGB 50010）之有关规定。

② 跨越法设计

跨越结构应有可靠的支承面。梁板式结构在稳定岩石上的支承长度应大于梁高的1.5倍，平板式结构在稳定岩石上的支承长度应大于板厚的2倍，且支承段岩土体的地基承载力应满足设计计算要求。

梁板式结构最小板厚度不宜小于400 mm，不应小于300 mm，且板厚与最大双向板格的短边净跨之比不小于1/14，基础梁的高跨比不宜小于1/6，平板式结构的最小板厚度不宜小于500 mm，不应小于300 mm。

梁板式结构底板按基底净反力计算配筋，受力钢筋直径不宜小于12 mm，间距不应小于150 mm，宜在150～200 mm双向配筋，受力钢筋的配筋率不应小于0.15%，钢筋连接按受拉钢筋搭接连接，各网片尽端在支座的锚固不应小于受拉钢筋的锚固长度La，顶部双向钢筋应全部连通，底部纵横方向的支座钢筋尚应用1/3～1/2贯通全跨，且其配筋率不应小于0.15%。

平板式结构受力钢筋直径不宜小于12 mm，钢筋网不多于两层时直径不宜大于25 mm，间距不应小于150 mm，不宜大于250 mm，当筏板长度大于30 m或厚筏收缩温度应力较大时，钢筋间距不宜大于200 mm，且钢筋连接按受拉钢筋要求搭接头或机械连接。不应采用现场焊接，板中受拉钢筋的最小配筋率不应小于0.15%，采用双向钢筋网片，配置在板的顶面和底面。

跨越结构的混凝土强度等级不应低于C30。当溶（土）洞中有地下水活动，水头较高应采用防水混凝土时，防水混凝土的抗渗等级应根据地下水的最大水头的比值确定，且其抗渗等级不应小于0.6 MPa。

与地下河管道相连通的溶洞采用跨越法治理时，应在跨板区留设泄水、泄气孔，防止暴雨期间地下水位骤然上升引发的“气爆”“顶托”等问题，孔顶应高于历史最高水位。

（4）桩基穿越法

① 一般规定

桩基穿越法适用于深度较大的岩溶塌陷防治。

桩基础仅限于机械成孔和人工挖孔灌注桩：人工挖孔桩适用于穿越无地下水或水量不多以及孔壁不易坍塌的土层，且处理深度不宜超过20 m，桩径不应小于1000 mm。

桩基础施工前应进行超前钻探，进一步调查核实岩溶塌陷的岩土层、溶（土）洞大小、洞内填充物等条件以及桩底下5 m深度范围岩体完整性，验证成孔方法的合理性。

当桩端以下5 m或3倍桩径深度范围内存在影响地基稳定的溶洞时，桩应穿越溶洞，置于下部稳定岩体上。

② 桩的承载力设计

按桩的承载力性状可分为摩擦桩、端承桩、嵌岩桩。持力层为硬质岩石时，宜采用端承桩；软质岩石或土质地基，宜采用摩擦法。

桩和桩基的构造，应符合下列要求：

a）摩擦桩的中心距不宜小于3倍桩径，端承桩的中心距不宜小于2倍桩径，扩底桩不宜小于1.5倍扩底直径，扩底净距不宜小于1.0 m。

b）防治工程等级为一、二级时，桩端全断面嵌入持力层岩石的深度不应小于500 mm；防治工程等级为三级时不应小于200 mm。

c）桩端应力扩散范围存在软弱层、断裂带应验算岩石的下卧层承载力，存在临空面、陡坡、“鹰嘴”等应验算桩的稳定性。

d）桩底宜在同一标高上。对于端承桩，当相邻桩的桩底高差大于1倍桩的中心距时，应验算桩的稳定性，在岩溶或有软弱层分布地段，应查明桩底以下是否存在临空面、陡坡、“鹰嘴”以及其他不良地质等情况。群桩承台下的桩长相差过大时，还应考虑桩顶作用效应对桩的影响。

e）扩底桩的桩底直径不宜大于2倍桩径，在软质岩石或土层上的桩底面宜为弧形，矢高200 mm，硬质岩石上的桩底面可为平底。

③ 桩身构造要求：

a）受水平荷载和弯矩较大的桩的桩身配筋应经计算确定。

b）桩身最小配筋率不宜小于0.2%～0.65%（小直径桩取大值）。

c）受水平荷载和弯矩较大的桩，配筋长度应通过计算确定。

d）端承桩应通长配筋。

e）桩径大于600 mm的机械成孔灌注桩，构造钢筋的长度不宜小于桩长的2/3。

f）桩身主筋混凝土保护层厚度不应小于50 mm，水下灌注时不应小于60 mm。

（5）治水法

① 一般要求

治水法适用于由于大气降水、地表水体入渗、冲蚀，矿山排水、工业废渣堆场废水等引发的岩溶塌陷。

大气降水、地表水体入渗引发的岩溶塌陷宜采用“截、排、疏、围、堵、改”的治理措施。

“截、排、疏”措施：对于以分散式入渗为主的降雨、地表水体，宜采用“截、排、疏”措施，截排水沟，清理疏通河道（沟道），加速泄流，减少渗漏量。

“围、堵”措施：对于以集中式入渗为主的地表水体，宜采用“围、堵”措施，特别是地表水体直接通过落水洞、竖井、漏斗等方式直接注入地下的，可采用黏土、混凝土灌注填实。

“改”措施:对于渗漏量大,影响范围广,难于采用“疏、排、围、堵”等措施处理的,可采用“改”措施,河流(溪流)改道应进行充分论证。

因地下水位升降,岩溶空腔中的水压力产生变化,形成气爆(冲爆)或吸蚀,导致岩溶塌陷,可采取设置各种岩溶管道通气的装置,平衡其水、气压力,以消除其作用。

因抽排地下水位下降导致的岩溶塌陷,可采取停止抽排地下水或人工回灌等措施,并禁止在影响岩溶塌陷的水力半径范围内抽取地下水。

工业废渣堆场废水渗漏下渗引发的岩溶塌陷,应采取防渗防污处理。

② 治水法设计

截排水工程设计应在岩溶塌陷防治总体方案基础上,结合岩溶塌陷区影响范围、地表水水体和降雨条件及本区域生态环境,制定截排水方案。

截排水工程应合理布局,应与主体工程及自然环境相适应,注重各种排水设施的功能和相互之间的衔接,并与地界外排水系统和设施合理衔接,形成完整、通畅的排水系统。

截排水沟在平面上以地形而定,应以有效拦截地表水并顺利排出为原则。一般应设置在塌陷区影响范围外50～100 m。

排水工程断面一般采用梯形、矩形明沟排水,受地形地质条件限制时可采用复合结构,其排水沟断面或过流能力应根据设计流量来确定。

截、排水沟设计纵坡,应根据岩溶塌陷分布及发育特征、地形、地质等因素确定,纵坡不宜小于5‰,条件困难时亦不应小于3‰。

当自然纵坡大于1∶20或局部高差较大时,应设置跌水或陡坡等消能防冲措施。

排水沟的安全超高,不宜小于0.4 m,最小不小于0.2 m,在弯曲段凹岸应考虑水位壅高的影响。

排水沟宜用浆砌片石或块石,地质条件较差如坡体松软段可用毛石混凝土或素混凝土,排水沟砌筑砂浆强度等级不宜小于M7.5,对坚硬块片石砌筑排水沟用比砌筑砂浆高一级强度等级砂浆进行勾缝,毛石混凝土或素混凝土强度等级宜大于C20。

截、排水沟沟底及边墙应设伸缩缝,缝间距10～15 m。

截、排水设施地基应密实稳定,必要时应采取有效措施防止地基变形引起的排水设施破坏;对于软土基底易发生地基沉降的地段,宜设置为钢筋混凝土沟。

平衡地下水、气压力的钻孔终孔孔径一般不宜小于110 mm,井管宜采用无缝钢管,直径不小于108 mm,并下入稳定基岩段,孔口应高于当地最高洪水位1 m且不小于2 m。

平衡地下水、气压力的井管末端通气口处应设置防堵塞保护措施,防止异物进入管道。

(6) 其他方法

① 其他方法包括复合地基法、水泥土搅拌法、高压喷射注浆法、强夯法以及多种方法结合处理。

② 复合地基法适用于位于岩溶塌陷区道路、堆场、场机、建构筑物的地基处理。当岩溶

上部覆盖层较薄时，经判定岩溶洞隙顶板在设计荷载作用下处于不稳定状态的地基，宜选用素混凝土桩、水泥粉煤灰碎石桩（即CFG桩）或预应力管桩等刚性桩复合地基。对溶洞或者土洞中软土较深地段，宜采用砂桩、碎石桩、混凝土桩打入洞内以形成复合地基。

③ 水泥土搅拌法可用于塌陷体为淤泥、淤泥质土、素填土以及标贯击数不大于15击的黏性土、砂土等。水泥土搅拌法不宜在泥炭土和存在较强地下水渗流的砂土中使用。

④ 高压喷射注浆法可用于塌陷体为淤泥、淤泥质土、流塑—可塑状黏性土、砂土、碎石土和填土等加固。当含有较多的大粒径块石、大量植物根茎或地下水流速较快的充填物，应根据现场试验和室内试验结果确定其适应性。

⑤ 强夯法适用于地下水位以上的大面积浅层岩溶塌陷和土洞治理。采用强夯法处理的岩溶塌陷及土洞治理，应进行强夯试验，以确定其适用性及处理效果，确定合适的强夯设计参数和施工参数。

⑥ 其他方法的设计可根据现行行业标准《建筑地基处理技术规范》（JGJ 79）和《复合地基技术规范》（GB/T 50783）的有关规定执行。

（十）地质灾害治理工程施工

滑坡治理工程施工执行《滑坡防治工程施工技术规范》（试行）（T/CAGHP 038—2018），崩塌治理工程施工执行《崩塌防治工程施工技术规范》（试行）（T/CAGHP 041—2018），泥石流治理工程施工执行《泥石流防治工程施工技术规范》（试行）（T/CAGHP 061—2019），岩溶塌陷治理工程施工执行《岩溶塌陷防治工程施工技术规范》（试行）（T/CAGHP 072—2020），地面沉降治理工程施工执行《地面沉降防治工程施工规范》（试行）（T/CAGHP 058—2019），各单项工程施工执行相应的技术标准。

1. 建设单位对地质灾害治理工程施工技术管理应履行的职责

依法通过招标投标程序将地质灾害治理工程发包或委托给具有相应资质等级的施工单位，并依法签订合同。

建立隐患排查和风险管控机制，及时发现工程质量问题，应及时组织整改或者督促相关责任单位落实整改。

组织开展工程勘查、设计评审和工程验收，并对评审和验收结果负责；评审和验收结果应当报送工程所在地县（市、区）地质灾害防治主管部门备案。

2. 勘查单位对地质灾害治理工程勘查质量应承担的职责

勘查工作应满足现行的标准规范、委托书、勘查合同以及相应阶段要求。

各项野外工作应当进行现场验收或者委托第三方复核。

勘查成果应当准确、可靠。

应参加设计交底、相关重大设计变更、现场验槽、单元工程阶段性验收、质量事故分析以及工程初步验收与竣工验收。

在施工期间若出现重大地质勘查结论变化时,应当及时通知建设单位并组织补充勘查。

3. 设计单位对地质灾害治理工程设计质量应承担的职责

施工中发现地质条件变化时,应当及时变更设计;对重大设计变更的,应当提供变更相关的设计报告或者设计说明书。

负责设计交底、过程设计服务,参加现场验槽、单元工程阶段性验收,质量事故分析以及工程初步验收与竣工验收等工作。

在设计中采用新技术、新工艺、新材料、新设备的,应当说明其技术性能和使用注意事项,并提出质量保障措施。

4. 施工单位对地质灾害治理工程施工质量应履行的职责

配备项目负责人和相关专业技术人员,明确专职质量和安全生产管理人员,并经监理、建设单位认可;项目负责人、技术负责人、施工员、质检员、安全员等主要管理人员在岗率应当满足施工合同以及有关规定的要求;调整主要管理人员的,应当书面征得建设单位同意;主要管理人员不得同时在其他工程项目兼职。

根据施工合同、设计文件以及现行标准规范编制施工组织方案,明确保证质量具体措施。

建立工程质量隐患排查治理、风险管控、质量检验制度,及时整改工程质量问题,负责返修存在质量问题和验收不合格的工程。

施工中发现地质条件变化的,应当及时通知建设单位和监理单位。

地质灾害治理工程实行施工总承包制,施工单位不得将其承接的工程进行转包或者违法分包。

爆破、土石方等部分非主体、非关键性工程确需分包的,应当符合招标投标法律、法规、规章的规定并征得建设单位的同意。

施工总包方对工程质量负总责,分包方对其分包的工程质量负责。施工总包方应当对分包的工程进行全面质量监督和安全生产管理。

施工过程中的工程重大设计变更报告或者说明书,由建设单位组织专家评审。具备下列情形之一的,属于重大设计变更:一是因施工中发现地质条件或者环境条件变化而引起的地质灾害治理主体工程类型、结构、数量以及位置和范围的调整,需要对工程的安全性重新复核论证的;二是变更项目增减工程量大于15%、投资预算比例大于施工合同价的10%或者增减投资预算总额大于50万元的。

施工单位应当根据设计要求做好地质灾害治理工程监测工作并形成监测记录。监测周期包含施工期以及初步验收后不少于一个水文年。设计文件要求委托第三方进行监测的,由建设单位另行委托。

5. 监理单位对地质灾害治理工程质量应履行的职责

编制监理规划和监理实施细则，建立与项目规模、专业相适应的监理机构，确定总监理工程师和监理人员。监理人员不得擅自调整，确需调整的，应当符合监理合同约定要求并征得建设单位同意。

组织设计交底，审查施工组织方案、工程开工报告以及危险性较大的分部分项工程专项施工方案。

检查施工单位的质量保障措施的落实情况、核查主要管理人员和关键设备到位情况、相关从业人员依法应当取得的执业资格证书或者考核合格证书情况、设备合格证书和施工技术档案情况。

监督施工单位落实施工组织方案、专项施工方案情况，督促施工单位及时整改工程质量问题，消除安全生产隐患。

监理工程师应当按照工程监理规范的要求，采取旁站、巡视和平行检验等形式对工程实施监理，并及时、真实、完整地做好监理记录。

（十一）地质灾害气象风险预警

1. 地质灾害气象风险预警

按照《地质灾害气象风险预警规范》（征求意见稿）执行，主要内容如下：

1）范围

本文件规定了地质灾害气象风险预警业务的工作组织、技术方法、产品制作发布、预警效果评价等方面的要求。适用于地质灾害气象风险预警工作，预警对象为降水引发的区域群发型崩塌、滑坡、泥石流等地质灾害，其他因素引发的地质灾害预警和其他类型的地质灾害预警可参考。

2）目标、原则和要求

（1）目标任务

① 地质灾害气象风险预警的目标是在区域尺度上对地质灾害发生的可能性及成灾风险做出预警预报，为提前规避灾害风险提供警示。

② 地质灾害气象风险预警的任务是根据地质灾害孕灾环境，结合降水等引发因素的实况和预报情况，预测可能引发地质灾害的时间区间、空间范围和预警等级。

（2）基本要求

① 根据预警需求，应按行政区划分级开展预警工作，具体可分为国家级、省级、市级、县级预警。

② 地质灾害气象风险预警等级划分为四个级别,分别为Ⅰ级(红色预警)、Ⅱ级(橙色预警)、Ⅲ级(黄色预警)和Ⅳ级(蓝色预警),分别表示气象因素致地质灾害发生风险很高、高、较高和有一定风险。具体等级划分按照表4-1-18执行。

③ 地质灾害气象风险预警信息应由预报词和预报图联合表达,应包括发布机关、发布时间、预警对象、预警时段、预警区域、预警等级等。

④ 汛期(一般为5月1日到9月30日)每日应开展预警工作。遇台风登陆、强降水、地震或重大地质灾害过程等宜启动加密预警工作。加密预警的启动和具体工作时段可根据实际情况自主协商确定。

⑤ 非汛期遇台风登陆、强降水、地震或重大地质灾害过程等宜启动应急预警工作。应急预警的启动和具体工作时段可根据实际情况自主协商确定。

⑥ 汛期预警时段应为当日20时至次日20时(24小时预警);其他预警时段(如当日8时至次日8时或未来1小时、3小时、6小时时间尺度的预警等),可根据业务需求自行调整。

⑦ 国家级预警落区应具体到省级的某个区域;省级预警落区应具体到地市级的某个区域;地市级预警落区应具体到县级的某个区域;县级预警落区应具体到乡镇的某个区域。

表4-1-18 地质灾害气象风险预警等级划分表

预警等级	风险等级	色标	图标	发布要求
Ⅰ	风险很高	红色 (R=255,G=0,B=0)		发布
Ⅱ	风险高	橙色 (R=255,G=126,B=0)		发布
Ⅲ	风险较高	黄色 (R=255,G=250,B=0)		发布
Ⅳ	有一定风险	蓝色 (R=0,G=102,B=255)		不发布

3）工作准备

（1）工作方案

① 同级预警业务单位间应建立预警工作合作机制，明确数据传输内容、传输方式、传输时间、会商机制和工作联系人等。

② 各级预警业务单位应编制预警值班制度。预警值班制度一般应包含值班时段、值班地点、值班要求、值班流程和人员责任等。应建立详细值班表，落实每日值班人员及带班领导。

③ 预警工作方案宜按年编制，一般每年1～2月完成，用于指导全年预警工作。工作方案应包括年度目标任务、技术方法、工作流程、效果评价、人员安排、经费预算等方面的内容。

④ 年度预警结束后，应对全年预警工作进行总结，编制年度总结报告。工作总结宜包括预警服务情况、预警效果分析、模型修正与完善、存在问题与下一步工作等。

（2）模型和系统

① 预警模型的建立应在掌握辖区内的地质灾害调查评价等相关成果和历史降水监测数据基础上进行。

② 常用预警模型主要包括临界降水阈值模型、基于地质灾害危险性的阈值模型和动力预警模型等。

a）预警模型宜采用基于地质灾害危险性的阈值模型。随着地质灾害调查评价精度的提高，预警模型宜及时更新。

b）辖区面积较小，地质环境条件比较单一时，可采用临界降水阈值模型。

c）辖区面积较大或地质环境条件较复杂时，应在预警区划的基础上，分区建立临界降水阈值模型。

d）辖区为小流域或特别重要的局部区域，可在地质灾害孕灾环境精细化调查研究基础上采用动力预警模型。

③ 预警模型应随着地质灾害调查和预警工作的深入及时修正完善。

④ 预警业务运行应建设预警数据库。预警数据库应包括基础资料库、预警产品库、反馈信息库等。

⑤ 国家级、省级和市级预警业务应建设预警系统，县级预警业务宜建设预警系统。

a）预警系统应包括预警数据库、预警模型、预警系统软件和工作平台硬件。

b）预警系统软件宜具备自动导入数据、数据存储及同步备份、查询、预警分析、自动生成预警产品、会商修订、签批、产品发布等功能。

4）产品制作与发布

（1）工作流程

产品制作与发布的工作流程宜包括数据传输、模型计算、会商研判、产品制作、信息发布、数据备份等。

(2) 数据传输

① 数据传输时间可由自然资源部门和气象部门预警业务单位根据实际情况自行约定。

② 数据传输内容应包括前期实况降水量、预报降水量、预警产品等内容。

③ 数据传输格式应为矢量数据及相关文字说明等。

④ 数据传输渠道可多样化,以安全、便捷为原则。

(3) 模型计算

① 预警值班时应首先通过预警软件系统,形成初步预警结果。

② 值班员应根据降水、地质灾害孕灾环境,对初步预警结果进行完善,形成初步预警产品。

(4) 会商研判

① 预警会商包括同级预警业务单位间的会商和上下级预警业务单位间的会商。当达到Ⅲ级(黄色预警)预警等级时,宜开展预警会商。当达到Ⅱ级(橙色预警)以上预警等级时,应开展预警会商。

② 预警会商内容应包括降水情况、地质灾害孕灾环境、以往地质灾害发生情况、目前灾害发生情况等,会商后修正形成最终预警产品。预警会商应做好会商记录。

③ 会商时间可根据本地实际情况由同级预警业务单位协商确定,一般在每日的14:00~17:30,遇台风登陆、强降水、地震或重大地质灾害过程等时可随时开展会商。

④ 预警会商应形成最终预警产品。

(5) 产品制作

① 预警产品内容应包括预警对象、预警时段、预警区域、预警等级等。

② 预警产品表达形式宜具有矢量数据、图片、符号和文字说明等。

③ 值班员、预警业务负责人应签字确认形成最终预警产品。

(6) 信息发布

① 预警结果应及时发布。当达到Ⅲ级(黄色预警)及以上预警等级时,应向社会公开发布。

② 公开发布的预警信息形式宜以图片和文字信息为主。

③ 预警信息发布渠道可根据实际情况多样化选择,一般包括电视台、网站、广播电台、传真、电话、短信、报纸和新媒体等媒介。

(7) 数据备份

预警产品制作与发布完成后,应做好数据备份。数据备份内容应包括降水数据、预警产品结果及签批单等。

5) 效果评价

① 预警效果评价是对预警业务工作的校验,应及时开展。

② 预警效果评价内容包括单次预警效果和某一时段预警效果。

③ 预警效果评价指标包括准确率、漏报率、空报率、时间效果、空间效果、强度效果等。

④ 预警效果评价结果宜作为预警模型优化的参考。

2. 预警响应

我省地质灾害气象风险预警响应按照《安徽省国土资源厅地质灾害预警响应应急处置工作规程》执行。

地方人民政府是地质灾害防治的责任主体，自然资源主管部门负责本行政区域内地质灾害防治的组织、协调、指导和监督工作。在地质灾害预警响应和应急处置过程中，自然资源主管部门应当在当地人民政府的统一领导下，协调相关部门开展各项工作。

（十二）地质灾害普适型监测预警

根据《安徽省地质灾害防治“十四五”规划（2021—2025年）》，我省将建成新型高效群专结合智能化监测预警体系，显著提升地质灾害监测预警能力，提高全省地质灾害防治综合能力，在全省范围内安装普适型地质灾害监测预警设备。

1. 预警体系

全省地质灾害监测预警网络体系实行分级管理，省、市、县、乡镇、村分级负责（图4-1-2）。

（1）省级：省自然资源厅负责全省监测项目实施的统一指导、协调和监督。负责组织开展省级地质灾害监测预警平台建设及运行管理；协调落实监测项目建设相关工作经费；汇集全省地质灾害隐患点自动监测成果，根据监测预警情况，提出应对措施和建议。

（2）市级：市自然资源主管部门是辖区内地质灾害监测预警项目建设的主体单位（建设单位），负责辖区内监测预警项目建设、运行、维护及管理工作。包括地质灾害监测预警项目建设方案编制，组织设计方案审查、监测方案编制、监测预警平台建设，负责监测资料分析及预警信息发布；指导所辖县（市、区）开展监测设备的日常巡检和预警响应工作；做好监测数据管理、分析与维护工作，及时总结监测成果，向上级主管部门报送；按照相关规定向上级主管部门汇报预警情况及处置情况等。

（3）县级：县级自然资源主管部门负责辖区内地质灾害监测点的数据跟踪、核实；负责监测设施维护管理，组织开展监测点巡查和设备维护；负责受威胁群众避险转移与安置等预警响应工作；及时向上级汇报有关情况。

（4）乡镇级＋村级：乡镇级自然资源部门负责辖区内监测设备的日常巡检和维护，组织督促监测点群测群防员做好日常巡检和简单维护；收到预警信息按规定及时到现场核实；出现险情时应及时组织受威胁群众避险转移与安置；及时向上级汇报有关情况。

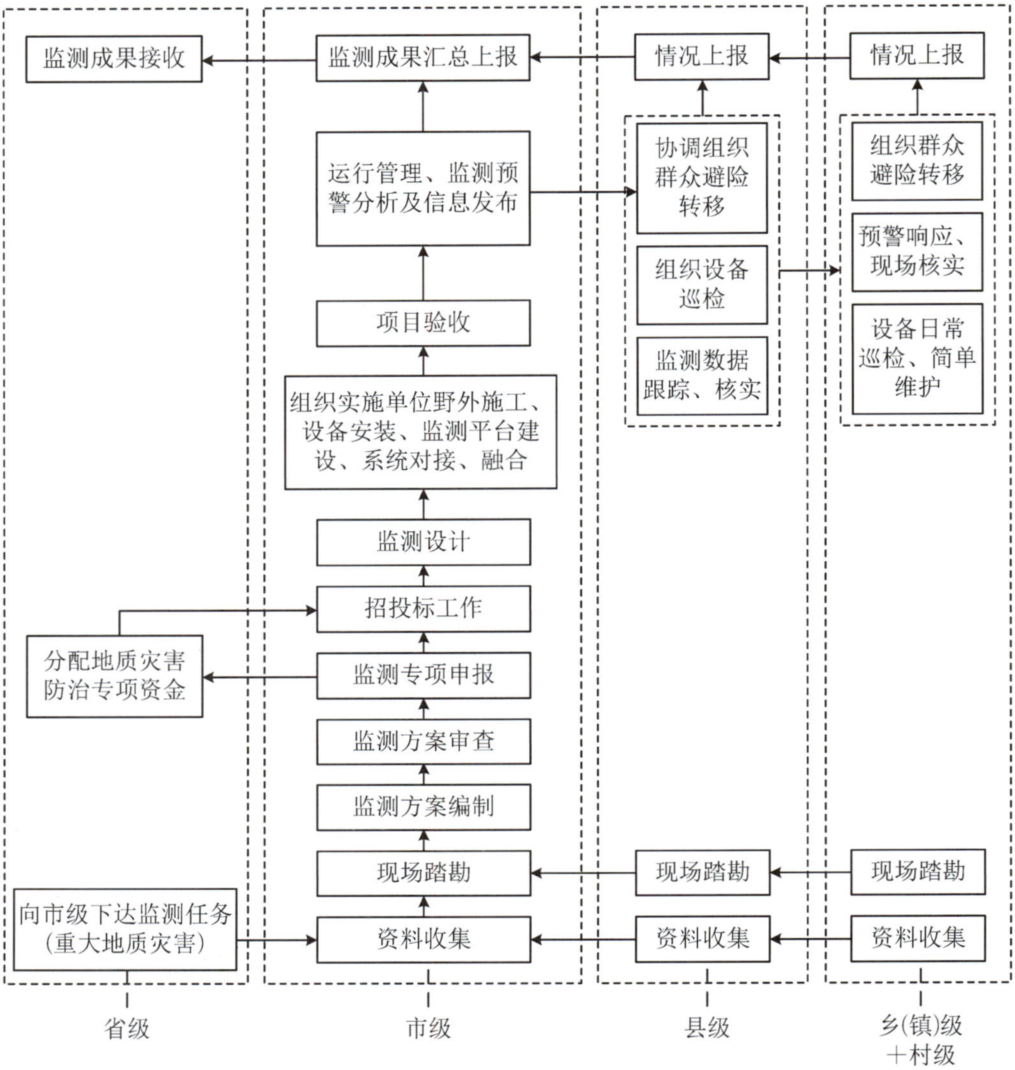

图4-1-2　地质灾害监测预警分级管理体系图

2. 普适性监测设备预警与响应

(1) 级别划分

根据各监测点地质背景及变形阶段,对主要监测要素(如地表位移、深部位移、土壤含水率、地下水位、降雨量等)每一预警级别设置阈值判据,并在实际运行过程中不断调整优化。地质灾害专业监测预警级别划分为:

① 警报级(1级红色预警):各种短临前兆特征显著,发生地质灾害的概率很大。

② 警戒级(2级橙色预警):有一定的宏观前兆特征,发生地质灾害的概率大。

③ 警示级(3级黄色预警):有明显的变形特征,发生地质灾害的概率较大。

④ 注意级(4级蓝色预警):有变形迹象,目前发生地质灾害有一定可能性。

(2) 信息发布

① 市级自然资源主管部门负责辖区内地质灾害专业监测预警信息发布工作。通过地质灾害监测预警平台自动发送短信或通过电话、网络、广播、微信等方式向相关防灾责任人、群测群防责任人、管理员、群测群防员、受威胁群众和属地地质灾害防治技术支撑单位实时发布预警信息。实施单位做好预警信息自动发送及现场声光报警器正常工作等的相应保障工作。

② 县级自然资源主管部门负责将地质灾害相关防灾责任人、群测群防责任人、管理员、群测群防员、受威胁群众和属地地质灾害防治技术支撑单位等相关人员信息录入地质灾害监测预警平台,实现动态更新。

(3) 预警响应

① 1级(红色)预警:群测群防员立即组织地质灾害受威胁群众进行紧急避险,加密现场监测,及时上报现场监测信息。市、县级自然资源主管部门应组织地质灾害防治技术支撑单位人员前往现场指导、协助组织受威胁群众转移和现场监测,启动相应级别的应急预案;安排技术人员持续关注监测数据,及时向现场有关人员提供监测点变形破坏情况,及时向上级自然资源主管部门汇报应急处置情况。

② 2级(橙色)预警:群测群防员应加密现场监测,通知受威胁群众做好避险准备。县级自然资源主管部门应组织地质灾害防治技术支撑单位人员前往现场协助开展现场监测;安排技术人员持续关注监测数据,及时向现场有关人员提供监测点变形情况;及时上报现场监测信息。

③ 3级(黄色)预警:群测群防员应加强现场巡查,持续关注预警信息和实际降雨情况,提醒受威胁群众注意防范地质灾害发生;现场监测信息应及时向上级自然资源主管部门进行反馈;县级自然资源主管部门应组织人员对监测数据进行加密关注,发现情况及时向上级主管部门报告并适时采取相应措施。

④ 4级(蓝色)预警:群测群防员要持续关注预警信息和实际降雨情况,对监测点加强巡排查,发现情况第一时间向上级主管部门报告并适时采取相应措施。

二、预算管理

主要执行《安徽省地质灾害治理工程定额》(2016),该定额由安徽省国土资源厅和安徽省财政厅共同编制,2016年印发。主要内容如下:

(一) 安徽省地质灾害治理工程定额编制规定

1. 总则

为切实保护人民群众生命财产安全,进一步推动我省地质灾害治理工作,加强和规范地质灾害治理资金的使用管理,根据国务院《地质灾害治理条例》《国务院关于加强地质灾害治理工作的决定》、安徽省人民政府《安徽省地质环境管理条例》、安徽省国土资源厅《安徽省重大地质灾害治理工程项目管理暂行办法》等有关地质灾害治理的政策,结合地质灾害治理工程的特点,制定本规定。它是编制和审核地质灾害治理工程施工图预算、招标控制价、投标报价的依据,也是工程项目编制投资估算、概算的基础。

本规定适用于安徽省内财政性投资的地质灾害治理项目。财政性投资矿山地质环境恢复治理和地质遗迹保护中涉及的地质灾害治理比照本规定执行。因工程建设等人为活动引发的地质灾害治理工程、按规定应由企业实施的矿山环境恢复中的地质灾害治理工程可参照执行。

地质灾害治理工程定额由项目承担单位组织有关人员或单位进行编制,预算编制单位对其编制质量负责。

2. 预算文件的组成

编制原则和依据:

① 预算(估算、概算)编制原则和依据。

② 基础单价计算:人工预算单价,主要材料预算单价,施工用的电、风、水、砂石料等基础单价的计算依据。

③ 费用构成及取费标准。

3. 项目组成与项目划分

根据国务院公布的《地质灾害治理条例》规定,地质灾害包括自然因素或者人为活动引发的危害人民生命和财产安全的山体崩塌、滑坡、泥石流、地面塌陷、地裂缝、地面沉降等与地质作用有关的灾害。地质灾害治理工程就是针对上述地质灾害所采取专项地质工程措施,控制或者减轻地质灾害的工程活动。地质灾害治理工程主要为建筑工程,包括主体建筑工程和施工临时工程。

4. 费用构成

① 建筑工程费:直接费、间接费、利润、材料补差、税金。

② 独立费：建设管理费、科研勘测设计费、建设及施工场地征用费、环境保护及水土保持、其他。

③ 预备费：基本预备费、价差预备费。

5. 编制方法及计算标准

包括基础单价编制、建筑工程单价编制、地质灾害治理工程定额编制。

（二）可行性研究投资估算和初步设计概算的编制

投资估算是可行性研究报告的重要组成部分，是为确定地质灾害治理措施而进行的各比选方案投资估算。可行性研究的投资估算主要用于方案比选时参考，是国家为地质灾害治理项目作出科学决策和批准进行初步设计的重要依据。

地质灾害治理工程可行性研究投资估算、初步设计概算和施工图预算在组成内容、项目划分和费用构成上基本相同，但三者设计深度不同。投资估算、投资概算可根据《安徽省地震灾区重大地质灾害应急勘查、治理工程可行性研究及初步设计报告编制要求》的有关规定进行编制。设计阶段和设计深度决定了三者编制方法及计算标准有所不同。

（三）安徽省地质灾害治理工程定额审查规定

为适应地质灾害治理工程项目管理要求，规范安徽省地质灾害治理工程定额审查，合理确定工程投资，提高定额审查质量，根据《国务院关于加强地质灾害治理工作的决定》《安徽省人民政府关于加强地质灾害治理工作的实施意见》特制定本规定。本规定适用于安徽省地质灾害治理工程初步设计概算和施工图预算。

根据《安徽省重大地质灾害治理工程项目管理暂行办法》，省财政厅和省国土资源厅负责组织专家对重大地质灾害治理工程项目初步设计概算审查，市（区）国土资源局负责组织专家对施工图预算审查或委托施工图设计审查单位审核。定额审查专家原则上在“安徽省国土资源项目地质灾害治理专家库”或省财政投资评审中心专家库中抽取。委托施工图设计审查单位审核的，其审核人员须参加过相关机构组织的专业培训并取得结业证书。

三、验收管理

（一）地质灾害项目野外验收和成果验收

1. 野外验收

应以项目设计书、设计审查意见书、项目任务书、任务变更和工作调整批复意见书、有关标准规范等为依据。

（1）野外验收应具备以下条件：

已完成设计规定的野外工作；原始资料齐全、准确；原始资料已经进行整理，并进行了质量检查和编目造册。

（2）野外验收应提供以下资料：

野外资料调查信息化数据，原始图件，测量数据记录，勘查编录资料，样品分析测试结果，物探、遥感解译等资料；质量检查记录；野外工作总结报告。

（3）现场和室内检查要求

应按照不少于工作量3%的比例，对野外调查点、物探点、测绘点、测试点、取样点等进行抽样检查和野外现场检查；应按照不少于工作量30%的比例，对钻孔、槽探等山地工程工作情况进行检查；应开展分区结果与实际情况的一致性检验，分析可靠性、准确性和数据质量，形成野外验收意见。

2. 数据库验收

应在成果报告评审前完成野外调查数据库验收，以此作为项目成果报告验收的前提；应检查数据质量和可靠性等，重点是各类空间数据库内容的精度与质量，形成空间数据库验收意见书。

3. 成果验收

成果审查一般在野外验收后6个月内进行，报告评审依据项目任务书、设计书、设计审查意见书、野外验收意见书及有关标准和要求进行。

（1）成果报告评审时应提供下列技术文件：

① 项目任务书。

② 项目设计书及审查意见。

③ 野外验收意见。

④ 数据库验收意见。

⑤ 成果报告、图件等相关资料。

(2) 成果验收内容包括:

① 报告的完整性、合理性、可靠性和实用性。

② 各项实际资料的综合整理与利用程度。

③ 各项工作成果是否符合设计及本规范的规定。

④ 报告、图件与实际资料是否相符。

⑤ 各种图件的内容、要素是否准确齐全。

⑥ 信息系统建设是否达到予定的技术指标,各项数据是否齐全完整。

⑦ 调查成果是否取得了预期的社会、环境和经济效益。

报告验收评审结束后,组织评审单位签署评审意见书,下发成果报告提交单位。

项目承担单位应根据评审意见书进行认真修改,按时将最终报告报送审批单位审查认定。

最终成果报告须经主管单位审核批准。

(二) 地质灾害综合治理工程的竣工验收

本办法所称的地质灾害治理工程项目,包括地质灾害勘查、治理和避让搬迁项目。

凡经批准列入省计划组织实施治理工程项目(以下简称项目)并给予地质灾害治理补助经费的,在计划任务、目标完成后,均应按本办法申请组织验收。

地质灾害综合治理工程包括排危除险工程、搬迁避让工程、治理工程。

1. 竣工验收

由省财政或中央财政出资的地质灾害综合治理项目,竣工验收分初验和终验。初验由县自然资源主管部门组织,形成初验报告,要求施工单位按时整改并形成整改报告;终验视工程大小,由市自然资源主管部门或省自然资源厅组织验收,形成终验报告,施工方按要求整改并形成整改报告。

竣工验收分野外现场验收和室内竣工资料查验。现场验收专家组主要依据设计和变更设计,对分部分项工程逐一查验其质量、外观和效益,同时查验竣工标牌、监测标识和监测记录,不符项要逐一列出并限期整改,施工方应按时提交整改报告。

2. 竣工验收室内资料查验须提供下列资料

1) 管理类资料

由建设单位编制,包括项目终验申请文件、建设单位项目全过程总结报告、立项申报书及批准文件、项目任务书及资金批准文件、有关项目实施的各类会议纪要、工程招标文件、中标通知书、合同书、项目初验报告及整改报告。

2) 设计类资料

由设计单位编制。包括勘查设计报告、审查批准文件、设计交底记录、设计变更申请文件、专家审查认定意见、变更设计批复文件、会议纪要、工程联系单等。

3) 竣工验收资料

由施工方编制。包括竣工资料、施工日志和竣工图三个部分。

(1) 竣工资料

① 第一部分:企业资质。包括施工企业营业执照、资质证书、建造师及项目经理证书、“八大员”(施工员、质量员、安全员、标准员、材料员、机械员、劳务员、资料员)证书。

② 第二部分:投标情况。投标书、中标通知书、合同书。

③ 第三部分:施工准备情况。施工组织设计及专项施工设计,技术、质量、安全交底记录,开工申请及批复报告,地形复测及放线记录,施工机械设备及完好程度清单,主要进场材料合格证及复检报告。

④ 第四部分:试验和检测。混凝土配合比报告、试块(件)检测报告、抗滑桩检测报告、锚杆(锚索)拉拔试验报告、水土岩及草灌乔分析测试报告、分部与分项工程检验及检验批记录、地质环境监测记录、工程养护及变形监测记录。

⑤ 第五部分:工程质量。重大质量安全事故处理资料、设计变更资料、工程变更联系单、分部与分项工程检验及检验批记录。

⑥ 第六部分:工程自验。施工总结报告、竣工自检质量评定及验收评定报告,自验意见及整改报告等。

(2) 施工日志

单独成册,记录天气情况、施工人员数量、机械设备类型及数量、分部分项工程名称及完成的分部分项工程量和质量。

(3) 竣工图

由施工方实测,比例尺与设计图必须一样,底图一般是设计工程的黑白图。内容包括总体工程竣工图、结构竣工图和分部分项工程竣工图等。

4) 监理类资料

由监测方编制。包括监理资料和监理日志。

(1) 监理资料

① 第一部分:企业资质。监理企业营业执照、资质证书、总监执业资格证书、现场监理工程师证书。

② 第二部分:投标情况。投标书、中标通知书、合同书。

③ 第三部分:准备阶段。项目监理规划、地形复测及放线旁站记录、进场施工机械设备及完好程度记录、主要进场材料复检旁站记录。

④ 第四部分:旁站记录。试块(件)检测取样与保养旁站记录、抗滑桩检测旁站记录、隐蔽工程验收旁站记录、水土岩采样旁站记录、草、灌、乔复检旁站记录、工程完工测量旁站记录、地质环境监测旁站记录、植被养护旁站记录、变形监测旁站记录。

⑤ 第五部分:质量记录。重大质量安全事故处理资料、设计变更监理签字单、工程变更联系单监测签字单、分部分项工程监测验收签字表。

⑥ 第六部分:工程验收。监理总结报告、监理会议纪要、施工自检质量评定及验收监理评定表、自验和初验意见及监理整改报告。

(2) 监理日志

单独成册,记录天气情况、施工人员数量、机械设备类型及数量、分部分项工程名称及完成的分部分项工程量和质量。

5) 账务资料

施工方需提供财务结算报告和审计报告。须提供工程款收支凭证及汇总表、工程款支付监理批复记录、竣工结算报告、竣工结算审核或审计报告。

建设方(业主)须提供财务决算报告和决算审计报告。按省厅相关文件要求,该资料须在竣工验收后15个工作日内提供。

6) 声像资料

由施工方提供施工前、施工过程、施工后照片、录音、录像材料。建设单位、设计单位、监理单位在各自的总结报告中也应提供相应的影像资料。